WOB CP 170

Inhalt

Einleitung

Rechte und Pflichten

Lernen Sie Ihr Auto kennen

Generation drei

Investition in die Zukunft

In der Werkstatt

Pflege und Werterhalt

Fit durch den Winter

Fit durch den Sommer

Kleine Schäden und Pannen

Räder, Reifen und Radwechsel

Fahrwerk

Bremsanlage

Karosserie

Der Innenraum

Elektrik

Antrieb: Motor und Öl, Kühlung und Getriebe

Technische Daten Praxis

Wartungsplan

Ein Ratgeber stellt sich vor

»An den neuen Autos kann ich doch nichts mehr selber machen«, ist ein Satz, den wir häufig hören, dem wir aber ebenso wenig zustimmen wie Sie. Denn wozu sollten Sie sonst dieses Buch in den Händen halten? Wahr ist, dass durch den vermehrten Anteil von Elektronik und vor allem die Vernetzung der Systeme im Fahrzeug mancher Fehler nicht so leicht zu orten ist. Wahr ist aber auch, dass moderne Autos durch den Einsatz der Elektronik wesentlich zuverlässiger, sicherer und umweltfreundlicher sind, als die simpel aufgebauten, aber auch wartungsintensiven Fahrzeuge früherer Tage. Es liegt uns also fern den Fortschritt zu verdammen, auch wenn er uns und Ihnen ab und zu einen Streich spielt.

Hilfe zur Selbsthilfe

Was Sie tun können, wenn das Auto den Dienst verweigert, oder besser noch: was Sie tun können damit es gar nicht erst so weit kommt, soll Gegenstand dieses Ratgebers sein. Und auch wenn Sie den Fehler vielleicht nicht selbst beheben können – wir zeigen Ihnen, wie Sie die Ursache präzise einkreisen können. Und zwar ohne Profi-Ausrüstung. So können Sie der Werkstatt wichtige Informationen liefern und kostbare Arbeitszeit für die Fehlersuche einsparen.

Tipps und Wissenswertes

Damit Ihnen niemand etwas vormachen kann, gewähren wir Einblick in die Autotechnik, erläutern Fachbegriffe und informieren Sie über Wissenswertes aus der Welt der Technik. Darüber hinaus erhalten Sie Tipps, die zum Teil bares Geld wert sind: So können Sie zum Beispiel die Lebensdauer Ihrer Scheibenwischer erheblich verlängern. Wie das geht, erfahren Sie im Kapitel »Fit durch den Winter«. Diesem Thema widmen wir übrigens ein ganzes Kapitel, da in der kalten Jahreszeit besonders viel zu beachten ist. Das fängt bei der Wahl der richtigen Bereifung an und endet mit einem Paar robuster Schuhe im Kofferraum noch lange nicht. Denn immer noch wagen sich zu viele Autofahrer mit Sommerreifen auf die Piste. Fest in dem Glauben »wird schon gut gehen«. Damit auch wirklich alles gut geht, sollten Sie dieses Buch von Anfang bis Ende durchlesen.

Sicherheit hat Vorrang

Wie durch den Winter, wollen wir Sie mit diesem Ratgeber natürlich auch durch die übrigen Jahreszeiten begleiten. Ihre Sicherheit und Zufriedenheit stehen dabei an erster Stelle. Wichtiger als das Reparieren von sicherheitsrelevanten Baugruppen erscheint uns in diesem Band das frühzeitige Erkennen eines Schadens. Genau dabei wollen wir Sie unterstützen. Ein Störungsbeistand ist daher fester Bestandteil eines jeden Kapitels. Zudem bieten wir Ihnen ein Diagnose-Schema, das ganz allgemein eventuelle Unzulänglichkeiten am Auto entlarvt. Und zwar bevor etwas schief geht. Auch bei einem anstehenden Termin zur Hauptuntersuchung kann diese Schnelldiagnose jede Menge Ärger und Geld sparen. Abgesehen davon haben wir regelmäßig wiederkehrende Überprüfungsarbeiten für Sie zusammengefasst. Diese dürfen Sie sich gerne kopieren und für sich abheften.

Reparaturen in der heimischen Garage

Sollten Sie bereits im Umgang mit Werkzeug geübt sein, werden wir Sie Schritt für Schritt durch die einzelnen Arbeitsgänge führen. Dabei beschränken wir uns in dieser Reihe auf leichte Wartungs-, Pflege- und Reparaturmaßnahmen, die Sie ohne weiteres in der heimischen Garage durchführen können. Welche Grundausstattung Sie dafür benötigen und wie das Ganze ideal in Ihre Garage passt, haben wir für Sie gleich am Anfang dieses Buches zusammengefasst. Gut ausgestattete Werkstätten, ob privat oder gewerblich betrieben, möchten wir auf den entsprechenden Band »Reparaturanleitung« des Bucheli-Verlages verweisen. Dort wird mit gewohnter Präzision das Zerlegen komplizierter Baugruppen wie Motor und Getriebe beschrieben.

Für mehr Spaß am Auto

Zum Schluss möchten wir Sie auf ein besonderes »Schmankerl« unseres Buches hinweisen: Zu jedem Kapitel bieten wir Ihnen einen Überblick zum Thema »besser machen«. Dort stellen wir Ihnen eine Auswahl von empfehlenswerten Zubehör- und Anbauteilen vor, die Sie in Eigenregie montieren können. Damit Sie in Zukunft noch mehr Freude an Ihrem Auto haben.

Damit Sie sich besser zurechtfinden

Wenn Sie etwas Bestimmtes in diesem Buch suchen, haben Sie verschiedene Möglichkeiten. Natürlich können Sie auf das vertraute Inhaltsverzeichnis zurückgreifen. Aber auch beim schnellen Durchblättern werden Sie sich leicht zurechtfinden. Den Hinweis, in welchem Kapitel Sie sich bewegen, finden Sie oben links. Dazu die Information, ob es sich in diesem Abschnitt um theoretisches Wissen, konkrete Arbeitsanleitungen oder Vorschläge zur Optimierung handelt. Rechts oben auf jeder Seite haben wir den Bereich dargestellt, der im jeweiligen Abschnitt behandelt wird. Damit können Sie das Buch auf der Suche nach bestimmten Inhalten auch durch die Finger laufen lassen, ohne zuerst im Inhaltsverzeichnis suchen zu müssen.

INFORMATION

Bevor Teile ausgebaut oder etwas auseinandergenommen wird, ist es immer besser, die theoretischen Zusammenhänge zu kennen. Wenn Sie dieses Zeichen sehen, erklären wir die Funktion der Technik, ihre Bedeutung für das gesamte Auto und Ihren Alltag damit. Oder wir informieren Sie ganz einfach auch einmal über den historischen Hintergrund der Entwicklung. Dieser Abschnitt soll Sie also mit der Technik Ihres Autos vertraut machen. Mit dem nötigen theoretischen Wissen im Hinterkopf schraubt es sich viel leichter.

ARBEITSSCHRITTE

So bald am Auto gearbeitet wird, werden Sie dieses Symbol sehen. Auf diesen Seiten erhalten Sie Schritt für Schritt Anleitungen zum Ein- und Ausbau von Teilen. Bei der Auswahl haben wir uns strikt daran gehalten, was in der heimischen Garage noch machbar ist und was nicht. Und damit Sie sehen, dass wir uns gerne die Finger für Sie schmutzig machen, haben wir uns bewusst gebrauchtes Werkzeug benutzt und uns nicht ständig die Hände gewaschen. Wir hoffen, dass die Fotos Ihnen dennoch Appetit auf das Schrauben machen.

BESSER MACHEN

Nicht alle Fahrzeuge müssen serienmäßig bleiben. In der Praxis gleicht sogar kaum ein Auto dem anderen. Autos werden tiefer gelegt, Karosseriebauteile werden verändert oder die Innenausstattung individualisiert. Vielleicht benutzen Sie dieses Buch ja auch, um Ihr Auto gezielt zu verbessern.
Damit wir uns richtig verstehen: Dieses Buch ist keine Tuninganleitung, aber immerhin stellen wir Ihnen verschiedenste zusätzliche Teile vor und verraten Ihnen, worauf Sie beim Einkauf von Zubehörteilen achten sollten.

Rechte und Pflichten

Sie haben einen Wagen erworben und sind der Meinung, er ist kaputt oder funktioniert nicht so, wie er sollte? Bevor Sie sich unnötig aufregen, sollten Sie sich zuerst kundig machen, wie es um Ihre Rechte steht. Dann müssen Sie sicherstellen, dass Sie keinem Irrtum unterliegen und es sich hier tatsächlich um einen Mangel handelt

Was ist ein Mangel?

Vereinfachte Darstellung des § 434 BGB:
Eine Sache ist frei von Mängeln, wenn sie sich für die Verwendung eignet für die sie gemäß Kaufvertrag gedacht war, oder sie sich für die gewöhnliche Verwendung eignet oder die Beschaffenheit aufweist, die man üblicherweise erwarten kann. Das beinhaltet auch Eigenschaften, von denen der Käufer aufgrund von Aussagen, die in der Werbung oder von Mitarbeitern des Verkäufers gemacht wurden, ausgehen kann. Liegt also tatsächlich ein Mangel vor, wie z. B. eine deutlich geringere Höchstgeschwindigkeit als im Prospekt angegeben, sollten Sie sich auf das Gespräch mit dem Kundendiensttechniker vorbereiten und Ihr Recht einfordern. Damit Sie Ihr Anliegen präzise und fachlich richtig an den Mann bringen können, nachfolgend einige Begriffserklärungen und Zusammenhänge:

Gewährleistung, Sachmangelhaftung & Garantie

Garantie und Gewährleistung (Letzteres ist die so genannte Sachmangelhaftung) sind zwei völlig verschiedene und vor allem unabhängige Sachverhalte. Diese beiden Begriffe werden oft umgangssprachlich miteinander verwechselt. Um nicht missverstanden zu werden, sollten Sie diese Begriffe unbedingt voneinander trennen.

Die **Garantie** ist eine freiwillige und zusätzliche Leistung des Verkäufers oder Herstellers. Sie kann nach Belieben ausgestaltet oder befristet sein, und sie folgt aus einer eigenständigen Vereinbarung im Rahmen des Kaufvertrages bzw. in Verbindung mit dem Kaufvertrag. Die Garantie kann an bestimmte Voraussetzungen geknüpft sein, kann bestimmte Kosten ausschließen und auch die Leistungen einschränken. Dies könnte beispielsweise bedeuten, dass die Garantie nur greift, wenn Sie das Fahrzeug regelmäßig in der dem Händler angegliederten Werkstatt warten lassen und Sie nur die Materialkosten und nicht die Arbeitszeit bei einem Schaden erstattet bekommen. Also sollten Sie sich die Garantiebedingungen vor dem Kauf genau anschauen, um diese später nicht durch ein Falschverhalten zu verwirken. Auf Verlangen müssen Ihnen die Garantiebestimmungen, wenn sie Ihnen zugesprochen werden, auch in schriftlicher Form ausgehändigt werden.

Die **Gewährleistung** (Sachmangelhaftung) folgt aus den gesetzlichen Regelungen zum Kaufvertrag. Eine Gewährleistung ist in dem Augenblick gegeben, wenn ein rechtsgültiger Kaufvertrag geschlossen wird. Eine Ausnahme ist nur möglich, wenn die Gewährleistung wirksam ausgeschlossen ist. Ein vollständiger Ausschluss der Gewährleistung im Rahmen eines Kaufvertrags zwischen einem Unternehmer (z. B. Kfz-Händler) als Verkäufer und einer Privatperson als Käufer ist nicht möglich. Die Gewährleistung kann aber z. B. bei Abschluss eines Kaufvertrages zwischen Privatpersonen vollständig ausgeschlossen werden. Dies muss dann aber ausdrücklich und individuell im Kaufvertrag geregelt sein.

Mit dem **Gewährleistungsrechts-Änderungsgesetz** vom 01.01.2007 ergaben sich unter anderem folgende Neuerungen:
- Bei neuen Sachen beträgt die Frist grundsätzlich 2 Jahre ab Datum der Übergabe.
- Bei gebrauchten Sachen kann eine Frist von 1 Jahr vereinbart werden (nicht in Allgemeinen Geschäftsbedingungen!), wobei nur Kraftfahrzeuge, die älter als ein Jahr (ab Erstzulassung) sind, als gebrauchte Sachen gelten.
- Innerhalb der ersten sechs Monate hat bei einer Reklamation der Händler zu beweisen, dass die Sache zum Zeitpunkt der Übergabe dem Vertrag entsprach (also keinen Mangel hatte). Nach sechs Monaten hat der Kunde die Beweispflicht (bisher hatte ausschließlich der Kunde die Beweispflicht).

Diese beschriebenen Regelungen, die das Recht des Endkunden stärken, sind verständlicherweise bei den Händlern nicht so gut angekommen, und diese suchen nach Möglichkeiten, wie sie die Gewährleistung einschränken oder gar ausschließen können. In den letzten Jahren hat darum der Handel mit Bastlerfahrzeugen und Schrottfahrzeugen massiv zugenommen. In solchen Verträgen werden dann sämtliche Gewährleistungsansprüche ausgeschlossen, obwohl die Fahrzeuge teilweise mit frischer Plakette der Haupt- und Abgasuntersuchung versehen sind. Solche und ähnliche Vorgänge können die Gerichte allerdings recht gut einschätzen und entscheiden meistens zugunsten des Verbrauchers. Ebenso verhält es sich mit den Verkäufen, die »im Auftrag« stattfinden. Ein Händler, der in seinem Namen die aktuelle Hauptuntersuchen und weitere Instandsetzungsarbeiten durchgeführt hat, wird es vor Gericht schwer haben zu beweisen, dass er den Verkauf nur vermittelt hat. Er wird damit auch nicht die gesetzlichen Regelungen beschneiden können. Je klarer die Vereinbarung und je genauer die Fahrzeugbeschreibung, desto geringer ist das Haftungsrisiko. Wir raten Ihnen, einen Musterkaufvertrag für Gebrauchtfahrzeuge sowie einen Gebrauchtfahrzeuge-Zustandsprüfbericht zu verwenden. Damit lassen sich kostspielige Prozesse und unangenehme Streitigkeiten vermeiden.

Zusammenfassung:
Eine freiwillige Garantie besteht also zusätzlich zur gesetzlichen Gewährleistung (Sachmangelhaftung) und ist im Umfang der Leistungen, im Vergleich zur Gewährleistung meistens eingeschränkt. Allerdings greift sie oft auch noch für Mängel, die erst nach dem Kauf auftreten, was so nicht auf die gesetzliche Gewährleistung zutrifft.

Zum Reizthema Farbabweichung

Farbabweichung kann ein Sachmangel sein. Das Oberlandesgericht Köln hat zu diesem Thema eine wichtige Entscheidung getroffen: Danach gehört die Farbe eines Neufahrzeugs zu den Beschaffenheitsmerkmalen und stellt ein äußerliches Merkmal des Fahrzeugs dar, welches für den Käufer im Rahmen der Kaufentscheidung maßgeblich ist. Ergeben sich Abweichungen im Farbton des bestellten zu dem tatsächlich gelieferten Fahrzeug, so kann der Käufer hierauf grundsätzlich Gewährleistungsansprüche geltend machen. Durch das OLF Köln bestätigtes Urteil des LG Aachen vom 26.04.2005 (Az. 12 O 493/04).

Das Recht der Nachbesserung

Seit dem 01.01.2002 gibt die neue Rechtslage sowohl dem Käufer als auch dem Verkäufer einen Anspruch auf Beseitigung eines Mangels. Anstatt von Nachbesserung spricht jetzt das Gesetz von Nacherfüllung. Grundsätzlich hat der Händler das Recht bis zu drei Mal nachzuerfüllen. Hierbei hat der Verkäufer die zum Zwecke der Nacherfüllung erforderlichen Aufwendungen zu tragen, das sind Transport-, Wege-, Arbeits- und Materialkosten. Zu beachten ist in diesem Zusammenhang, dass der Verkäufer sein Recht einen Mangel nachzubessern behält, auch wenn Reparaturen bereits in einer fremden Werkstatt erfolglos waren. Der Verkäufer muss sich diese Nachbesserungsversuche nicht zurechnen lassen, er kann auf eine Nacherfüllung im eigenen Firmensitz bestehen. OLG Köln vom 14.02.2006 (Az. 20U 188/05).

Wandlung und Preisnachlass

Hat sich ein erheblicher Mangel nach drei Nacherfüllungsversuchen immer noch nicht beseitigen lassen oder fehlen zugesicherte Eigenschaften, haben Sie das Recht auf Wandlung oder Preisnachlass. Dies ist dann auch der Zeitpunkt, an dem Sie einen Rechtsanwalt zu Rate ziehen sollten. Sie werden sich auf jeden Fall eine Nutzungspauschale, die abhängig ist von der genutzten Laufleistung des Fahrzeugs, anrechnen lassen müssen. Eine Wandlung ist grundsätzlich nur dann möglich, wenn sich das Fahrzeug noch im Originalzustand befindet.

Der Kulanzantrag

Nach Ablauf der Gewährleistungszeit und gegebenenfalls der Garantiezeit bleibt Ihnen immer noch die Möglichkeit der Kulanzregelung beim Händler. Die Kulanz bezeichnet im Allgemeinen ein Entgegenkommen zwischen den Vertragspartnern nach Vertragsabschluss. Sie regelt den Ablauf der freiwilligen Reparatur- und Serviceleistungen nach Ablauf der gesetzlichen oder individualvertraglichen Gewährleistungspflicht.

Hinweis: Dieses Kapitel soll nur erste Hinweise geben und erlaubt daher keinen Anspruch auf Vollständigkeit. Obwohl es mit der größtmöglichen Sorgfalt erstellt wurde, kann eine Haftung für die inhaltliche Richtigkeit nicht übernommen werden.

Lernen Sie Ihr Auto kennen

Egal, ob Sie Ihren Golf schon lange besitzen oder ihn eben erst erworben haben – nehmen Sie sich die Zeit und erkunden Sie Ihr Fahrzeug gründlich. Denn selbst wenn Sie die Bedienungsanleitung gelesen haben, wovon wir selbstverständlich ausgehen, kennen Sie bestimmt noch nicht alle Details Ihres Autos.

Die Fahrgestellnummer

Die Fahrgestellnummer enthält bereits etliche – in Zahlen- und Buchstabencodes verschlüsselte – Informationen zu Ihrem Golf. Deren Bedeutung können Sie als Do-it-Yourselfer nun kennen lernen und auch entziffern. Die Fahrgestellnummer finden Sie an verschiedenen Stellen Ihres Fahrzeuges angebracht: in den Unterlagen für den Service, auf der Querwand im Motorraum und auf dem Typenschild auf dem vorderen Querträger.

Stelle	Bedeutung	Beispiele	Auswertung
1 2 3	Welthersteller-code	WVW	WVW = VW Pkw WV2 = VW Nutzfahrzeug
4 5 6	Füllzeichen	ZZZ	ohne Bedeutung
7 8	Fahrzeugmodel	1H	Golf Cabriolet
9 5	Füllzeichen	Z	ohne Bedeutung
10	Modelljahr		N 1992, P 1993, R 1994, S 1995, T 1996, V 1997
11	Produktions-standort E = Emden	W	W = Wolfsburg X = Poznan D = Bratislava
12	Laufende Nummer	000001	

Die Fahrgestellnummer: Durch ein Sichtfenster kann die Fahrgestellnummer leicht eingesehen werden. Wenn das nicht möglich ist, sollte die Abdeckung abgenommen werden.

Das Typenschild

Das Fahrzeugtypenschild kann im Motorraum auf dem Frontquerblech abgelesen werden. Es kann aufgeklebt oder genietet sein.

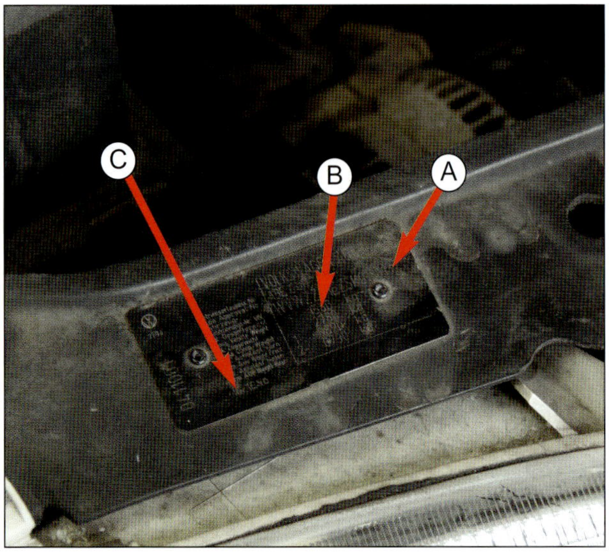

Typenschild im Motorraum: Angebracht auf dem Schlossträger enthält die Plakette Fahrgestellnummer und Achslasten: A Fahrzeugidentifizierungsnummer, B variable Angaben wie z. B. Achslasten, zulässiges Gesamtgewicht, zulässiges Zuggewicht, C Typ-Kennnummer, D Motorkennbuchstabe.

Der Fahrzeugdatenträger

Der Fahrzeugdatenträger findet sich im Kofferraum. Dort sind alle wichtigen Daten zur Fahrzeugerkennung wie Modell, Motor, Getriebe, Lackfarbennummer und Innenausstattung aufgeführt. Ein solcher Fahrzeugdatenträger befindet sich auch immer auf der ersten Seite Ihres Service-Heftes.

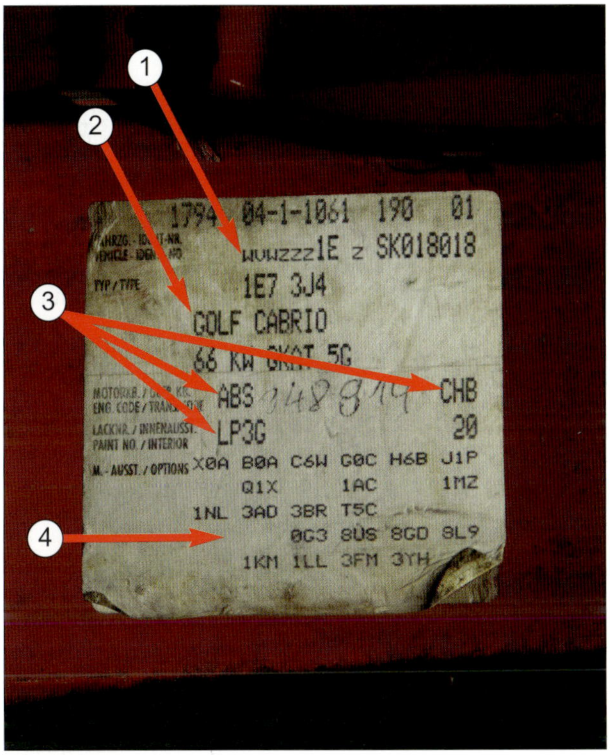

Der Aufkleber enthält folgende Fahrzeugdaten: 1 Fahrzeug-Identifizierungsnummer (Fahrgestellnummer), 2 Fahrzeugtyp, Motorleistung, Getriebe, 3 Motor- und Getriebekennbuchstabe, Lacknummer, Innenausstattung, 4 Mehrausstattungen, PR-Nummern.

Die Motorkennnummer

Die Motornummer finden Sie beim 1,4 l- und 1,6 l-Benzinmotor auf der getriebeseitigen Stirnfläche des Zylinderblocks unterhalb des Kühlmittelreglergehäuses, beim 1,8 l- und 2,0 l-Benzinmotor (2-Ventiler) vorn auf dem Motorblock unter der Trennstelle zwischen Motorblock und Zylinderkopf, beim 2,0 l-Benzinmotor (4-Ventiler) vorn am Zylinderblock über der Kurbelgehäuseentlüftung und beim 1,9 l-Dieselmotor zwischen Einspritzpumpe und Vakuumpumpe am Zylinderblock.

Serviceheft, Beschreibungen und der Schlüssel: Alles wichtig, um mit Ihrem Golf umgehen zu können.

Der Fahrzeugschein

Eine sehr ergiebige Informationsquelle ist der Fahrzeugschein. Neben der Fahrgestellnummer finden Sie weitere für die Ersatzteilbeschaffung oder den Reparaturauftrag wichtige Angaben und Schlüsselnummern (Angaben in Klammern gelten für neue Zulassungsbescheinigungen):

- Zu 2: Herstellercode (2.1)
- Zu 3: Typ und Ausführung (2.2)
- Zu 32: Datum der Erstzulassung (B)
- Zu 4: Fahrgestellnummer (E)

Natürlich ist es nicht der richtige Begriff, aber »Zulassungsbescheinigung Teil 1« wird sich sicher nie im Volksmund durchsetzen. Auch die zwar europäisch einheitliche, aber für uns doch neue optische Ordnung löst bei der Suche nach den Informationen meist hilfloses Suchen aus. Deshalb haben wir die wichtigsten Informationen zum »schnell mal finden« kenntlich gemacht. HSN und TSN sind die Kürzel für den Herstellercode (früher »Ziffer2«) und den Typcode (Früher die ersten drei Ziffern der »Ziffer3«) des Fahrzeugscheins. Diese beiden Nummern zusammen mit der Erstzulassung helfen bei der Teilebeschaffung im Zubehörmarkt.
Auch wenn diese Informationen bereits auf der Rückseite des Fahrzeugscheins vermerkt sind, hat man meist die Kennnummer vergessen, bis man im Fahrzeugschein auch nur in die Nähe der Information gekommen ist. Aus diesem Grund schlüsseln wir diese Informationen hier an dieser Stelle auf.

Fahrzeugschein:

1 HU/AU Termin
2 Halter des Fahrzeugs
3 Kennzeichen
4 Hubraum
5 Typbezeichnung
6 Fahrgestellnummer
7 Erstzulassung
8 Herstellercode (HSN)
9 Typcode (TSN)
10 Leistung

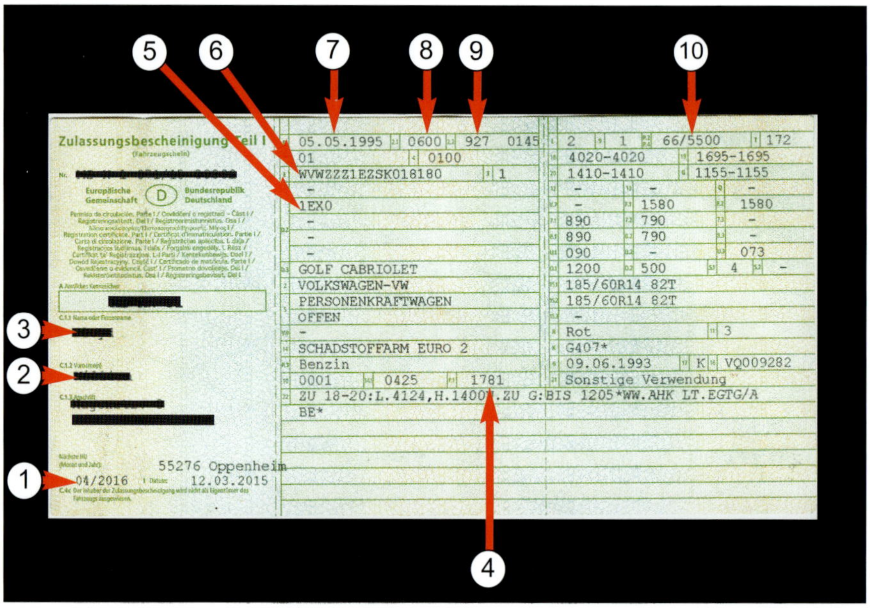

B Erstzulassung
D.1 Hersteller
D.2 Typ
D.3 Handelsbezeichnung
E Fahrgestellnummer
F.1 Zulässiges Gesamtgewicht
F.2 Zulässiges Gesamtgewicht in Deutschland
G Leergewicht
H Gültigkeitsdauer
I Ausstellungsdatum dieses Scheines
J Fahrzeugklasse (Pkw, Lkw)
K EG Typennummer
L Anzahl der Achsen
O.1 Anhängelast gebremst
O.2 Anhängelast ungebremst
P.1 Hubraum des Motors (in cm^3)
P.2 / P.4 Motorleistung (in kW)
P.3 Kraftstoffart
Q Leistungsgewicht (nur bei Motorrädern)
R Farbe des Fahrzeuges
S.1 Sitzplätze mit Fahrersitzplatz
S.2 Stehplätze
T Höchstgeschwindigkeit (in km/h)
U.1 Standgeräusch (in dB/A)
U.2 Drehzahl zum Standgeräusch
U.3 Fahrgeräusch (in dB/A)
V.7 CO2 Ausstoß (in g/km) kombinierter Wert
V.9 Schadstoffklasse
2 Kurzbezeichnung Hersteller

2.1 HSN Herstellerschlüsselnummer
2.2 Prüfziffer und TSN-Typschlüsselnummer
3 Prüfziffer für die Fahrgestellnummer
4 Art des Aufbaus (EG-Bezeichnung)
5 Bezeichnung der Fahrzeugklasse und des Aufbaus
6 Erstellungsdatum der EG-Typennummer
7.1 Zulässige Achslast Achse 1
7.2 Zulässige Achslast Achse 2
7.3 Zulässige Achslast Achse 3
8.1 Zulässige Achslast in Deutschland Achse 1
8.2 Zulässige Achslast in Deutschland Achse 2
8.3 Zulässige Achslast in Deutschland Achse 3
9 Anzahl der Achsen
10 Codenummer zur Kraftstoffart
11 Codenummer zur Fahrzeugfarbe
12 Rauminhalt des Tanks bei Tankfahrzeugen (in m^3)
13 Stützlast (in kg)
14 Bezeichnung der nationalen Emissionsklasse
14.1 Codenummer zu der Schadstoffklasse
15.1 Bereifung auf der Achse 1
15.2 Bereifung auf der Achse 2
15.3 Bereifung auf der Achse 3
16 Nummer der Zulassungsbescheinigung Teil 2 (Fahrzeugbrief)
17 Merkmal zur Betriebserlaubnis
18 Länge in mm
19 Breite in mm
20 Höhe in mm
21 Sonstige Vermerke
22 Bemerkungen und Ausnahmen

Generation drei

Nach dem legendären Golf I Cabriolet erscheint im Jahr 1993 das zweite Golf-Cabriolet auf der technischen Basis der dritten Limousinen-Generation. Das Golf III-Cabriolet basiert auf dem Golf III. Ein Cabriolet auf Basis des Golf II hat es nie in Serie gegeben. Wie sein Vorgänger, wird auch das Golf III-Cabriolet in Osnabrück bei Karmann gebaut. Im Laufe seiner Produktionszeit kommen wieder einige Sondermodelle auf den Markt: Sie heißen diesmal Pink Floyd, Rolling Stones, Bon Jovi, Joker, Highline und schließlich Classic Edition.

1998 brachte Volkswagen das Golf IV-Cabriolet heraus. Die Basis war das Golf III-Cabriolet. Veränderungen zum Golf III-Cabriolet sind bis auf die veränderte Front- und Heckpartie sowie einige Details im Innenraum, wie beispielsweise eine blau/rote Armaturenbeleuchtung und neue Oberflächen, kaum auszumachen. Es handelte sich eigentlich um ein Facelift des Golf III-Cabriolet. Aus diesem Grund werden wir diese beiden Fahrzeugtypen in diesem einen Buch zusammenfassen und genauer unter die Lupe nehmen.

Bezeichnung und die Fahrzeugbasis

Die Kennzahl der Typbezeichnung für den Golf wächst in der Regel mit dem Erscheinen eines neuen Bautyps dieses Fahrzeugtyps mit. Wie schon erwähnt, wurden aber auch seitens Volkswagen mit einem Facelift die Bezeichnungen weiterentwickelt. So geschehen beim Golf IV, der genau betrachtet eigentlich ein weiterentwickelter Golf III ist. Verwirrend wird es dann, da die Modellbezeichnung beim Facelift des Golf I-Cabriolet geblieben ist. Es gab aus dem Hause VW keinen Golf II Cabriolet. Allerdings sind einige wenige Modelle auf dem Markt. Diese Fahrzeuge wurden von Umbaufirmen oder auch als »Kitcar« in Eigenregie mit einem Umbausatz und anschließender TÜV-Abnahme hergestellt. Eine der bekanntesten Firmen war die Firma Bieber-Cabriolet, die auch vorgefertigte Umbausätze vertrieb.

Anforderung und Design

Der Vorgänger, also der Golf I Cabriolet, bestand kon-

Golf I Cabriolet: Ein Alltagsauto mit Großserientechnik, das gekonnt Nutzen und Spaß verbinden kann.

Das Golf I Cabriolet in gehobener Ausstattung: Die Ansprüche stiegen, der Golf wächst auch offen mit.

Golf I Cabriolet bis zum Modellwechsel: Schwellerleisten und sportliche Stoßfänger machten ihn nicht zum Golf II Cabriolet.

Golf II Cabriolet: Es ist wirklich ein Golf II, allerdings als Umbau zum Cabriolet. Nicht nur schick, sondern auch sehr selten.

Golf III Cabriolet sportlich rund und modern: Das neue Gesicht wurde auch nach dem Facelift zum Golf IV kaum verändert.

Markantes Hinterteil: Hohes Heck mit markanter Spoilerkante auf dem Kofferraumdeckel und eingebauter dritter Bremsleuchte.

Safety first: Auch die Modellvarianten III und IV verzichten nicht auf den Überrollbügel, der dem Vorgänger den Spitznamen »Erdbeerkörbchen« eingebracht hatte.

Auch geschlossen schick: Die Kante am Kofferraum lässt die Seitenlinie sportlich und fast wie ein Coupé wirken.

struktiv noch aus den frühen 70er-Jahren, basierend auf der geschlossenen Variante. Für den Golf III standen neue Vorgaben im Lastenheft der Konstrukteure. Die Karosserie muss deutlich mehr Platz als der Vorgänger bieten. So wuchs der Kofferraum um etwa 50 Liter an. Auch der Sicherheitsstandard musste der Ausstattung der damals aktuellen Modellpalette angepasst werden. Die Anforderungen an die Crashsicherheit bestanden nun auch an Offset-Crash. Fahrer- und Beifahrer-Airbag, ABS und Seitenaufprallschutz wurden nun serienmäßig wie bei den geschlossenen Fahrzeugen der Modellpalette verbaut. Auf diese Systeme werden wir so weit möglich in diesem Band genauer eingehen. Auch für die Modellreihe Golf III und IV hat sich Volkswagen wieder für den Überrollbügel entschieden. Vorteile wie der Gewinn an Steifigkeit der Karosserie und letztendlich die Überrollsicherheit waren sicherlich wichtige Punkte für diese Entscheidung. Automatische Systeme, wie die im Beetle verbauten hochschnellenden Sicherheitsbügel, waren damals noch nicht verfügbar. Auffällig ist, dass das geöffnete Dach im Vergleich zum Vorgängermodell Golf I deutlich niedriger aufliegt.

Aktive Sicherheit

Man spricht von aktiven und passiven Sicherheitselementen eines Fahrzeuges. Die Bedeutung dieser Begriffe ist meist aber gar nicht klar. Aktive Sicherheitseinrichtungen tragen zusammen mit den Elementen

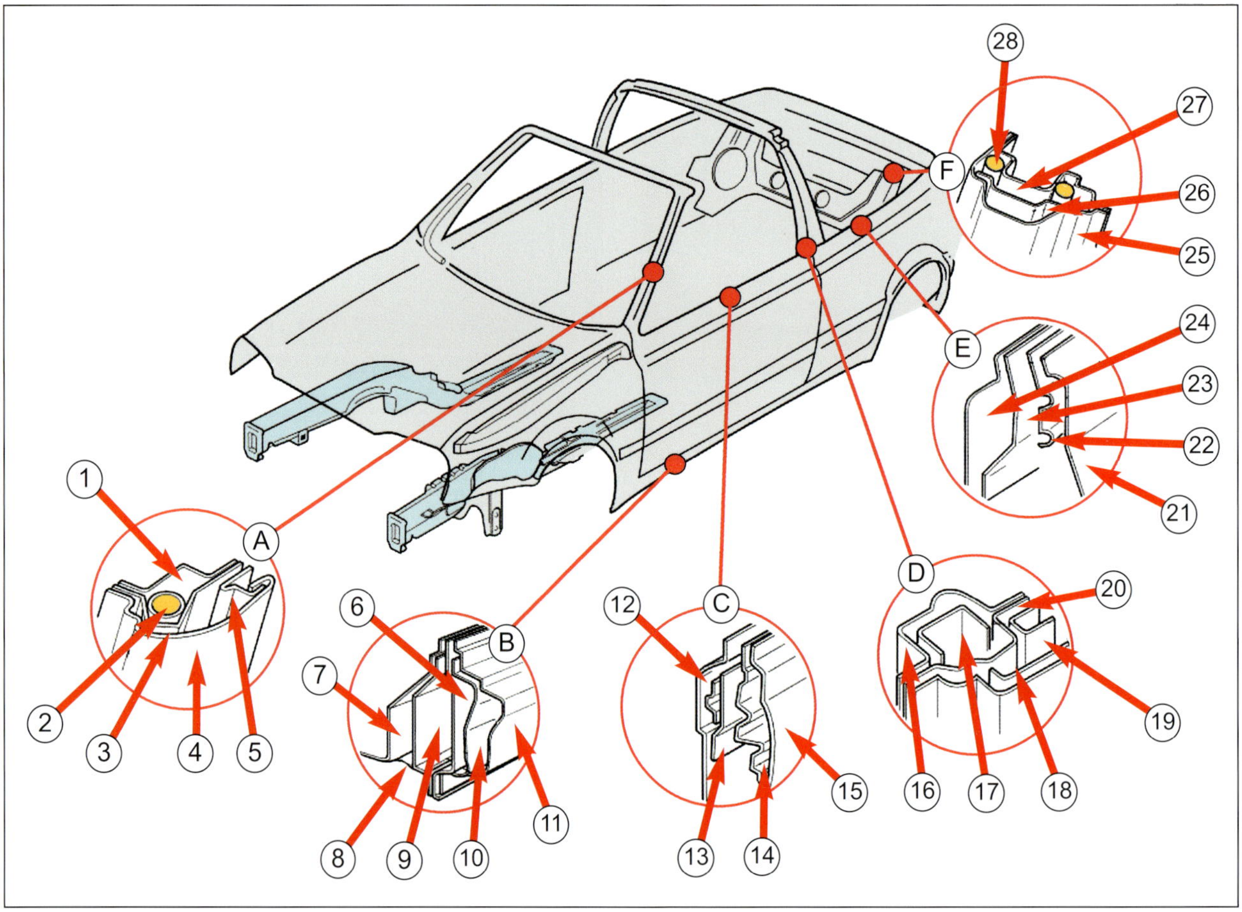

Die Golf III Cabriolet-Karosserie im Aufbau: A Windschutz-Scheibenrahmen, B Schweller, C Fensterschacht, D B-Säule und Überrollbügel, E Fensterschacht hinten, F Stegwand Verdeckwanne, 1 Windschutz-Unterteil, 2 Verstärkungsrohr, 3 Verstärkung Windschutz, 4 Windschutz-Oberteil, 5 Schließblech, 6 Stegblech, 7 Boden vorn, 8 Abdeckblech vorne, 9 Verstärkung, 10 Verstärkung Unterholm, 11 Unterholm außen, 12 Türinnenblech, 13 Schachtverstärkung innen, 14 Schachtverstärkung außen, 15 Türaußenblech, 16 B-Säule innen, 17 Verstärkung, 18 Schachtverstärkung außen, 19 U-Schiene Seitenfenster, 20 B-Säule außen, 21 Seitenteil außen, 22 Schachtverstärkung außen, 23 Schachtverstärkung innen, 24 Seitenteil innen, 25 Stegblech, 26 Verstärkung, 27 Stegblech Verdeckwanne, 28 Umlenkung Sicherheitsgurt.

der passiven Sicherheit zum Schutz für die Fahrzeuginsassen bei.
Bauteile, die zur aktiven Sicherheitsausrüstung eines Fahrzeuges zählen, sind diejenigen, die einen Unfall verhindern können. Betrachten wir zuerst einige Bauteile, die der aktiven Sicherheit zugerechnet werden. Für ein besseres Verständnis gliedern wir diese in drei Gruppen:

Konstruktive Maßnahmen zur aktiven Sicherheit:
In dieser Gruppe werden die Bauteile eingeordnet, die durch die Gestaltung und Auslegung der Karosserie realisiert werden. Dazu zählen beispielsweise eine leichtgängige aber nicht rückmeldungsfreie Lenkung, die dem Fahrer den Fahrbahnkontakt vermitteln kann, eine ausgewogene und für möglichst alle Betriebszustände gelungene Abstimmung des Fahrwerks, wirkungsvolle Bremsen und durchzugsstarke Motoren.

Ergonomische Maßnahmen zur aktiven Sicherheit:
Unter diesen Aspekt fällt die Fahrzeugausrüstung, welche die Fahrzeugbedienung erleichtert und ein »entspanntes Fahren« ermöglicht. Der Konzentrationserhalt des Fahrers ist ein wichtiger Gesichtspunkt für die Unfallvermeidung. Man kann sich leicht vorstellen, welchen Einfluss komplizierte Bedienelemente haben können, wenn man sich die Gesetzeslage hinsichtlich der Benutzung von Telefonen während der Fahrt anschaut. Jeder kleine Moment der Unaufmerksamkeit bedeutet einen potenziellen Moment in

einen Unfall verwickelt zu werden. So gehören Fahrzeugausrüstungen wie gute Sitze, das Belüftungs- und Klimatisierungssystem, gute Rundumsicht und möglichst günstig angeordnete Schalter und Anzeigen dazu.

Aktive Sicherheit der Karosserie
Neben den schon aus der geschlossenen Version bekannten Sicherheitssystemen wie das ABS und auch das sehr präzise auf das Fahrzeug abgestimmte Fahrwerk, das im Golf verbaut wurde, finden Sie auch so genannte »Schwingungstilger«, die dem cabriotypischen Zittern oder einem Querschütteln während der Fahrt aktiv entgegenwirken. Die Antriebseinheit aus Motor und Getriebe, die vorne quer eingebaut ist, übernimmt auch schon eine solche Funktion. Er ist mit einem Schaltgetriebe ausgerüstet und an fünf Punkten, bei den Automatikvarianten an vier Punkten, die genau berechnet wurden, aufgehängt. Mit den etwa 200 kg Masse wirkt die Antriebseinheit den Karosseriebewegungen entgegen. Besonders fällt der konstruktive Aufwand auf, wenn man sich das etwa 10 kg schwere Graugussgewicht im Fahrzeugheck (3) betrachtet. In der Zusammenarbeit dieser Tilgermassen werden der Fahrkomfort und damit auch die Fahrsicherheit deutlich erhöht.

Maßnahmen zur Regelung für aktive Sicherheit:
In diese Gruppe werden die Bauteile eingegliedert, die auf der Elektronik basierende Eingriffe in elektronische oder hydraulische Regelsysteme vornehmen. Eingriffe werden beispielsweise in das Bremssystem vorgenommen. Das Anti-Blockier-System (ABS) verhindert, dass ein Rad überbremst wird und ermöglicht so sehr kurze Bremswege mit sicherer Lenkbarkeit des Fahrzeuges auch während der Bremsung.

Passive Sicherheit

Die passiven Sicherheitselemente:
Sie kommen dann zum Tragen, wenn der Unfall gerade passiert. Die Komponenten der passiven Sicherheit stellen alle konstruktiven Maßnahmen dar, die dazu dienen, die Fahrzeuginsassen vor Verletzungen zu schützen oder zumindest die Verletzungsgefahren zu verringern. Der Begriff »passive Sicherheit« bezieht sich auf das Kollisionsverhalten (Crashtests) und berücksichtigt über den Schutz der Insassen hinaus auch den Schutz anderer Verkehrsteilnehmer.
Auch hier lassen sich Merkmale in ein Sortierungsraster bringen:

Insassenschutz:
Unter dem Begriff »Insassenschutz« versteht man den Schutz des Fahrzeugführers und seiner Mitfahrer. Zu den wichtigsten Bauteilen gehören neben dem Gurtsystem die Airbags und eine »verformungssteife« Fahrgastzelle mit Knautschzonen in Front-, Heck- und Seiten-Bereich. Diese Komponenten sorgen für einen weitestgehend schützenden Abbau der Aufprallenergie und den sicheren Halt der unfallbeteiligten Fahrzeuginsassen. Auch das Golf-Cabriolet ist mit Airbagsystemen ausgerüstet. Zusätzliche Knieposter halten das Verletzungsrisiko im Falle eines Unfalles so klein wie möglich. Kopfstützen an den Vordersitzen, Kopf- und Nackenstützen, die im Rücklehnenoberteil integriert sind, erhöhen, wie auch die für alle Sitzplätze vorhandenen 3-Punktgurte, die Sicherheit erheblich.

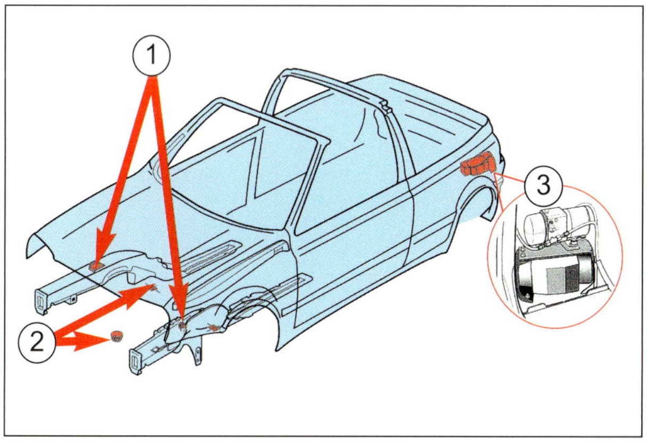

Verblüffende Effekte und Bauteile: Tilgergewichte (2) und Gegenschwinger (3) sorgen zusammen mit der kompletten Motoraufhängung (1) für eine schwingungsarme Fahrt.

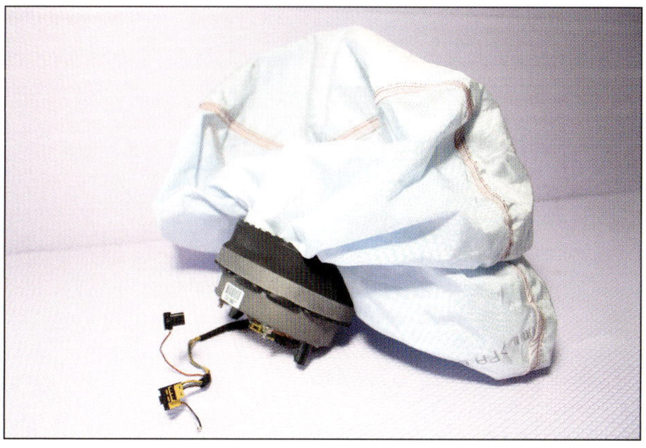

EXPLOSIONSGEFAHR: Die Kräfte, die der Airbag bei der Zündung freisetzt, können Sie tödlich verletzen!

PRAXISTIPP

Achtung Airbagsystem

Wir stellen Ihnen an dieser Stelle einige wichtige Hinweise zu den Airbagsystemen vor. Es handelt sich um Sprengsätze nach dem Sprengstoffgesetz. Der Umgang ist klar geregelt. Ohne fachliche Eignung sollten Sie Montagearbeiten an Komponenten des Airbagsystems schon zur eigenen Sicherheit unterlassen.

- Prüf-, Montage- und Instandsetzungsarbeiten dürfen nur von geschultem Personal durchgeführt werden.
- Keinesfalls mit Prüflampe, Voltmeter oder Ohmmeter prüfen.
- Pyrotechnische Bauteile dürfen nur im eingebauten Zustand und mit vom Hersteller freigegebenen Fahrzeugdiagnose-, Mess- und Informationssystemen geprüft werden.
- Bei Arbeiten an pyrotechnischen Bauteilen und am Airbag Steuergerät muss das Masseband der Batterie bei EINGESCHALTETER Zündung abgeklemmt werden. Anschließend den Minuspol abdecken.
- Nach dem Abklemmen der Batterie ist eine Wartezeit von 10 Sekunden erforderlich.
- Das Anklemmen der Batterie muss bei EINGESCHALTETER Zündung erfolgen. Hierbei darf sich keine Person im Innenraum des Fahrzeugs aufhalten. Ausnahme: Fahrzeuge mit Batterie im Fahrzeuginnenraum. Halten Sie sich hierbei nicht im Wirkungsbereich der Airbags und der Sicherheitsgurte auf. Wenn nach dem Wiederanklemmen der Batterie die Zündung nicht eingeschaltet ist (Kontrollleuchten im Schalttafeleinsatzleuchten nicht), halten Sie zum erstmaligen Einschalten der Zündung Kopf und Arm entfernt vom Lenkrad und einem eventuell verbauten Knieairbag, damit Sie sich nicht im Wirkungsbereich der Airbags und der Sicherheitsgurte befinden.
- Vor dem Hantieren mit pyrotechnischen Bauteilen des Rückhaltesystems, zum Beispiel dem Trennen der elektrischen Steckverbindung, muss sich der Mechaniker elektrostatisch entladen. Das elektrostatische Entladen wird durch das Berühren von geerdeten Metallteilen, zum Beispiel durch kurzes Anfassen des Türschließkeils, erreicht.

Die Gurte sind mit Gurtkraftbegrenzern ausgerüstet, um die Höchstkraft zu beschränken und mögliche Verletzungen durch den Gurt beim Unfall zu mindern. Der Umgang mit den Airbagsystemen erfordert eine besondere Sachkenntnis. Grundsätzlich ist es verboten Arbeiten an sicherheitsrelevanten Systemen durchzuführen, die entweder nicht durch den Hersteller freigegeben wurden oder besondere Kenntnisse erfordern. Airbag-Systeme sind Sprengmittel im Sinne des Gesetzgebers. Für den Umgang mit den sprengmittelhaltigen Bauteilen muss ein Sachkundenachweis vorliegen. Zur Auslösung einer Airbageinheit kann im ungünstigen Fall schon die elektrostatische Aufladung der Kleidung ausreichen. Es handelt sich um Systeme mit eingebauten Sprengladungen, die bei unsachgemäßer Behandlung leicht schwere bis zu tödliche Verletzungen verursachen können. Um Ihnen das zu verdeutlichen und auch den Ablauf der Vorbereitungen für Arbeiten am und auch rund um das Airbagsystem näher zu bringen, stellen wir Ihnen eine typische Vorgehensweise im Praxistipp »Achtung Airbag« vor. Nehmen Sie diese Arbeiten nicht auf die leichte Schulter und holen Sie sich sachkundige Hilfe (jemanden mit der entsprechenden Airbagschulung) um Unfälle zu vermeiden.
Diese Serienausrüstung kann natürlich auch nur dann funktionieren, wenn sie nicht durch nachträgliche Einbauten daran gehindert wird. Hinsichtlich des Airbagsystems bedeutet, dass schon nicht geeignete Schonbezüge über den Sitzen einen Einfluss auf das Entfaltungsverhalten des Luftsacks haben können. Auch falsche Reinigungsmittel, die einen nicht kalkulierten Einfluss auf den Weichmacher in der Kunststoffabdeckung des Airbags haben, zeigen einen solchen Einfluss. Wer denkt schon daran, dass ein chemischer Reiniger für den Automobilbereich irgendeinen negativen Einfluss auf dieses System haben könnte. Meist ergibt auch die Befragung des Verkäufers wenig bis keine neuen Erkenntnisse über die Verwendbarkeit des Reinigers. Die Inhaltsstoffe werden schließlich meist nicht detailliert beschrieben.

Partnerschutz:
Unfälle passieren eben nicht nur in einem Fahrzeug. Im Normalfall sind immer andere Verkehrsteilnehmer oder auch Verkehrspartner an einem Unfall beteiligt. Gerade bei Fußgängern, Radfahrern und natürlich auch den Bikern ist kein System vorhanden, das eventuelle Unfallfolgen verringern kann. Dieser Aspekt wird bei der Fahrzeugentwicklung heute auch mit

einbezogen. Frontbereiche sollen immer auch so konstruiert sein, dass sie die Aufprallenergie aufnehmen oder verringern können, die bei einem Fußgängerunfall den Verkehrspartner erheblich verletzen könnte. Hierin findet sich dann auch der Grund für Kunststoffstoßfänger und Motorhauben ohne Flächenverstrebungen.

Passive Sicherheit Karosserie:
Von außen ist es fast oder gar nicht zu erkennen. Die Karosserie des Golf III Cabriolet unterscheidet sich an kleinen aber sehr wichtigen Details zu der Karosserie der Serienlimousine. An die Karosserie wurden die gleichen Maßstäbe angelegt. Das fehlende Dach macht aber einige Verstärkungen erforderlich. So erfüllte die Cabrio-Karosserie die gegenwärtig und mittelfristig zu erwartenden Anforderungen an die passive Sicherheit. Die Konstruktion ermöglichte eine erhöhte Torsion- und Verwindungssteifigkeit der Karosserie, was nicht nur einen hochwertigen Eindruck hinterlässt, sondern auch eine lange Lebensdauer erwarten ließ, was sich ja bereits bei den Fahrzeugen die noch heute meist im guten Zustand auf dem Markt sind bewahrheitet hat. Die Basis für die Konstruktion ist wie schon erwähnt, die geschlossene Modellvariante. Die Unterschiede beginnen aber von innen heraus. Zusätzliche Verstärkungsprofile, dickere Karosseriebleche und stärkere Verbindungen und Versteifungen sorgen für eine höhere Festigkeit und Verwindungssteifigkeit der Karosserie. Mit den mit Rohr verstärkten A-Säulen und Scheibenrahmen vorne, mit der verklebten Windschutzscheibe und dem Überrollbügel sowie dem doppelwandigen Stegblech hinter der Rückenlehne, bildet die Karosserie einen käfigartigen Überlebensraum.
Für die am meisten gefürchteten Unfallarten, dem Fall eines Überschlages und dem seitlichen Abrollen, ist die Karosserie sicher gewappnet. Verstärkungen finden sich auch in den Bereichen, wo man sie zuerst einmal nicht vermutet. Stärkere Bleche im Bereich der Schweller und auch im Schachtbereich der rahmenlosen Tür und Heckfenster im Seitenteil tragen ihren Teil zur Festigkeit bei.

Abmessungen und Gewichte

Abmessungen und Gewichte sind stark von der Ausstattung und der Fahrzeugausführung abhängig. Die angegebenen Werte können deshalb lediglich als »Daumenwert« herangezogen werden.

Länge	4081 mm
Breite	1695 mm
Höhe	1400 mm – 1425 mm
Radstand	2473 mm – 2475 mm
Leergewicht	1159 kg – 1310 kg
Anhängelast ungebremst	500 kg
Anhängelast gebremst	1000 kg – 1200 kg

Motorvarianten

Volkswagen und damit auch der Golf stehen für eine stetige Weiterentwicklung und Perfektionierung der Fahrzeuge. Für den Golf III waren 24 Benzinmotoren und 7 Dieselmotoren mit unterschiedlichen Einspritzanlagen, Leistungen und Motordaten verfügbar. Für das Cabriolet standen im Golf III 11 Bezinmotorvarianten und 3 Dieselmotoren zur Verfügung. Beim Golf IV kamen dann noch drei Benzinmotoren und ein Dieselmotor hinzu. In beiden Baureihen wurden lediglich Motorvarianten zwischen 1,6 l Hubraum und 2,0 l Hubraum verbaut. Wir unterscheiden die Motoren nach Bautyp, Baureihe und Motortyp. Diese Informationen können Sie dann brauchen, wenn Sie beispielsweise einen gebrauchten Motor zuordnen wollen.

Die Benziner

Hubraum	Motorcode	Golf III Cabrio	Golf IV Cabrio
1,6 l	AEK	Ja	Nein
	AFT	Ja	Ja
	AKS	Ja	Ja
1,8 l	ADZ	Ja	Ja
	ANN	Ja	Ja
	ANP	Ja	Ja
	AAM	Ja	Ja
	ABS	Ja	Nein
2,0 l	2E	Ja	Nein
	ADY	Ja	Nein
	AGG	Ja	Ja
	AWF	Nein	Ja
	AWG	Nein	Ja

Die Diesel

Hubraum	Motorcode	Golf III Cabrio	Golf IV Cabrio
1,9 l	AFN	Ja	Ja
	1Z	Ja	Nein
	AHU	Ja	Ja
	ALE	Ja	Ja

Beginn einer Ära: Die kraftvollen TDI-Diesel im Golf setzten klare Zeichen in Sachen Sportlichkeit und wurden ab 1995 dann auch im Cabrio verbaut.

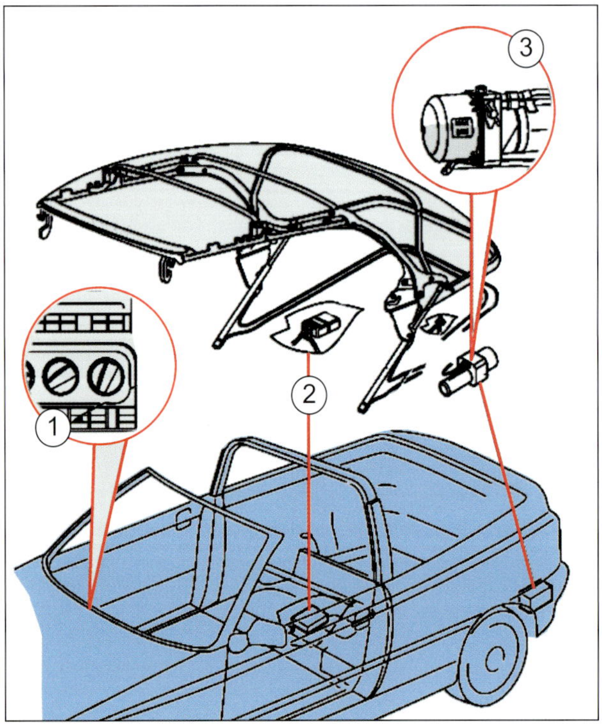

Auch hier unterschiedliche Varianten: 1 Bedientaste, 2 Steuergerät, 3 Verdeckpumpenmotor. Neben dem elektrischen Verdeck gibt es auch manuelle Betätigung sowie unterschiedliche Bezüge für den Verdeckstoff.

Verdeck – Material und Betätigung

Markant schon von außen sind unterschiedliche Materialien und natürlich auch die Farbgebung des Materials. Waren bei den Cabrios der ersten Stunde noch überwiegend Kunststoffverdecke verbaut, finden sich heute überwiegend Verdecke aus Stoff auf den Fahrzeugen. Neue Verdeckstoffe lassen sich durchaus schon für unter 300 Euro in Internetportalen erstehen. Ein Schaden muss also nicht zwingend dauerhaft mit Gewebeklebeband notrepariert bleiben, ein Wechsel ist durchaus machbar. Die Montage werden wir im folgenden Kapitel genauer betrachten. Aber auch die Betätigung unterscheidet sich. Je nach Ausstattungsvariante wird das Verdeck automatisch oder manuell geöffnet und geschlossen. Auch auf die Funktionsweise und den Schaltplan hierzu werden wir später noch intensiver eingehen.

Manuelles Verdeck öffnen und schließen

Die Vorgehensweise ist bei allen Verdecktypen gleich. Aus Sicherheitsgründen sollten Sie das Verdeck nie während der Fahrt öffnen oder schließen.

Verdeck öffnen:

- Entriegeln Sie die beiden Handgriffe links und rechts.
- Ziehen Sie die Handgriffe nach unten.
- Greifen Sie das Verdeck vorne möglichst in der Mitte und schieben Sie es zurück.
- Drücken Sie das Verdeck in der Mitte nach unten, bis beide Fangrasten (links und rechts) hörbar einrasten.
- Ziehen Sie die Persenning über das eingeklappte Verdeck.

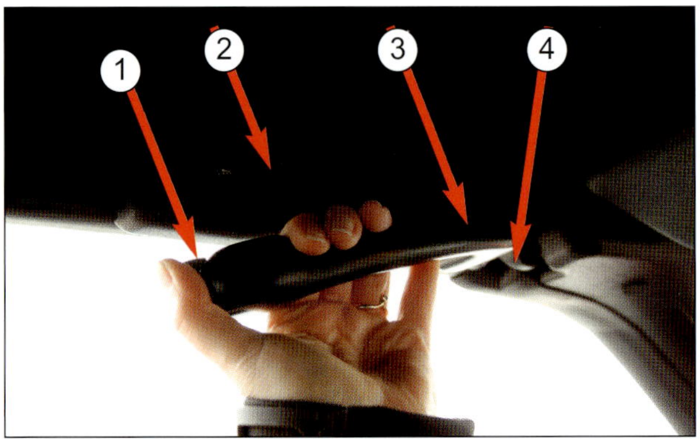

Entriegeln: Die Raste (1) betätigen, Hebel (3) herunterziehen und vom Sicherungsbolzen (2) abziehen. Den Haken (4) aus dem Scheibenrahmen aushängen.

Aufklappen: Möglichst in der Mitte, in jedem Fall aber gewaltfrei nach hinten aufklappen.

Zuklappen: Das Verdeck möglichst gerade und gewaltfrei nach vorne klappen und anschließend von innen verriegeln.

Verdeck schließen:

- Nehmen Sie die Persenning ab.
- Greifen Sie das Verdeck an der Vorderkante möglichst in der Mitte und ziehen Sie es zurück.
- Ziehen Sie das Verdeck leicht nach unten und klappen Sie die Handgriffe nach oben, sie müssen hörbar einrasten.

Elektrisches Verdeck öffnen und schließen

Die Vorgehensweise ist etwas aufwändiger. Das Verdeck kann serienmäßig aus Sicherheitsgründen nicht während der Fahrt geöffnet werden.

Verdeck öffnen:

- Entriegeln Sie die beiden Handgriffe links und rechts.
- Ziehen Sie die Handgriffe nach unten.
- Stecken Sie den Zündschlüssel ins Zündschloss, drehen Sie ihn nicht herum. Die Zündung muss ausgeschaltet bleiben.
- Drücken Sie den Öffnungstaster so lange, bis das Verdeck vollständig auf dem Verdeckkasten abgelegt ist.
- Ziehen Sie die Persenning über das eingeklappte Verdeck.

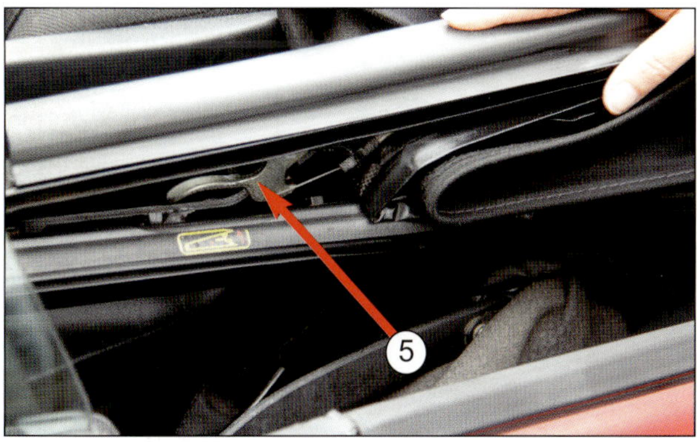

Einrasten: 5 Der Rasthaken rastet beim Herunterdrücken des Verdecks ein und muss zum Zuklappen betätigt werden.

Verdeck schließen:

- Nehmen Sie die Persenning ab.
- Drücken Sie den Schließtaster so lange, bis das Verdeck vollständig auf dem Scheibenrahmen abgelegt ist.
- Klappen Sie die Handgriffe nach oben, sie müssen hörbar einrasten.

Rad- und Reifenkombinationen

Im Laufe der Jahre sind unzählige eintragungsfähige Radreifenkombinationen für den Golf III auf dem Markt, sodass es nicht sinnvoll ist einzelne Felgen, Radsätze oder Reifen im Detail vorzustellen. Wir möchten Ihnen in diesem Abschnitt wichtige Grundlagen für die Umrüstung von Rädern und Reifen an die Hand geben.

Das Bindeglied zur Straße – der Reifen

Reifenunterbau, Gummimischung und das ausgefeilte Reifenprofil machen moderne Reifen zu echten Hightech-Produkten, die einen wichtigen Beitrag zur passiven Sicherheit Ihres Autos leisten. Sie tragen das Gewicht eines Fahrzeugs, fangen kleinere Stöße der Fahrbahn ab und übertragen die Kräfte, die bei

Antrieb, Bremsen und Kurvenfahrt entstehen. Die Reifen an den Vorderrädern bringen es durchschnittlich auf eine Laufleistung von 15.000 – 35.000 Kilometer, die Pneus der Hinterräder auf 30.000 – 50.000 Kilometer. Aber auch wenn Sie Ihr Fahrzeug nur selten bewegen – spätestens nach sieben, acht Jahren sind die Reifen am Ende, weil sich die Mischung des Gummis mit der Zeit auflöst und/oder versprödet bzw. verhärtet.

Hinweise für die Benutzung von Noträdern:
Je nach Fahrzeugausstattung kann ein Fahrzeug auch mit einem Notrad ausgerüstet sein. Das Notrad ist wie der Name schon sagt nur für die Notsituation gedacht. Es ist nicht für den langfristigen Betrieb gedacht und muss so schnell wie möglich gegen ein normales Rad ersetzt werden. Das Notrad verschlechtert die Fahreigenschaften des Fahrzeuges merklich. Gerade bei schlechter Witterung muss die Geschwindigkeit auch deutlich unter die vorgeschriebenen 80 km/h verringert werden. Nach der Montage muss der Fülldruck des Notrades so schnell wie möglich geprüft und wenn erforderlich korrigiert werden. Der zulässige Luftdruck ist auch hier von der Modellvariante abhängig und ist im Fahrerhandbuch sowie im Tankdeckel ausgewiesen. Die angegebene Höchstgeschwindigkeit von 80 km/h darf niemals überschritten werden. Vollgasbeschleunigungen, starkes Bremsen und schnelle Kurvenfahrten müssen vermieden werden. Die Verwendung von Schneeketten auf einem Notrad ist untersagt. Sollte ein Vorderrad durch eine Reifenpanne ausfallen, und die Verwendung von Schneeketten lässt sich nicht vermeiden, muss zuerst der intakte hintere Reifen gegen das Notrad getauscht werden. Als Nächstes wird dann dieses Rad als Ersatz für den defekten Reifen verbaut. Da nur Schneeketten auf »normalen« Reifen verwendet werden dürfen, ist diese Vorgehensweise zwar umständlich, leider aber die einzig legale Variante auch eine winterliche Fahrt sicher fortsetzen zu können.

Produktionsdatum:
Das Reifenherstellungsjahr ist verschlüsselt auf jedem Reifen angegeben. Gerade bei älteren Fahrzeugen kommt es vor, dass schon sehr alte Reifen montiert sind. Achten Sie beim Reifenkauf gerade bei gebrauchten Radsätzen darauf, dass die Reifen nicht älter als vier Jahre sind. Grundsätzlich dürfen zwar auch ältere Reifen gefahren werden. Allerdings werden die Reifen mit zunehmenden Alter härter und verlieren damit ihren Grip. Das bedeutet, die Verzahnung zwischen Straße und Reifen wird schlechter. Die Auswirkung ist natürlich schlechtere Antriebsleistung, aber –und das ist wesentlich schlimmer – der Bremsweg verlängert sich genauso.

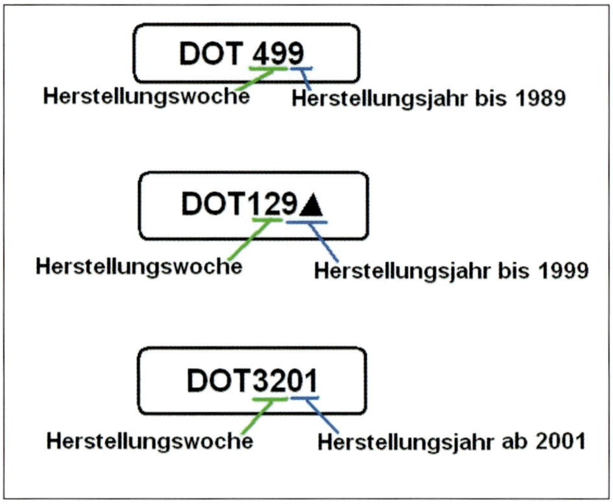

Produktionsprägung: Auf der Reifenflanke findet sich in einer ovalen Vertiefung hinter der Dot-Nummer das Kürzel für das Produktionsdatum.

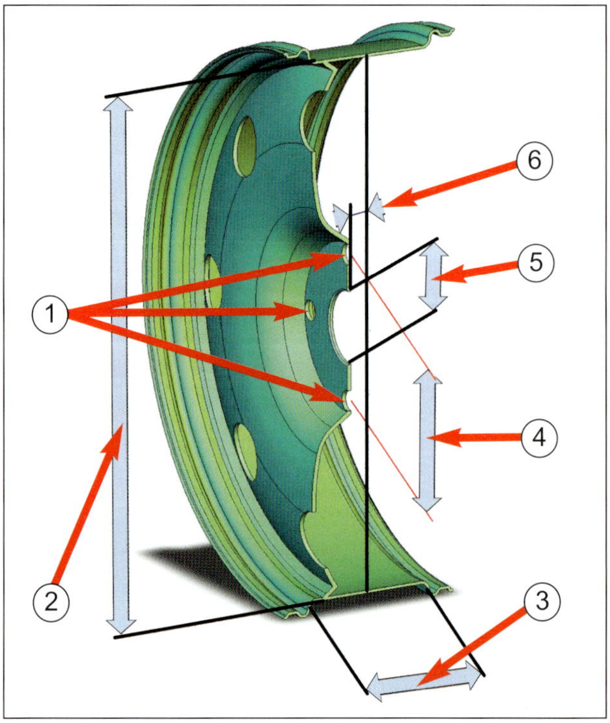

Abmessungen an der Felge: 1 Anzahl der Befestigungslöcher, 2 Durchmesser der Felge, 3 Felgenbreite, 4 Lochkreis, 5 Zentrierbohrung, 6 Einpresstiefe.

Reifen- und Luftdruck:
Durch das Gewicht des Fahrzeuges wird der Reifen im Bereich seiner Aufstandsfläche auf der Fahrbahn verformt. Diese Verformung nennt man Abplattung. Am drehenden Rad läuft diese Abplattung um den Umfang herum. Diese zwangsmäßige Verformung des Reifens ergibt einen größeren Rollwiderstand. Hieraus ergeben sich wiederum ein höherer Reifenverschleiß und Kraftstoffverbrauch und, nicht zu vergessen, ein höheres Sicherheitsrisiko. Ein zu hoher Luftdruck führt zu Mittenverschleiß und schlechtem Abrollkomfort. Grundsätzlich sollte immer der Luftdruck eingehalten werden, den der Hersteller im Tankdeckel und/oder dem Fahrerhandbuch angibt.

Felgendimensionen:
Als Größe wird der Durchmesser der Felge an der Stelle bezeichnet, auf dem der Reifen sitzt. Die Bezeichnung 6 J x 15 H2 zum Beispiel bezeichnet eine Tiefbettfelge (x) mit einer Breite von sechs Zoll und einem Durchmesser von 15 Zoll. Der Buchstabe »J« steht für die Form des Felgenhorns. H2 weist auf eine an beiden Schultern der Felge rundum laufende Erhöhung (Hump) hin. Sie verhindern, dass bei schneller Fahrt durch eine Kurve der Reifenwulst durch die Seitenkräfte von der Schulter der Felge ins Tiefbett gedrückt wird. Das Tiefbett ist für die Reifenmontage unerlässlich. Die Golffelge weist vier Löcher in einem Lochkreis von 100 aus (LK 4x100).

Aufkleber im Tankdeckel: Hier sind die herstellerangaben zu Luftdruck und Beladung angegeben.

Ausschluss am Kompressor: Reifenfüller mit Druckanzeige am heimischen Kompressor.

Drückprüfgerät mit Stiftanzeige: Der Luftdruck wird auf der Skala angezeigt die entsprechend dem Luftdruck herausgeschoben wird.

Druckprüfgerät mit Manometer: Der Druck wird auf der Skala angezeigt.

Investition in die Zukunft

Ohne das richtige Werkzeug geht nichts. Wenn Sie vorhaben, sich intensiv um Ihr Auto zu kümmern, müssen Sie sich zunächst Gedanken um das nötige Handwerkszeug machen. Was Sie dazu unbedingt brauchen und wie Sie alles in der heimischen Garage unterbringen können, wollen wir Ihnen in diesem Kapitel zeigen.

Egal, ob Sie nun häufig oder eher selten, aus purer Lust am Basteln oder um Geld zu sparen am Auto schrauben: Sie müssen dafür zuerst die richtigen Voraussetzungen schaffen. Leider ist das mit Kosten verbunden. Doch wenn Sie bedenken, was eine Arbeitsstunde in der Werkstatt kostet und dass hochwertiges Werkzeug fast ein Leben lang hält, rechnet sich die Investition früher oder später.

Was muss ich als Erstes anschaffen?

Beginnen Sie mit einem Ordnungssystem, bestehend aus einer stabilen Werkbank mit Unterschränken und einem abschließbaren Schrankaufsatz. Ohne ein Ordnungssystem und eine stabile Werkbank sollten Sie nicht beginnen, denn Ordnung und Sauberkeit sind beim Schrauben oberstes Gebot. Das Schöne daran: Das Ganze passt problemlos in eine normale Einzelgarage und bietet Ihnen auf Jahre die nötige Sicherheit. Bei einer Markenfirma wie Gedore kostet eine solche Kombination rund 4200 Euro ohne Inhalt. Der lässt sich mit der Zeit ergänzen. Lassen Sie sich doch von nun an zum Geburtstag oder zu Weihnachten hochwertiges Werkzeug schenken: Die Schränke werden sich schneller füllen, als Sie denken.

Woran erkenne ich gutes Werkzeug?

Gutes Werkzeug kann in der Regel nicht billig sein. Ein Ring-/Maulschlüssel kostet je nach Größe zwischen fünf und 15 Euro, sodass ein Satz mit den zehn gebräuchlichsten Größen schon auf rund 80 Euro kommt. Noch größer sind die Qualitäts- und Preisunterschiede bei den Steckschlüsselsätzen – oft auch Umschaltknarren mit Nüssen genannt.
Ein solider Kasten mit 19 Teilen und Verlängerungen kostet an die 200 Euro, hält dafür aber auch höchste Belastungen aus. Auch das Gewicht ist ein gutes Indiz: Je schwerer das Werkzeug ist, umso stabiler ist der Stahl. Nehmen Sie zum Vergleich ein paar Schlüssel in die Hand und achten Sie auf Maßhaltigkeit und die Oberfläche.

Was tun, wenn ich keine Garage habe?

Der ideale Ort zum Schrauben ist natürlich eine in sich abgeschlossene Garage – je größer umso besser. Aber auch wenn Sie lediglich über einen Stellplatz verfügen oder gar im Freien arbeiten müssen, gibt es eine Lösung: Ein Werkstattwagen (links im Bild) lässt sich nach getaner Arbeit leicht wegräumen. Zum Beispiel in den Keller. Nur allzu schwer beladen sollte er dann nicht sein. Achten Sie beim Kauf auf die Lagerung der Schubladen. Ein Werkstattwagen in Profi-Qualität kann ohne Inhalt um die 1000 Euro kosten.

Was kostet mich das alles?

Zunächst einmal viel Geld und bitte sparen Sie dabei nicht zu sehr. Ansonsten kostet es nämlich auch noch Ihre Gesundheit. Natürlich müssen Sie nicht auf Anhieb 8000 Euro ausgeben, so viel kostet nämlich die Ausrüstung in unserer voll ausgestatteten Garage im Bild links. Allerdings handelt es sich hier auch um einen kompletten Werkzeugsatz eines Markenherstellers in Profi-Qualität. Damit werden normalerweise Werkstätten ausgerüstet. Wir haben die Ausstattung zudem um einige pfiffige und günstige Hilfsmittel, zum Beispiel aus dem Programm von Conrad Elektronik ergänzt, auf die wir später noch genauer eingehen.

Lohnt sich das denn?

Wir meinen: Ja! Wie viel Geld Sie letztendlich ausgeben wollen, bleibt Ihnen überlassen. Beachten Sie dabei aber immer den Grundsatz: Weniger (dafür aber von hoher Qualität) ist mehr als viel (und viel kaputt). Rechnen Sie einfach über die nächsten 15 Jahre…

Die Grundausstattung

Gutes Werkzeug kann billig sein, ist es in der Regel aber nicht. Ein Satz Ring-/Maulschlüssel kostet schon rund 80 Euro. Noch größer sind die Qualitäts- und Preisunterschiede bei den Steckschlüsselsätzen – oft auch Knarrenkästen genannt. Das wichtigste Teil ist hierbei die Knarre selbst. Die Sperrklinken sollten austauschbar sein, gute Hersteller bieten dafür Ersatzteile und einen Service an. Besonders wichtig ist das bei einem Drehmomentschlüssel, der regelmäßig kalibriert werden sollte. Drehmomentschlüssel nach der Arbeit immer entspannen!
Sehr wichtig ist auch die Qualität von Schraubendrehern und Zangen. Damit werden hohe Kräfte übertragen, die das Werkzeug aushalten muss.

GEFAHRENHINWEIS

Schrauben ist gefährlich

Ob nun reines Hobby oder beruflich: Das Schrauben birgt gewisse Risiken. Vom kleinen Kratzer bis hin zum tödlichen Unfall ist schon alles vorgekommen. Beachten Sie daher stets folgende Grundregeln:

- Benutzen Sie nur hochwertiges Werkzeug!
- Schrauben Sie möglichst immer von sich weg!
- Sichern Sie angehobene Lasten lieber doppelt!
- Sorgen Sie für ausreichende Belüftung!
- Tragen Sie wann immer möglich Schutzkleidung!
- Das gilt ganz besonders für die Augen!
- Wenden Sie niemals Gewalt an, meist gibt es eine andere, elegantere Lösung für das Problem!
- Sorgen Sie dafür, dass immer jemand in der Nähe ist, der Ihnen in Notfällen helfen kann!

Dass Essen, Trinken und offenes Licht sowie Zigaretten am Arbeitsplatz nichts verloren haben, setzen wir als selbstverständlich voraus. Lagern Sie aber auch keine Flüssigkeiten in Trinkflaschen. Selbst an destilliertem Wasser kann ein Mensch sterben! Und zu guter Letzt: Legen Sie sich zur Sicherheit einen Verbandskasten und einen Feuerlöscher bereit.

Der Werkzeugwagen: Was sich in diesem Rollcontainer alles verbirgt, sehen Sie auf den Bildern rechts. Diese Luxusversion ist abschließbar und hat laufruhige Gummiräder.

Schraubendreher: Entscheidend sind der Griff und die Qualität der Spitze. Je drei Größen von Schlitz- und Kreuzschlitzschraubendrehern sollten für den Anfang genügen.

Ring-Maulschlüssel: Ein kompletter Satz dieser Kombinationsschlüssel von acht bis 22 Millimeter reicht in den meisten Fällen. Zusätzlich gibt es Spezialschlüssel.

Steckschlüssel: Auch Nüsse und Knarre genannt. Ein guter Kompromiss ist ein Satz mit dem Verbindungsmaß 3/8 Zoll. Niemals an der Umschaltknarre sparen!

Zangen: Wichtig sind eine verstellbare Wasserpumpenzange, eine Flach- oder Spitzzange sowie eine Kombizange mit integriertem Seitenschneider.

T-Griffe: Werden meist im Karosseriebereich eingesetzt. Das übertragbare Drehmoment ist nicht sehr hoch, dafür sind auch tief sitzende Schrauben gut zu ereichen.

Torx-Abteilung: Immer mehr Schraubverbindungen haben Torx- oder Vielzahnköpfe. In diesem Fach ist alles versammelt, was beim Arbeiten an Torx-Schrauben dienlich ist.

Spezialaufgaben: Selten benötigte Werkzeuge wie Bremsleitungsschlüssel, Messschieber oder auch die verschiedenen Spezialbits sollten ein extra Fach bekommen.

Gekröpfte Schlüssel: Manche Schrauben lassen sich überhaupt nur mit einem gekröpftem Schlüssel erreichen. Es gibt verschiedene Ausführungen, auch für Spezialfälle.

Hammer, Säge, Drehmoment: Die schweren Werzeuge sollten immer im untersten Schubfach ihren Platz finden. Meistens ist dieses Fach auch größer als die anderen.

Nützliches Zubehör

Wenn Sie genügend Platz haben, können Sie das gesamte Werkzeug auch in einer Werkbank-/Werkzeugschrank-Kombination unterbringen. Lassen Sie aber noch etwas Platz übrig, denn neben gutem Werkzeug beherbergt die Schraubergarage auch immer einige nützliche Helfer.

Sicherer Stand: Stabile Auffahrrampen sind für die meisten Arbeiten unter dem Auto völlig ausreichend. Zwar können Sie die Räder nicht abnehmen, dafür steht das Auto sicher.

Beste Bedingungen: Auf einem solchen Reifenbaum sind nicht benötigte Räder perfekt untergebracht. Zwischen den Rädern bleibt etwas Luft, das Gewicht trägt die Felge.

Des Schraubers Traum: Mit einem cleveren Werkstatt-System können Sie sich auch auf begrenztem Raum ein wahres Schrauberparadies schaffen. Tatsächlich steht diese Einzelgarage, was die Ausrüstung angeht, einer Profi-Werkstatt kaum nach. Alles was jetzt noch fehlt ist eine Hebebühne, doch diese braucht leider vier Meter Raumhöhe.

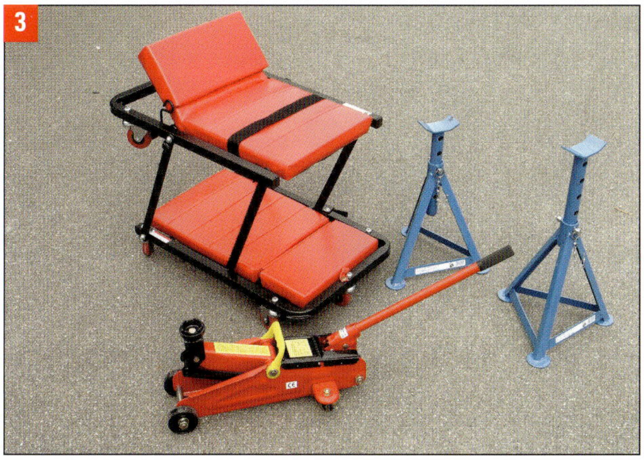

Helfer für unten: Unterstellböcke und ein hydraulischer Wagenheber sind ein Muss. Ein Rollbrett, das sich zum Hocker falten lässt, ist dagegen schon fast Luxus.

Werkstattapotheke: Auch ein kleines Sortiment von chemischen Produkten gehört zur Werkstatt. Unverzichtbar sind Teilereiniger und Sprühfett, aber auch die Kupferpaste werden wir noch brauchen.

Ampellösung: Damit wir die kostbare Werkbank nicht mit dem wertvollen Blech rammen, haben wir einen Abstandswarner montiert. Gefunden bei Conrad-Elektronik.

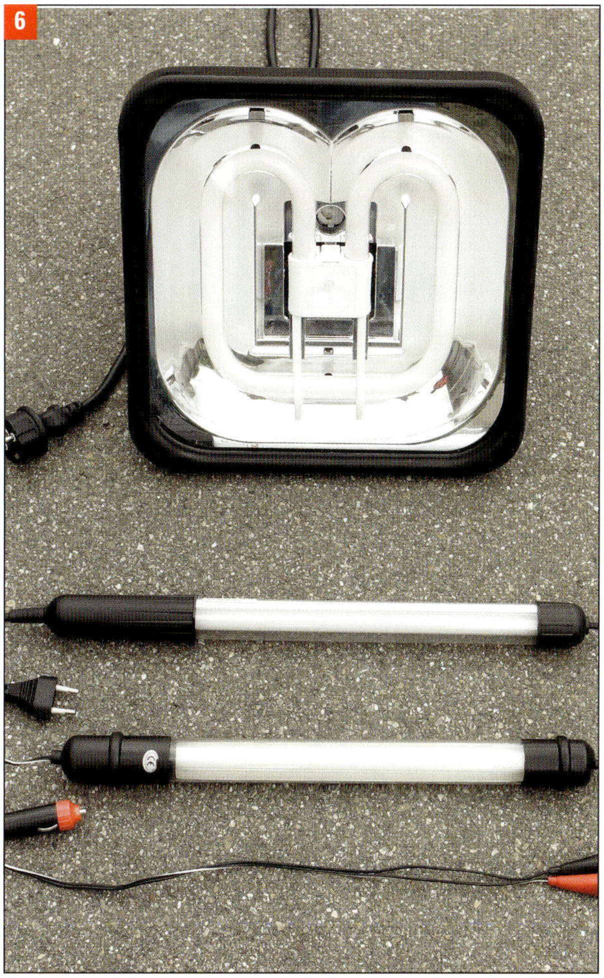

Es werde Licht: Wenn Sie nicht sehen, woran Sie schrauben, ist das Scheitern vorprogrammiert. Es gibt wirklich genug Möglichkeiten, für ordentliches Licht zu sorgen.

Ölige Helfer: Für den Ölwechsel empfehlen wir eine solche Wanne und ein Trichterset. Wer absaugen will, braucht eine Pumpe, die für Öl geeignet ist.

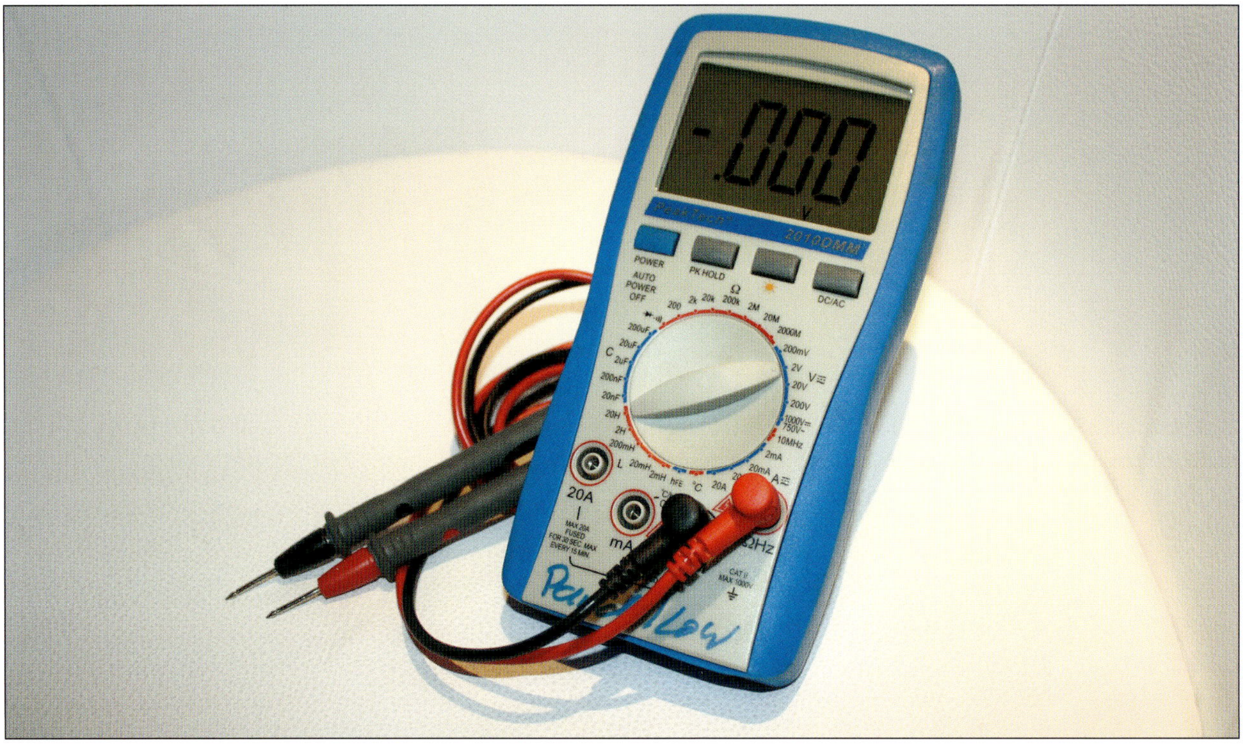

Multifunktionsmessgerät: Ohne Multimeter geht es heute leider nicht mehr. Ein einfaches Multimeter mit möglichst großem Display und brauchbaren Messspitzen kostet ab 40 Euro aufwärts. Es sollte möglichst keine automatische Bereichswahl (Auto-Range) haben. Für die Vergesslichen unter den Schraubern sorgt eine »Auto-Power-Off«-Schaltung für eine batterieschonende, automatische Abschaltung des Gerätes bei Nichtgebrauch.

Diagnose-Tool: Um den Fehlerspeicher auszulesen oder auch Prüffunktionen der Eigendiagnose ausführen zu können, reicht meist schon ein Diagnosetool, welche durchaus schon um 100 Euro in diversen Onlineversteigerungen angeboten werden. Wichtig hierbei ist, dass die entsprechende Software mitgeliefert wird

In der Werkstatt

Was braucht die Werkstatt?

Aufgrund der vielen Ausstattungsvarianten und verfügbaren Extras moderner Autos, ist eine genaue Bestimmung des Fahrzeugtyps nicht immer nur anhand der Fahrgestellnummer möglich. Wenn Sie also eine Werkstatt aufsuchen, die Ihren Wagen noch nicht kennt, sollten Sie alle Unterlagen mitnehmen (Serviceheft, Radiocode, ABEs und Zubehörunterlagen). Berücksichtigen Sie auch vorhandenes Zubehör wie Sonderfelgen mit Schloss. Bei Arbeiten an der Wegfahrsperre oder den Schließsystemen werden in der Regel alle Fahrzeugschlüssel benötigt. Ansonsten räumen Sie Ihr Auto aus und entfernen alle privaten Sachen und auch die Musik-CDs. So gibt es hinterher keine Diskussionen, ob Dinge fehlen oder nicht.

Diese Angaben braucht die Werkstatt:

- Schlüsselnummer (Hersteller)
- Schlüsselnummer (Typ)
- Zulassungsdatum
- Motorisierung
- Fahrgestellnummer

Das müssen Sie dabei haben:

- Fahrzeugschein
- Serviceheft
- Adapter oder Schlüssel für Felgenschlösser
- Radiocode
- alle Schlüssel (bei Arbeiten am Schließsystem)

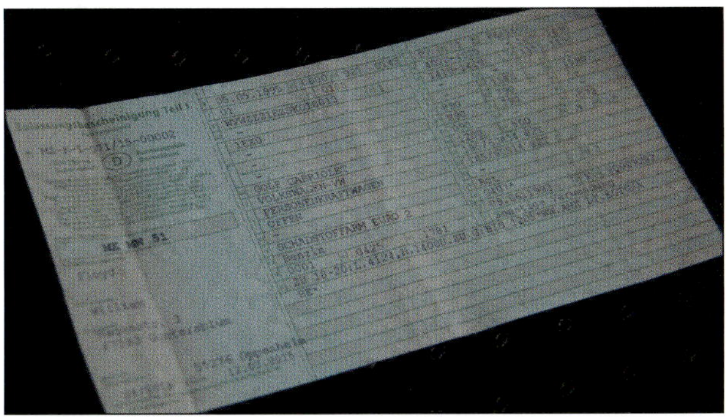

Der Fahrzeugschein: Hier findet die Werkstatt die wichtigsten Daten und auch die Fahrgestellnummer.

Das Typenschild: Das Golf Typenschild finden Sie auf der Frontmaske rechts

Eine klare Auftragserteilung

Um nicht mit einer Reparaturrechnung konfrontiert zu werden, die weit über dem Erwarteten liegt, sollten Sie der Werkstatt Ihres Vertrauens ein Kostenlimit angeben und darauf bestehen Sie zu kontaktieren, falls es zu unerwarteten Mehrarbeiten kommt. Erteilen Sie Ihren Arbeitsauftrag immer schriftlich, denn mündliche Absprachen sind nur schwer einklagbar und beweisbar. Die Kopie des schriftlichen Arbeitsauftrags in ihrer Tasche gibt Ihnen die Rechtssicherheit. Dank moderner EDV-Anlagen ist es auch oft kein Problem, auf die Schnelle einen schriftlichen Kostenvoranschlag zu erhalten. Dieser ist ebenfalls verbindlich und in der Regel noch detaillierter als der Arbeitsauftrag. Beachten Sie bitte: Der tatsächliche Rechnungsbetrag darf bis zu 10% über den geschätzten Kosten liegen, ohne dass es einer erneuten Zustimmung Ihrerseits bedarf. Eine termingerechte Fertigstellung einer Standardreparatur ist heutzutage üblich.
Oberste Voraussetzung für ein gutes Arbeitsergebnis in der Werkstatt und einen geringen Geldschwund in Ihrem Geldbeutel ist eine exakte Fehlerbeschreibung mit Angabe des gewünschten Ergebnisses.

Fehlerbeschreibung

Nehmen wir einmal an, Ihr Auto klappert hin und wieder und Sie möchten dieses in einer Werkstatt beseitigen lassen. Bei unserem jetzigen Beispiel spielt es keine Rolle, ob Sie selbst bezahlen oder andere Ansprüche stellen. Denn im Vordergrund steht erst einmal ein nicht funktionierendes Auto, das repariert werden soll, und dem Schaden ist es schließlich egal, wer die Rechnung bezahlt.

Damit also der Werkstattmeister nicht viele Stunden und Kilometer in Ihrem Auto zurücklegen muss, um ein Klappern zu lokalisieren, das eventuell gar nicht das ist, das Sie meinen, sollten Sie möglichst präzise Angaben machen. Der vorhandene Fehler muss reproduzierbar sein. Das heißt, Sie sollten genau beschreiben, wann der Wagen klappert.

Eine gute Hilfestellung bieten hier die W-Fragen:

Wann tritt das Problem immer auf? »Beim Befahren von Unebenheiten, wie zum Beispiel über die Brücke XY in eine bestimmte Richtung. Bei Temperaturen unter null Grad ist das Klappern am deutlichsten zu hören, die Motortemperatur spielt dabei keine Rolle.«

Wie kann man das Geräusch verstärken oder abschwächen?
»Die Geschwindigkeit, mit der man über die Brücke fährt ist egal, aber man darf kein Gas geben um das Klappern zu hören.«

Wo kommt das Geräusch her? »Es scheint von vorn rechts zu kommen, wenn ich meine Hand auf das Armaturenbrett lege, kann ich es sogar fühlen.«

Wieso sind Sie nicht schon früher damit gekommen?
»Weil das Klappern erst seit ein paar Wochen vorhanden ist.«

Wer hat zuletzt an dem Wagen Hand angelegt? »Sie haben hier den letzten Kundendienst gemacht, ich habe nur die Winterräder montiert.«

Was haben Sie schon dagegen unternommen? »Ich habe schon alle losen Gegenstände aus dem Wageninneren entfernt, aber es hat sich nichts geändert.«

Bei einer präzisen Fehlerbeschreibung können Sie sicher sein, dass der Mechaniker den Fehler schneller eingrenzen kann, und auch das Reparaturergebnis ist für alle Beteiligten einfach und schnell überprüfbar. Diese W-Fragen sind mit leichten Abwandlungen auf nahezu alle Mängel anwendbar. Möglicherweise finden Sie das Problem auch selbst, wenn Sie sich die richtigen Fragen stellen. Denn niemand kennt Ihren Wagen besser als Sie selbst. Oftmals sind es Kleinigkeiten, die Sie nebenher erwähnen, aber dem Mechaniker die richtige Richtung weisen.

Der Ton macht die Musik

Oft treten Probleme auf, wenn es um Leistungen der Gewährleistung oder Garantie geht. Auch wenn Sie sich im Recht fühlen und vielleicht auch Recht haben, beachten Sie bitte, dass Sie meistens nur mit einem Angestellten sprechen, und dessen Motivation entscheidet in der Regel über die Art und Dauer Ihrer Auftragsabwicklung. Damit Ihr Anliegen zur vollsten Zufriedenheit bearbeitet wird, sollten Sie die üblichen zwischenmenschlichen Verhaltensregeln einhalten, auch wenn Sie schon eine halbe Stunde in der Warteschlange stehen. Nicht jeder Zeitpunkt ist gleich gut für einen Werkstattbesuch, der Freitag vor einem langem Wochenende oder Ferienbeginn ist kein so guter Tag. Wir empfehlen Ihnen, sich vorher anzumelden und dem entsprechenden Mitarbeiter eine kurze Schilderung Ihres Anliegens zu geben, oft kann dieser schon im Vorfeld wichtige Informationen bereitstellen oder auf etwas hinweisen, das Sie nicht vergessen sollten mitzubringen.

Wenn es doch zu Differenzen kommt

Versuchen Sie, den Vorgang noch einmal mit dem Verantwortlichen sachlich durchzugehen, eventuell auch unter Beteiligung des Mechanikers oder Meisters. Dieses Gespräch sollte in einen separaten Raum stattfinden und nicht vor weiteren Kunden. Für das Unternehmen kann es sehr schädlich sein, wenn laute Streitereien vor der Kundschaft ausgetragen werden, entsprechend wird die Reaktion ausfallen. Nehmen Sie ruhig sachkundige Verstärkung mit, Ihr Gegenüber wird auch nicht alleine sein. Ein Zeuge kann später sehr wichtig sein. Sollte das nicht das gewünschte Ergebnis bringen, haben Sie noch die Möglichkeit ein Schlichtungsverfahren einzuleiten. Ein solches Verfahren, welches unter der Regie der jeweils zuständigen Handwerkskammer durchgeführt wird, stellt ein Angebot sowohl an das Mitgliedsunternehmen der Handwerkskammer als auch an dessen Auftraggeber dar, sich außergerichtlich zu einigen. Ziel eines Schlichtungsverfahrens ist, die Streitigkeiten zwischen dem Handwerker und dessen Auftraggeber schnell und unbürokratisch, möglichst durch eine gütliche Einigung, beizulegen. Sollte dies alles nicht funktionieren, können Sie immer noch den teilweise langwierigen und möglicherweise auch kostspieligen juristischen Weg einschlagen. So weit sollten Sie es aber nicht kommen lassen.

Schiedsstellen nutzen

Wenn sich Unstimmigkeiten wirklich nicht ausräumen lassen, helfen die Schiedsstellen der Kfz-Innung kostenlos weiter. Ihre Werkstatt muss dazu aber Mitglied der Innung sein, was Sie am entsprechenden Innungs-Schild erkennen. Als neutrale Institution soll die Schiedsstelle Streitigkeiten aus Werkstattaufträgen und Kaufverträgen über gebrauchte Kraftfahrzeuge ohne gerichtliche Auseinandersetzung beilegen helfen. Bereits vor Gericht anhängige Streitigkeiten werden nicht bearbeitet. Seit Jahren erfolgreiche Schiedsstellen geben folgende Tipps zur (schriftlichen) Anrufung:

- Zuerst klären, ob Werkstatt oder Händler Innungsmitglied ist, erkennbar am Schild.
- Im Telefongespräch den Fall kurz schildern und beurteilen lassen, ob er für ein Schiedsverfahren geeignet ist. Streitigkeiten über den Kaufpreis von Gebrauchtwagen sind vom Schlichtungsverfahren ausgeschlossen. Auf einem Fragebogen ist dann der Antrag konkret zu formulieren. Für allgemeine Rechnungsprüfung ist die Schiedsstelle nicht zuständig.
- Reparaturauftrag oder Kaufvertrag, Rechnungen, eventuell auch Notizen über Telefonate mit Datum und Uhrzeit sowie Zeugenaussagen sind dem Fragebogen beizufügen. Wie vor Gericht müssen die Ansprüche bewiesen werden.
- Zur Beweissicherung können auch ausgebaute Fahrzeugteile gehören. Deshalb eventuell schon beim Reparaturauftrag darauf hinweisen, dass ausgebaute Teile ausgehändigt werden sollen.

Hinweis:
Wenn Sie bei Fahrzeugabholung Grund zur Reklamation haben, kann die Werkstatt trotzdem auf Bezahlung in voller Höhe bestehen.

Auf der Rechnung (Arbeitslohn und Material müssen getrennt ausgewiesen sein!) notieren, dass die Zahlung unter Vorbehalt erfolgt!

Rechnungsfehler können Sie innerhalb von sechs Wochen reklamieren.

Die Kfz-Schiedsstellen

WISSENSWERTES

Zahn der Beschwerden wächst
Die Beschwerden von Werkstattkunden und Gebrauchtwagenkäufern bei den Schiedsstellen des Kraftfahrzeuggewerbes nehmen von Jahr zu Jahr zu. Das deutet aber nicht auf schlechtere Arbeit in den Kfz-Meisterbetrieben hin. Die Mehrzahl der Kundenaufträge wird nach wie vor beschwerdefrei ausgeführt. Die wachsende Beschwerdezahn resultiert aus der stärkeren Aufklärung der Kunden über ihre Rechte aufgrund von Sachmangelhaftungsrecht (Gewährleistung) und Garantie.

Gründe für Beschwerden
Rund 80 Prozent der Beanstandungen betreffen Werkstattleistungen und 20 Prozent den Gebrauchtwagenhandel. Die häufigsten Beschwerdegründe sind vermeintlich unsachgemäße Ausführung der Werkstattarbeiten, die Rechnungshöhe und technische Mängel.

Auf Innungsschild und Zusatzzeichen achten
Der Kunde sollte beim Werkstattbesuch oder Gebrauchtwagenkauf auf das Meisterschild der Kfz-Innung (Bild 12) und das Zusatzzeichen zum Meisterschild »Gebrauchtwagen mit Qualität und Sicherheit« achten. Nur dann kann im Streitfall die Schiedsstelle der Kfz-Innung tätig werden.
Die Kfz-Schiedsstellen schaffen es in den meisten Fällen, Meinungsverschiedenheiten zwischen Kunden und Kfz-Meisterbetrieben schnell, unbürokratisch und für den Verbraucher kostenlos zu beseitigen. Der Spruch der Schiedsstelle ist für den Kfz-Betrieb verbindlich. Dem Kunden steht in jedem Fall der Rechtsweg weiterhin offen.

Adressen im Internet
Die Kfz-Schiedsstellen setzen sich aus je einem Vertreter der regionan zuständigen Kraftfahrzeuginnung, eines Automobilclubs und einer technischen Überwachungsorganisation zusammen. Zudem führt stets ein zum Richteramt befähigter Jurist den Vorsitz. Informationen über das Schiedsstellenverfahren vermitteln die regional zuständigen Kraftfahrzeuginnungen. Die Adressen der bundesweit rund 130 Schiedsstellen sind im Internet zu finden. Nutzen Sie dazu die Adresse:
www.kfzschiedsstellen.de

Golf Waschtag

Sein eigenes Auto zu pflegen macht Spaß. Sie sichern damit nicht nur den Wert, sondern lernen Ihr Auto auch bis in den letzten Winkel kennen. Das ist die ideale Voraussetzung, wenn wir später beginnen wollen Teile zu demontieren. Das Verdeck stellt besondere Ansprüche an die Pflege.

Wagenpflege und Werterhalt

Ein Auto zu besitzen ist für die meisten Menschen weitaus mehr als nur eine bequeme Alternative zu Straßenbahn oder Fahrrad. So auch für Sie. Schließlich haben Sie sich bewusst für ein bestimmtes Modell entschieden, in Ihrer Lieblingsfarbe und mit genau den Ausstattungsmerkmalen, die Sie mögen. Der Lack funkelt in der Sonne, der Innenraum riecht angenehm. Da stellt sich zu Recht ein gewisser Besitzerstolz ein, zumal ein Auto auch eine hübsche Stange Geld kostet. Diesen Wert gilt es zu erhalten, denn vielleicht kommt der Tag, an dem Sie sich doch von Ihrem Schmuckstück trennen wollen oder müssen. Dann geht es um Bares, und wie so oft im Leben zählt hier der erste Eindruck. Und stellen Sie sich einfach vor, Sie müssten ein jahrelang vernachlässigtes Auto vor dem Verkauf in Form bringen. Eine Wahnsinns-Arbeit, nur für den Käufer! Also pflegen Sie Ihr Auto regelmäßig. Sie werden sehen, das macht sogar Spaß! Wie das am besten geht und was Sie dabei beachten müssen, erfahren Sie hier.

Waschanlage oder Handwäsche?

Eine der wichtigsten Fragen, die ebenso heiß wie häufig diskutiert wird. Und leider können auch wir keine eindeutige Antwort darauf geben. Einerseits ist die Maschinenwäsche natürlich die bequemste Variante und auch in Sachen Umwelt erste Wahl (siehe auch Kasten auf Seite 34), andererseits haben die Vertreter der Handwasch-Fraktion natürlich recht, wenn sie vor Kratzern und anderen Beschädigungen warnen. Denn natürlich gehen in Waschanlagen manchmal Außenspiegel zu Bruch oder die Bürsten hinterlassen auf dunklen Lacken leichte Kratzer. Das passiert allerdings nur bei schlecht gewarteten oder veralteten Anlagen, aber auch genauso, wenn der Schwamm bei der Handwäsche nicht sauber ist. Wie die meisten Fahrzeuge hat auch die Karosserie Ihres Golf viele tückische Stellen. Dazu gehören zum Beispiel die Falze und Kanten an den Türinnenseiten oder auch am Kofferraum. Die Reinigung in der Waschanlage allein kann also zu unbefriedigenden Resultaten führen, und Sie müssen am Ende ein paar Stellen doch von Hand nachputzen.

Woran erkenne ich eine gute Waschanlage?

Zunächst einmal ist natürlich die neuere und weniger frequentierte Waschanlage die bessere Wahl. Moderne Anlagen steuern die Bürsten optisch und besitzen genügend Flexibilität, um auch mit den ungewöhnlichen Formaten moderner Autos zurecht zu kommen. Wenn Sie eine alte Anlage sehen, die noch mit Fühlern arbeitet, die über die Konturen der Karosserie schleifen, fahren Sie am besten gleich weiter. Auch gebogene oder ausgefranste Borsten sind kein gutes Zeichen. Dann wird diese Waschanlage sehr oft benutzt, ohne dass der Betreiber gerne Geld investiert. Die Folge ist eine Breitseite für den Lack, da die Borstenenden keine saubere Arbeit leisten können. Beobachten Sie einfach einen Waschgang eines anderen Kunden und achten Sie auch darauf, ob das Auto zu Beginn des Waschganges mit genügend Wasser benetzt wird. Denn auch hier wird manchmal gespart oder verstopfte Düsen werden erst gar nicht gereinigt.

Schadet häufiges Waschen dem Lack?

Heutige Lacke sind außerordentlich resistent gegen Umwelteinflüsse. Sie müssen selbst bei relativ frisch lackierten Teilen (zum Beispiel nach einer Unfallreparatur) keine Angst haben. Die größere Gefahr geht von Vogelkot, Insekten oder Pflanzensäften aus, die den Lack mit der Zeit angreifen. Also am besten gleich abwaschen!

Wichtige Hilfsmittel und Putzutensilien

Egal, ob Sie nur von Hand waschen oder Ihren Wagen zunächst durch eine Waschanlage jagen – Sie brauchen in jedem Fall noch ein paar Dinge, um Ihr Schmuckstück perfekt in Form zu bringen. Denn auch die beste Waschanlage lässt manchmal ein paar Stellen aus. Am besten entfernen Sie mit einer gründlichen Vorbehandlung hartnäckige Verunreinigungen und warten dann mit Schwamm und Leder bewaffnet am Ausgang der Waschanlage, um sofort nacharbeiten zu können.
Und natürlich sollten Sie sich bei dieser Gelegenheit auch gleich den Stellen widmen, die eine Waschanla-

ge niemals erreichen kann: Hierzu zählen beispielsweise die Innenseiten der Scheiben oder auch die Einstiegsleisten. Wir haben darum für Sie hier die wichtigsten Utensilien zusammengestellt, die Sie beim Waschgang unbedingt parat haben sollten.

GEFAHRENHINWEIS: Putzen gefährdet die Umwelt

Ausnahmsweise gilt dieser Gefahrenhinweis nicht Ihnen, sondern der Umwelt. Den Wagen vor der eigenen Hautür zu waschen ist längst nicht mehr überall erlaubt und das aus gutem Grund: Mit dem Abwasser können gefährliche Stoffe in das Grundwasser gelangen. So zum Beispiel Öl oder Chemikalien, die Sie zum Reinigen verwenden. Auch der Trinkwasserverbrauch ist nicht zu unterschätzen. In Waschanlagen werden diese Stoffe durch Abscheider aufgefangen und das Wasser mehrmals aufbereitet und erneut verwendet. Auch die verschmutzten Lappen sind im Grunde genommen Sondermüll, besonders wenn Sie damit dicke Ölkrusten beseitigt haben. Wir raten Ihnen deshalb, grundsätzlich einen ausgewiesenen Waschplatz aufzusuchen. Am besten einen, der überdacht ist, so müssen Sie auch nicht darauf achten, dass Ihnen die Sonne unter Umständen hässliche Wasserflecken in den Lack brennt. Und Sie sind unter Ihresgleichen: Autoliebhaber, die ihr Fahrzeug nicht nur als Fortbewegungsmittel sehen, sondern es mit Hingabe pflegen. Also ein guter Ort für Benzingespräche. Putzen gefährdet die Umwelt.

Das Grundrüstzeug: Unterschiedliche Pflegesubstanzen und vor allem die richtige Auswahl an Tüchern, Schwämmen und Bürsten sind zur gründlichen Reinigung unerlässlich.

Der große Schwamm: Ein weicher Schwamm ist bei der Handwäsche das wichtigste Putzutensil. Er eignet sich aber auch gut zur Vorreinigung oder dem Nachputzen.

Gegen Insektenreste: Besonders hartnäckig können Insektenreste auf den Streuscheiben der Scheinwerfer anhaften. Rücken Sie dem Fliegendreck mit einem Zellstoffpapier und etwas Schaumreiniger oder Insektenlösemittel zu Leibe.

Vorbehandlung

Vor einer gründlichen Reinigung sollten Sie Ihren Wagen auch einer gründlichen Vorbehandlung unterziehen. Widmen Sie sich akribisch den großen Flächen der Karosserie. Inspizieren Sie gleichzeitig die gesamte Karosserie auf Kratzer. Später gehen wir darauf ein, wie Sie Ihren Golf vor Kleinschäden mit relativ geringem Aufwand und vor allen Dingen vertretbaren Kosten schützen können. Arbeiten Sie von oben nach unten, fangen Sie mit dem Dach an und verteilen Sie von dort den Waschschaum auf die restliche Karosserie. Hilfreich ist die Waschbürste, um alle Stellen am Dach zu erreichen, ohne auf Tuchfühlung mit der Fahrzeugflanke gehen zu müssen. Geben Sie aber Acht, dass die Dreckreste Ihres Vorgängers nicht mehr im Bürstenkopf hängen und so Ihre Lackoberfläche verkratzen. Besonders die Felgen müssen Sie sich gesondert vornehmen.

Grober Dreck an der Karosserie: Die starken Verschmutzungen lösen Sie zunächst mit der Waschbürste. Vorsicht: Kontrollieren Sie den Bürstenkopf, bevor Sie loslegen. Zurückgebliebener Sand und Staub könnten Ihren Lack verkratzen.

Bremsstaub an den Felgen: Der schwarze Abrieb an den Radzierblenden und Felgen sieht nicht nur hässlich aus, er greift auch das Material an. Daher immer gut einschäumen.

Kleiner Schwamm und Bürste: Die Feinarbeit an den Felgen erledigen Sie am besten mit einem kleinen Haushaltsschwamm und einer Bürste an einem fexiblen Drahtstiel.

Dampfstrahler marsch: Den Schaum mit dem Dampfstrahler von oben nach unten abwaschen. Dabei stets auf genügend Abstand, insbesondere von den Reifenflanken achten.

GEFAHRHINWEISE

Vorsicht beim Dampfstrahlen

Ein Dampfstrahler ist an sich eine tolle Erfindung: Heißes Wasser, das unter extrem hohen Druck aus einer Düse schießt, löst fast jede Schmutzkruste. Besonders gut natürlich dicke Ölkrusten an Motor und Getriebe. Hiervon raten wir aber dringend ab. Denn die im Motorraum verbauten Elektronikteile können durch die eindringende Feuchtigkeit erheblichen Schaden nehmen. Die Folge könnte ein kostspieliger Austausch des Motorsteuergerätes sein. Der Motorraum sollte daher nur mit geeigneten, so genannten Kaltreinigern und in Handarbeit, oder noch besser vom Profi gesäubert werden. Auch für den Kühler ist ein Dampfstrahler Gift. Denn der scharfe Strahl dringt mit großem Druck durch die feinen Lamellen und kann diese deformieren. Bleiben noch die Felgen. Tatsächlich kann der Dampfstrahler hier im Kampf mit Bremsstaub und anderen Verschmutzungen viel bewirken. Meistens reflektieren die Speichen den Strahl jedoch in die Richtung, in der Sie gerade stehen. Und wehe Sie kommen dem Reifen zu nah! Auch in der Seitenwand moderner Pneus kann der enorme Druck des Wasserstrahls Schaden anrichten. Also wenigstens 50 cm Abstand halten!

Heckdeckel innen: Kontrollieren Sie die Umlaufkante des Heckdeckels auf Restverschmutzungen. Reiben Sie die betreffenden Stellen gründlich, aber vorsichtig sauber.

Türkanten: Jede Tür einzeln öffnen und mit dem Tuch nachfahren. Genauso an den Einstiegsleisten und eventuell auch die Schwellerkanten behandeln.

Spiegelgehäuse und Glas: Restfeuchtigkeit an den Seitenspiegeln mit dem Tuch vorsichtig abwischen. Dabei das Gehäuse mit dem Lappen von hinten festhalten und abreiben.

Denn an den Rädern setzt sich aggressiver Bremsstaub fest und kann dort die Oberfläche angreifen. Reinigen Sie daher die Felgen mit der Bürste vor, um anschließend noch mit dem kleinen Haushaltsschwamm (Vorsicht im Umgang mit der Scheuerfläche) und einer Bürste nachzuarbeiten. Für Insektenreste an der Front empfiehlt sich ein Insektenreiniger zur Vorbehandlung. Zum Schluss waschen Sie den Wagen großzügig mit dem Dampfstrahler ab. Halten Sie dabei aber unbedingt genügend Abstand.

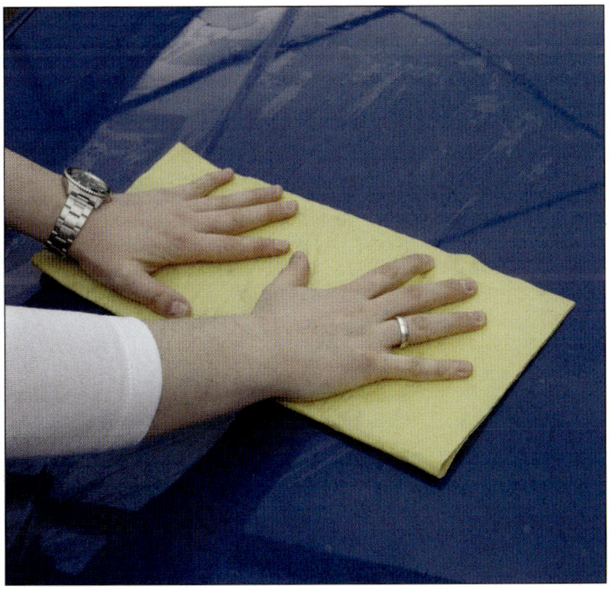

Große Flächen: Um die restlichen Wassertropfen zu entfernen ist das gute alte Leder immer noch unschlagbar. Aber Vorsicht: Niemals über noch schmutzige Stellen wischen!

Nachbehandlung der kritischen Stellen

Ein perfektes Finish macht den Unterschied. Also ist nach dem Waschgang nochmals Handarbeit angesagt. Nehmen Sie sich insbesondere der schwierigen Stellen an. Hierzu zählen wie bereits erwähnt die Einstiegsleisten, aber auch die Innenseiten und Aussparungen der Türen und des Heckdeckels. Fahren Sie auf gar keinen Fall sofort nach der Wäsche los, denn sonst war die Arbeit bis dahin vergebens. Die noch feuchten Stellen, zum Beispiel an der Unterkante der seitlichen Schweller, nehmen sofort wieder Straßenschmutz auf, der durch die Räder und den Fahrtwind aufgewirbelt wird.

Scheiben: Für den klaren Durchblick sorgt ein fusselfreies Tuch, mit dem die Scheiben innen und außen abgewischt werden. Ohne Reiniger geht auch das Leder: Nachbehandlung der kritischen Stellen.

WISSENSWERTES

Nanotechnologie

Als Forschungsfeld mit Zukunftspotential bietet die Nanotechnologie schon heute viele Anwendungen im und rund ums Fahrzeug. Beispiele sind blendungsfreie Tachoverglasungen oder auch Verbundglas, das Infrarotstrahlung absorbiert und so die Wärmeeinwirkung aufs Fahrzeuginnere reduziert. Der berühmteste Nanoeffekt ist aber der Lotusblüteneffekt, der selbstreinigende Oberflächen ermöglicht. Zur längerfristigen Versiegelung der Lackoberfläche bieten nun auch einige Pflegefachbetriebe diesen Lackschutz an. Was für den Oberflächenschutz

Nach dem Vorbild der Natur: Nanopartikel reduzieren die Benetzbarkeit und verhindern dadurch Schmutzanhaftungen an der Oberflächen.

durch Anstreichfarben an Häuserfassaden oder auch Dachziegeln gut funktioniert, birgt beim bewegten Fahrzeug noch gewisse Schwierigkeiten. Die Rauigkeit der mikroskopisch kleinen Strukturen, welche eine geringe Benetzbarkeit und damit auch ein hohes Maß an Selbstreinigung bewirken, könnten nämlich schnell durch Insekten verkrustet werden. Dennoch bieten immer mehr Pflegefachbetriebe Nanotechnologie als Langzeitschutz an. Im Unterschied zu einer Wachsversiegelung hält der Nanoschutz mitunter bis zu drei Jahre und das bei vergleichbaren Kosten. Wenige Fahrzeughersteller bieten mittlerweile auch den Nanoschutz ab Werk. Eine Nanoschicht im Klarlack sorgt für höhere Resistenz gegen mechanische Beanspruchung und Korrosion. Was in der Praxis eine höhere Kratzfestigkeit bedeutet. Die Forschung arbeitet derzeit an weiteren praktischen Anwendungen. Selbstreinigende Felgen oder auf Knopfdruck wechselnde Farbe sind so vielleicht schon bald mehr als nur eine Vision.

Polieren und Konservieren

Dem Lackkleid sollten Sie von Zeit zu Zeit eine Politur gönnen. Dadurch kann der Schmutz nicht so leicht anhaften und auch das Wasser perlt einfach ab. Das ist übrigens ein guter Indikator für den richtigen Zeitpunkt: Bildet das Wasser größere Pfützen auf der Karosserie, sollten Sie die Oberfläche neu versiegeln. Im Handel sind zahllose Produkte zu finden, vom leichten Mittel bis zum schleifenden Reiniger für stark verwitterte Lacke. Lesen Sie also die Beschreibung aufmerksam durch und verwenden Sie im Zweifelsfall stets das weniger aggressive Produkt. Etwas anders sieht es unter dem Golf aus. Obwohl hier ab Werk ausreichend Korrosionsschutz vorhanden ist, sollten Sie bei Gelegenheit nochmals nacharbeiten. Die Falze und Hohlräume freuen sich über eine Extraportion Wachs, die das Eindringen von Feuchtigkeit und den daraus resultierenden Kantenrost um Jahre verzögert. Dazu muss allerdings der Unterboden zuerst von allen Verkleidungen befreit werden. Behalten Sie diese Spezialbehandlung also im Kopf, wenn Sie weiter hinten im Buch beginnen Teile des Unterbodens zu demontieren. Langfristigen Schutz kann auch die Versiegelung mit Wachs vom Fachmann bieten. Sie kostet summiert auf die Wirkdauer, etwa so viel wie die Wagenwäschen, die man sich dadurch ersparen kann, und hält bis zu einem ganzen Jahr. Neuerdings bieten manche Pflegefachbetriebe auch die Versiegelung mittels Nanotechnologie (siehe Kasten) an. Diese Art das Fahrzeugäußere zu versiegeln kostet zwar mehr, hält dafür aber auch mitunter bis zu drei Jahre.

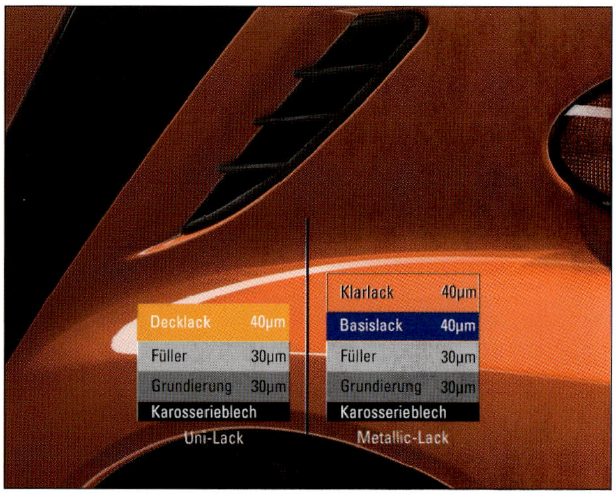

Lackschichten: Durch unterschiedlich dicke Schichten ist die Lackoberfläche aufgebaut und schützt das Blech darunter vor Korrosion.

Türschloss: Gelegentlich ein paar Spritzer Öl halten die Verriegelungsmechanik in Gang. Gelspray verteilt sich bis in den letzten Winkel und haftet länger als normales Öl.

Schließzylinder: Die Mechanik der Schließzylinder können Sie mit Sprayölen in Gang halten. Benutzen Sie bei der Anwendung ein Tuch, um überschüssiges Öl aufzufangen.

Türscharniere: Quitschende Scharniere sind nervig und außerdem der Beleg mangelnder Fürsorge. Beugen Sie durch regelmäßige Öl-Anwendung vor. Dabei auch gleich die Türfeststeller an den im Bild angezeigten Stellen schmieren.

Kleiner Schmierdienst

Überall, wo sich Teile der Karosserie relativ zueinander bewegen, entstehen Reibungskräfte, die nach und nach aber vor allen Dingen bei mangelnder Schmierung das Material der Kontaktflächen verschleißen. Türen, Schlösser und Scharniere müssen daher mit einem Spritzer Öl in Gang gehalten werden. Die Aufbringung der Schmiermittel macht Ihnen wenig Aufwand. Die meisten Spraydosen haben zum gezielten Einbringen einen Sprühkopf als längliches und flexibles Röhrchen. Dadurch ersparen Sie sich zumindest aufwändige Demontagen. Der langfristige Effekt dieser Arbeit ist aber dennoch nicht zu unterschätzen. Empfehlenswert sind so genannte Gelsprays. Sie haften aufgrund ihrer weniger flüchtigen Konsistenz besser und verteilen sich zugleich sehr weitläufig bis in den letzten Spalt. Außerdem haften diese Mittel länger als normales Öl an.

Pflege des Innenraumes

Natürlich gibt es unzählige Mittelchen für die Pflege unterschiedlichster Materialien. Und jede Woche kommt ein Neues hinzu. Wir können daher keine konkrete Produktempfehlung aussprechen, wollen Ihnen aber gerne erklären, welche Art von Produkt an welcher Stelle angebracht ist.

Glas: Für die Reinigung der Scheiben gibt es normale Haushaltsmittel. Wichtig ist ein nicht fusselnder Lappen. Sie können aber auch Spiritus nehmen und mit Zeitungspapier nachreiben.

Aufwändige Geschichte: Die Reinigung des Innenraumes nimmt viel Zeit in Anspruch und braucht eine Menge unterschiedlicher Mittel. Auf den ersten Blick erkennen wir in diesem Cockpit verschiedene Materialien und Oberflächen. Fast jede braucht eine andere Behandlung. Hier natürlich nicht im Bild: die unangenehmen Gerüche. Aber auch dafür gibt es Lösungen: Eine Schale Essigwasser über Nacht in den Fahrzeuginnenraum gestellt wirkt Wunder.

Kunststoffoberflächen: Bewährt haben sich antistatische Mittel (Cockpitspray), die verhindern, dass Staub und Schmutz vom Kunststoff angezogen werden.

Knöpfe und Schalter: Etwas Cockpitspray auf einen Lappen sprühen und die Knöpfe gründlich säubern – schon setzt sich kein Speck mehr darauf ab.

Textilien: Schwierig zu reinigen, da sich der Schmutz in den Fasern festkrallt. Probieren Sie Polsterreiniger, aber zunächst an einer unauffälligen Stelle, um die Verträglichkeit zu testen.

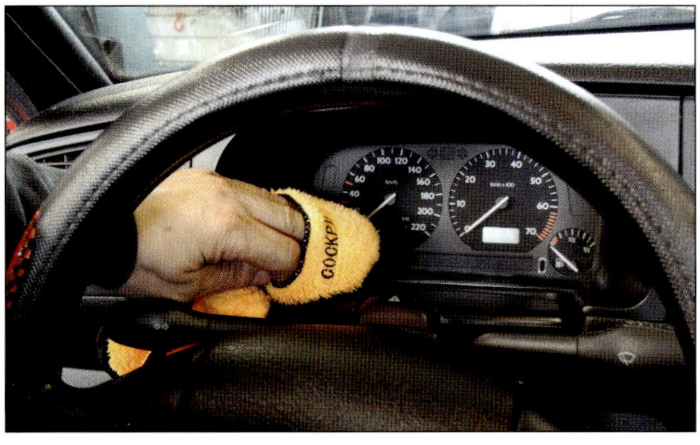

Gläser aus Kunststoff: Hier ist größte Vorsicht angebracht. Zu scharfe Mittel oder schmutzige Lappen verursachen sehr schnell Kratzer oder blinde Stellen.

Lüftungsdüsen: Zum Entfernen von Staub empfiehlt sich ein handelsüblicher Malerpinsel mit langen Borsten, der sich auch für sonstige schwer zugängliche Stellen eignet.

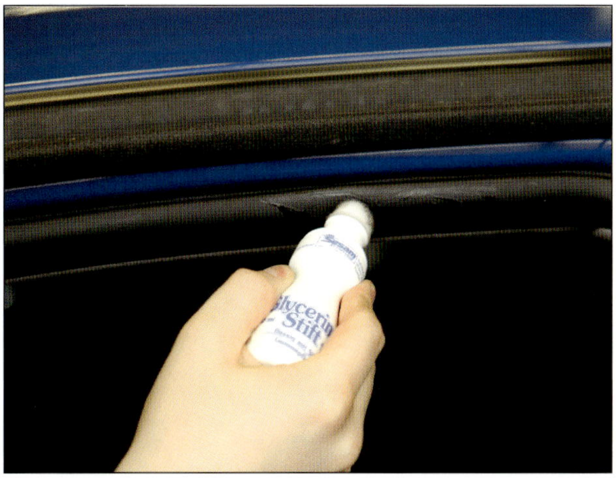

Gummidichtungen: Diese müssen innen wie außen geschmeidig bleiben. Besonders wichtig ist das im Winter. Spezielle Gummiplegemittel geben dem elastischen Material zusätzlich den Glanz.

Wertsteigerung durch Aufbereitung

Vielleicht kommt irgendwann leider auch mal die Zeit und Sie müssen oder wollen sich von Ihrem Golf trennen. Möchten Sie nun zur Wertsteigerung beitragen und einen höheren Erlös erzielen, gibt es vor dem Verkauf verschiedene Dinge zu beachten. Erstens sollten Sie Ihren Golf dem Nachbesitzer in einem technisch einwandfreien Zustand überlassen. Der TÜV nimmt Wertgutachten vor und checkt das Fahrzeug auf etwaige Mängel. Verschiedene Prüfpunkte werden in einem detaillierten Bericht aufgelistet, dazu gehören Bremsen, Lenkung, Fahrwerk, Antrieb, Auspuffanlage, Elektrik und Beleuchtung, Karosserie und Lackierung sowie der Innenraum. Ein Gebrauchtwagenzertifikat sorgt zusätzlich für Vertrauen und dient als neutrale Verhandlungsbasis. Außerdem bleiben Sie und der Käufer vor bösen Überraschungen bewahrt, die unnötigen Ärger verursachen. Doch was kann man, außer dem technischen Check-up und der obligatorischen Wagenreinigung innen und außen, noch tun?

Komplettsanierung innen und außen

Eine Möglichkeit, den Wagenwert zu steigern, ist die professionelle Aufbereitung Ihres Fahrzeugs. Innenraum und Karosserie erhalten dabei eine Komplettsanierung, kleinere Mängel und Schönheitsfehler werden beseitigt oder zumindest retuschiert. Ihr Golf steht anschließend im frischen Glanz da und macht so gleich auf den ersten Blick einen guten Eindruck. Ein Golf, der vor allem als urbanes Fortbewegungsmittel dem harten Autoalltag ausgesetzt war, trägt wahrscheinlich auch dementsprechende Spuren davon. Kleine Kratzer oder Beulen außen, die Löcher der Handyhalterung im Armaturenträger oder des Rauchers Unachtsamkeit, die sich im Sitzpolster als Brandloch verewigt hat. Die vielfältigen Methoden der Kleinreparaturen helfen diese Schönheitsfehler bei relativ geringem Aufwand zu beseitigen. Aller Euphorie vorangestellt sollten Sie sich aber im Klaren sein, dass die Aufbereitung keinen Neuwagen hervorzaubert. Machen Sie sich daher mit den Leistungen Ihres Profiaufbereiters vertraut und besprechen Sie ausführlich den erwünschten Umfang Ihrer Fahrzeugrenovierung. Machen Sie ihn auf kritische Stellen aufmerksam. So fällt eine sorgfältige Einschätzung, wie das erreichbare Ergebnis aussehen könnte, leichter.

Auspolieren kleiner Kratzer

Kleinere Kratzer lassen sich oft mit wenig Aufwand und ohne besondere Hilfsmittel entfernen.
Wichtig hierbei ist, dass die Kratzer nur in der obersten Lackschicht vorhanden sind.
Zuerst einmal muss das Fahrzeug gründlich gewaschen werden. So wird sichergestellt, dass man beim Polieren nicht mit Schmutzpartikeln die nächsten Kratzer in den Lack einarbeitet. Für den nächsten Schritt darf das Blech der zu polierenden Stelle nicht heiß sein. Bei einem zum Beispiel durch die Sonne aufgeheizten Lack trocknet die Politur zu schnell ab und erschwert die Arbeit ungemein. Für das Auspolieren reicht ein etwas kräftigerer Lackreiniger aus. Er über-

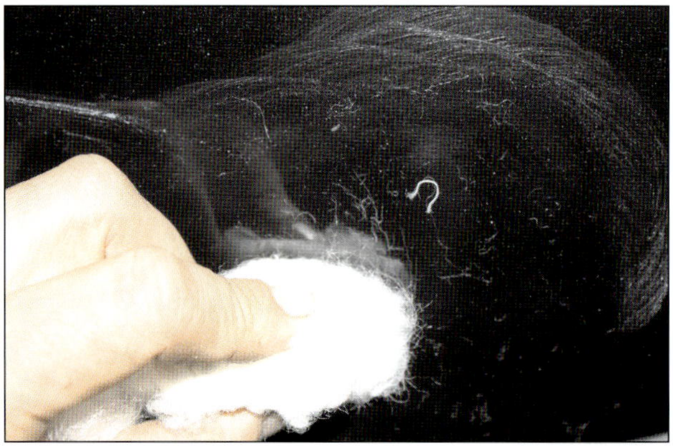

Auspolieren eines Kratzers: Auch wenn es nicht so aussieht, es wird geschliffen.

nimmt die Schleifarbeit. Der Trick liegt darin, die Lackdicke etwas abzuschleifen, um sie wieder in die gleiche Höhe zu bekommen wie den Kratzer. So fällt diese Stelle nicht mehr auf. Je nach Aggressivität des Lackreinigers, kann das sehr schnell gehen. Grundsätzlich sollte dann in einem zweiten Schritt die Umgebung des Kratzers leicht mitbehandelt werden. So wird vermieden, dass sich diese aufbereitete Stelle von dem umliegenden Lackbild abhebt.

Eine weitere Möglichkeit ist das Polieren mit Nassschleifpapier. Die Körnung sollte dann aber um 1500 liegen. Die Vorarbeit wird dann mit dem Schleifpapier und viel Wasser erledigt.
Es sollte aber trotzdem mit Lackreiniger nachgearbeitet werden. Im nächsten Schritt werden die Rückstände des Lackreinigers vollständig entfernt. Zum Abschluss wird die geschliffene Fläche mit einer Wachspolitur versiegelt und nach dem Abtrocknen der Wachsschicht gründlich mit einem weichen Lappen poliert.

Auspolieren eines Kratzers mit Schleifpapier: Sieht eigenartig aus, ist aber sehr effektiv. Wichtig ist die Handhaltung und etwas Erfahrung.

PRAXISTIPP

Aufbereitung vom Profi

Die Abwägung, ob es sich für die vorhandenen Kleinschäden an Ihrem Fahrzeug lohnt einen Profi zu engagieren oder nicht, wird dann relevant, wenn Sie sich von Ihrem Wagen trennen wollen oder müssen. Denn auch bei der Fahrzeugwartung und -pflege hat sich leider die »Geiz-ist-geil«-Mentalität in letzter Zeit bemerkbar gemacht. Trotz des gestiegenen Anteils älterer Fahrzeuge in Deutschland (das Durchschnittsalter des bundesweiten Fahrzeugbestandes beträgt mittlerweile acht

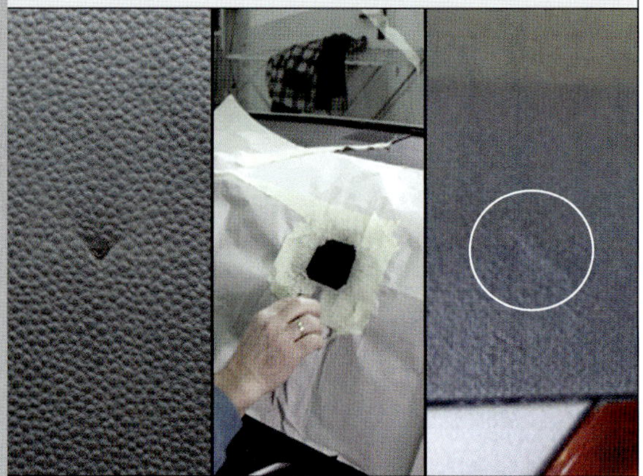

Befriedigendes Resultat: Ein Loch im Armaturenträger vor und nach der Reparatur.

Jahre), scheinen sich immer weniger Besitzer um den Allgemeinzustand ihres Fahrzeugs Gedanken zu machen. Wartung und Kundendienst werden vernachlässigt, die Motivation sinkt, in das Fahrzeug und den fälligen Service Geld zu investieren. Die Folge sind sich anhäufende Kleinmängel, die in ihrer Summe das Gesamtbild und die Erscheinung eines Kfz schnell trüben. Dies ist eine Chance für Besitzer wie Sie, die pfleglich mit Ihrem Automobil umgehen. Sie können sich mit Ihrem ordentlich gepflegten Fahrzeug hervorheben und zusätzlich durch eine optische Generalüberholung den Wiederverkaufswert steigern. Praxistests haben gezeigt, dass professionell aufbereitete Fahrzeuge in aller Regel einen deutlich höheren Verkaufspreis erzielen als ohne vorherige Verschönerungsmaßnahmen. Die Schönheitskur kann so eine Wertsteigerung von bis zu 1000 Euro erzielen. Rechnet man die ca. 400 bis 500 Euro Aufwendungen ein, bleibt immer noch ein schöner Überschuss von mehreren hundert Euro.

Mehr als ärgerlich: Beulen und Kratzer

Die Karosserie des Golf ist sehr widerstandsfähig. Doch irgendwann ist es vielleicht doch passiert: Es fällt irgendein Gegenstand auf das Blech oder der Lack ist durch einen tiefen Kratzer verunziert. Im Prinzip bleibt Ihnen dann fast nichts anderes übrig, als die Fahrt zum Lackierer bzw. Karosseriebauer anzutreten. Reparaturversuche zu Hause sind bei allem Aufwand meistens nicht von dauerhaftem Erfolg. Daher wollen wir Ihnen hier bildhaft zeigen, wie der Profi einer Beule in einem Karosserieblech zu Leibe rückt.
Smartrepair ist hier das Zauberwort, das Dellen von geschickter Hand verwinden lässt, oftmals ohne lackieren zu müssen. Ist die Beule von innen nicht zugänglich, muss sie von außen Stück für Stück herausgezogen werden. Hierzu verwendet der Profi einen Zuganker, der an die betroffene Stelle aufgeklebt wird. Mit dieser Behelfsvorrichtung kann der Profi durch Ziehen die Einwölbung wieder herausbekommen. Danach wird der Anker wieder entfernt und die Stelle geglättet sowie anschließend lackiert.

Polieren der Fläche: Zum Abschluss muss nun Glanz entstehen.

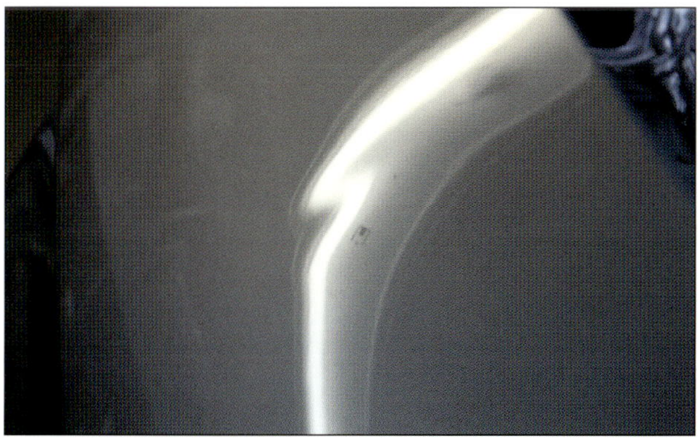

Punktabzug in der B-Note: Diese Delle kann nicht nur beim Leasing Abzug bedeuten.

Zugwerkzeug: So sieht ein Werkzeug für die hartnäckigeren Beulen aus. Die Anker werden aufgeklebt.

Schlagfertig: Der Randbereich der Beule wird leicht angeschlagen.

Augenmaß und Erfahrung sind sehr wichtig: Die Delle wird mit einem speziellen Werkzeug ausmassiert.

Verdeckpflege

Regelmäßige Wäsche ist die wichtigste Pflegemaßnahme für das Verdeck. Staub, Schmutz und Ruß setzen sich auf ihm ab. Eine verschmutzte Fahrzeughaube wirkt umso unansehnlicher, je heller die Verdeckfarbe ist. Für helle Verdecke empfiehlt zum Beispiel Volkswagen eine wöchentliche Wäsche mit normalem Autoshampoo. Wird nach der Wagenwäsche ein Waschkonservierer aufgetragen, sollte dieser allerdings nicht auf das Verdeck gelangen. Es kann dadurch fleckig werden. Oft genügt schon eine einfache Trockenreinigung. So können Sie z. B. Staub mit einer weichen Bürste (ohne Metallborsten) entfernen. Bürsten Sie immer in der Geweberichtung von vorn nach hinten. Vor jeder Nassreinigung sollte der Verdeckbezug in gleicher Weise ausgebürstet werden. Feuchten Sie ihn anschließend mit reichlich Wasser an.

Pflege von Kunststoffverdecken

Vogelkot ist ausgesprochen aggressiv und muss umgehend vom Verdeck wie auch vom Lack abgewaschen werden. Er könnte sonst das Kunststoffmaterial zumindest angreifen oder zerstören. Wenn Sie Ihren Wagen an einer Selbstwasch-Station wieder auf Glanz bringen, darf das Verdeck keinesfalls mit dem Hochdruckreiniger behandelt werden. Zu hoher Wasserdruck und auch heißes Wasser schaden dem Verdeckmaterial. Die Wagenwäsche kann auch in der Waschanlage stattfinden. Wählen Sie ein Programm ohne anschließende Wachsbehandlung. Das heiß aufgetragene Wachs kann Flecken auf dem Verdeckbezug hinterlassen und im schlimmsten Fall sogar die Kunststoffschicht angreifen. Hat sich der Schmutz in der Narbung des Kunststoff-Dachbezuges festgesetzt oder ist dieser Bezug verfleckt, sollten Sie nur ein Reinigungsmittel verwenden, das speziell für Cabrio-Dächer vorgesehen ist, so etwa die Verdeckreiniger-Pflegekombination 395/96 von Tunap oder C1 Cabrio Verdeckreiniger von Dr. O. K. Wack Chemie. Letzterer ist ein Kraftschaum. Er wirkt sehr intensiv und zugleich schonend für das Verdeck. Im Prinzip funktioniert er wie alle Schaumreiniger: Er nimmt den Schmutz auf und bindet ihn im Schaum und kann lange einwirken, weil er auch auf der Schräge nicht abläuft. Das Mittel lässt sich auf den Punkt genau auftragen und ist also auch sehr ökonomisch für einzelne Flecken geeignet. Die Aerosoldose mit 400 ml erlaubt 8 bis 12 Anwendungen bei vollflächiger Beschäumung. Auf jeden Fall ist die Arbeit auch mit diesen

Verdeckpflege beim Kunststoffdach: Auch ein Kunststoffverdeck benötigt von Zeit zu Zeit etwas Zuwendung.

Kunststoffpflege von A1: Zur Wahl stehen bei der Firma A1 die Varianten »Matt« und »Glänzend«.

Verdeckpflege beim Stoffdach: Zuerst mit viel Wasser die Verschmutzungen ausspülen.

Mitteln etwas mühselig, denn das Verdeck muss mit einer Bürste behandelt werden. Gut geeignet ist nach unseren Erfahrungen eine Handbürste.

Verdecke aus Textilmaterial

Einige Cabrio-Typen sind ab Werk mit einem Verdeck aus Verdeckstoff ausgestattet. Dieses Textilmaterial ist aber weniger robust im Umgang und nimmt mangelhafte Pflege besonders übel. Ein Fahrzeug mit Textildach sollte grundsätzlich in einem zumindest überdachten Unterstand stehen. Anhaltende Sonneneinstrahlung greift Gewebe, Gummierung und Farbe an. Staub auf dem Verdeck entfernt man mit einer weichen Bürste. Dabei in Richtung der Gewebelinien bürsten. Verdeck auch vor der Wagenwäsche abbürsten. Grundsätzlich sollte der Verdeckstoff aber nur mit klarem Wasser abgespült werden. Vogelkot sofort mit viel Wasser abwaschen, denn er greift die Gummierung des Verdeckstoffes an. Flecken im Verdeck dürfen nie mit Fleckenwasser oder anderen chemischen Mitteln behandelt werden. Einzige Möglichkeit: Reiben Sie vorsichtig mit einem Kreppgummi. Für Waschanlagen ist das Textil-Verdeck nicht geeignet. Wer seinem Stoffdach etwas Gutes tun will, der erspart ihm moderne Reinigungstechnik und lässt lieber Handarbeit walten. Durch die schonendere Behandlung bei der Handwäsche ist die Imprägnierung länger wirksam. Mit viel klarem, höchstens lauwarmem Wasser gut vorspülen und mit etwas echter Kernseife oder einer Mischung von 1-2 Teelöffeln mildem Geschirrspül- oder Feinwaschmittel auf 10 Liter Wasser das Dach abwaschen. Verwenden Sie dazu eine weiche Bürste, die Sie ohne aufzudrücken geradlinig von vorne nach hinten streichen. Stark verschmutzte Verdecke, vor allem solche in helleren Farben, einige Zeit einweichen lassen, bevor abgebürstet wird. Anschließend reichlich nachspülen und gut im Freien abtrocknen lassen, aber nicht bei direkter Sonneneinstrahlung. Das feuchte Dach muss bis zum vollständigen Trocknen geschlossen sein, der Stoff könnte sonst schrumpfen.

Angebote und Pflegehinweise im Internet

Im Internet finden Sie eine ganze Reihe von Angeboten für die Verdeck-Pflege. So offeriert www.speed-sport-cabrio.de/Pflege z. B. »Vinyl-Pflege« zur Reinigung und Versiegelung aller Kunststoff-Verdecke. Speziell bei hellen Verdecken soll regelmäßige Anwendung des Mittels in der 1000-ml-Sprühflasche erfolgen. Für undichte Nähte am Stoffverdeck gibt es Textilstoff-Nahtschutz, ein Dichtungsmittel. Ferner

Auftrag des Reinigers: Schaumreiniger zum Lösen der Verschmutzungen.

Einmassieren des Reinigers: Schaumreiniger in den Verdeckstoff einmassieren und nach einer Einwirkzeit wiederum mit viel Wasser ausspülen.

Imprägnierung des Stoffdachs: Die Nähte sind sehr wichtig und das Stoffdach wird weitere Verschmutzungen besser abweisen.

werden Polyglas-Scheibenpolitur für verblüffende Erfolge bei verkratzten und stark verschmutzten Plastik-Heckscheiben sowie Spezialkleber zur Verdeckmontage (200-ml-Dose mit Pinsel) empfohlen. TUNAP bietet zur Cabrio-Verdeckpflege ein Komplett-Set mit Reiniger, Imprägnierung, 2 Schwämmen und einem Paar Handschuhe »zum Einführungspreis von € 46,00« an. Im BMW-Zubehörhandel wird ebenfalls ein Cabrio-Pflegeset mit Verdeckreiniger, Imprägnierer, Heckscheibenreiniger und Wachs-Shampoo angeboten. Dazu noch: Gummipflegemittel, Verdeck-Reparatursatz, Verdeck-Kleber.

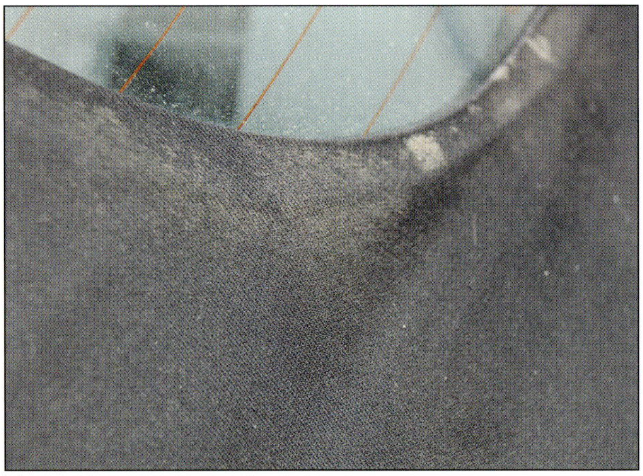

Pflegenotstand: Bei schlechter Pflege setzt sich in Kanten Moos und Dreck an.

Knickstellen: Verunreinigungen und falsche Pflege können neben der normalen Alterung auch für unschöne Verfärbungen verantwortlich sein.

Wassereinbruch: Undichte Verdecknähte können von einem Sattler instandgesetzt werden. Silikon ist hier nicht die richtige Wahl.

Einbruchschaden: Die Verdeckhaut und oft auch die Dämmung im Inneren muss ersetzt werden. Eine Reparatur ist nicht sinnvoll.

Fit durch den Winter

Auto fahren macht auch im Winter Spaß, vorausgesetzt, Sie haben den Wagen fit für die kalte Jahreszeit gemacht. Auch Sie selber müssen sich natürlich auf den Winter und seine Tücken einstellen und sich rechtzeitig ein paar Gedanken machen.

Eine Frage der Traktion

Ob Allrad- oder Frontantrieb: Der Golf hat im Schnee grundsätzlich gute Karten. Die Antriebskraft wird schon vorne dank des Motorgewichtes in Traktion umgesetzt. Deshalb sind gute Winterreifen Pflicht. Auch von der Schneekettenpflicht auf manchen Passstraßen sind Sie trotz der überragenden Traktion nicht entbunden. Die Schneeketten sollten immer auf der Vorderachse montiert werden. Die in allen Modellen serienmäßig vorhandenen elektronischen Regelsysteme wie ABS, ASR und ESP helfen natürlich auch im Winter. Damit übertrifft der Golf sogar die Selbstverpflichtung der europäischen Automobilindustrie (ACEA vom 1. Juli 2004), nach welcher alle Fahrzeuge unter 2,5 t zulässigem Gesamtgewicht serienmäßig zumindest mit ABS ausgestattet sein sollen. Beim Herausschaukeln aus Schneeverwehungen sollten diese Fahrhilfen kurzfristig abgeschaltet werden. Es kann in bestimmten Fällen passieren, dass die Fahrdynamikregelung in das Notprogramm fällt und die Warnlampe leuchtet. Zum Beispiel, wenn Sie die Vorderräder lange auf einer glatten Stelle durchdrehen lassen und dabei stark lenken, oder auch bei der Verwendung von Schneeketten aufgrund unterschiedlicher Abrollumfänge der Räder. Starten Sie in solchen Fällen den Motor neu um die Systeme zu reaktivieren.

Winterausrüstung mitnehmen

Damit Sie gut gerüstet sind, empfehlen wir Ihnen die folgenden Utensilien mitzuführen: A) eine fertige Mischung Frostschutz für die Scheibenwaschanlage; B) damit der Sprit nicht ausgehen kann, einen Reservekanister; C) eine warme Decke, falls Sie festsitzen und der Sprit doch ausgeht; D) eine kleine Schaufel für eine Tiefschneehavarie. Damit kann der Schnee vor den Rädern weggeschaufelt werden; E) eine Kopflampe, bei der Sie im Dunklen die Hände frei haben; F) ein Seil oder besser noch einen langen Schwerlast-Spanngurt. Damit können Sie andere Autofahrer aus dem Graben ziehen oder selbst geborgen werden. Mit Hilfe der Ratsche und einem Baum können Sie sich sogar selbst helfen; G) ein Starthilfekabel.

Startschwierigkeiten im Winter vermeiden

Der Motorstart wird unter winterlichen Bedingungen schnell mal zu einem Problemfall. Denn nicht nur das Motoröl wird bei niedrigen Temperaturen dickflüssiger, sondern auch die Batterie gibt bei Frost weniger Leistung ab. Zusammengenommen können dies im Winter K.o.-Kriterien für das Fortkommen sein.

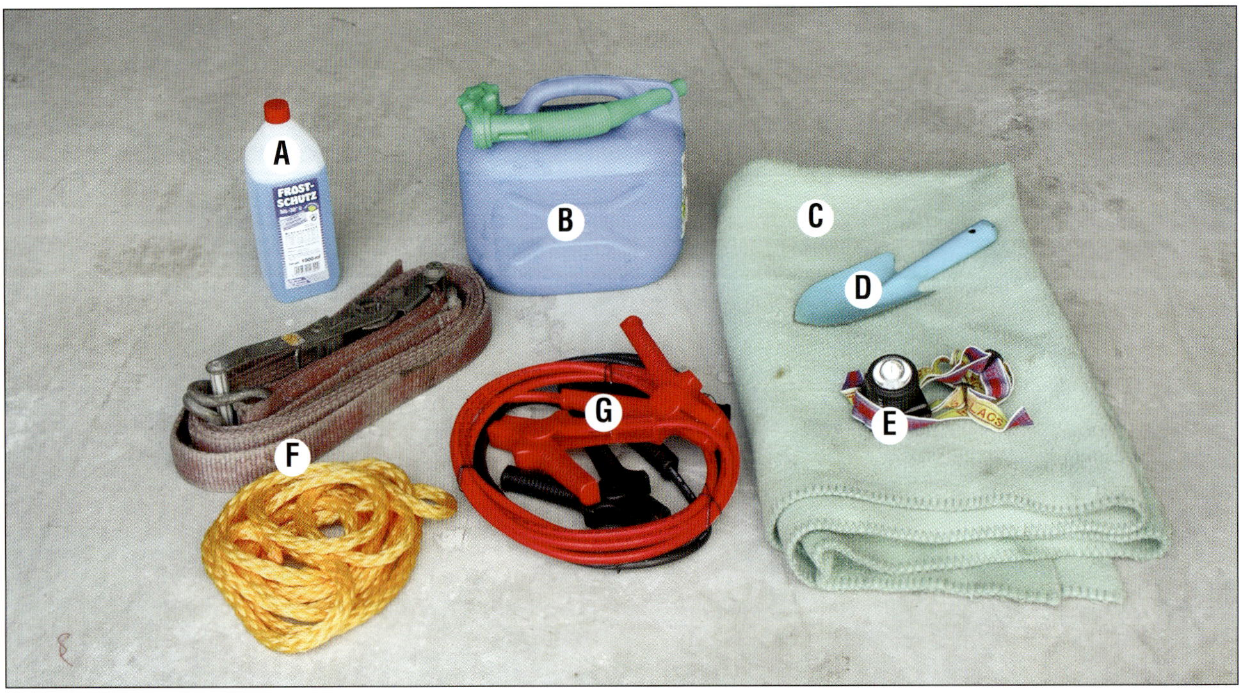

Winter-Grundausrüstung: (A) Frostschutz für die Scheibenwaschanlage, (B) Reservekanister, (C) Decke, (D) kleine Schaufel, (E) Kopflampe, (F) Abschleppseil oder Spanngurt, (G) Starthilfekabel.

Denn gerade jetzt braucht der (Anlasser) Motor mehr Leistung, um die erhöhten Reibwiderstände zu überwinden. Sie können es der Batterie aber so leicht wie möglich machen. Schalten Sie vor dem Start unnötige Verbraucher ab, hierzu zählen zum Beispiel die Lüftung oder das Radio. Das Licht sollte beim Startvorgang aus sein, ebenso die Innenraumbeleuchtung oder Sitzheizung. Wenn Sie dies beachten, wird die Batterie am wenigsten in Anspruch genommen und kann Startschwierigkeiten im Winter vermeiden.

Winterreifen

Grundvoraussetzung für sicheres Vorankommen bei Minusgraden sowie Eis und Schnee ist die richtige Bereifung Ihres Golfs. Denn die vier Handtellerflächen aus Gummi zwischen Ihnen und der Fahrbahnoberfläche stellen nun mal das wichtigste Bindeglied zur Straße dar. Seit 2006 schreibt selbst die Straßenverkehrsordnung eine »geeignete Bereifung« (§2 Abs.3a) für den Winter vor. Wie diese aber auszusehen hat oder welche Spezifikationen sie erfüllen muss, ist nicht näher definiert. Ganzjahresreifen können für unkritische Wetterlagen mit milden Temperaturen ausreichend sein. Bei plötzlichem Kälte- und Schneeeinbruch sind sie aber schlichtweg ungeeignet. Weder die geübte Hand noch die Elektronik können dann bei unzureichender Bodenhaftung/Bereifung das Fahrzeug noch kontrollieren. Gehen Sie also auf Nummer sicher, was das Vorankommen auf vier Rädern angeht – verwenden Sie einen vernünftigen Satz Winterreifen. Welche Winterreifen geeignet sind und vor allen Dingen passen, erfahren Sie auf den folgenden Seiten genauso, wie Sie ohne Risiko beim Winterreifenkauf auch Geld sparen können und die Winterreifen auch sicher anbringen. Damit Sie keinen Fehlgriff machen, haben wir die wichtigen Prüfkriterien ebenfalls aufgeführt.

Die 7-Grad-Empfehlung

Ob die so genannte 7-Grad-Empfehlung als Marketingmaßnahme oder aufgrund früherer Reifenentwicklungen entstanden ist, lässt sich auch von uns nicht mehr nachvollziehen. Ihre Kernaussage ist, dass Winterreifen bei Temperaturen bis 7 Grad Celsius angeblich bessere Eigenschaften als Sommerreifen hätten. Dem entgegen haben verschiedene Tests jedoch solche pauschalen Aussagen widerlegt. Denn auch bei Temperaturen knapp über dem Gefrierpunkt können mit Sommerreifen sowohl auf nasser als auch auf trockener Fahrbahn

WISSENSWERTES

Das Schneeflockensymbol

Der großen Verunsicherung vieler Autofahrer, welche Reifen sich im Winter am besten eignen, soll durch das Schneeflockensymbol Einhalt geboten werden. Die Entstehungsgeschichte dieses Symbols rührt auch aus dem zum Teil betriebenen Missbrauch mit der »M+S«-Kennung (engl.: Mud and Snow = Matsch und Schnee), die nicht als geschützte Kennzeichnung für unbeschränkte Wintertauglichkeit gilt. Denn nicht alle mit M+S gekennzeichneten Reifen weisen die Lamelleneinschnitte in den Profilblöcken auf, die für gute Traktion auf Schnee sorgen. Daher tragen etwa auch Reifen für den Geländeeinsatz dieses Symbol. Doch gerade gröbere Allradreifen sind für den Einsatz im Winter höchst ungeeignet. Für die Experten des Deutschen Verkehrssicherheitsrats ist der Winterreifen mit Schneeflockensymbol daher Favorit für die sichere Fahrt. Die auf der Reifenflanke dargestellte Schneeflocke hat sich im Jahr 2002 europaweit als freiwilliges Hersteller-Kennzeichen von Winterreifen zusätzlich zur M+S-Markierung durchgesetzt. Angebracht wird sie aber nur an Reifen, die auch streng den vorgegebenen Spezifikationen entsprechen. Dies gilt für Reifen, die im Vergleich mit einem Standard-Referenzreifen mindestens sieben Prozent mehr Traktion auf Schnee bieten und zudem über einen um ebenfalls sieben Prozent kürzeren Bremsweg verfügen. M+S-Reifen hingegen müssen per Definition nur ein besonders grobes Profil besitzen. Die M+S-Kennzeichnung auf der Reifenflanke allein fordert aber keine bestimmte Schnee-Performance.

Schneeflockensymbol

Garant für Wintertauglichkeit: Reifen mit der Schneeflocke zusätzlich zur M+S-Kennung

kürzere Bremswege erzielt werden, als mit vergleichbaren Winterreifen. Winterreifen sind vor allen Dingen für winterliche Straßenverhältnisse ausgelegt. Sie verfügen über eine kälteresistente Gummimischung, die bei Minustemperaturen weniger verhärtet und damit eine bessere Verzahnung und Kraftübertragung mit dem Untergrund ermöglicht. Winterreifen sind mit dem M&S-Symbol und einer stilisierten Schneeflocke gekennzeichnet (s. Kasten S. 51). Anders als bei Sommerreifen ist es bei Winterreifen erlaubt, abweichend von den einzuhaltenden Angaben des Fahrzeugscheines, Reifen mit niedrigerem Geschwindigkeitsindex einzusetzen. In Deutschland ist in diesem Fall auch ein Aufkleber mit dem Aufdruck »160 km/h« im Sichtbereich des Fahrers anzubringen.

Richtige Winterreifen für den Golf

Die Wahl der richtigen Winterreifen für den Familien-Golf fällt angesichts der vielen Angebote auf dem Markt nicht leicht. Muss es ein teurer High-Performance-Pneu sein oder reicht auch das günstige No-Name-Fabrikat? Die Fahrzeughersteller empfehlen immer Markenreifen, da hier die Qualität keinen Schwankungen unterliegt und auch die Modellwechsel nachvollziehbar werden. Darüber hinaus sind aber auch jede Saison neue Modelle verfügbar. Ausgiebige Tests, zum Beispiel vom ADAC, zeigen, welche Winterreifen auch für die Dimensionen empfehlenswert und welche weniger geeignet sind. Die Tests gehen daher auf unterschiedliche Eigenschaften der Pneus ein, beispielsweise die Bremseigenschaften, auch bei trockener, unbeschneiter Fahrbahn. Sie können Ihre Kaufentscheidung nach den für Sie relevanten Kriterien fällen, dabei sollte aber in jedem Fall die Fahrsicherheit vor Sparsamkeit stehen.

Bessere Haftung dank Lamellen

Durch Forschung und Entwicklung der Reifenhersteller kam man nicht nur darauf kälteresistente Gummimischungen zu verwenden, sondern auch die einzelnen Profilblöcke mit feinen Lamellen-Einschnitten und vielen Rillen zu versehen. Diese dienen als scharfe Greifkanten beim Abrollen des Rades auf der Fahrbahn. Der dynamische Prozess an der Auflagefläche erhöht die Verzahnungskräfte besonders mit losem Untergrund wie z. B. Schnee. Mit anderen Worten: Der lamellierte Reifen hat dadurch, dass er sich in den Untergrund reinkrallt, mehr Grip. Die Lamellen sind andererseits

Fast so gut wie Stollen: Stollen sind am Autoreifen tabu, aber mit Lamellen wird dennoch ein guter Kraftschluss auf Schnee erreicht.

auch ein guter Verschleißindikator: Mit zunehmender Abnutzung verschwinden die unterschiedlich tief geschnittenen Lamellen. Ihre beschriebene Wirkung nimmt ab. Unter 4 mm Profildicke verlieren Winterreifen auf Schnee daher ihren Nutzen und sollten durch neue ersetzt werden. Es spricht allerdings wenig dagegen, Winterreifen im Frühjahr noch bis auf eine Profiltiefe von rund 3 mm aufzubrauchen.

Geringer Geräuschpegel

Auch bei der Minderung der Geräuschemission ging man mit Cleverness vor: Die Lamellenprofile erlaubten zum einen eine geringere Höhe der einzelnen Profilblöcke, was sich insbesondere auf das Geräusch verursachende Eigenschwingverhalten positiv auswirkte. Zum anderen wurden die Profilblöcke unterschiedlich groß gestaltet, sodass die nach dem Abrollen nachschwingenden Blöcke unterschiedliche Eigenschwingfrequenzen aufweisen. Ein eigendynamisches und geräuschvolles Schwingen bei einer bestimmten Geschwindigkeit wird so unterbunden.

Schneeketten anlegen üben

Spezielle Schneeketten für den Golf gibt es beim VW-Händler oder auch im Zubehörhandel. Ein gutes Set umfasst zwei Schneeketten im wasserfesten Transportbeutel, das problemlos im Kofferraum verstaubar ist und sich auch als Unterlage bei der Montage verwenden lässt. Schneeketten können aber auch beim ADAC ausgeliehen werden. Dringend zu empfehlen ist für die Montage eine zusätzliche Fußmatte mitzuführen. Das erspart einem die obligatorischen durchweichten Hosen besonders im Kniebereich. Gefütterte Arbeitshandschuhe erleichtern die Arbeit mit den kalten Schneeketten im Schnee erheblich.

Gebrauchte Winterreifen

PRAXISTIPP

Seit dem 01. Januar 2006 sind Autofahrer verpflichtet, im Winter ihr Fahrzeug mit »geeigneter Bereifung« auszurüsten. Damit gibt es für Autofahrer keine Ausrede mehr, auf Winterreifen zu verzichten. Wer dennoch ohne erwischt wird, riskiert ein Bußgeld und im Falle eines Unfalls sogar den Versicherungsschutz. Nicht selten ist der Erwerb von Winterrädern, also dem Komplettsatz von Reifen und Felgen, aber auch eine Kostenfrage. Bares Geld lässt sich beim Kauf gebrauchter Winterreifen sparen. Diese finden Sie zum Beispiel bei Winterreifen-Börsen, die vielerorts meist Anfang November stattfinden. Achten Sie auf Hinweise in Ihrer Tageszeitung oder informieren Sie sich im Internet, z. B. auf den Seiten des ADAC. Notieren Sie sich vor dem Kauf unbedingt die für Ihr Fahrzeug passenden Reifengrößen. Sie sind im Fahrzeugschein hinterlegt. Der Reifenhersteller Continental schafft zudem auf seinen Internetseiten mit dem »Reifenkonfigurator« Klarheit. Nach Eingabe der Schlüsselnummer (s. Fahrzeugschein), werden auch alternative Reifengrößen aufgeführt. Haben Sie nun einen passenden Satz gefunden, inspizieren Sie ihn nach den Prüfkriterien: Profiltiefe, Reifenalter und Erscheinungsbild (Beschädigungen etc.), bevor Sie zugreifen. Informationen zu den Bezeichnungen und Beschriftungen finden Sie auch in diesem Buch.

Münztest: Winterreifen bieten nur genug Traktion auf Schnee, wenn die Profiltiefe mindestens vier Millimeter beträgt. Das entspricht etwa dem goldenen Rand einer Ein-Euro-Münze.

Trockenübung hilft: Schon ein paar Gartenhandschuhe schützen die Finger, es empfiehlt sich die Anleitung evtl. in einer Klarsichthülle zu verstauen.

Scheibenwaschanlage

Der einwandfreie Zustand der Waschanlage an Ihrem Golf ist ein wichtiges Sicherheitsmerkmal. Denn saubere Scheiben und eine klare Sicht sind Grundvoraussetzung für Ihre Sicherheit beim Fahren. Damit Sie unterwegs auch bei widrigsten Umständen wie Regen oder Schnee den Durchblick behalten, sollten Sie sich regelmäßig von der fehlerfreien Funktion Ihrer Wischanlage überzeugen. Die meisten Arbeiten sind leicht zu erledigen. Wir zeigen Ihnen auf den folgenden Seiten, worauf Sie insbesondere zu achten haben und welche Arbeitsschritte nötig sind. Hierzu gehören zum Beispiel die Kontrolle der Wischergummis und gegebenenfalls deren Austausch.

Wischwasser

Vergessen Sie nicht das Wischwasser aufzufüllen und achten Sie dabei auf den richtigen Wischwasserzusatz. VW empfiehlt das Scheibenreinigungskonzentrat G 052 164. Die Verwendung eines falschen Waschmittelzusatzes kann zum Aufschäumen an den Spritzdüsen führen, was ein Grund unzureichender Waschleistung sein kann. VW proklamiert für das Scheibenreinigungskonzentrat eine optimale Strahlverteilung an den Düsen. Außerdem bietet es im Mischungsverhältnis ein Drittel Konzentrat zu zwei Drittel Wasser einen Frostschutz bis zu Temperaturen von -25 °C. Damit dürfte auch im Winter eine sichere Funktion der Waschdüsen gewährleistet sein.

Wasser reicht nicht: Um Wasserflecken im Motorraum zu vermeiden, nehmen Sie am besten eine Plastikgießkanne zum Nachfüllen der Scheibenwaschanlage.

Die Mischung machts: Ein Drittel Zusatz auf zwei Drittel Wasser schützt vor Einfrieren des Wischwassers bis -25 °C.

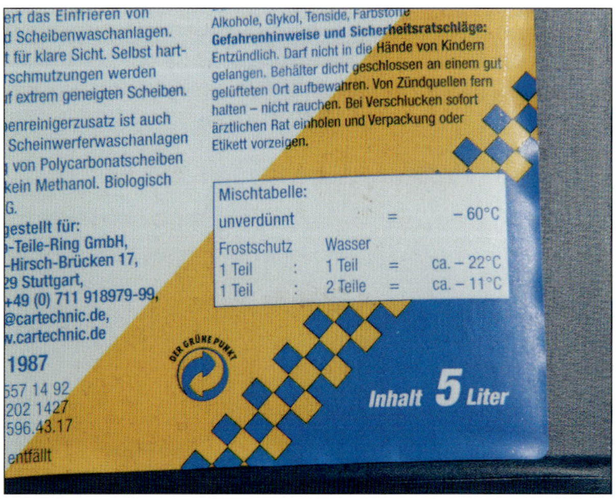

Verhältnisse sind angegeben: Achten Sie auf die Angaben auf den Scheibenreinigerflaschen.

Eigenarten der Scheibenwischanlage

Für uns zuerst einmal Eigenartig eine Funktion zu beschreiben, die in diesem Fahrzeug nicht existiert. Allerdings ist es wichtig zu wissen, dass die Wischeranlage des Golfs eine Funktion nicht hat, die bei den heutigen Fahrzeugen »normal« ist. Der Unterschied liegt, wie Sie wahrscheinlich schon erwarten, in der elektronischen Steuerung der neuen Fahrzeuge.

Der Wischermotor dort hat zwar wie beim Golf auch eine mechanische Verbindung, die die Wischerarme an den Motor koppelt, die Ansteuerung ist allerdings gänzlich anders. Bei den neuen Fahrzeugen meldet der Wischerschalter am Lenkrad den Fahrerwunsch an das Steuergerät für Lenksäulenelektronik. Hier wird eine Nachricht verfasst und über den CAN-Datenbus zum Bordnetzsteuergerät übertragen. Die Nachricht wird nun unverschlüsselt und über den LIN-Datenbus an das Wischermotorsteuergerät weitergeleitet. Dieses Steuergerät setzt nun die geforderten Wischvorgänge um. Beim Golf III/IV Cabriolet erfolgt das noch ganz konventionell über mehrere Kabel zwischen Schalter und Wischermotor. Allerdings muss der Wischerschalter den Lastsstrom des Wischermotors schalten.
Eine Sonderfunktion ist das »komische Zucken« des Wischers. Es handelt sich hier um die so genannte »alternierende Ruhelage«, damit die Wischerblätter sich nicht wie beim konventionellen System verformen können. Dazu wird der Wischer bei jedem zweiten Ausschalten geringfügig aufwärts gefahren. Selbst wenn der Scheibenwischer nicht benutzt wird, wird diese Lageänderung durch das Steuergerät von Zeit zu Zeit durchgeführt. Beim hier beschriebenen Golf-Modell wird der Wischer etwas früher verschleißen als bei den neueren Modellen.

Auch die Antiblockierfunktion des Wischers an moderen Fahrzeugen ist bei unserem Golf noch unbekannt. Das Schneeräumen mit dem Scheibenwischer kann Schaden an Wischermotor und Mechanik anrichten. Bei modernen Fahrzeugen erkennt das Steuergerät über die Stromaufnahme des Motors das Hindernis. Hängt der Wischer fest und bleibt stehen, versucht er fünf Mal das Hindernis zu überwinden. Dann schaltet der Motor ab. Der Fahrer muss das Hindernis beseitigen und den Wischer erneut betätigen. So auch im Winter bei angefrorenen Scheibenwischern.

Wischerblätter

Wischerblätter prüfen

Die Pflege der Wischergummis wird nur allzu gerne vernachlässigt. Dies kann sich aber später bei einer langen Fahrt im Regen bitter rächen. Eingerissene und poröse Gummilippen ziehen Schlieren, anstatt die Scheibe vom Wasser zu befreien. In der Dunkelheit laufen Sie dadurch Gefahr im Blindflug unterwegs zu sein, da der Blendeffekt durch die Lichtbrechungen stark zunimmt. Zur Kontrolle die Wischerarme von der Scheibe heben und mit der Fingerkuppe die Auflagefläche abfahren. Rillen und Vertiefungen sind ein klares Indiz für den fälligen Austausch. Kontrollieren Sie auch die Wischermechanik, sie darf nicht verbogen sein.

Wischerblatt vorne wechseln

Fahrer- und Beifahrerwischerblatt dürfen beim Einbau nicht vertauscht werden. Das Wechseln der Wischergummis macht heutzutage keinen Sinn mehr. Komplette Scheibenwischer sind auch von den top Markenherstellern zu erschwinglichen Preisen in jedem Autozubehörladen und im Internet zu erwerben.

- Schalten Sie die Zündung aus und ziehen Sie den Zündschlüssel ab.
- Klappen Sie den Wischerarm hoch.
- Taste drücken und die Wischerblattaufnahme aus dem Wischerarm herausziehen.

Montage:
Kontrollieren Sie die Länge der Scheibenwischer. Sie müssen auf dem Glas aufsitzen und dürfen weder den Scheibenrahmen noch sich untereinander berühren.

- Wischerblattaufnahme in den Wischerarm einschieben, bis sie hörbar verrastet.
- Wischerarm vorsichtig auf die Frontscheibe zurückklappen.
- Prüfen Sie die Funktion der Waschdüsen und die Endlage der Wischer auf der Scheibe anhand der Markierungen.

Scheibenwischerarm vorklappen: Heben Sie den Wischerarm von der Scheibe ab. Er bleibt in der Montagestellung stehen.

Raste betätigen und aushängen: Drücken Sie die Raste und nehmen Sie den Wischer vom Wischerarm ab.

Endablage der Scheibenwischer auf der Scheibe: Die Markierungen auf der Scheibe sind in Höhe der Wischergummis.

Waschdüsen

Waschdüsen vorne einstellen

Die Spritzdüsen sind voreingestellt. Es können aber kleine Höhenunterschiede ausgeglichen werden. Im Falle eines ungleichmäßigen Spritzfelds durch Verunreinigungen in der Spritzdüse bauen Sie die Spritzdüse aus und spülen Sie sie entgegen der Spritzrichtung mit Wasser durch.

- Liegen die beiden Spritzfelder nicht auf gleicher Höhe, kann die Einstellung der Spritzrichtung korrigiert werden.
- Kontrollieren Sie das Spritzbild der Düse.
- Stecken Sie eine Nadel in den Austritt der Spritzdüse ein und bewegen Sie sie vorsichtig.
- Richten Sie die Düse mit der Nadel aus und kontrollieren Sie den Auftreffpunkt auf der Scheibe (1) der jeweiligen Düse erneut.

Waschdüsen vorne wechseln

- Öffnen Sie die Motorhaube und stellen Sie die Haubenstütze auf.
- Ziehen Sie den Waschschlauch der jeweiligen Waschdüse ab.
- Schieben Sie die Waschdüse in der Haube zurück und nehmen Sie sie heraus.
- Die Montage erfolgt sinngemäß in umgekehrter Reihenfolge. Neue Waschdüsen sind lediglich voreingestellt. Sie müssen den Auftreffpunkt (1) des Spritzwassers auf der Scheibe kontrollieren.
- Achten Sie auf festen Sitz des Spritzwasserschlauchs auf der Waschdüse.
- Liegen die Spritzfelder nicht auf gleicher Höhe, kann die Einstellung der Spritzrichtung korrigiert werden.
- Spritzdüse durch Verdrehen mit einer Nadel, wie im mittleren Bild gezeigt, einstellen.

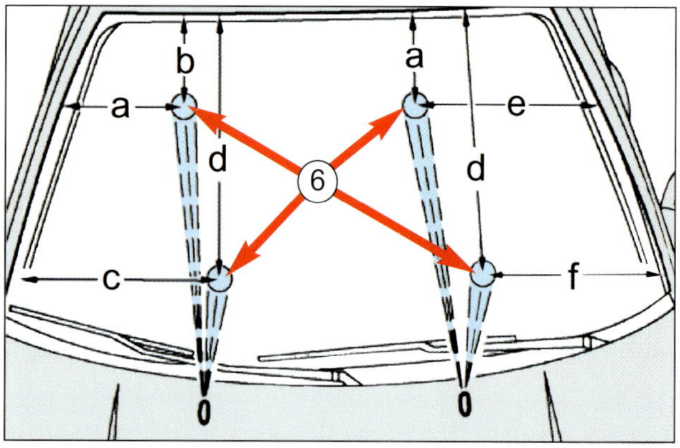

Waschdüse vorne: 1 Auftreffpunkt auf der Windschutzscheibe, a = 280 mm, b = 300 mm, c = 430 mm, d = 560 mm, e = 400 mm, f = 330 mm.

Scheibenwaschdüse einstellen: Mit der Nadelspitze lässt sich die Spritzrichtung leicht korrigieren.

Ansicht von unten: Die Waschdüse ist in das Blech der Haube eingeclipst. Neben dem Wasseranschluss ist der Anschluss für die Waschdüsenheizung zu sehen.

Scheinwerferreinigungsanlage

Spritzdüseneinstellung der Scheinwerferreinigungsanlage prüfen

Wenn Sie die Scheinwerfer eingeschaltet haben und die Waschanlage der Frontscheibe lang betätigen, wird die Waschpumpe (8) im Behälter angesteuert. Der Wasserdruck schiebt dann die Hubzylinder (12) mit den Spritzdüsen (1) heraus.

- Schalten Sie die Zündung ein.
- Schalten Sie das Abblendlicht ein.
- Betätigen Sie die Scheibenwaschanlagen für vorne. Die Scheinwerfer werden gewaschen, wenn der Scheibenwischerhebel mindestens 1,5 Sekunden in der Stellung »Sprühen« gehalten wird.
- Der Sprühstrahl sollte wie gezeigt auf die Scheinwerferlampen auftreffen (A). Weicht das Spritzbild ab, müssen Einstellmaßnahmen durchgeführt werden.

Waschdüsen Scheinwerfer einstellen

- Spritzdüse (1) bis zum Anschlag herausziehen und mit Werkzeug »3019 A« oder einem anderen geeigneten Werkzeug auf die jeweiligen Spritzpunkte ausrichten.

Tritt der Spritzstrahl ungleichmäßig aus oder lässt sich nicht auf die vorgegebenen Maße einstellen, muss die Spritzdüse zu ersetzt werden.

Waschdüsen Scheinwerfer wechseln

- Spritzdüsenhalter (2) vorsichtig herausziehen und festhalten.
- Mit einem kleinen Schraubendreher den Sicherungsclip etwas anheben und den Spritzdüsenhalter (2) herausziehen. Beim Loslassen des Spritzdüsenhalters schnellt dieser in seine Ruhelage zurück. Dabei wird ein kurzer, starker Wasserstrahl vorne herausgedrückt. Achten Sie darauf, dass Sie den Wasserstrahl nicht in die Augen bekommen.
- Den Spritzdüsenhalter (2) bis in die Rastung des Hubzylinders (12) hineinschieben und die Spritzdüsen einstellen.

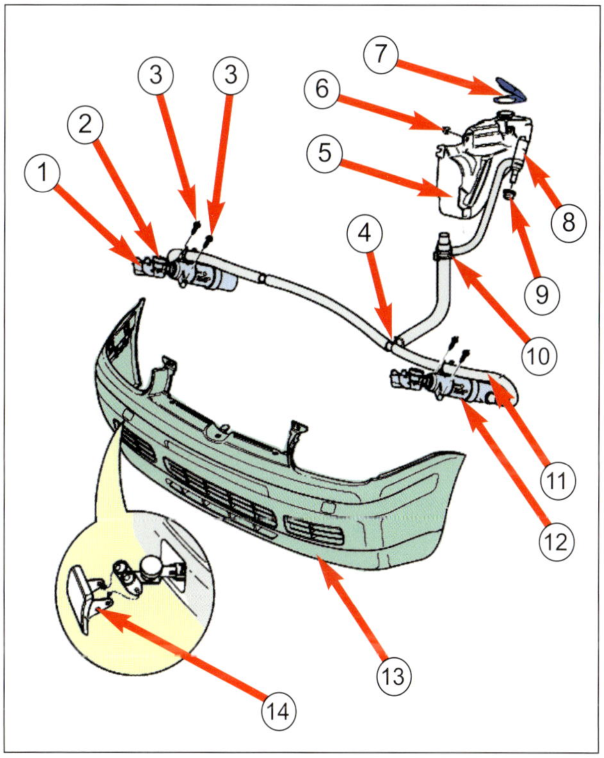

Scheinwerferreinigungsanlage: 1 Spritzdüsen, 2 Spritzdüsenhalter, 3 Blechschraube, 4 Verteiler, 5 Flüssigkeitsbehälter, 6 Kunststoffmutter M5, 7 Verschluss für Flüssigkeitsbehälter, 8 Scheinwerferreinigungspumpe, 9 Dichtung, 10 Verbindungsstück, 11 Schlauch 10 x 3, 12 Hubzylinder für Spritzdüsen, 13 Stoßstange, 14 Abdeckkappe.

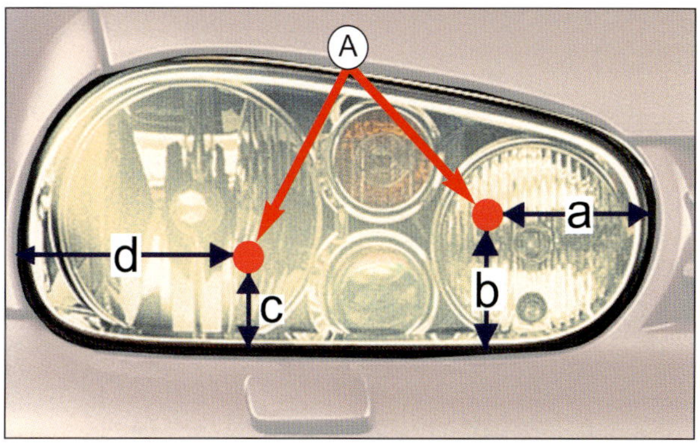

Auftreffpunkte auf dem Scheinwerferglas: a = 100 mm, b = 75 mm, c = 55 mm, d = 125 mm

Unzureichende Waschleistung der Düsen

Drei mögliche Ursachen kommen in Betracht.

Erstens können die Düsen falsch eingestellt sein, zweitens die Verwendung eines zum Aufschäumen oder zu Ablagerungen neigenden Waschmittelzusatzes und drittens ein unzureichender Wasserdurchsatz durch Verunreinigung einer Düse oder durch einen abgeknickten oder undichten Schlauch. Stellen Sie stets sicher, dass keine ungeeigneten Waschmittelzusätze verwendet werden, die Schaumbildung an der Spritzdüse verursachen. Kontrollieren Sie auch, ob der Sprühstrahl beider Düsen gleichmäßig stark ist. Ist dies nicht der Fall, dann bauen Sie die »schwächere« Düse aus und blasen die Düse mit Druckluft aus. Sollte diese Maßnahme zu keinen Erfolg führen, prüfen Sie bitte, ob der betreffende Schlauch abgeklemmt oder undicht ist.

Bei Fahrzeugen mit Scheinwerferreinigungsanlage muss natürlich auch die Einstellung der Spritzdüsen überprüft werden. Hier gilt, dass der Reinigungsstrahl die Mitte des jeweiligen Reflektors treffen soll.

Wenn sie eingestellt werden müssen, wird es allerdings etwas hektisch. Nach dem Einschalten des Fahrlichtes, also dem Abblendlicht oder dem Fernlicht, und der Betätigung der Scheibenwaschanlage für die Frontscheibe (der Hebel muss mindestens für 1,5 Sekunden gehalten werden!) wird mit der Hochdruckpumpe die Scheinwerferreinigung durchgeführt. Die Spritzdüsen werden hierzu ausgefahren. Nun können die Spritzdüsen eingestellt werden. Die Betätigung der Waschdüsen erfolgt hydraulisch über den Druck des Reinigungsmittels.

Die Rückstellung erfolgt über eine Rückzugsfeder, die in der Waschdüse verbaut ist. Die Waschdüse ist nicht zerlegbar und sollte ausgetauscht werden, wenn sie sich nicht mehr einstellen lässt oder andere Defekte wie Schwergängigkeit oder Verstopfung aufweist.

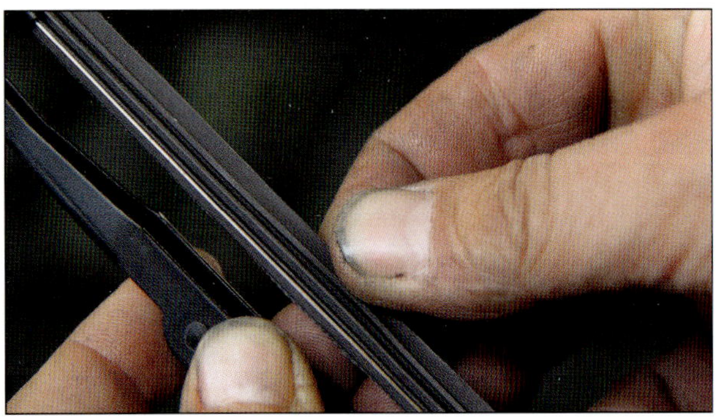

Wischerkontrolle: Inspizieren Sie die Gummilippe auf Rillen und Vertiefungen. Das Gelenk muss leichtgängig sein damit die Wischergummis satt auf der Scheibe aufliegen.

PRAXISTIPP

Scheiben schonend enteisen

Für viele, die keinen Garagenstellplatz ihr Eigen nennen, gehören zugefrorene Scheiben im Winter zum alltäglichen Graus. Und wer hat schon Lust, am frühen Morgen oder späten Abend sich mit dem ungemütlichen Gekratze und Geschabe aufzuhalten? Wer jedoch, egal ob aus Faulheit oder Unvernunft, nur ein kleines Guckloch freilegt und dann losfährt, begibt sich und andere beim anschließenden Blindflug in höchste Gefahr. Zudem nimmt man so das Risiko in Kauf, bei einem Unfall haftbar gemacht zu werden und ein saftiges Bußgeld zu kassieren. Der Gesetzgeber schreibt nämlich dem Fahrzeughalter vor, dass er laut §23 StVO dafür zu sorgen hat, dass die Sicht weder durch Beladung noch durch den Zustand des Fahrzeugs beeinträchtigt ist. Was also tun, will man sich und die durch die Kratzprozedur stark in Mitleidenschaft gezogene Scheibenoberfläche schonen? Eine Möglichkeit ist die Verwendung eines Scheiben-Enteisers, den es als Spray- oder Pumpdose zu kaufen gibt. Dieser sorgt mit einer konzentrierten alkoholischen Formel dafür, dass die Eisschicht abtaut. Qualitätsunterschiede der Produkte lassen sich zum Beispiel am Sprühbild erkennen: Wird die Scheibe gleichmäßig benetzt, ist die Wirkung effektiver. Besonders die kratzempfindlichen Stellen wie Außenspiegel oder Gummiteile, aber auch die Kunststoff-Heckscheibe einiger Cabrios, profitieren durch kaum erforderliche mechanische Beanspruchung.

Scheinwerferreinigungsanlage: Nur gezielte Treffer reinigen gut!

Heizung und Lüftung prüfen

Damit im Winter die Scheiben auch von innen möglichst schnell und zuverlässig frei werden, müssen Heizung und Lüftung, aber auch die Klimaanlage in tadellosem Zustand sein. Die Klimaanlage kann nämlich auch im Winter wertvolle Dienste leisten: Die Luft wird getrocknet und das Beschlagen der Scheiben vermindert. Leider behindert der im Frischluftkanal integrierte Wärmetauscher einer Klimaanlage die Frischluftzufuhr von außen, weshalb Sie das Gebläse im Winter immer mindestens auf Stufe 1 mitlaufen lassen müssen.

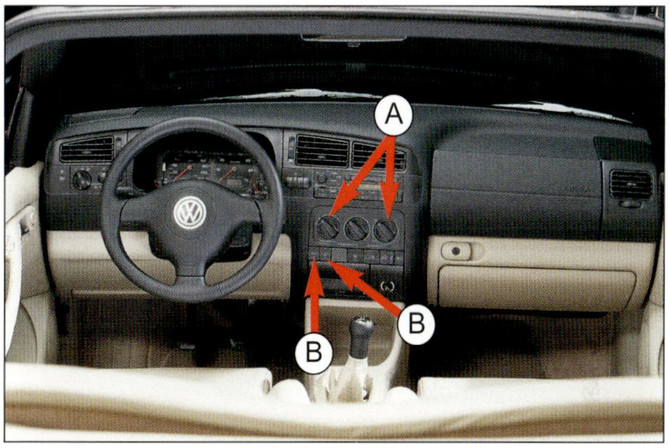

Ausströmdüsen dürfen nicht verstopfen: Testen Sie den Luftstrom einzelner Düsen regelmäßig durch Drehen des Reglers (A) bzw. Drücken der Tasten (B) der Klimaanlage.

- Prüfen Sie zunächst, ob das Gebläse in allen Stufen wirkungsvoll arbeitet, indem Sie die Luft auf die mittleren Ausströmer lenken und alle Schalterstellungen durchprobieren. Eventuell den Reinluftfilter wechseln.
- Ab einer Motortemperatur von 60 Grad oder nach ca. fünf Kilometern Fahrt muss aus den Ausströmern warme Luft kommen, sobald Sie die Einstellung der Temperatur verändern.
- Prüfen Sie zum Abschluss noch, ob die Luftverteilung funktioniert. Sie können das an den jeweiligen Düsen erfühlen und auch hören. Beim Umschalten öffnen und schließen sich die jeweiligen Klappen des Lüftungssystems. Gerade die Funktion zur Belüftung der Frontscheibe ist sehr wichtig. Sie muss sich auch so einstellen lassen, dass keine zusätzlichen Austrittsstellen für die Luft geöffnet werden. Nur so bleibt die Frontscheibe in der Phase, in der das Auto noch nicht warm ist, beschlagfrei.

Frostschutz prüfen

- Die Flüssigkeiten können mit einer Spindel geprüft werden. Ziehen Sie so viel Flüssigkeit in das Gerät, bis der Schwimmer frei schwebt. Sie können dann ablesen, bis wie viel Grad der Frostschutz gewährleistet ist. Mit minus 30 Grad sind Sie gut gerüstet.
- Der Ausgleichsbehälter für das Kühlwasser befindet sich beim Golf in Fahrtrichtung gesehen rechts, nahe dem Kotflügel (kugelförmig; Aufschrift G12).
- Der Vorratsbehälter für das Waschwasser sitzt beim Golf meist vor dem Kühlflüssigkeitsbehälter, also in Fahrtrichtung rechts, weiter vorne. Achtung hier kommen andere Frostschutzmittel zum Einsatz!

Kühlmittel: Das Frostschutzmittel sorgt für Frostschutz und Korrosionsschutz im Motor und bleibt deshalb das ganze Jahr über im Kühlsystem.

Dichtungsgummis pflegen

Die Dichtungsgummis sind bei Minustemperaturen besonderen Anforderungen ausgesetzt. Kaputte Gummidichtungen sind nicht nur optisch ein Problem, sondern können im Extremfall zu Wassereinbruch und übermäßigen Scheibenbeschlag führen. Sparen Sie also nicht bei der Pflege, denn der Wechsel defekter Dichtungen ist aufwändig und insofern auch nicht billig. Verwenden Sie lieber regelmäßig einen Gummipflegestift. Dieser verhindert im Winter das Festkleben von Gummidichtungen an Türen, Scheiben und Kofferraumdeckeln. Zusätzlich wird das Gummi geschmeidig gehalten, was vor dem Brüchigwerden schützt.

Gummidichtungen:
Diese müssen innen wie außen geschmeidig bleiben. Besonders wichtig ist das im Winter. Spezielle Gummipflegemittel geben dem elastischen Material zusätzlich den Glanz zurück.

Schmieren und Pflegen: Den Gummidichtungen müssen Sie in der kalten Jahreszeit besondere Beachtung schenken. Verwenden Sie dazu am besten einen Glycerinstift. Er hält die Dichtungen geschmeidig.

Türschlossenteiser

Auch die Verwendung eines Türschlossenteisers kann nicht schaden, insbesondere wenn Sie an Ihrem Golf die Türen nicht per Funkschlüssel öffnen. Beachten Sie aber, dass der Enteiser nicht ins Fahrzeug gehört. Dort nutzt er im Fall der Fälle nämlich nichts.
Das Feuerzeug ist im Übrigen keine Alternative. Denn durch die Erhitzung des Schlüssels riskieren Sie einen Schaden am integrierten Mikrochip der Wegfahrsperre. Haben Sie dennoch das Schloss auf diese Art geöffnet, kommen Sie erst recht nicht vom Fleck.

Am besten griffbereit in der Tasche: Den Türschlossenteiser nicht im Fahrzeug vergessen. Ist das Schloss zugefroren, bringt er Ihnen dort am allerwenigsten. Unterlassen Sie bitte auch das Zündeln mit dem Feuerzeug am Schlüssel.

PRAXISTIPP

Schmutz kostet Leuchtkraft

Waschen Sie, besonders in der schmuddeligen Jahreszeit, die Scheinwerfer häufiger als die Karosserie. Denn Schmutzpartikel auf den Abdeckgläsern schlucken die Lichtstrahlen oder leiten sie in die Irre. Folge: geringere Sichtweite, unkontrolliertes Streulicht, starke Blendung – vornehmlich bei Nebel. Schon nach einer etwa halbstündigen Fahrt auf feuchter Straße können die Scheinwerfer Ihres Autos zu über 60 Prozent verschmutzt sein. Entsprechend mager ist dann die Lichtausbeute – ein Gefahrenpotenzial für Sie und andere Verkehrsteilnehmer. Die am Golf angebrachten Halogenscheinwerfer können Sie beim Tankstellenstopp mit den vorhandenen Mitteln schnell von der Schmutzschicht befreien. Eine Reinigung unterwegs mit Wasser und Schwamm wirkt Wunder und sichert anschließend wieder die volle Leuchtkraft des Scheinwerfers. Achten Sie aber darauf, dass die Schmutzpartikel nicht die Klarglasleuchten der Scheinwerferabdeckung beschädigen oder verkratzen. Die Glasscheibe der Golf-Scheinwerfer kann nämlich nicht als separates Teil ersetzt werden. Dies hat zur Folge, dass im Fall von (durch falsche Pflege) verkratzten oder gebrochenen Glasscheiben (durch einen Unfall bedingt) der Austausch des kompletten Scheinwerfers fällig wird.

Bessere Wischerblätter

In der kalten und nassen Jahreszeit ist eine gute Sicht das A und O beim Autofahren. Wechseln Sie daher am besten zu Herbstbeginn die Wischerblätter gegen einen neuen Satz. Bei dieser Gelegenheit wäre der Umstieg auf die Aerotwin-Wischer aus dem Hause Bosch günstig. Diese etwas teureren Wischblätter werden durch mathematische Berechnungen individuell an die Wölbung der Windschutzscheiben, auch der des Golf, zugeschnitten. Der Anpressdruck ist damit gleichmäßig auf die gesamte Wischerblattlänge verteilt. Der übliche Spoiler wird überflüssig, was auch den Geräuschpegel und Luftwiderstand minimiert.

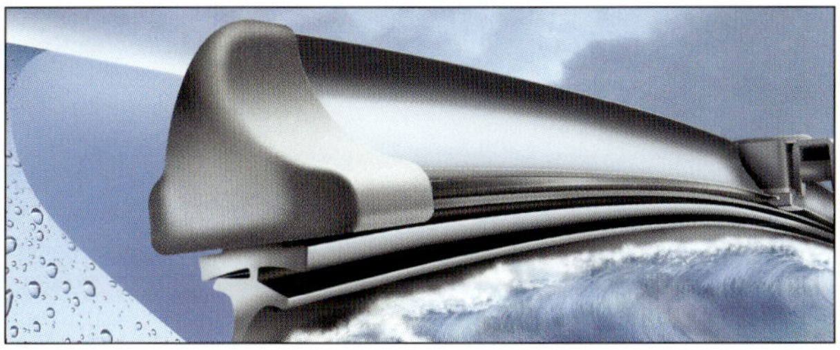

Standheizung nachrüsten

Eine Standheizung ist ein echter Zugewinn an Komfort und Sicherheit. Lästiges Scheibenkratzen entfällt und der bereits warme Motor läuft vom Start weg schadstoffarm und abgasreduziert. Den Einbau müssen Sie allerdings dem Fachmann überlassen. Besonders günstig kommen Besitzer eines TDI davon. Verfügt der Diesel-Direkteinspritzer über einen Zuheizer, muss er um nur wenige Module erweitert werden, und schon wird aus dem Zuheizer eine vollwertige Standheizung.

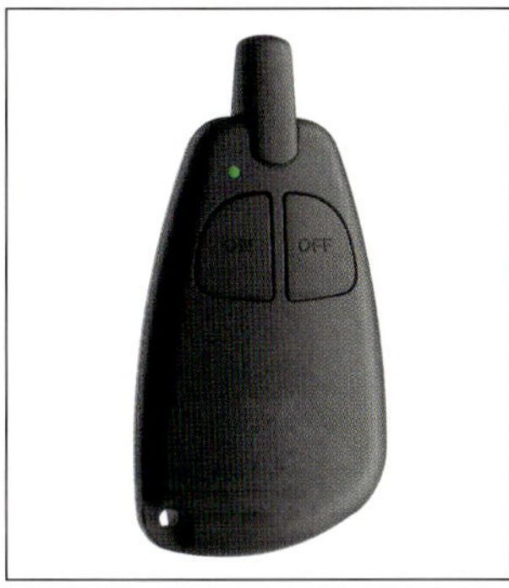

Starthilfebooster

Wollen Sie bei Fahrten in entlegene Wintergebiete auf Nummer sicher gehen, was das Starten des Motors betrifft, sollten Sie einen so genannten Starthilfebooster mit an Board haben. Dieser hilft Ihnen, auch wenn die Autobatterie den Dienst verweigert, sei es wegen der Kälte oder des schlechten Ladezustands (oder schlimmstenfalls beidem).

Der Starthilfebooster agiert dann als kleines Kraftwerk, sodass auch die müdeste Batterie Ihnen nicht zum Verhängnis werden kann und Sie Ihren Golf starten können.

Sitzheizung nachträglich einbauen

Wer seinen Golf mit einem Komfortmerkmal erweitern möchte, hat dazu reichlich Möglichkeiten. Eine dieser Möglichkeiten ist die Nachrüstung einer Sitzheizung. Die im Zubehör angebotenen Carbon-Heizmatten sind wesentlich bruchfester als die ab Werk verbauten Elemente, ohne deshalb wesentlich mehr zu kosten. Ein einfacher Nachrüstkit ist inklusive Schalter und Kabel schon für rund 100 Euro pro Sitz zu haben. Der Einbau muss allerdings nach TÜV-Auflage durch einen Fachbetrieb erfolgen.

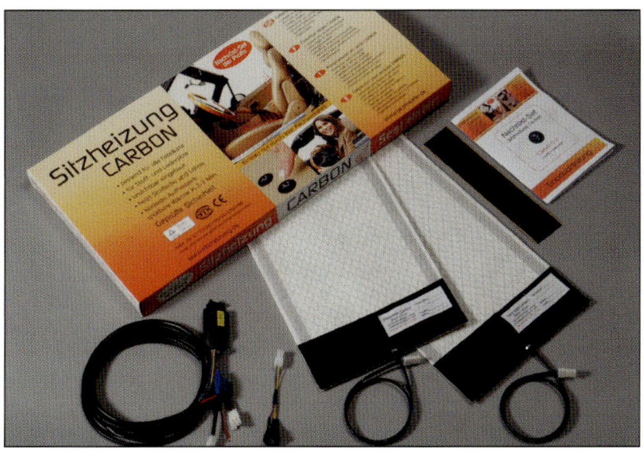

CHECKLISTE

Fit für den Winter

Bereich	Worauf Sie achten sollten	Was zu tun ist
A Motor	**1** Motoröl	Das Motoröl wird durch extreme Kaltstarts und die großen Temperaturschwankungen stärker belastet als im Sommer. Vielleicht etwas kürzere Intervalle fahren und ein gutes Öl mit niedriger Viskosität spendieren. (Beachten Sie dazu unbedingt die Hinweise im Kapitel »Antrieb«).
	2 Kühlmittel	Ist der Frostschutzgehalt zu niedrig und das Kühlwasser friert ein, kann das Eis den Motor sprengen. Also rechtzeitig messen und einen anstehenden Wechsel auf den Herbst legen.
	3 Thermostat	Wenn im Winter der Thermostat nicht vollständig schließt, braucht der Motor lange, um warm zu werden. Beobachten und bei langer Warmlaufphase wechseln.
B Räder und Reifen	**1** Winterreifen	Winterreifen funktionieren auf Schnee nur gut, wenn noch mindestens 4 mm Profiltiefe übrig ist. Reifen im Oktober montieren. Falls Sie neue Reifen brauchen: Nicht erst auf die ersten Schneeflocken warten, denn dann hat der Reifenhändler garantiert keine Zeit.
C Licht und Sicht	**1** Beleuchtung	Kontrollieren Sie regelmäßig die Beleuchtungsanlage und reinigen Sie die Klarglasabdeckungen der Scheinwerfer. Im Winter sind einwandfrei funktionierende Scheinwerfer unentbehrlich.
	2 Verglasung **3** Scheibenwischer	Die Scheiben sollten frei von Kratzern und Steinschlägen sein. Spendieren Sie im Herbst neue Wischer und füllen Sie genügend Frostschutz in die Waschanlage.
D Karosserie	**1** Türen und Hauben	Sprühen Sie die Dichtungen großzügig mit Silikonspray ein. Das verhindert das Festfrieren.
	2 Schlösser und Scharniere	Die Gelenke freuen sich über eine Extraportion Öl bzw. Fett. Das verhindert nebenbei auch Korrosion.
	3 Lack	Gönnen Sie dem Lack regelmäßiges Waschen. So setzt sich erst gar keine Salzkruste fest.
E Elektrik	**1** Batterie	Lassen Sie eine Batterie-Kurzschlussprüfung durchführen, um festzustellen, wie viel Kapazität noch vorhanden ist. Batterien leiden unter Kälte, das gilt übrigens auch für die Fernbedienung.
	2 Heizung und Lüftung	Eventuell Reinluftfilter wechseln.

Fit durch den Sommer

Der Betrieb in der Sommerzeit, vielleicht auch mit einer Fahrt mit Familie und Gepäck in den Urlaub, will gut vorbereitet sein. Pannen und Defekte mit kleiner Ursache, die oft schon im Vorfeld erkennbar waren, sind dann besonders nervig.

Reifen

Sommerzeit ist Reisezeit und die will gut vorbereitet sein. Nach dem Packen kommt Ihr Golf dran. Passen Sie in jedem Fall den Reifendruck dem Beladungszustand an. Im Tankdeckel oder in der Bedienungsanleitung finden Sie dazu eine tabellarische Übersicht.
Auch der Reservereifen darf nicht vergessen werden. Nur ein intaktes Reserverad kann bei einer Reifenpanne auch weiterhelfen. Die Notfallausrüstung wie Warndreieck, Sicherheitswesten und natürlich auch das Werkzeug sollten zweckmäßig und griffbereit untergebracht werden. Eine Reifenpanne findet eher selten auf einem Parkplatz statt. Wenn nun auf der Autobahn das halbe Auto wieder ausgeräumt werden muss, nur um die notwendigen Utensilien zusammenzusuchen, vergeht nicht nur Urlaubszeit, sondern die Gefährdung auf der Autobahn nimmt mit der Standzeit zu. Hilfreich ist es sicherlich, das Werkzeug in einer Solchen Tasche zu platzieren.

Vergewissern Sie sich, dass Ihre Sommerreifen noch genügend Profil haben. Gesetzlich vorgeschrieben sind zwar lediglich 1,6 mm Profiltiefe, wer jedoch mit diesen Reifen eine Vollbremsung hinlegen muss oder gar in den Regen kommt, hat schlechte Karten. Denn schon bei ca. 4 mm, also rund der Hälfte des Profils neuer Reifen, verlängert sich der Bremsweg aus 100 km/h bereits um mehr als zwei Wagenlängen.

Profiltiefe korrekt bestimmen

Zur Ermittlung der Profiltiefe empfiehlt sich ein Profiltiefenmesser (Bild 2). Entscheidend sind die Hauptprofilrillen. Messen Sie nicht auf den Erhebungen des TWI (Tread Wear Indikator = Profil-Abnutzungsanzeiger). Die Profiltiefe messen Sie in den Hauptprofilrillen an den am stärksten verschlissenen Stellen des Reifens. Die Positionen der TWI-Indikatoren (Bild 1) sind an der Reifenschulter sichtbar und zeigen die gesetzliche Mindestvorgabe von 1,6 mm an.

Bremsweg aus 100 km/h (regennasse Fahrbahn)

Profiltiefe	Bremsweg	Verlängerung (relativ)
8 mm	70 m	–
4 mm	82 m	17%
3 mm	87 m	24%
2 mm	97 m	39%

Erschreckende Zahlen: Die Profiltiefe ist ein entscheidender Sicherheitsfaktor vor allem bei Nässe (Quelle: www.kfztech.de)

1

2

Kleine Reifenkunde

PRAXISTIPP

Seit 01. Januar 2006 ist es Gesetz, dass laut Straßenverkehrsordnung (§2 Abs. 3a) bei Kraftfahrzeugen die Ausrüstung an die Wetterverhältnisse anzupassen ist. Hierzu gehört insbesondere eine »geeignete Bereifung«. Damit sollte es nun nicht mehr nur für Fachleute, sondern auch für alle Autofahrer selbstverständlich sein, dass Sommer und Winter ihre eigenen Reifen hinsichtlich Profil und Gummimischung benötigen. Gerade auf der Fahrt in den Urlaub kommt es darauf an, der Bereifung besondere Aufmerksamkeit zu schenken. Wer weiß schon, dass ein moderner Reifen aus bis zu 16 verschiedenen Gummimischungen bestehen kann, die zum Beispiel folgende Anforderungen erfüllen müssen: Geringst möglicher Abrieb, Rissfestigkeit, Rutschwiderstand, geringer Rollwiderstand, dynamische Beständigkeit, Luftdichtigkeit, Laufruhe sowie Alterungsbeständigkeit. Allerdings bestimmen nicht nur Gummimischung und Auslegung des Profils – zum Beispiel das Lamellenprofil eines Winterreifens – die Leistung eines Reifens. Mindestens genau so wichtig sind nach Aussage der Kfz-Innungsexperten die unterschiedlichen Profiltiefen. Zwar schreibt der Gesetzgeber hier nur einen Mindestwert von 1,6 Millimetern vor, aber in der Praxis ergeben sich andere und realistischere Werte. Auf eine einfache Formel gebracht: Profiltiefe Sommerreifen: Minimum 3 Millimeter, Profiltiefe Winterreifen: Minimum 4 Millimeter. Die Gründe für diese Empfehlungen sind zahlreich und absolut sicherheitsrelevant. Mit dem Minimumprofil von 1,6 Millimeter verlängert sich bei Nässe der Bremsweg bereits um das Doppelte. Wenn man weiter weiß, dass bei nasser Fahrbahn die Drainagerillen bei 80 km/h bis zu 25 Liter Wasser pro Sekunde und bei 140 km/h bis zu 43 Liter kanalisieren müssen, erübrigt sich wohl jede weitere Diskussion um falsche Sparsamkeit. Gerade vor der sommerlichen Urlaubsreise mit ihren erhöhten Anforderungen an Temperaturen, Fahrzeuggewicht und Geschwindigkeit raten die Fachleute der Kfz-Meisterbetriebe zu einer detaillierten Reifenkontrolle, bei der neben der Erhöhung des Luftdrucks speziell auf Beschädigungen an Lauffläche, Seitenwand und Ventilabdichtung sowie auf Profiltiefe geachtet werden muss. Gehen Sie also beim einzigen Bindeglied zwischen Ihnen und dem Straßenbelag keine unnötigen Risiken ein und kontrollieren Sie regelmäßig Ihre Fahrzeugbereifung.

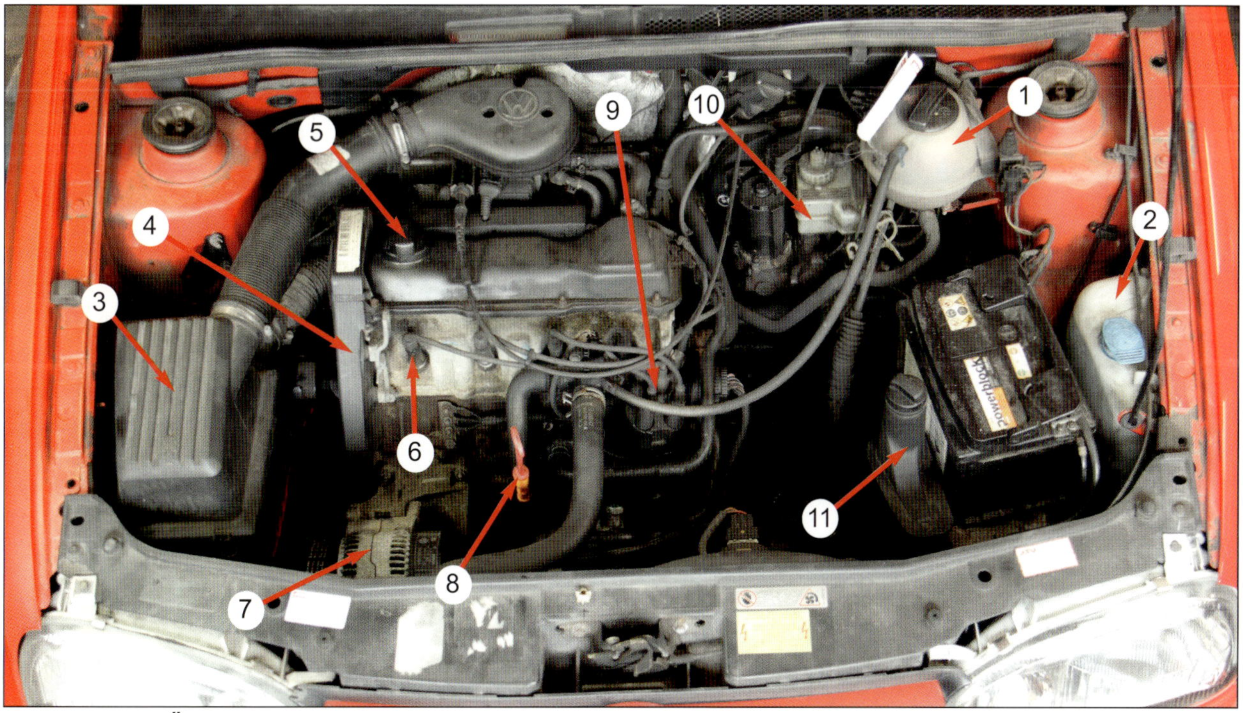

Motorraum und Übersicht der Kontrollpunkte: 1 Kühlwasserbehälter, 2 Scheibenwaschbehälter, 3 Luftfiltergehäuse, 4 Zahnriemenabdeckung,5 Öleinfüllstutzen, 6 Zündkerze, 7 Generator, 8 Ölpeilstab, 9 Verteiler, 10 ABS-System, 11 Vorratsbehälter Servolenkung.

Wie funktioniert die Klimaanlage?

Eine Klimaanlage ist eine feine Sache, keine Frage, doch wie funktioniert dies Anlage eigentlich? Das Funktionsprinzip ist vergleichbar mit dem des heimischen Kühlschranks. Ein vom Motor angetriebener Kompressor (1) verdichtet das dampfförmige Kältemittel, welches sich dabei erhitzt. Beim anschließenden Abkühlen im Kondensator (10) wird das Mittel wieder flüssig. Durch ein Ventil (12) wird diese abgekühlte Flüssigkeit nun in den Verdampfer (13) eingespritzt. Beim Verdampfungsprozess wird nun der außen an dem Waben- und Röhrensystem vorbeiströmenden Luft aus dem Fahrgastraum Wärme und Feuchtigkeit entzogen. Die Luft kühlt ab und wird zurück in den Innenraum geleitet. Die Intensität der Abkühlung hängt im Wesentlichen vom Luftdurchsatz und der eingestellten Temperatur ab. Das heißt, je höher die Gebläsestufe und je niedriger die gewählte Temperatur, desto kälter wird es. Intelligente Klimasysteme zeichnen heutzutage zusätzliche Sensoren und Steuereinheiten aus. Diese bestimmen nicht nur anhand der Gurtschlösser die Anzahl der klimabedürftigen Insassen, sondern können auch mittels Fotodioden die Sonneneinstrahlung berechnen und so den hitzegeplagtesten Passagier ausmachen und dementsprechend die Kälteverteilung koordinieren.

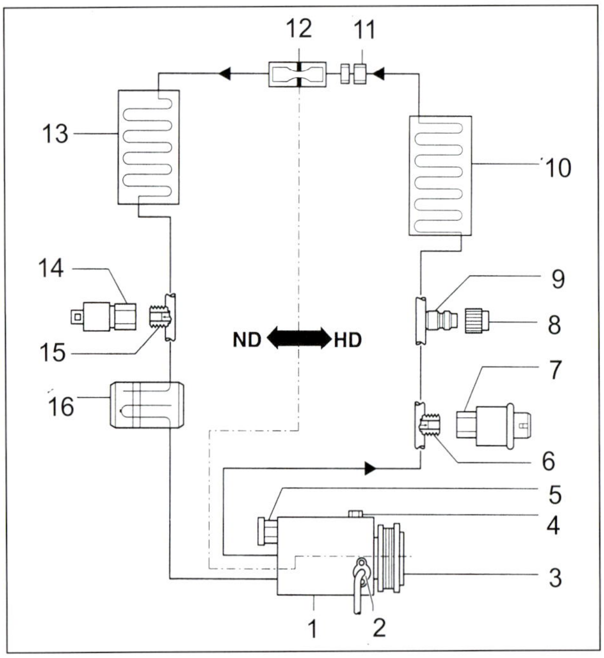

Funktionsprinzip Klimaanlage. Prinzip der Klimaanlage: Der Kreislauf ist in einen Nieder- und einen Hochdruckkreis aufgeteilt.

PRAXISTIPP

Gebrauch der Klimaanlage

Beim ausgiebigen Sonnenbad Ihres Fahrzeugs heizt sich der Innenraum auf Temperaturen bis zu 60 °C oder gar noch mehr auf. Sie sollten daher vor dem Losfahren zunächst alle Türen öffnen und die größte Hitze entweichen lassen. Danach erst die Fahrt antreten und zum zügigen Herunterkühlen zunächst volle Gebläsestufe wählen. Dann schnell kleiner drehen, um unnötige Zugluft zu vermeiden. Die automatische Klimaanlage regelt sensorgesteuert Temperatur, Gebläsestufe und Luftverteilung selbsttätig. Bei

Einstellungssache: Reglereinheit der Klimaanlage.

manuell geregelten Klimageräten übernehmen Sie diese Aufgaben selbst. Die Wohlfühl-Temperatur liegt im Sommer bei etwa 22 °C, bei extremer Hitze etwa drei bis vier Grad höher. Kurz vor dem Ziel die Klimaanlage abschalten, dann lässt sich ein Temperaturschock beim Aussteigen vermeiden. Im Winter ist eine Temperatur von etwa 21 °C ideal.

Apropos: Auch im Herbst und Winter sollten Sie gelegentlich die Klimaanlage aktivieren. Dies vermindert nicht nur durch die Aufnahme der Feuchtigkeit aus der Luft das Anlaufen der Scheiben, sondern dient auch dem Schutz des Klimasystems und seiner Aggregate vor Korrosion. Folgende Indizien deuten auf einen Defekt der Klimaanlage hin und erfordern einen sofortigen Werkstattbesuch: Schlechte Gerüche aus den Lüftungsdüsen, verminderte oder gar keine Kälteleistung der Anlage, erhöhter Kraftstoffverbrauch oder eine ständig beschlagene Windschutzscheibe. Vermeiden Sie durch unregelmäßige Checks auch, dass Bakterien und Pollen sowie Sporen dem Innenraumfilter übel zusetzen können. Vor allem bei Allergikern können Husten und Niesen gefährliche Situationen beim Fahren hervorrufen.

Die Klimaanlage

Volkswagen unterscheidet zwischen Klimaanlage und Klimatisierungsautomatik (Climatronic). Der Betrieb der Klimaanlage kann im Winter zum Trocknen der Innenraumluft genutzt werden.

Automatisches Klimasystem (ClimatroniC)
Die Climatronic hält vollautomatisch die gewählte Fahrzeuginnentemperatur. Die Temperatur der ausströmenden Luft sowie die Gebläsedrehzahl (Luftmenge) und Luftverteilung werden automatisch verändert. Die Anlage berücksichtigt auch starke Sonneneinstrahlung. Ein Nachregeln von Hand ist überflüssig.

Manuelles Klimasystem
Das manuelle System schaltet im Grunde genommen nur den Kompressor zu. Das Einstellen von Temperatur und Gebläse und die Luftaustrittsregelung erfolgt über die Drehknöpfe der Heizung.

Arbeiten am Klimasystem
Das Schrauben am Klimatisierungs-System scheitert weniger an Sicherheitsrisiken. Es ist viel mehr die komplizierte Technik, die dem Heimwerker das Leben schwer macht. Im Klimaanlagensystem ist zum einen ein Kältemittel in einer bestimmten Menge vorhanden und zur Schmierung eine ganz bestimmte Menge Kompressoröl. Füllmengen für Kühlmittel und Öl werden vom Hersteller je nach System und verbautem Kompressor vorgegeben. Ein Hinweisschild auf dem Schlossträger im Motorraum gibt Aufschluss über das verwendete Kältemittel und Kältemittelöl. Befüllt und abgelassen werden kann sie schadenfrei nur mit einem Klimaservicegerät. Die Arbeiten sollten Sie aufgrund der Gefahr von Kälteverbrennung (Gefrierbrand) der Haut lieber einem Mechaniker mit nachgewiesener Sachkunde überlassen. Er ist für den Umgang mit den Anlagen geschult. Die Aggregate und das Leitungssystem der Klimaanlage bis einschließlich Modelljahr 1992 sind mit dem Kältemittel R12 (Difluordichlormethan, CF2Cl2) gefüllt. Bei Instandsetzungen, bei denen der Kältemittelkreislauf geöffnet wird, muss die Klimaanlagenlage auf Kältemittel R134a umgebaut werden.

GEFAHRHINWEISE

Die Bauteile des Klimasystems sowie alle Kältemittelschläuche und -leitungen, finden Sie beim Golf vorn links halb neben und halb vor dem Motor, den sie fast ganz umgeben. Doch Vorsicht: Hier müssen Sie sich selbst als passionierter Schrauber bremsen! Denn bei den Komponenten der Klimaanlage bestehen gesundheitliche Risiken und auch die Gefahr, Ihre Klimaanlage bei Reparaturversuchen zu beschädigen! So kann der Umgang mit Kältemitteln Erfrierungen bei Berührung verursachen oder gar zum Ersticken am Boden oder in unteren Räumen, wegen der Schwere des Mittels, führen.
Klimaanlagen dürfen also nur vom Hersteller oder in Service-Stützpunktwerkstätten instand gesetzt bzw. ersetzt werden. Riskieren Sie hier keine gesundheitlichen Schäden oder teure Nachreparaturen. Denn der Kältemittelkreislauf der Klimaanlage darf nicht geöffnet werden. Das Neubefüllen ist Werkstatt-Sache. Zudem könnten Sie sich bei unsachgemäßer Handhabung auch strafbar machen: Das Ablassen von Kältemittel in die Umwelt ist eine strafbare Handlung. Sollte Ihre Klimaanlage also der Wartung bedürfen, fahren Sie am besten gleich in Ihren Servicebetrieb.

Ob Klima oder nicht: Das Bedienfeld befindet sich immer in dieser Position der Mittelkonsole. Auch die automatischen Systeme wurden in dieser Position verbaut.

Der Pollenfilter

Funktion vom Staub- und Pollenfilter mit Aktivkohleeinlage

Pollenfilter waren zum Bauzeitraum noch deutlich teurer, wenn sie überhaupt für alle Fahrzeugmodelle erhältlich waren. Heutzutage ist der Preisunterschied nur gering und die Lieferfähigkeit dafür hoch.
Je nach Fahrzeugausstattung kann auch ein Staub- und Pollenfilter mit Aktivkohleeinlage verbaut sein. Der Filter mit »Aktivkohleeinlage« übernimmt die Aufgabe eines Staub- und Pollenfilters. Er kann aber zusätzlich auch gasförmige Schadstoffe wie z. B. Ozon, Benzol, Stickstoffdioxid usw. aus der durchströmenden Luft ausfiltern. Die Aufgabe der Aktivkohle ist es, die gasförmigen Verunreinigungen der durchströmenden Luft so lange aufzunehmen, bis die Frischluftklappe geschlossen ist und die Klimaanlage im Umluftbetrieb arbeitet. Die Aktivkohleschicht im Staub- und Pollenfilter wirkt auf die verschiedenen Schadstoffe in der Luft unterschiedlich: Bestimmte Schadstoffe werden fest in der Aktivkohleschicht gebunden. Andere werden wie in einem Katalysator in unschädliche Verbindungen umgewandelt. Für den Rest wirkt die Aktivkohle wie ein Kondensator. Bei ansteigender Belastung werden zunächst so viele Schadstoffe aufgenommen, bis eine bestimmte Sättigung erreicht ist. Nimmt der Anteil der Schadstoffe ab, gibt die Aktivkohleschicht die aufgenommenen Teilchen wieder kontinuierlich ab.

Montage des Staub- und Pollenfilters

Der Staub- und Pollenfilter befindet sich rechts im Wasserkasten unterhalb der Windschutzscheibe. Zugänglich ist er vom Motorraum bei geöffneter Haube.

Demontage:

- Öffnen Sie die Motorhaube.
- Nehmen Sie den Spritzschutz im Wasserkastenrechts heraus (soweit verbaut).
- Entriegeln Sie die Haltenasen (B) in Pfeilrichtung.
- Nehmen Sie den Halterahmen (1) zusammen mit dem Pollenfilter (2) heraus.
- Nehmen Sie den Pollenfilter (2) aus dem Halterahmen (1) heraus.
- Saugen Sie mit einem Staubsauger den Bereich um den Filterkasten (4) und falls erforderlich auch den Bereich innen zum Lüfter hin gründlich aus.

Montage:

- Setzen Sie den Pollenfilter in den Halterahmen ein. Der Halterahmen soll in jeweils der äußeren Lamelle einliegen.
- Setzen Sie den Halterahmen mit dem Pollenfilter zuerst hinten in die Haltenase am Filtergehäuse ein.
- Drücken Sie nun den Halterahmen so weit herunter (Pfeil A), dass die beiden Haltenasen (Pfeile B) einrasten.
- Die weitere Montage erfolgt sinngemäß in umgekehrter Reihenfolge.
- Prüfen Sie die Funktion des Gebläses und der Schaltklappen der Heizungsanlage.

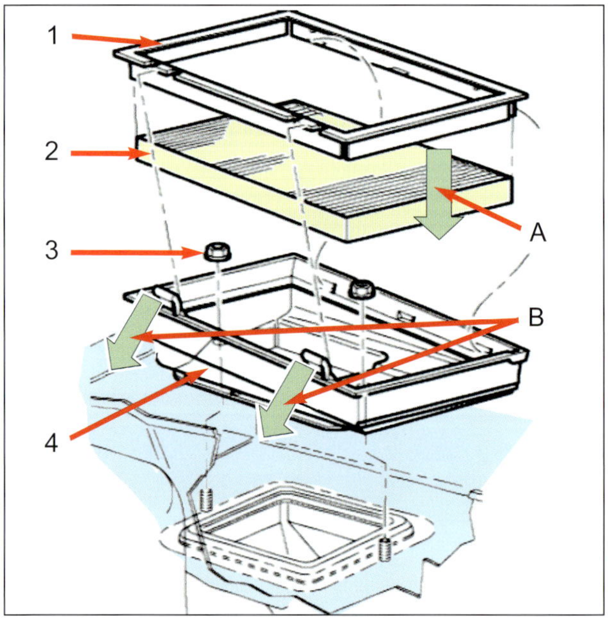

Staub- und Pollenfilter: A Haltenasen entriegeln, B Halterahmen beim Zusammenbau herunterdrücken, 1 Halterahmen, 2 Pollenfilter, 3 Kunststoffmutter, 4 Filtergehäuse.

Klimaanlage desinfizieren

Die Komponenten der Klimaanlage sollten regelmäßig, mindestens einmal im Jahr oder alle 15.000 Kilometer, desinfiziert werden. An den Wärmetauschern setzen sich sonst Bakterien ab, die zu üblen Gerüchen, beschlagenen Scheiben und sogar zu Erkrankungen der

Atemwege führen können. Sie brauchen dazu Desinfektionsspray und eine Atemschutzmaske. Sprühen Sie zunächst eine Ladung Spray in die Austrittsdüsen. Schalten Sie das Gebläse auf Umluft und maximale Geschwindigkeit. Um die Batterie nicht unnötig zu belasten, kann dabei der Motor laufen. Sprühen Sie nun das Desinfektionsspray in Ansaugrichtung vor den Wärmetauscher. Tragen Sie dabei eine Atemschutzmaske. Lassen Sie die Lüftung bei geschlossenen Scheiben rund 10 Minuten bei voller Leistung laufen. Die Luft im Innenraum wird dadurch mehrmals umgewälzt.

12V-Kühltasche für's Auto

Getränke und ein Vesper für unterwegs sind auf langen Reisen eine willkommene Erfrischung in den Pausen und stärken die Insassen für die Weiterfahrt. Zum Transport des Reiseproviants und dem Frischhalten empfiehlt sich daher logischerweise eine Kühlbox. Darin lassen sich dank des ausreichenden Stauvolumens (bei ca. 20 Liter Fassungsvermögen hält sich der Platzbedarf im Kofferraum noch in Grenzen) auch Lunchpakete und genügend Getränkeflaschen (bis zu 2 Liter große PET-Behälter) für die ganze Familie hervorragend transportieren und gekühlt aufbewahren. Den besten Kühleffekt erzielen Sie mit einer Kühltasche, die sich auch an die 12-Volt-Steckdose (Zigarettenanzünder bzw. zusätzliche Steckdose im Kofferraum) anschließen lässt. Besonders praktische Geräte können dann, am Urlaubsziel angekommen, auch gleich am normalen Stromnetz und an Steckdosen mit 230 Volt betrieben werden. Der Kostenpunkt dieser intelligenten Boxen liegt bei ca. 200 Euro. Die Bedienung erfolgt über ein Softtouch-Bedienpanel, dessen Elektronik über mehrere Thermostate die Regelung der Kühlboxtemperatur übernimmt. LEDs dienen zur Kontrolle der Funktionstüchtigkeit, um den Inhalt auf bis zu 30 Grad unterhalb der Umgebungstemperatur zu kühlen. Zusätzliche Kühlakkus helfen, eine konstante Kühlung auch über längere Zeit aufrecht zu erhalten. Für diesen Preis kann die Kühltasche fürs Auto aber noch mehr: Eine weitere Funktion erlaubt die Umschaltung von Kühl- auf Heizbetrieb, was nicht nur Pizzataxis freuen dürfte. Übrigens: Der ADAC empfiehlt auf langen Fahrten ausgiebige Pausen zur Erholung insbesondere des oder der Fahrer. Dabei sollte auch auf den Wasserhaushalt Acht gegeben werden! Also gilt es genügend Flüssigkeit (min 3 l), am besten Mineralwasser oder verdünnte Fruchtsäfte, zu sich zu nehmen, damit die Konzentration und Ausdauer bei Hitze nicht auf der Strecke bleibt. Wer nun meint, mit Klimaanlage gänzlich unbetroffen zu sein, irrt: Denn die Umwälzung über den Verdampfer entzieht der Luft die Feuchtigkeit, was gleichermaßen zu einem Austrocknungseffekt führt.

Frischhaltebox Die Kühlbox im Auto versorgt die Insassen auf der langen Urlaubsreise mit Getränken und Snacks.

Urlaub und Reise

Gerade im Ausland ist die Absicherung auch im Falle des Unfalls oder auch nur einer Panne sehr wichtig.
Große Autofahrervereine wie der ADAC oder der AVD bieten Schutzbriefe an, die die Absicherung auch im Ausland garantieren. Auch über einige Kraftfahrtversicherer kann ein solcher Schutzbrief beantragt und abgeschlossen werden.

Engel auf Rädern

Nein, Schutzbriefe sind nicht für Weicheier oder Warmduscher. Sie sind gerade heute eine sinnvolle Ergänzung des Reisegepäcks. Eine Panne kann im Ausland erhebliche Kosten verursachen.
er bereits einen Abschleppdienst finanziell kennen gelernt hat, kann sich sicherlich noch an die nicht gerade günstig ausgefallene Rechnung erinnern. Gehen Sie ruhig davon aus, dass der freundliche Abschlepper in Frankreich oder Italien Ihnen auch keinen Freundschaftsrabatt anbieten wird. Ein Schutzbrief, der vertraglich die Kosten regelt und dafür sorgt, dass Ihr Auto auch tatsächlich wieder bei Ihnen zu Hause oder einer Werkstatt Ihres Vertrauens landet, ist dann Gold wert
Betrachten wir uns einige aus unserer Sicht sinnvolle Inhalte, die Ihnen ein Schutzbrief bieten sollte. Ein Vergleich der unterschiedlichen Anbieter fällt Ihnen dann wesentlich leichter.

Fahrzeug-Rücktransport

Fällt Ihr Fahrzeug im Ausland aus und kann vor Ort nicht oder erst wesentlich später repariert werden, sollte durch den Schutzbrief der Rücktransport zu Ihrem Wohnsitz organisiert und bezahlt werden. Zusätzliche Leistungen wie Abschlepp- und Einstellkosten sollten auch abgedeckt sein.

Fahrtkosten nach Fahrzeugausfall

Sollten Sie aufgrund einer Panne oder eines Unfalls liegen bleiben oder Ihr Fahrzeug ist gestohlen worden, sollte der Schutzbrief die Kosten für die Bahnfahrt zum Zielort und zurück zum Schadensort oder zurück zu Ihrem Wohnsitz übernehmen. Die Kosten für einen Mietwagen sollten dann für die Dauer des Fahrzeugausfalls, max. bis zu 7 Tagen, übernommen werden.

Übernachtung nach Fahrzeugausfall

Natürlich kann bei Panne oder nach einem Unfall auch schnell eine außerplanmäßige Übernachtung die Urlaubskasse belasten. In der Regel tragen die Schutzbrieforganisationen dann die zusätzlichen Hotelübernachtungen für Sie und alle Insassen des Fahrzeugs.

Abschleppen und Bergung

Für das Abschleppen oder die Fahrzeugbergung nach einem Unfall fallen schnell erhebliche Kosten an. In der Regel ist dies auch Leistung der großen Schutzbrieforganisationen.

Hilfe bei verlorenen oder defekten Fahrzeugschlüsseln

Der Schlüssel am Strand verbuddelt? Oder sonst wie verloren? Gerade bei den großen Organisationen wie dem ADAC werden auch solche kuriosen Vorfälle bearbeitet und die Kosten hierfür übernommen.

Ersatzteilversand

Gerade in den abgelegenen Winkeln dieser Erde sind nicht unbedingt alle notwendigen Ersatzteile immer greifbar. Um die Urlaubszeit nicht ins Ungewisse zu verlängern, wird sogar der Ersatzeilversand für solche Fälle auch weltweit organisiert.

Zuladung und Belastungen

Gerade für die Urlaubsfahrt muss alles mit, verstaut werden und Platz finden. Ein Faktor, der nicht nur schwer einzuschätzen ist, sondern in der Praxis auch kaum Beachtung findet, ist die Zuladung eines Fahrzeugs. Klären wir zuerst einige Begriffe:

Zulässiges Gesamtgewicht
Das zulässige Gesamtgewicht benennt das maximale Gewicht des Fahrzeuges, inklusive der Passagiere, des Gepäcks und natürlich auch der erforderlichen Träger und Halter. Die Überladung des Fahrzeuges kann sich nicht nur negativ auf das Fahrverhalten auswirken, sondern kann im Falle einer Polizeikontrolle empfindliche Auswirkungen auf die Urlaubskasse haben. Der sicherste Weg ist das Fahrzeug im beladenen Zustand auf einer Waage wiegen zu lassen. Diese Waagen finden sich meist bei Deponien oder bei Schrotthändlern. In den meisten Fällen lassen sich die Kosten für das Einwiegen durch einen kleinen Obolus in die Kaffeekasse abgelten.

Leergewicht
Das Leergewicht eines Fahrzeuges setzt sich aus der Leermasse und dem zu 90% gefüllten Tank zusammen. Für die Beladung müssen Sie dieser Leermasse das Gewicht der Träger und Dachboxen hinzuziehen, wenn Sie die Zuladung über eine Personenwaage erfassen möchten.

Stützlast
Die Stützlast bezeichnet die Last, die auf die Anhängekupplung Ihres Fahrzeuges einwirken darf. Sie gilt auch für den auf der Anhängekupplung verbauten Fahrradträger. Die Stützlast muss der Zuladung angerechnet werden.

Dachlast
Für die Cabriolets ist eine Beladung auf dem Verdeck nicht vorgesehen. Sie sollten auch nicht versuchen Lasten auf dem Dach zu transportieren. Das Verdeckgestell und auch der Aufbau des Verdecks können hierbei Schaden nehmen. Zudem ist eine brauchbare Ladungssicherung nicht zu realisieren.

Anhängelast
Die Anhängelast ist die einzige Last, die bis auf die Stützlast durch den Anhänger keinen Einfluss auf das zulässige Gesamtgewicht hat. Sie ist in Abhängigkeit von Motorvariante und Sitzplatzanzahl derzeit bis zu 1600 kg groß. Genauere Informationen erhalten Sie bei Ihrem Fachhändler oder Ihrem Lieferanten für die Anhängekupplung.

Zuladung: Das Gewicht muss nach Vorgaben verteilt werden und darf das zulässige Gesamtgewicht nicht überschreiten. Beim Cabriolet kann ein Teil der Beladung über eine Anhängekupplung mit schicken Gepäckboxen realisiert werden.

Vor und nach jeder großen Fahrt

CHECKLISTE

Bereich	Worauf Sie achten sollten	Was zu tun ist
A Motor	**1** Motorölstand	Wurde der Motor lange auf Kurzstrecken betrieben, sammeln sich flüchtige Substanzen. Deshalb kann es sein, dass der Ölstand bei heißem Motor schlagartig absinkt. Nach den ersten 100 Kilometern nachmessen.
	2 Kühlmittelstand	Den Kühlmittelstand im kalten Zustand auf Maximum auffüllen.
	3 Zustand der Schläuche	Alle Wasserschläuche müssen dicht und elastisch sein. Schläuche kräftig kneten. Kalkablagerungen an den Anschlüssen und harte oder poröse Schläuche sind kein gutes Zeichen. Im Zweifel austauschen.
	4 Kühlerventilator prüfen	Lassen Sie den Motor im Leerlauf laufen, bis sich der Kühlerventilator ein- und später wieder ausschaltet. Sie werden Ihn brauchen, wenn Sie im Stau stehen.
B Räder und Reifen	**1** Luftdruck	Der Luftdruck in den Reifen muss an die Beladung angepasst werden. Nach der Reise nicht vergessen den Luftdruck wieder abzusenken.
	2 Zustand	Die Reifen sollten natürlich auch am Ende der Reise noch genug Profil haben. Das sollten Sie besonders bei Winterreifen bedenken, die mindestens vier Millimeter Profiltiefe haben müssen.
C Fahrwerk	**1** Stoßdämpfer	Wird das Auto richtig vollgeladen, sind die Stoßdämpfer besonders gefordert. Fahnden Sie nach Ölspuren und lassen Sie beim kleinsten Verdacht einen Stoßdämpfertest durchführen. Mit Wippen an der Karosserie lassen sich schwache Dämpfer kaum entlarven.
	2 Manschetten und Gelenke	Sind Achsmanschetten oder die Gummis der Gelenke rissig und porös, werden die Teile bei hoher Belastung rasant verschleißen. Besser vorher austauschen.
D Sonstiges	**1** Beleuchtung	Schalten Sie alle Lichter durch und nehmen Sie Ersatzlampen für Scheinwerfer und Rückleuchten mit.
	2 Scheibenwaschanlage	Prüfen Sie die Einstellung der Spritzdüsen und füllen Sie den Vorratsbehälter mit geeignetem Gemisch bis zum Maximum auf.
	3 Zubehör	Einen Fünf-Liter-Reservekanister, einen Liter Motoröl und eine Rolle Textilklebeband mit auf die Reise nehmen.

Kleine Schäden und Pannen

Sie gehören zu den Tücken des Alltags und machen einem das Autofahrerleben schwer. Dennoch können gerade diese Kleinigkeiten eine umso größere Wirkung haben. Denn manchmal ist es nur eine Nichtigkeit wie die Batterien der Autoschlüssel, die das Fortkommen verhindern. Wie Sie in solchen und ähnlichen Fällen Ihren Golf wieder flottkriegen, steht in diesem Kapitel.

Womit muss ich immer rechnen?

Sie müssen zur Arbeit und sind spät dran. Es ist Winter, ungemütlich kalt und dunkel. Eine dicke Eisschicht überzieht die Scheiben. Schnell ein Guckloch kratzen und los, so denken Sie. Aber: Sie drehen den Schlüssel im Zündschloss und nichts passiert! Vielleicht ist das auch besser so, denn nur ein Guckloch freizukratzen ist lebensgefährlich und wird mit Bußgeld geahndet. Doch auch das Startproblem geht eventuell auf Ihr Konto. Oder es wäre mit etwas mehr Pflege und Aufmerksamkeit durchaus zu vermeiden gewesen. Die leere Batterie ist jedenfalls einer der Klassiker unter den kleinen Pannen und langweilige Routine für die gelben Engel vom ADAC. Damit Sie die Herren nicht langweilen und vor allem nicht stundenlang warten müssen, verraten wir Ihnen, was in einem solchen Fall zu tun ist. Ärgerlich ist zum Beispiel auch, wenn die Batterie im Schlüssel schwächelt und Ihnen eines Tages den Zugang zu Ihrem Golf verwehrt. Dann müssen Sie sich an die eigene Nase fassen, denn der regelmäßige Wechsel der Batterie ist kinderleicht und kostet nicht die Welt.

Was tun bei einer Reifenpanne?

Etwas anders sieht die Sache mit einem platten Reifen aus. Statistisch gesehen erlebt jeder Autofahrer nur etwa alle 70.000 km dieses Malheur. Dann aber heißt es richtig reagieren und umsichtig handeln. Schätzen Sie die Situation hinsichtlich Gefahrenpotenzial ein. Können Sie an dieser Stelle einen Radwechsel durchführen, ohne sich zu gefährden? Befinden Sie sich beispielsweise auf einer zweispurigen Autobahn ohne Standstreifen, unterlassen Sie zu Ihrer eigenen Sicherheit einen Radwechsel. Rufen Sie stattdessen sofort Hilfe per Handy oder versuchen Sie sich im Schritttempo zum nächsten Rastplatz zu retten.

Mit einer Panne weiterfahren oder lieber stehen bleiben – ab wann wird es kritisch?

Abgesehen von dieser Panne, die bei jedem Auto auftreten kann, gilt der Golf als relativ unkompliziert und robust. Verlassen Sie sich stets auf Ihren gesunden Menschenverstand und verzichten Sie im Zweifelsfall lieber auf einen Reparaturversuch vor Ort. Genauso wichtig ist es zu wissen, wann es besser ist, nicht mehr weiter zu fahren. Sie ersparen sich damit nicht nur teure Folgeschäden, sondern setzen auch nicht Ihre Gesundheit und die Ihrer Mitmenschen aufs Spiel. Wir haben darum in unseren Störungsbeiständen die wichtigsten Symptome aufgeführt, die auf einen schlimmen Schaden hindeuten. Oder auch auf Dinge hingewiesen, die einen schlimmen Schaden verursachen können. So reagieren alle direkt einspritzenden Diesel absolut allergisch auf eine Falschbetankung mit Benzin. Fatalerweise passt nämlich die dünnere Zapfpistole der Otto-Kraftstoffe immer in die große Öffnung der Dieselfahrzeuge, der große Rüssel der Diesel-Zapfsäule jedoch nicht in die kleinen Tankstutzen der Benziner. Sollten Sie Ihren falsch betankten Diesel dennoch starten, so werden Sie mit einiger Sicherheit aufgrund der Folgeschäden einen vierstelligen Euro-Betrag los.

Und wenn ich nun doch in die Werkstatt muss?

Lässt sich ein Abschleppen mit anschließendem Werkstattbesuch nicht vermeiden, sollten Sie unbedingt folgende Dinge beachten: Generell sind die Mitgliedschaft in einem Automobilclub und ein spezieller Schutzbrief immer von Vorteil, besonders fern der Heimat. Lesen Sie sich beizeiten in Ruhe das Kleingedruckte durch und legen Sie die entsprechende Notrufnummer in das Handschuhfach. Bestellen Sie einen Abschleppwagen nur über diese Nummer und lassen Sie sich vom Fahrer eine Bestätigung über seinen Auftraggeber zeigen. Es ist ja auch möglich, dass der Abschleppwagen rein zufällig des Weges kam... Schildern Sie der Werkstatt dann ganz in Ruhe und chronologisch den Schadenshergang. Je mehr die Werkstatt weiß, umso kürzer ist die Zeit für die Fehlersuche. Wichtige Informationen sind zum Beispiel:

- In welchem Betriebszustand trat der Schaden auf? (Temperatur, Geschwindigkeit, Drehzahl)
- Haben Sie vorher ungewöhnliche Geräusche oder ein ungewöhnliches Fahrverhalten bemerkt?
- Wie ist die Vorgeschichte des Wagens (wurden vor Kurzem Reparaturen oder Inspektionen durchgeführt)? Bestehen Sie auf einen schriftlichen Auftrag und einen Kostenvoranschlag. Ziehen Sie vor Reparaturbeginn eine finanzielle Grenze, über der die Werkstatt Ihr Einverständnis braucht.

Fahrzeug richtig aufbocken

Im Bordwerkzeug Ihres Golfs finden Sie unter anderem auch den Spindelwagenheber. Damit lässt sich der Wagen für die meisten Arbeiten hoch genug anheben. Zur Vergrößerung der Hubhöhe können Sie einen Holzklotz unterstellen. Ebenso sollten Sie zur Sicherheit stets ein kleines Brett mit etwa den Abmaßen 30 cm x 30 cm und 2 cm Dicke unterstellen. Damit verringert sich die Gefahr, dass der Wagenheberfuß in den Boden einsinken kann. Gehen Sie mit Unterstellböcken auf Nummer sicher. Wenn Sie ernsthaft unter dem Fahrzeug arbeiten wollen, raten wir dringend zur Verwendung von Unterstellböcken. Nur so können Sie Ihren angehobenen Golf sichern. Begeben Sie sich niemals unter das angehobene Fahrzeug, wenn dieses nicht durch Unterstellböcke gesichert ist, Sie begeben sich sonst in Lebensgefahr!

Fahrzeug aufbocken:
Der Wagen muss auf festem, ebenem Untergrund stehen.

- Feststellbremse aktivieren und zumindest eines der Räder gegenüber der Anhebestelle mit Holzkeilen, notfalls mit geeigneten Steinen, gegen Wegrollen sichern. Nur auf die Feststellbremse dürfen Sie sich nicht verlassen.

- Der Bordwagenheber ist zusammen mit anderem Bordwerkzeug leicht zugänglich unter der Abdeckung in der Reserveradmulde zu finden. Schwenken Sie die Kurbel durch Verdrehen heraus und öffnen Sie den Heber um etwa fünf Umdrehungen.

- Nun den Wagenheber senkrecht zum gekennzeichneten Aufnahmepunkt am Schweller heben. Der Schlitz des Wagenheberkopfes muss waagerecht in den Schwelleraufnahmepunkt greifen.

Achtung! Fahrzeug nur an diesen vorgesehenen Aufnahmepunkten anheben! Die Schweller sind in diesem Bereich extra hierfür verstärkt! Wagenheberkopf mit der linken Hand gegen den Aufnahmepunkt drücken, während man mit der rechten Hand die Kurbel im Uhrzeigersinn dreht und den Wagenheberfuß gegen den Boden drückt. Immer darauf achten, dass der Wagenheber senkrecht steht und nicht nach einer Seite abkippt!

- Bevor der Wagenheber auf die Arbeitshöhe hochgekurbelt ist, nochmals vergewissern, dass ein Wegkippen des Hebers ausgeschlossen ist. Ist der senkrechte Stand nicht gewährleistet, den Wagenheber nochmals neu ansetzen. Ansonsten nun auf nötige Höhe kurbeln.

- Der Unterstellbock darf nur an den Bodenverstärkungen angesetzt werden. Zwischen der Auflage des Bocks und den Fahrzeugboden sollten Sie einen Gummi- oder Hartholzklotz legen, der die Last verteilt. Kontrollieren Sie vor dem Ansetzen des Bockes, ob eventuell ein Blechfalz im Weg ist, der eingedrückt oder deformiert werden könnte, oder gar die Bremsleitung eingeklemmt werden kann.

- Der Dreibein-Unterstellbock steht am sichersten, wenn eines seiner Beine nach außen und zwei zur Wagenmitte hin zeigen. Achten Sie auf diese Stellung, wenn Sie das Fahrzeug aufbocken. Sonst kann es passieren, dass beim Anheben des Wagens der auf der anderen Seite bereits angesetzte Unterstellbock seitlich weggedrückt wird.

Erreichbar: Werkzeugfach unter der Ablage.

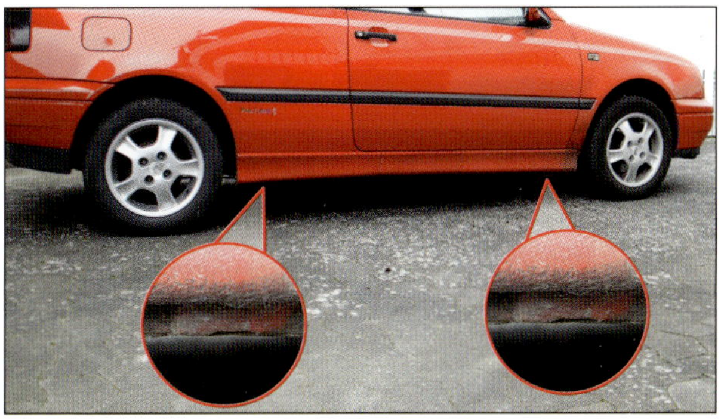

Wagenheberaufnahmen: Markiert am Schweller.

Fahrzeug abschleppen

Beachten Sie beim Abschleppen aber folgende Grundsätzlichkeiten:

Nie den Wagen weiter als 50 km schleppen, ansonsten können Schäden am Getriebe entstehen.

Abdeckung demontieren: Die Schraube, mit welcher diese fixiert ist, lösen Sie mit einem Kreuzschlitzschraubenzieher.

Abdeckung abnehmen: Die Abdeckung nach vorne wegziehen, dahinter verbirgt sich das Einschraubgewinde des Hakens.

WISSENSWERTES

Vorschriften beim Abschleppen

Beachten Sie nach einer Havarie beim Abschleppen die nach §15a der Straßenverkehrsordnung geltenden Grundsätze: Beim Abschleppen eines auf der Autobahn liegengebliebenen Fahrzeugs ist die Autobahn bei der nächsten Ausfahrt zu verlassen. Ist Ihr Fahrzeug außerhalb der Autobahn liegengeblieben, dürfen Sie nicht auf die Autobahn auffahren. Während des Abschleppens müssen beide Fahrzeuge das Warnblinklicht einschalten. Zudem steht der Nothilfegedanke im Vordergrund, das heißt, ein abzuschleppendes Fahrzeug ist nicht über weite Strecken zu transportieren, sondern nur bis zur nächstgelegenen oder nächstgeeigneten Werkstatt. Der Fahrzeugführer des abschleppenden Kfz benötigt eine Fahrerlaubnis der Klasse, die dem ziehenden Kfz zugehört. Der Lenker eines abzuschleppenden Kfz muss indes keinen Führerschein besitzen. Außerdem besteht kein gesetzliches Mindestalter zur Steuerung des abgeschleppten Fahrzeugs. Da derjenige allerdings für das Bremsen und Lenken verantwortlich ist und Sie für die Einweisung in diesen Vorgang, ist es ratsam sich im Zweifelsfall davon zu überzeugen, dass Ihr »Pannenhelfer« dies auch kann. Verwenden Sie eine starre Abschleppstange, damit auch das Bremsen ohne Pedalkraftverstärkung nicht zur bösen Überraschung wird.

Festziehen: Den Abschlepphaken können Sie mit Hilfe des Radschlüssels als Hebel ordentlich festziehen.

Starthilfe geben

Verwenden Sie zur Überbrückung von einer vollen zu einer leeren Batterie spezielle Elektronik-Starthilfekabel. Damit schützen Sie die elektronischen Bauteile Ihres Golf vor gefährlichen Spannungsspitzen. Sicherheitshalber können Sie einen Verbraucher wie beispielsweise das Standlicht einschalten, um Spannungsspitzen zu vermeiden.

- Hilfsfahrzeug dicht an Ihr Fahrzeug heranfahren, damit die Batterien durch die Starthilfekabel verbunden werden können. Schalten Sie in Ihrem Fahrzeug alle Stromverbraucher ab.

- Die Pluspole mit dem Starthilfekabel verbinden, zuerst die leere, dann die volle Batterie anklemmen.

- Das andere Kabel zuerst am Minuspol der Fremdbatterie und dann am Minuspol der entladenen Batterie anschließen.

- Motor des Hilfswagens starten und mit erhöhter Drehzahl laufen lassen, damit die Lichtmaschine viel Strom liefert.

- Starten Sie Ihr Fahrzeug. Wenn der Motor nicht gleich anspringt, sollten Sie nach weiteren Versuchen immer wieder eine Pause einlegen, damit der Anlasser abkühlen kann. Dabei den Motor des Hilfsfahrzeugs weiterlaufen lassen – die leere Batterie in Ihrem Golf wird dadurch schon nachgeladen.

- Zum Abnehmen der Starthilfekabel zuerst den Minuspol der eigenen Batterie, dann den der Fremdbatterie abklemmen. Anschließend Kabel von den Pluspolen abnehmen, erst Vollbatterie, dann Leerbatterie.

Anschluss an die Batterie: Das Starthilfekabel als Stromleitung von Fahrzeug zu Fahrzeug.

Überhitzung durch Wasserverlust

Wenn der Motor überhitzt, droht ein kapitaler Motorschaden. In den meisten Fällen fehlt dem Motor Kühlwasser. Drehen Sie niemals den Ausgleichsbehälter sofort auf. Er steht gerade bei überhitzten Kühlsystemen unter hohem Druck. Das Kühlwasser kann durchaus überspannt sein. Das bedeutet, es hat eine Temperatur über 100 °C bzw. über 115 °C erreicht. Wasser ist bei ca. 100 °C schon gasförmig. Schwere Verbrennungen wären so unausweichlich! Stellen Sie den Motor sofort ab. Warten Sie einige Zeit ab und öffnen Sie den Kühlerdeckel langsam. Halten Sie niemals den Kopf in den Bereich des Kühlwasserbehälters, wenn Sie den Deckel abschrauben wollen. Vor dem eigentlichen Abdrehen hat der Kühlerdeckel noch eine Raststufe. Kurz nach dieser Stufe wird hörbar der Druck entweichen. Warten Sie ab, bis der Druckausgleich stattgefunden hat und drehen Sie den Kühlerdeckel langsam und sehr vorsichtig mit einem Lappen als Handschutz ab.

Bevor Sie jedoch nun fehlendes Kühlwasser auffüllen, sollten Sie als Erstes versuchen, die Ursache des Wasserverlustes zu lokalisieren.

Stellen Sie regelmäßigen Wasserverlust fest, kann das mehrere Ursachen haben. Ein undichter oder beschädigter Schlauch kommt als Ursache genauso in Frage wie eine beschädigte Wasserpumpe oder ein Schaden an Kopfdichtung oder anderen Teilen des Kühlsystems. Suchen Sie gezielt nach Wasserspuren im Motorraum. Zumeist lässt sich der Schaden recht gut einkreisen, wenn man den »weißen« Spuren folgt. Der Einsatz von »Kühlerdichtmitteln« ist sicherlich keine Lösung, die als Reparatur bezeichnet werden kann. Die chemischen Zusätze können zwar ein vorhandenes Leck zuerst einmal verschließen, bedeuten aber keine Betriebssicherheit. Defekte Bauteile und Dichtungen sollten am besten sofort getauscht werden.

- Wenn der Ventilator streikt und der Motor nur im Stand heiß wird, können Sie die Fahrt bei freier Strecke fortsetzen. Im Stand und an roten Ampeln dann jeweils den Motor abstellen.

- Stellen Sie die Heizung auf maximale Wärme bei höchster Gebläsestufe, um zusätzlich etwas Hitze aus dem Motor abzuführen.

- Ist ein Kühlerschlauch nur leicht undicht, zum Beispiel durch einen Marderbiss, können Sie den Schlauch provisorisch mit festem Gewebeklebeband umwickeln. Der Schlauch muss dazu fettfrei, trocken und am besten kalt sein. Wickeln Sie ein paar Lagen um die schadhafte Stelle, das hält locker bis nach Hause oder in die nächste Werkstatt. Anschließend sollte der Motorraum, oder besser gesagt jeder Schlauch und jedes Kabel, genau in Augenschein genommen werden. Marder ernähren sich nicht von Autoteilen, sie spielen nur damit. Ein durchgebissenes Zündkabel kann aber leicht einen Katalysatorschaden um 2500 Euro verursachen, wenn er nicht bemerkt wird und das Auto auf drei Zylindern weiterlaufen soll. Im Zweifelsfall zuerst genau untersuchen und notfalls das Fahrzeug abschleppen. Eine Weiterfahrt kann leicht Schäden verursachen, die die Kosten des Abschleppens um das 10-fache übersteigen.

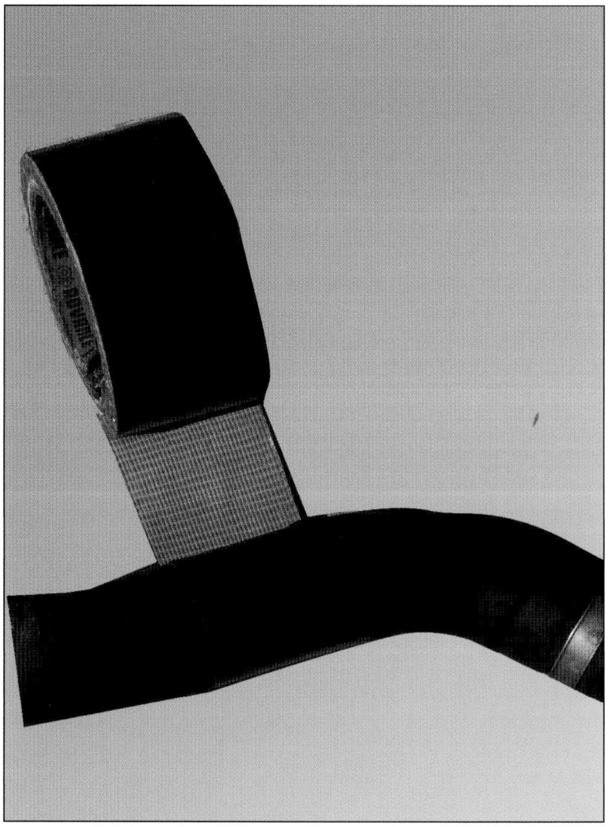

Nur für kurze Zeit: Bei kleinen Undichtigkeiten kann das Loch, aus dem das Kühlwasser tropft oder spritzt, mit zwei bis drei Lagen Gewebeband umwickelt werden. Das hält jedenfalls bis zur nächsten Werkstatt.

Falschbetankung beim Diesel – Elektronik im Notlaufprogramm

Zu meiner Lehrzeit durfte ich erleben, wie der Meister einen Kunden beschimpfte, »wie dämlich man sein müsse, den falschen Kraftstoff zu tanken«. Nach der Tankreinigung fuhr er dann selbst los um das Kundenauto wieder vollzutanken. Nicht mal eine halbe Stunde später mussten wir unseren Meister mit deutlich verfinsterter Miene von der Tankstelle abschleppen. Ein leichtes Grinsen der Werkstattbesatzung löste für den Rest des Tages lautstarke Wutäußerungen des Meisters und heftiges Türenschlagen aus – morgens noch gelästert und mittags selber falsch getankt...

Lachen Sie jetzt bitte nicht: Eine Falschbetankung kommt häufiger vor, als Sie denken. Etwas Hektik, schlecht beschriftete Zapfpistolen und schon ist es passiert – der TDI hat Benzin statt Diesel geschluckt. Wenn Sie es noch rechtzeitig merken, haben Sie Glück gehabt. Der Tank kann ausgepumpt werden. Wenn Sie aber den Motor starten und so lange fahren, bis er ausgeht (und das wird er früher oder später), kann die Rechnung in die Tausende gehen. Fatalerweise schmiert nämlich der Dieselkraftstoff auch die Hochdruckpumpe, und Benzin wäscht diesen Schmierfilm in Sekundenschnelle ab. Die Folge: Die Pumpe frisst und die Späne verteilen sich anschließend im kompletten Kraftstoffsystem. Starten Sie also auf keinen Fall den Motor und versuchen Sie auch nicht, die Falschbetankung mit Diesel aufzufüllen! Schon wenige Liter Benzin können zum kapitalen Schaden führen! Um es zu verdeutlichen: In diesem Fall müssen alle Bauteile des Kraftstoffsystems in der Regel erneuert werden. Das bedeutet im Extremfall alles zwischen Tankdeckel und Motorblock. Jede Leitung, jeder Schlauch, jeder Filter bis zum Pumpenelement.
Der Schaden beläuft sich schnell auf 3000 Euro und mehr. Nach der Falschbetankung also niemals Selbstversuche starten. Ohne Abschleppen und Absaugen des Tanks geht es nicht. Das wahrscheinlich länger anhaltende Geläster der Bekanntschaft ist leichter zu ertragen als die Werkstattrechnung.
Wenn Sie dagegen einen Benziner fahren, brauchen Sie sich nicht allzu viel Sorgen machen. Das wesentlich dickere Einfüllrohr der Diesel-Pistolen passt erst gar nicht in den Einfüllstutzen. Selbst wenn Sie sich innerhalb der Benzin-Palette vergriffen haben, ist das halb so schlimm. Der Klopfsensor der Motorsteuerung erkennt minderwertigen Kraftstoff und regelt entsprechend die Zündung in einen unkritischen Bereich. Trotzdem sollten Sie natürlich so bald als möglich den richtigen Kraftstoff nachtanken.

Wenn im Cockpit eine Warnleuchte leuchtet und der Motor nur noch mit halber Kraft läuft oder das Getriebe seltsam schaltet, befindet sich die Motorsteuerung im Notlaufprogramm. Dasselbe gilt für die Bremsen-Warnleuchte. Sie können damit noch einen sicheren Ort erreichen, dann sollten Sie allerdings der Sache auf den Grund gehen. Denn wenn Motor, Getriebe oder ABS/ESP in das Notlaufprogramm fallen, hat das meist einen schwerwiegenden Grund. In jedem dieser Systeme ist allerdings eine Rückfallebene hinterlegt, die dafür sorgt, dass Ihr Auto weiter mobil bleibt. Wenn Sie keinen schwerwiegenden Schaden entdecken, kann es aber auch sein, dass die Elektronik nur in einem bestimmten Betriebszustand einen nicht plausiblen Vorfall registriert hat. Dieser Vorgang wird im Fehlerspeicher abgelegt und kann mit einem Diagnosegerät ausgelesen werden. Viele Steuergeräte legen neben dem erkannten Fehler auch die Peripheriedaten dazu im Steuergerät ab. Aus diesem Grund sollte der Fehlerspeicher nicht einfach gelöscht werden, zumal das CAN-Bus-System je nach Fehler diesen auch in mehreren Steuergeräten hinterlegt haben kann. Das hilft dem Mechatroniker dann erheblich den Fehler »einzukreisen«.

Empfindlich: Bauteile einer Einspritzanlage, die durch Falschbetankung Schaden nehmen können.

Grundausstattung für kleine Pannen

Der serienmäßige Ausstattungsumfang im Golf ist, was den Pannenfall angeht, einigermaßen akzeptabel: Schraubendreher, Wagenheber, Reserverad (optional Notrad oder VW-Mobilitätsset). Wer mit seinem Golf eine Reifenpanne hat, kann sich meist mit dem Reserverad oder Notrad bzw. dem Mobilitätsset von VW mit Reifendichtmittel und Kompressor behelfen. Pech hat nur derjenige, dessen Reserverad jahrelang ein Schattendasein geführt hat und nun platt ist. Wenn Sie also auch folgende kleine Grundausrüstung mit sich führen, können Sie sich bei vielen anderen kleinen Pannen wahrscheinlich selbst helfen oder zumindest das Fortkommen sichern. Denn nicht nur ein platter Reifen kann Sie erheblich aufhalten, sondern auch ein leerer Tank. Vielleicht verliert der Motor auch aufgrund eines porösen Schlauches Wasser oder weil ein hungriger Marder herzhaft in die Schläuche gebissen hat. Mit folgenden Dingen sind Sie schon recht gut ausgestattet:

- Reifendichtmittel: dichtet kleinere Durchstiche im Reifen von innen ab. Vorsicht: Nicht in praller Sonne liegen lassen: Explosionsgefahr!
- Kühlerabdichtmittel: funktioniert ähnlich wie das Reifendichtmittel und hilft bei Marderbissen.
- Hochfestes Klebeband: Damit können Sie lose Karosserieteile befestigen (zum Beispiel nach einem Unfall) oder auch Kühlerschläuche flicken.
- Kabelbinder: Funktionieren bei guter Qualität sogar als Schlauchschellenersatz.
- Scheibenreinigungskonzentrat (auch pur anzuwenden) und Insektenlöser helfen Ihnen besonders in der Nacht oder wenn die Scheibe durch Öl oder Kühlwasser verschmiert ist.
- Reservekanister: sichert genügend Reichweite, um bis zur nächsten offenen Tankstelle zu gelangen.

Pannenset

Pannensets für die Reifen können das Reserverad ersparen. Die Voraussetzung ist aber, dass es sich um einen Plattfuß handelt, der keinen weiteren Schaden am Reifen zur Folge hatte. Wurde der platte Reifen weitergefahren oder zeigt er schon blaue Verfärbungen, sollte immer der Reservereifen zum Einsatz kommen.

Die Anwendung ist nicht weiter schwer und geht in den meisten Fällen auch schneller als ein Radwechsel. Nach Verwendung des Kits kann das Fahrzeug dann sicher bis zur nächsten Werkstatt weitergefahren werden. Das Dichtmittel hinterlässt meist einen Schmierfilm auf Reifen und Felge, der für die Reparatur erst wieder entfernt werden muss. Zum Teil verweigern die Reifenhändler eine Reifenreparatur nach dem Einsatz von Dichtmitteln. Im Zubehörhandel gibt es Dutzende Varianten zu erwerben.

VW bietet diese Dichtmittelkits auch als Originalteil an: Unter der Ersatzteilnummer 8D0 012619 kann das Reifendichtmittel bestellt werden. Hinter der Ersatzteilnummer 8D0 012 615 verbirgt sich der Kompressor.

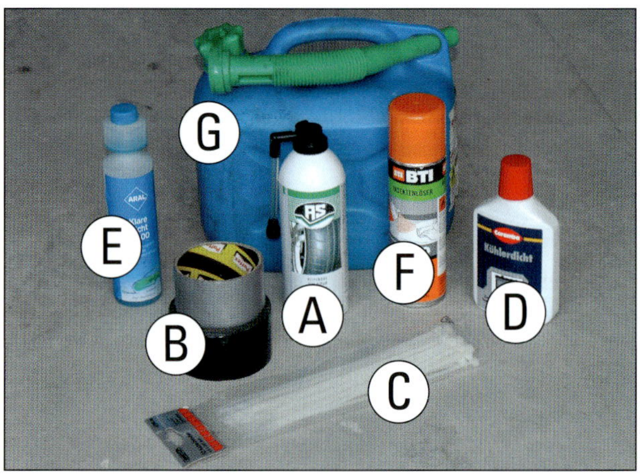

Das kleine Überlebensset: (A) Reifendichtmittel, (B) hochfestes Klebeband, (C) Kabelbinder, (D) Kühlerdichtmittel, (E) Scheibenreinigungskonzentrat, (F) Insektenreiniger, (G) Reservekanister.

Problemlösungen

Clips und Tricks

Natürlich gibt's es auch bei dem Golf einige Clips, Schrauben und Muttern, die sich im Laufe des Autolebens entweder verlieren oder nicht mehr lösen lassen. Selbstverständlich fällt das immer dann auf, wenn der Hersteller-Partner seine Pforten schon fest verschlossen hat. Mit wenigen Euros kann sich so das Schrauberherz ganz sicherlich erfreuen, wenn sich wenige Kleinteile in der Werkzeugkiste finden lassen:

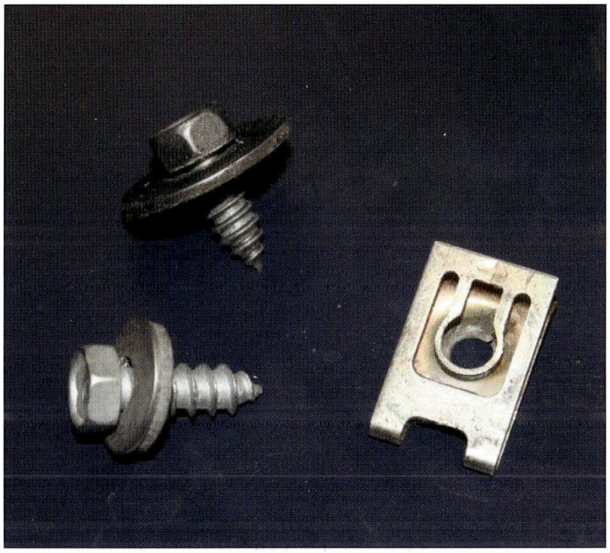

Blechschraube mit Blechmutter: Sie hilft Verkleidungsteile wieder sicher zu befestigen.

Kunststoffmutter: Sie eignet sich für alle Gewindestücke, die auch für die Blechmuttern oder Sicherungsringe geeignet sind. Kunststoffmuttern lassen sich aber deutlich besser festziehen und rosten nicht.

Die Stopfensammlung.

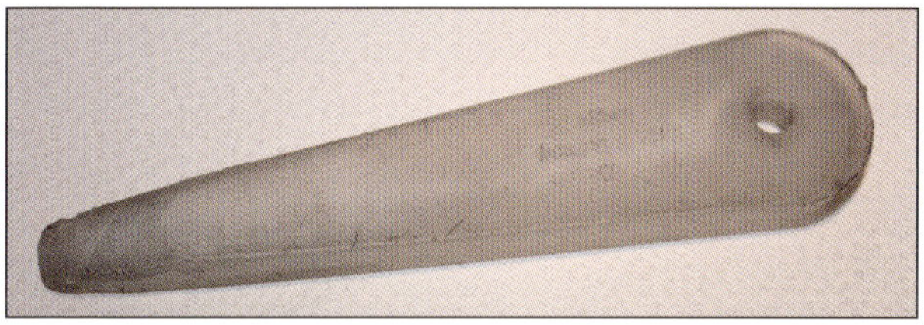

Der Keil zur Verkleidungsmontage 3409: Dieses Werkzeug erleichtert die Demontage der Verkleidungsteile an allen Fahrzeugen erheblich. Er ist aufgrund der empfindlichen Kunststoffoberflächen der heutigen Fahrzeuge aus einem PE-Kunststoff gefertigt, der sehr weich ist. Er eignet sich hervorragend, um aneinander geklipste oder eingerastete Rahmen, wie beispielsweise im Amaturenbrett, zu demontieren.

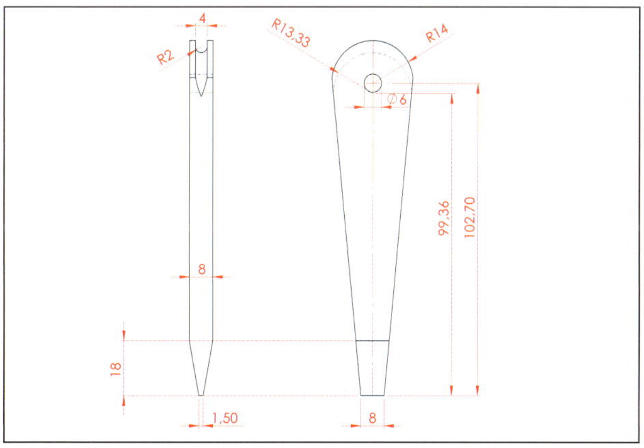

Der Keil zur Verkleidungsmontage T10039-1: Für die Selbermacher mit viel Geduld und handwerklichem Geschick stellen wir natürlich auch eine Zeichnung für den Selbstbau zur Verfügung. Die Abmessungen entsprechen dem Original. Der Werkstoff sollte dann ein PE-Kunststoff sein, um auch den schonenden Eigenschaften des Originals nahe zu kommen.

Kleinere Lackfehler beseitigen

Ganz klar können auch wir keine allgemeingültige Anweisung verfassen, die als Rezept für ein bestimmtes Fehlerbild eine genaue Vorgehensweise beschreibt. Aber wir möchten Ihren exemplarisch an einigen Beispielen eine mögliche Vorgehensweise vorstellen.

Wahl der »Waffen«

Dieser Fall beschäftigt sich mit einem kleinen Kratzer in der oberen Lackschicht, der es noch nicht geschafft hat die Klarlackschicht zu durchdringen. Für die Vorarbeit wählen wir ein 2000er-Nassschleifpapier. Zum Polieren wird der Roto-Exzenter von Flex mit einem mittelharten Schwamm mit grober Struktur und der Schleifpolitur verwendet. Zum Abschluss soll der weiche Schwamm mit feiner Struktur die Oberfläche auf Hochglanz bringen.

Kratzer ausschleifen

- Reinigen Sie die Schadstelle gründlich mit Reinigungsknete oder einem speziellen Lackreiniger.
- Schneiden Sie einen Streifen 2000er-Nassschleifpapier so zu, dass er auf einen Kunststoff- oder Hartschaumwürfel passt. Dieser Würfel verhindert, dass Sie nur einen Bereich der Schadstelle bearbeiten, sondern die gesamte Fläche um die Schadstelle.
- Schleifen Sie die Schadstelle mit viel Wasser an der Schleifstelle gerade so weit an, dass die Kratzer verschwunden sind.

Kleine Kratzer auspolieren

- Montieren Sie einen mittelharten Schwamm mit grober Struktur auf den Polierteller.
- Tragen Sie wenige Tupfer Politur (Schleifpolitur) auf dem Polierschwamm auf.
- Beginnen Sie die Politur mit langsamer Drehzahl zu verteilen und erhöhen Sie die Drehzahl etwas zum Polieren.
- Behalten Sie die Schadstelle im Auge und polieren Sie diese, bis die Oberfläche einigermaßen glatt erscheint.
- Montieren Sie nun einen weichen Schwamm mit feiner Struktur auf den Polierteller.

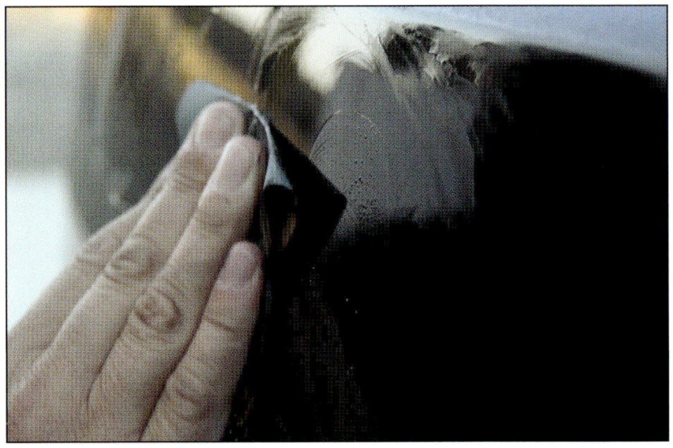

Schadstelle schleifen: Das Schleifpapier ermöglicht trotz seiner sehr feinen Körnung einen effektiven Farbabtrag. Vorsichtig schleifen! Ist erst der Lack ab, hilft nur noch lackieren.

Schleifpolitur: Die Schleifpolitur ist wie ein extrem feines Schleifpapier und trägt den Lack sehr fein und fast ohne Schleifspuren ab.

Feinpolitur: Die Finish-Politur verfeinert das Schleifbild derartig, dass nur eine glatte Fläche erkennbar ist.

- Tragen Sie wenige Tupfer Politur (Finishpolitur) auf dem Polierschwamm auf.

- Beginnen Sie die Politur mit langsamer Drehzahl zu verteilen und erhöhen Sie die Drehzahl etwas zum Polieren.

- Behalten Sie die Schadstelle weiterhin im Auge und polieren Sie die Oberfläche bis zum Hochglanz. Tragen Sie abschließend eine Versiegelung auf das ganze Karosserieteil auf.

Falls erforderlich, müssen Sie die Politur mehrfach auftragen und das Polieren weiterführen.

Steinschläge ausbessern

Steinschläge sind oftmals größer, als sie im ersten Moment erscheinen. Vor dem Austupfen der Schadstelle stehen die Reinigung der Schadstelle und das Auslösen der verbliebenen und teilweise noch festhängenden Farbsplitter auf dem Programm.

Wahl der »Waffen«

Dieser Fall beschäftigt sich mit einem Steinschlag, der die Lackschichten bis zum Blech durchschlagen hat. Im Randbereich des Einschlages befinden sich noch kraterförmig vom Blech abgelöste Lackreste. Um diese zu lösen, verwenden wir die Spitze eines scharfen Cuttermessers. Anschließend wird der Einschlagbereich mit einem Lackreiniger gründlich gereinigt. Zum Farbauftrag verwenden wir den passenden Lackstift mit der entsprechenden Farbnummer. Nach der Trocknung des Farbauftrags wählen wir für die Vorarbeit ein 2000er-Nassschleifpapier. Zum Polieren kommt wieder der Roto-Exzenter von Flex mit einem mittelharten Schwamm mit grober Struktur und der Schleifpolitur zum Einsatz. Zum Abschluss soll der weiche Schwamm mit feiner Struktur die Oberfläche auf Hochglanz bringen.

Schadensbereich reinigen

- Reinigen Sie die Schadstelle gründlich mit einem speziellen Lackreiniger.

- Kratzen Sie nun die Schadstelle mit der Spitze des Cuttermessers so weit aus, dass keine losen Lackpartikel mehr vorhanden sind.

- Reinigen Sie die Schadstelle erneut gründlich mit einem speziellen Lackreiniger.

Lackauftrag in den Schadensbereich

- Schütteln Sie den Lackstift gründlich durch, um eine gute Durchmischung der Bestandteile zu gewährleisten.

- Tragen Sie nun mit dem im Lackstift enthaltenen Pinsel den Lack genau auf die Schadstelle auf. Der Lackauftrag kann Tropfen für Tropfen erfolgen. Dazwischen können Trocknungszeiten liegen. Der Lack sollte die Schadstelle vollständig auffüllen.

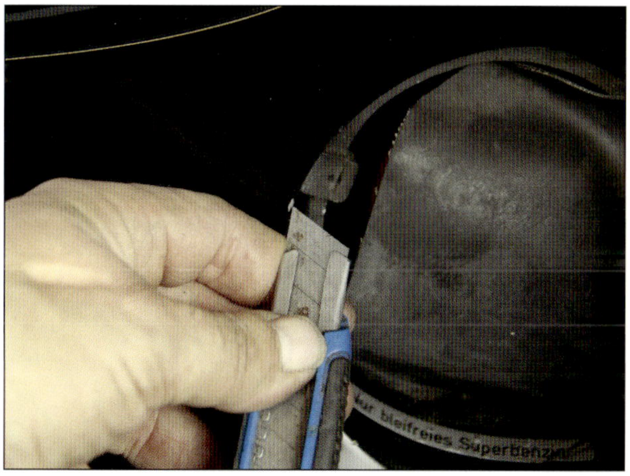

Steinschlag auskratzen: Das Auskratzen mit dem Cuttermesser ist vergleichbar mit Schleifen auf kleinstem Raum.

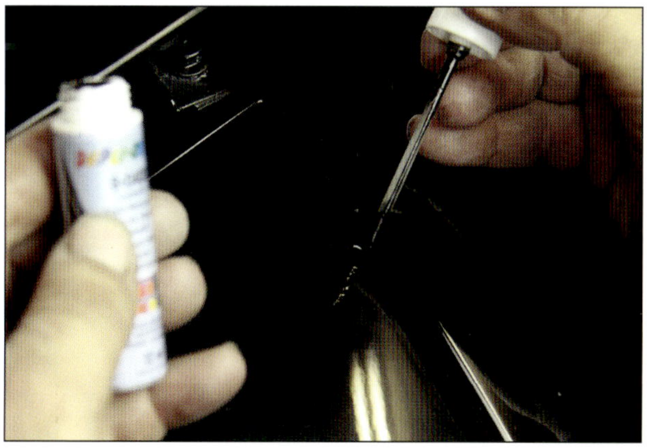

Farbauftrag in Tropfenformat: Es soll nur der eigentliche Schadensbereich aufgefüllt werden.

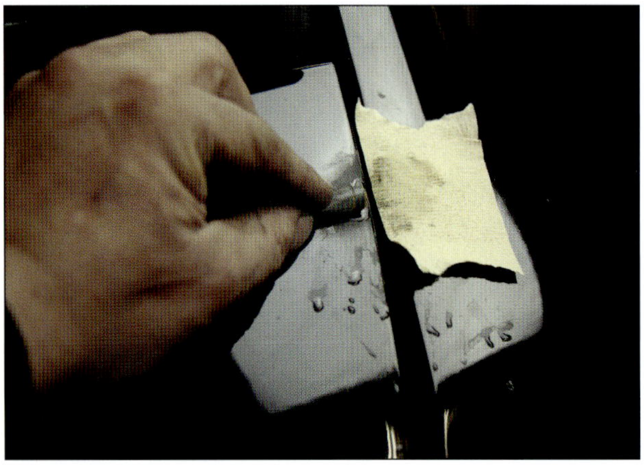

Anschleifen der Schadstelle: Erst wenn der Lack trocken ist, kann mit der Schleif- und Polierarbeit begonnen werden.

Oberfläche herstellen

- Schneiden Sie einen Streifen 2000er-Nassschleifpapier so zu, dass es auf einen Kunststoff- oder Hartschaumwürfel passt. Dieser Würfel hilft in diesem Fall, den Bereich der Schadstelle so zu bearbeiten, dass sie die gleiche Höhe wie die Fläche um die Schadstelle herum erreicht.
- Schleifen Sie die Schadstelle nach dem Trocknen mit viel Wasser an der Schleifstelle gerade so weit an, dass die Schadstelle unsichtbar ist.
- Montieren Sie einen mittelharten Schwamm mit grober Struktur auf den Polierteller.
- Tragen Sie wenige Tupfer Politur (Schleifpolitur) auf dem Polierschwamm auf.
- Beginnen Sie die Politur mit langsamer Drehzahl zu verteilen und erhöhen Sie die Drehzahl etwas zum Polieren.
- Behalten Sie die Schadstelle im Auge und polieren Sie diese, bis die Oberfläche einigermaßen glatt erscheint.
- Montieren Sie nun einen weichen Schwamm mit feiner Struktur auf den Polierteller.
- Tragen Sie wenige Tupfer Politur (Finishpolitur) auf dem Polierschwamm auf.
- Beginnen Sie die Politur mit langsamer Drehzahl zu verteilen und erhöhen Sie die Drehzahl etwas zum Polieren.
- Behalten Sie die Schadstelle weiterhin im Auge und polieren Sie die Oberfläche bis zum Hochglanz.

Falls erforderlich, müssen Sie die Politur mehrfach auftragen und das Polieren weiterführen.

Lackieransätze beipolieren

So genannte Lackieransätze entstehen immer, wenn im Rahmen der Teillackierung oder auch neudeutsch »Smart-Repair« nur ein Teil eines Karosserieteils lackiert wurde und der restliche Teil unbehandelt bleibt. Die Besonderheit an Lackieransätzen liegt darin, dass im Bereich, an dem die beilackierte Stelle auf den Originallack trifft, in jedem Fall mehr Lackauftrag festzustellen ist, als beim Originallack oder der Reparaturstelle selbst. Der Übergang wird bei den Profis nach dem letzten Farbdurchgang mit einer speziellen Verdünnung anlackiert, die den Verlauf des Reparaturlackes in den Originallack erleichtert.

Wahl der »Waffen«

Bei diesem Fall finden wir leichten Farbnebel vor, der durch die zuvor beilackierte Reparaturstelle im originalen Fahrzeuglack entstanden ist. Zum Polieren wird der Roto-Exzenter von Flex mit einem mittelharten

Komplettes Lackreparaturset von Dupli-Color: Alles vom Reiniger über den Filler bis zum Beispritzlack ist in diesem Karton zu finden. Es wird lediglich noch der Fahrzeugfarbton gebraucht.

Schwamm mit grober Struktur und der Schleifpolitur verwendet. Zum Abschluss soll der weiche Schwamm mit feiner Struktur die Oberfläche auf Hochglanz bringen.

Schadensbereich reinigen

- Reinigen Sie die Schadstelle gründlich mit einem speziellen Lackreiniger. Eine tiefer gehende Reinigung sollte nicht erforderlich sein, da das Karosserieteil zuvor lackiert wurde oder aus der Lackiererei kommt.

Oberfläche herstellen

- Montieren Sie einem mittelharten Schwamm mit grober Struktur auf den Polierteller.

- Tragen Sie wenige Tupfer Politur (Schleifpolitur) auf dem Polierschwamm auf, beginnen Sie die Politur mit langsamer Drehzahl zu verteilen und erhöhen Sie die Drehzahl etwas zum Polieren.

- Behalten Sie den Übergangsbereich im Auge und polieren Sie diese, bis die Oberfläche einigermaßen glatt erscheint.

- Montieren Sie nun einen weichen Schwamm mit feiner Struktur auf den Polierteller.

- Tragen Sie wenige Tupfer Politur (Finishpolitur) auf dem Polierschwamm auf und beginnen Sie wieder die Politur mit langsamer Drehzahl zu verteilen und erhöhen Sie die Drehzahl dann zum Polieren etwas.

- Behalten Sie den Übergangsbereich weiterhin im Auge und polieren Sie die Oberfläche bis zum Hochglanz. Falls erforderlich, müssen Sie die Politur mehrfach auftragen und das Polieren weiterführen.

Kaum zu erkennen: Der Lackansatz kann bei einem guten Lackierer auch in einer Fläche erfolgen. Trotzdem werden immer Kanten oder Sicken verwendet, um die Ansätze zu verstecken.

Schleifpolitur auf den Polierschwamm auftragen: Diese Menge an Schleifpolitur reicht bei dem Mittel der Firma Flex für ein ganzes Karosserieteil aus.

Hockglanzpolieren: Die Maschine wird mit weichem Schwamm möglichst gradlinig über die Lackoberfläche geführt.

Räder, Reifen und Radwechsel

Sie gehören zu den wichtigsten Teilen am Fahrzeug und stellen die Verbindung zur Fahrbahn her. Der richtige Umgang, die Radmontage und auch die versteckten Information zum Reifenalter finden Sie in diesem Kapitel. Auch Pannen, die Ursachen und der Umgang mit dem Reifenkompressor werden wir Ihnen näher bringen. Manchmal sind es nur Kleinigkeiten, die das Fortkommen verhindern können. Wie Sie in diesen Fällen Ihren Golf wieder flott kriegen, steht in diesem Kapitel.

Räder, Radwechsel

Reifen und Felgen

In der Kombination spricht man von den Rädern eines Fahrzeuges. Sowohl der Reifendurchmesser als auch die Reifenbreite beeinflussen das Fahrverhalten unter Umständen deutlich. Inwieweit andere Reifenhaftungspotenziale und auch andere Kräfte, die an der Lenkung entstehen, einen Einfluss auch auf die Regelungssysteme des Fahrwerks haben, wurde entweder noch nicht untersucht oder noch nicht veröffentlicht. Das Urteilsvermögen eines Sachverständigen muss hinsichtlich der Eintragungen auch um Kenntnisse über Einflüsse und Störungen bezüglich der Regelsysteme erweitert werden. Gerade in diesem Punkt ist es sehr erstaunlich, welche Rad-Reifenkombination abgenommen und eingetragen werden. Fahrwerksteile wie Spurplatten und Komplettfahrwerke weichen zum Teil erheblich von den Herstellervorgaben ab. Der Tuner will sein Produkt Fahrzeug schließlich auch deutlich von den Serienmodellen abheben.
Als verantwortungsbewusster Autofahrer sollten Sie grundsätzlich gerade die fachlichen Hintergründe hinterfragen und im Zweifelsfall auf Serienausrüstung oder zumindest auf baugleiche Bauteile zurückgreifen, die vom Hersteller auch freigegeben wurden.

Das Bindeglied zur Straße – der Reifen

Reifenunterbau, Gummimischung und das ausgefeilte Reifenprofil machen moderne Reifen zu echten Hightech-Produkten, die einen wichtigen Beitrag zur passiven Sicherheit Ihres Autos leisten. Sie tragen das Gewicht eines Fahrzeugs, fangen kleinere Stöße der Fahrbahn ab und übertragen die Kräfte, die bei Antrieb, Bremsen und Kurvenfahrt entstehen. Die Reifen an den Vorderrädern bringen es durchschnittlich auf eine Laufleistung von 15.000 bis 35.000 Kilometer, die Pneus der Hinterräder auf 30.000 bis 50.000 Kilometer. Aber auch wenn Sie Ihr Fahrzeug nur selten bewegen – spätestens nach sieben, acht Jahren sind die Reifen am Ende, weil sich die Mischung des Gummis mit der Zeit auflöst und/oder versprödet bzw. verhärtet.

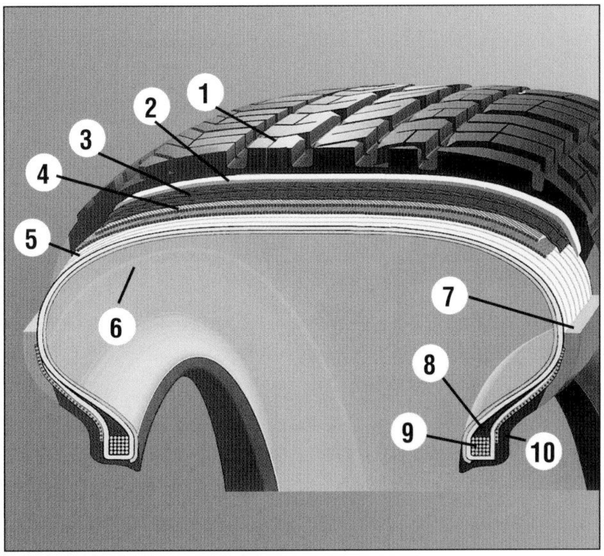

Das vielschichtige Innenleben eines Pkw-Reifens:
1 Laufstreifen: Profil und Mischung beeinflussen die Eigenschaften
2 Base: Senkt den Rollwiderstand
3 Nylon-Spulbandagen
4 Stahlcord-Gürtellagen: Steigern die Fahrstabilität
5 Karkasse: Form- und Festigkeitsträger des Reifens
6 Innenseele: Gasdichte Innenschicht ersetzt den Schlauch
7 Seitenteil: Schützt Karkasse vor Beschädigungen
8 Kernprofil: Unterstützt Lenk- und Fahrpräzision
9 Kern: Sorgt für festen Sitz auf der Felge
10 Wulstverstärker: Für präzises Lenkverhalten und hohe Fahrstabilität

Reifen und Luftdruck

Durch das Gewicht des Fahrzeuges wird der Reifen im Bereich seiner Aufstandsfläche auf der Fahrbahn verformt. Diese Verformung nennt man Abplattung. Am drehenden Rad läuft diese Abplattung um den Umfang herum. Diese zwangsmäßige Verformung des Reifens ergibt einen größeren Rollwiderstand. Hieraus ergeben sich wiederum ein höherer Reifenverschleiß und Kraftstoffverbrauch und, nicht zu vergessen, ein höheres Sicherheitsrisiko.
Ein zu hoher Luftdruck führt zu Mittenverschleiß und schlechtem Abrollkomfort. Grundsätzlich sollte immer der Luftdruck eingehalten werden, den der Hersteller in Tankdeckel und/oder Fahrerhandbuch angibt.

Anforderungen an den Reifen

Mit der Kreisfläche soll das Leistungsvermögen des Reifens dargestellt werden. Die Kreisteile zeigen den Anteil der Anforderung in der Gesamtanforderung an die Leistung des Reifens.

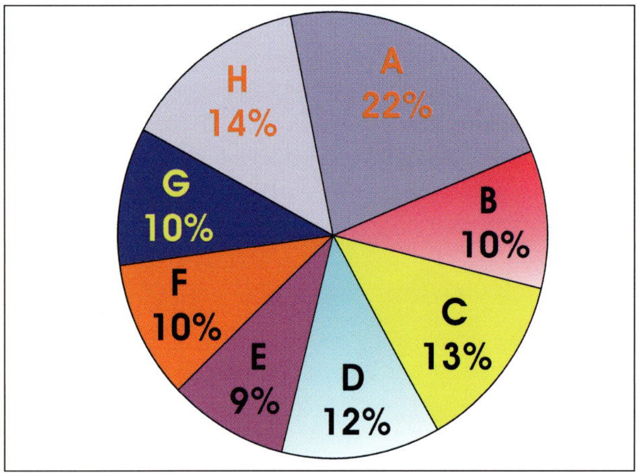

Anforderung an den Reifen: A Nassbremsverhalten, B Fahrkomfort, C Lenkpräzision, D Fahrstabilität, E Reifengewicht, F Lebenserwartung, G Rollwiderstand, H Aquaplaningverhalten.

An der begrenzten Form des Kreises kann man recht schnell die begrenzten definierten Eigenschaften einsehen, die ein Reifen für den Hersteller erfüllen muss. Es wird sehr anschaulich, was passiert, wenn eine Eigenschaft deutlicher hervortreten soll. Mindestens eine Eigenschaft muss dann für diese vorrangige Eigenschaft zurückgestellt werden. Das erklärt auch die durchaus unterschiedlichen Testergebnisse bei Reifentests.

Verschleißverhalten von Reifen

Die Anforderungen an die Reifen eines Autos steigen ständig, Faktoren wie steigendes Fahrzeuggewicht, höhere Geschwindigkeiten und höhere Fahrzeugsicherheiten verursachen naturgemäß einen größeren Verschleiß an den Reifen.

Achsweise Radtausch

Der Verschleiß an der Antriebsachse ist durch die höheren Lasten, die durch Antrieb und Radführung auf der Vorderachse abgedeckt werden müssen, deutlich höher als der Verschleiß auf der Hinterachse. Solange das Ablaufbild »normal« ist und der Reifen auch gleichmäßig abgenutzt wird, sollten spätestens von Saison zu Saison die Reifen ausgetauscht werden.
Bei Reifen ohne Laufrichtungsbindung können die Räder durchaus auch diagonal getauscht werden. Diese Möglichkeit gleicht auch die Sägezahnbildung der Reifen zum Teil aus.

Montageort vorher	Montageort nachher
Vorne rechts	Hinten links
Vorne links	Hinten rechts
Hinten rechts	Vorne links
Hinten links	Vorne rechts

Reifen mit Laufrichtungsbindung dürfen niemals entgegen ihrer Laufrichtung betrieben werden.
Hier müssen die Räder achsweise von vorne nach hinten getauscht werden.

Montageort vorher	Montageort nachher
Vorne rechts	Hinten rechts
Vorne links	Hinten links
Hinten rechts	Vorne rechts
Hinten links	Vorne links

Standplatten am Reifen

Der Begriff Standplatten, oder auch Abflachung oder Abplattung, beschreibt eine ebene Fläche auf dem Reifenprofil, die durch das Abstellen des Fahrzeugs oder der Reifen über einen längeren Zeitraum verursacht wurde. Standplatten können Unruhe in der Lenkung verursachen, die gefühlsmäßig durchaus dieselben Symptome wie die Reifenunwucht aufweisen. Standplatten lassen sich nicht durch Auswuchten beseitigen. Dieser Fehler muss vor der Wuchtung durch den Monteur erkannt werden. In der Regel verschwinden diese Verformungen im normalen Betriebsalltag des Reifens wieder von selbst. In jedem Fall muss zuerst einmal der Reifenluftdruck überprüft werden. Es sollte auch ausgeschlossen werden, dass irgendwelche Schäden an den oder dem entsprechenden Reifen vorliegen. Sind diese Grundlagen geschaffen, können Sie auch durch Warmfahren des Reifens in vielen Fällen schon den Standplatten beheben. Auf einer Autobahn sollten Sie nun, soweit es Straße, Verkehr und Sichtverhältnisse zulassen, eine Strecke von 20-30 km mit etwa 120 km/h bis 150 km/h zurücklegen.

Anschließend sollte das Fahrzeug sofort angehoben und die Räder demontiert und neu gewuchtet werden.

Die Ursachen für einen Standplatten können vielseitig sein:

- Das Fahrzeug stand mehrere Wochen auf einer Stelle, ohne dass es bewegt wurde.
- Der Luftdruck der Reifen ist zu gering.
- Das Fahrzeug wurde nach einer Lackierung in eine trockene Kammer gestellt.
- Das Fahrzeug wurde mit warmen Reifen in einer kühlen Garage oder Ähnlichem abgestellt. In einem solchen Fall kann schon über Nacht der »Standplatten« entstehen.

Radschrauben am Golf

An Ihrem Golf Cabriolet werden in der Serienausstattung pro Rad vier Radschrauben verwendet. Sie haben die Gewindebezeichnung M12x1,5x24. Die Verwendung von kürzeren oder längeren Schrauben kann Schäden am Gewinde oder auch anderen Bauteilen der Radaufhängung verursachen. Die Radschrauben sollen nach Herstellerangaben angezogen werden. Für die Stahlfelgen ist ein Anzugsdrehmoment von 120 Nm erforderlich. Es ist nicht erlaubt und auch aus fachlicher Sicht unsinnig, die Bolzen oder das Gewinde einzufetten. Der Hintergrund hier liegt in der leichteren Lösbarkeit gerade nach dem Winter. Das Fett erleichtert tatsächlich das Lösen und auch das Festziehen der Radschrauben. Leider ist das Anzugsdrehmoment genau auf diesen Reibwert der Schraube ausgelegt. Dreht diese sich jetzt leichter, wird die Schraube stärker belastet, als das vom Hersteller vorgesehen war. Die Folgen sind hier leicht abreißende oder sich selbst lösende Radschrauben sowie Schäden am Gewinde der Radnabe.

Lagerung von Reifen

Auch die Lagerung der Reifen muss mit Sorgfalt erfolgen. Aufgrund der Hintergründe für so genannte Standplatten sollten Reifen niemals aufrecht stehend gelagert werden. Reifen sollten immer gut geschützt vor Sonneneinstrahlung und größeren Temperaturschwankungen eingelagert werden. Auch vor Einwirkungen von Öl, Lösemittel oder Feuchtigkeit sollten sie geschützt werden. Grundsätzlich sollten die gerade demontierten Felgen am besten vor der Lagerung auf einem Felgenbaum gründlich gereinigt werden. Sauber und trocken stehen sie für den nächsten Einsatz bereit. Wer bei der Reinigung der Räder den Zustand und auch das Alter der Reifen genauer betrachtet, kann schon frühzeitig vor der jeweiligen Saison den eventuell notwendigen Ersatz bei seinem Reifenhändler in Auftrag geben.

Felgenbaum: optimale Lagerung durch die Aufhängung an den Felgen.

Hinweise für die Benutzung von Noträdern

Je nach Fahrzeugausstattung kann ein Fahrzeug auch mit einem Notrad ausgerüstet sein. Das Notrad ist, wie der Name schon sagt, nur für die Notsituation gedacht. Es taugt nicht für den langfristigen Betrieb und muss so schnell wie möglich gegen ein normales Rad ersetzt werden. Das Notrad verschlechtert die Fahreigenschaften des Fahrzeuges merklich. Gerade bei schlechter Witterung muss die Geschwindigkeit auch deutlich unter die vorgeschriebenen 80 km/h verringert werden. Nach der Montage muss der Fülldruck des Notrades so schnell wie möglich geprüft und wenn erforderlich korrigiert werden. Der zulässige Luftdruck ist auch hier

Ultraleichtreifen

WISSENSWERTES

Besonders interessant ist der ULW-, der Ultraleichtreifen, der zum Beispiel in der Golf-Reifengröße 195/65 R15 angeboten wird. Bei diesem Reifen sind die Stahleinlagen durch Aramidfasern ersetzt. Aramid ist ein Kunststoff, der gegenüber Stahl sechsmal leichter und etwa zehnmal zugfester ist. Außerdem ist die Außenwandstärke des Reifens zehn Prozent geringer. Der ULW-Reifen ist so etwa drei Kilogramm leichter als ein herkömmlicher Reifen. Das spart nicht nur Kraftstoff. Wegen der geringeren rotierenden Radmassen sind auch höhere Regelfrequenzen beim ABS möglich. Auf rutschigem Untergrund kann so ein kürzerer Bremsweg erreicht werden. Und noch ein Vorteil des Aramid-Reifens: Er lässt sich besser runderneuern, weil der Kunststoff nicht rostet.

von der Modellvariante abhängig und ist im Fahrerhandbuch sowie im Tankdeckel ausgewiesen.
Die angegebene Höchstgeschwindigkeit von 80 km/h darf niemals überschritten werden. Vollgasbeschleunigungen, starkes Bremsen und schnelle Kurvenfahrten müssen vermieden werden. Die Verwendung von Schneeketten auf einem Notrad ist untersagt. Sollte ein Vorderrad durch eine Reifenpanne ausfallen und die Verwendung von Schneeketten lässt sich nicht vermeiden, muss zuerst der intakte hintere Reifen gegen das Notrad getauscht werden. Als Nächstes wird dann dieses Rad als Ersatz für den defekten Reifen verbaut.
Da nur Schneeketten auf »normalen« Reifen verwendet werden dürfen, ist diese Vorgehensweise zwar umständlich, leider aber die einzig legale Variante, auch eine winterliche Fahrt sicher fortsetzen zu können.

Reifenbezeichnungen und Abkürzungen

Auch die Reifen tragen neben den Kürzeln zu ihrer Größe eine Vielzahl von Angaben, die neben der Größe die Eigenschaften und Besonderheiten der Reifen genau beschreiben.

Kennbuchstaben für die Geschwindigkeit (der so genannte SI = Speedindex)

Der Buchstabe am Ende der Reifenbezeichnung verrät die zugelassene Geschwindigkeit des Reifens. Als Beispiel die wichtigsten Angaben:

Der Hump

WISSENSWERTES

Die Größe einer Felge gibt man stets in Zoll an. Als Größe wird der Durchmesser der Felge an der Stelle bezeichnet auf dem der Reifen sitzt. Die Bezeichnung 6 J x 15 H2 zum Beispiel bezeichnet eine Tiefbettfelge (x) mit einer Breite von sechs Zoll und einem Durchmesser von 15 Zoll. Der Buchstabe »J« steht für die Form des Felgenhorns. H2 weist auf eine sich an beiden Schultern der Felge rundumlaufende Erhöhung (Hump) hin. Sie verhindert, dass bei schneller Fahrt durch eine Kurve der Reifenwulst durch die Seitenkräfte von der Schulter der Felge ins Tiefbett gedrückt wird. Das Tiefbett ist für die Reifenmontage unerlässlich.

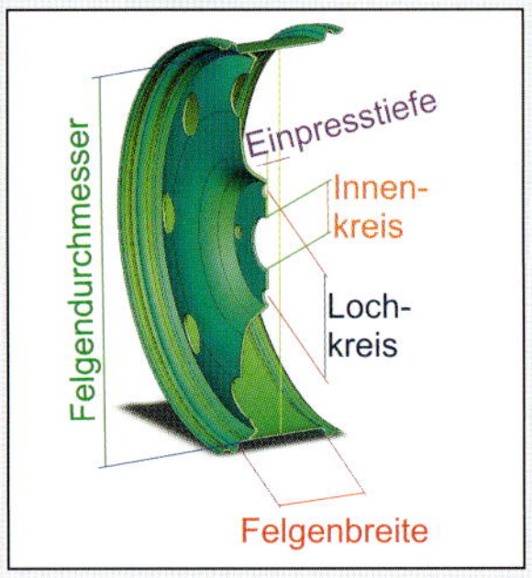

Abmessungen an der Felge.

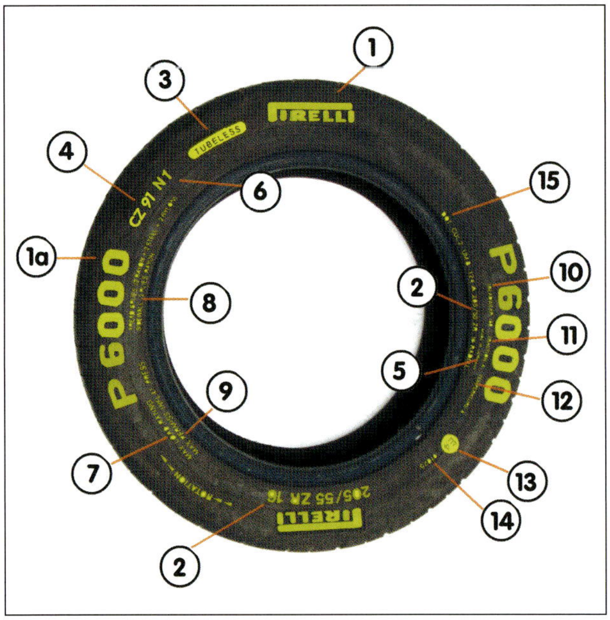

Die Reifenbezeichnungen: 1 Reifenhersteller, 1a Bezeichnung, 2 Abmessungen, 3 Schlauch/schlauchlos, 4 Traglast und Geschwindigkeitsindex, 5 Herstellerland, 6 ungenormte Bezeichnung, 7 US-Markt Angabe für die Traglast, 8 Aufbau des Reifens, 9 US-Markt Angabe Druck, 10 US-Markt Standfestigkeit, 11 US-Markt Nassbremsverhalten, 12 US-Markt Temperatur, 13 Europaprüfzeichen, 14 ECE R 30-Zulassungsnummer, 15 DOT-Nummer (Baujahrschlüssel).

SI	Q	R	S	T	H	V	W	Y	ZR
km/h	160	170	180	190	210	240	270	300	>240

Übersicht über das Kürzel für die Geschwindigkeit (Speed-Index).

Das Reifenalter

Das Datum der Herstellung verrät die »DOT«-Nummer. Bis zum Produktionsjahr 1989 besteht die DOT-Nummer aus drei Zahlen. In unserem Beispiel wurde der Reifen in der 49. Woche 1989 produziert.
Ab dem Produktionsjahr 1990 steht hinter dieser Zahl ein kleines Dreieck. Unser Beispiel sagt aus, dass der Reifen in der 12. Woche des Jahres 1999 produziert wurde.
Das Jahr 2000 wurde mit der Einführung der vierstelligen DOT-Nummer eingeläutet. Diese kann uns nun, jedenfalls theoretisch, bis ins Jahr 2099 begleiten. Die DOT-Nummer in diesem Beispiel stellt den Produktionszeitraum 32. Woche im Jahr 2001 dar.

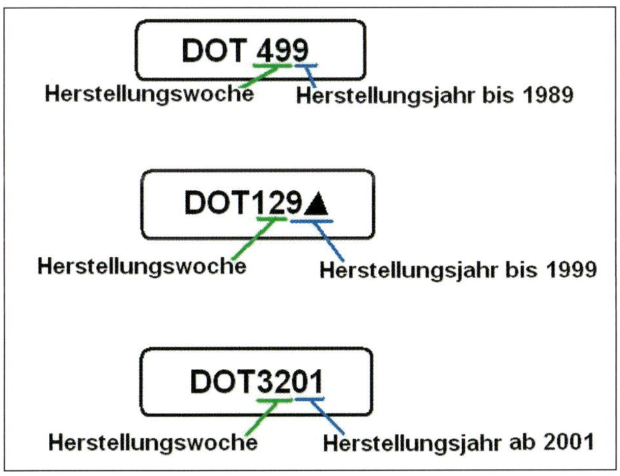

Neureifen, die nach dem 1. Oktober 1998 hergestellt wurden, müssen eine ECE-Prüfnummer auf der Reifenflanke tragen. Diese Nummer besagt, dass der Pneu ein typgeprüftes Bauteil entsprechend dem Qualitäts-Standard der Economic Commission of Europe (ECE) ist. Sind nach dem 1. Oktober 1998 produzierte Neureifen ohne Prüfnummer an Ihrem Fahrzeug montiert, erlischt die Allgemeine Betriebserlaubnis.

Tire Fit: Überlegungen Vor- und Nachteile

Die Bezeichnung »Tire Fit« kommt aus dem Englischen und bedeuten Reifenreparatur. »to fit a tire« = »Reifen reparieren«. Dieser Reparaturart sind allerdings Grenzen gesetzt. Die Struktur des Reifens muss erhalten sein. Rissbildungen, Fehlstellen oder Reifenplatzer werden nicht durch dieses Reparaturset ausgeglichen. Hier bleibt die gute alte Methode »kaputten Reifen abschrauben – neuen Reifen festschrauben« nicht aus. Das Handschuhset in unserem empfohlenen Pannenset hat also noch lange nicht ausgedient.

Füllset am Vorderrad.

Beim Golf finden Sie den kleinen Kompressor und das Reifenfüllset in der Einlage der Reserveradmulde. Um den Kompressor benutzen zu können, müssen Sie den kleinen Deckel an der Frontseite öffnen, um den Luftanschluss sowie das Anschlusskabel für den Zigarettenanzünder herausnehmen zu können. Beim Zusammenpacken des Hilfesets sollten Sie darauf achten, dass das Anschlusskabel und der Luftschlauch in der gleichen Weise eingelegt werden, wie sie auch original verpackt waren. Der Stauraum für beides ist sehr eng bemessen.
Im Pannenset finden Sie einen Kompressor sowie ein Dichtmittel. Das Dichtmittel hat wie ein Lebensmittel auch eine Mindesthaltbarkeit. Um sich im Falle des Falles vor bösen Überraschungen zu schützen, sollte das Füllmittel regelmäßig auf Haltbarkeit und der Kompressor auf Funktion geprüft werden. Grundsätzlich sollte das Pannenset rechtzeitig vor Ablauf der Mindesthaltbarkeitsgrenze ersetzt werden. Die Füllflasche gibt's beim Händler, in diversen Zubehörshops oder auch im Bereich der Online-Auktionen.

Für die Kontrolle muss lediglich das Pannenset herausgenommen werden. Das Ablaufdatum findet sich auf dem Aufkleber der Dichtmittelflasche.

Zustand der Reifen kontrollieren

Die Vorderräder treiben das Fahrzeug an, lenken es und müssen die Hauptbelastung beim Bremsen aushalten. Sie sind daher auch früher verschlissen als die hinteren Pneus. Den Zustand der Reifen kontrollieren Sie am besten bei aufgebocktem Wagen.

- Drehen Sie jedes Rad einmal komplett durch. Entfernen Sie Steinchen und andere Fremdkörper vorsichtig mit einem kleinen Schraubendreher aus den Profillamellen. Sitzt in der Reifendecke eine Glasscherbe oder ein Nagel, kann an dieser Stelle Luft entweichen.
- Achten Sie auf Unregelmäßigkeiten wie Einstiche, Schnitte, Risse und herausgebrochene Profilstücke. Bei einem beschädigten Gummi dringt leicht Feuchtigkeit ins Reifeninnere. Sie können jedoch von außen nicht erkennen, ob der stabilisierende Stahlgürtel schon vom Rost angefressen ist. Lassen Sie den Reifen zur Sicherheit vom Fachmann prüfen. Das gilt übrigens auch bei auffälligem Reifenabrieb.
- Das Reifenprofil muss über die gesamte Lauffläche mindestens 1,6 Millimeter tief sein. Bei dieser Marke wird auf der Lauffläche an mehreren Stellen ein Profilstandsanzeiger sichtbar. Die Buchstaben »twi« (tread wear indicator) auf der Reifenflanke zeigen, wo sich diese Anzeiger befinden. Das Fahrverhalten wird mit abnehmendem Profil schlechter, vor allem auf nasser Fahrbahn. Tauschen Sie Sommerreifen zur Sicherheit bereits bei einer Profiltiefe von zwei Millimetern, Winterreifen bei vier Millimetern.
- Kontrollieren Sie, ob alle Reifen gleichmäßig abgefahren sind und sehen Sie sich die Seitenwände (Reifenflanken) der Reifen genau an. Beulen deuten auf eine Beschädigung des Reifenunterbaus hin.

Risikofaktor geringer Luftdruck

GEFAHRHINWEISE

Prüfen Sie den Reifendruck regelmäßig alle drei bis vier Wochen. Bei Markenreifen ist ein Druckverlust von 1,5 Prozent im Monat normal. Verliert der Reifen mehr Luft, sollten Sie sich ihn genauer ansehen. Ein schlecht oder gar nicht gewarteter Reifen kann sich zum Risikofaktor entwickeln. Fahren Sie z. B. einen Reifen mit zu geringem Luftdruck unter sehr hoher Last, kann dies zu teilweisen Ablösungen der Reifenlauffläche führen. Diese Schäden bleiben jedoch oft längere Zeit verborgen. Wird der vorgeschädigte Reifen dann stark beansprucht, können durch die enormen Fliehkräfte bei hohen Geschwindigkeiten sogar einzelne Reifenteile abreißen. Passen Sie also auch stets den Reifendruck dem Beladungszustand an. Die Tabelle auf der Rückseite des Tankdeckels gibt Anhaltswerte für den korrekten Reifenluftdruck bezogen auf die Größe der Reifen und der Last.

TWI: Die Erhebung der TWI zeigt die Mindestprofitiefe an.

Lebensgefährlich: Wird der Druck falsch gewählt, kann sich die Lauffläche vom Reifen ablösen.

Reifendruck prüfen

Den Luftdruck sollten Sie stets bei kalten Reifen messen. Denn während der Fahrt erwärmt sich der Reifen – der Reifendruck steigt. Sie erhalten daher falsche Werte, wenn Sie direkt nach einer Autobahnfahrt zum Luftdruckprüfer greifen. Erhöhen Sie den Luftdruck bei Winterreifen um 0,2 bar. Prüfen Sie den Reifendruck regelmäßig alle drei bis vier Wochen. Bei einem Markenreifen ist ein Druckverlust von 1,5 Prozent im Monat normal. Verliert der Reifen mehr Luft, sollten Sie sich ihn genauer ansehen.

Druck	Verlust im Monat	Verlust im 1/4 Jahr	Verlust im Jahr
2,2 bar	0,033 bar	0,099 bar	0,396 bar
2 bar	0,03 bar	0,09 bar	0,36 bar
1,8 bar	0,027 bar	0,081 bar	0,324 bar
1,5 bar	0,0225 bar	0,0675 bar	0,27 bar

Das Reifenbild

Im Fahrbetrieb kann es beispielsweise durch Fehleinstellungen der Achsgeometrie oder Überbeanspruchung durch zu schnelle Kurvenfahrt zu unterschiedlicher Reifenabnutzung kommen. Welche Ursache bei dem entsprechenden Reifenbild vorliegt und was Sie im entsprechenden Fall unternehmen sollten, finden Sie hier aufgeführt:

Außenseite abgefahren (Vorderreifen)
Flotte Fahrweise in Kurven. Reifen auf den Felgen drehen lassen oder gegen Hinterräder austauschen. Außenseiten stärker abgefahren als Profilmitte. Der Reifen wurde lange Zeit mit zu niedrigem Luftdruck gefahren. Gleichmäßige Auswaschungen. Vermutlich Stoßdämpfer defekt. Ungleiche Abnutzung (an mehreren Stellen). Unwucht im Rad. Auswuchten lassen. Stelle mit starker Abnutzung. Bremsung mit blockiertem Rad (Bremsplatte). Selbst das ABS kann kurzzeitiges Blockieren und damit einen gewissen Reifenverschleiß (Abflachungen) nicht verhindern.

Starke Abnutzung in der Profilmitte
Die mittige Abnutzung entsteht durch häufiges Fahren mit Höchstgeschwindigkeit. Die Reifen »bauchen« durch die Fliehkraft aus (die Reifenlauffläche wird runder) und nutzen daher in der Mitte stärker ab. Dieser Effekt tritt besonders deutlich an den Hinterrädern auf. Dasselbe Bild zeigt sich bei zu hohem Reifendruck.

Radunwucht

Eine Unwucht im Rad zeigt sich durch Vibrationen am Lenkrad oder Schütteln im Vorderwagen. Ursache ist eine ungleichmäßige Gewichtsverteilung am Rad, die auch für erhöhten Reifenverschleiß sorgt. Man unterscheidet statische und dynamische Unwuchten. Statische Unwucht zeigt sich bereits, wenn das Rad frei auspendelt: Der Schwerpunkt wird sich von selbst nach unten begeben. Ein Rad mit statischer Unwucht hüpft beim Fahren, die Stoßdämpfer verschleißen schneller. Dynamische Unwucht kommt erst beim schnellen Drehen des Rades vor. Die übergewichtige Stelle sitzt nicht in der Mittelebene des Rades, sondern etwas nach außen bzw. innen versetzt. Das Rad flattert und wackelt bei schneller Fahrt. Die Beseitigung einer Unwucht ist Sache der Werkstatt.

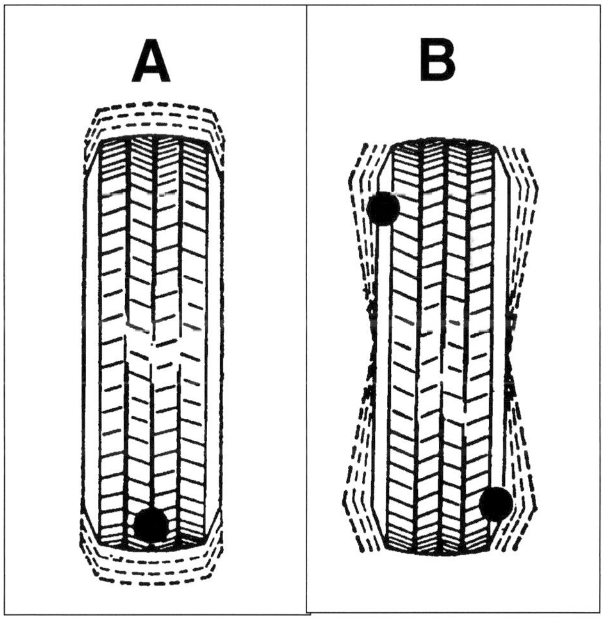

Statische (A) und Dynamische Unwucht (B): Beide sorgen für ein ungleichmäßiges Abnutzen der Reifen und fallen durch Flattern in der Lenkung beim Fahren unangenehm auf.

Rad- Reifenkombinationen am Golf

Grundsätzlich dürfen nur Felgen und Räder einer Bauart und Abmessung auf dem Fahrzeug verbaut werden. Ausnahmen stellen besondere Radreifenkombinationen dar, die dann aber auch mit entsprechenden Gutachten von einem technischen Sachverständigen der Prüforganisationen abgenommen werden müssen.

Die VW-Unterlagen geben eine Vielzahl von Rad und Reifenkombinationen vor, die selbst zusammengefasst und unter Verzicht der Felgendesigns noch immer eine mehrseitige Tabelle ergeben würden. Wir haben aufgrund des Umfangs und der ohnehin erforderlichen Erkundigung durch den Leser beim VW-Händler auf diese Tabellen verzichtet und wollen an dieser Stelle lediglich einige Standardreifen vorstellen, die für die meisten Modelle verwendet werden dürfen. Diese Information erleichtert Ihnen beispielsweise die Beschaffung der Winterreifen oder klärt ab, inwieweit bei einem Fahrzeugwechsel auch neue Winterräder fällig werden. Die Felgendimensionen und die dazugehörigen ET (Einpresstiefen) geben Ihnen wertvolle Informationen über die werksmäßig geprüften Rad/Reifen-Kombinationen. Die Abstimmung der Werkstechniker lässt sich sicherlich nicht einfach übertreffen. Verwenden Sie auch beim Kauf im freien Zubehörhandel nur die freigegebenen Felgen- und Reifendimensionen. Erfragen Sie ruhig einmal Preise und natürlich die technischen Eckdaten von Reifen und Felge in der erwünschten Größe bei Ihrem VW-Händler. Vergleichen Sie, ob die technischen Daten auch mit denen der Zubehörfelgen übereinstimmen.

Empfohlene Notreifen und Noträder

Die hier aufgeführten Hinweise gelten auch für Reserveräder wie 6,5 J x 16 mit Reifen 205/60 R 16, die mit einem gelben Aufkleber mit der Aufschrift »MAX 80 km/h« bzw. »MAX 50 mph« gekennzeichnet sind. Je nach Fahrzeugausstattung befindet sich anstatt des Notrades ein solches Reserverad im Fahrzeug. Das Not- oder Reserverad ist nur für den vorübergehenden und kurzzeitigen Einsatz bestimmt. Deshalb ist es so schnell wie möglich wieder durch das Normalrad zu ersetzen. Nach der Montage des Not- oder Reserverades muss der Reifenfülldruck so schnell wie möglich geprüft werden.
Die Reifenfüllstände stehen auf dem Reifenfülldruckschild auf der Innenseite der Tankklappe oder an der B-Säule der Fahrerseite. Vollgasbeschleunigung, starkes Bremsen und rasante Kurvenfahrten müssen vermieden werden. Fahren Sie niemals mit mehr als einem Not- oder Reserverad. Die Verwendung von Schneeketten auf dem Notrad ist aus technischen Gründen nicht zulässig. Wenn mit Schneeketten gefahren werden muss, ist bei einer Vorderradpanne das Notrad an der Hinterachse einzusetzen.

Daten für alle Fahrzeugtypen	
Anzugsdrehmoment Radschrauben	110 Nm
Anzahl der Radschrauben	4
Lochkreis der Radschrauben	100 mm
Lochkreis des Zentrierringes	57 mm
Reifendruck	Den Reifendruck finden Sie auf der Innenseite der Tankklappe.

Auszug der Ausrüstungsliste

Motorleistung	Reifengröße	Felge	Einpresstiefe	Schneeketten	Bemerkung
55 kW, 66 kW	185/60 R14 82T	6J x14	43–45 mm	Ja	205/45 R16 83H nur zulässig mit Dämpfern 1HM 513 031B ohne Tieferlegung
	195/50 R15 82H	6J x15	45 mm	Ja	
	195/50 R15 82H*	6J x15	43–45 mm	Ja	
	205/45 R16 83H	6,5J x 16	45 mm	Nein	
	175/65 R 14 82Q M+S	6J x14	43–45 mm	Ja	
74 kW, 81 kW, 85 kW	185/60 R14 82T, 185/60 R14 82H	6J x14	43–45 mm	Ja	Winterreifen 175/70 R13 82Q sind nur bei Fahrzeugen bis12/94 verwendbar.
	195/50 R15 82H	6J x15	45 mm	Ja	
	195/50 R15 82H*	6J x15	43–45 mm	Ja	
	205/45 R16 83H	6,5J x 16	45 mm	Nein	
	175/65 R 14 82Q M+S	6J x14	43–45 mm	Ja	

Umrüsten von Rad-Reifenkombinationen

Tiefer, breiter, Keilformfahrwerk, diverse Fahrwerksumrüstsets werden für Tuningzwecke auch beim Golf herangezogen. Vielfach enden solche Tuning-Orgien in der totalen technischen Katastrophe. Bevor wir nun alles verteufeln, was nicht Original ist, möchten wir dem technisch interessierten Schrauber einige Überlegungen mit auf die Werkzeugkiste legen.

Negativ ist positiv

Ein Fahrzeughersteller wie Volkswagen konzipiert seine Fahrzeuge so, dass sie auch in extremen Situationen beherrschbar bleiben sollen. Der Fahrer soll das nur an gutmütigem Fahrverhalten und notfalls auch an erfolgreich gemeisterten Extremsituationen merken. Nehmen wir einmal an, an Ihrem Fahrzeug platzt während der Fahrt der Reifen vorne rechts. Was wird passieren? Zuerst nimmt man mal an, dass das Fahrzeug sofort und extrem zu der rechten Seite ziehen wird. Der Hersteller allerdings hat diese Situation in der Lenkgeometrie anders ausgelegt. Zwar steht das Lenkrad nach dem Platzer schief, das Auto aber fährt geradeaus weiter.

Vereinfacht lässt sich die Reaktion des Fahrzeugs so darstellen: Eine konstruktive Auslegung ist der Lenkrollenhalbmesser einer Vorderachse. Der Golf ist werksmäßig mit einem »negativen« Lenkrollenhalbmesser ausgelegt worden. Das bedeutet nichts anderes, als dass der Drehpunkt des Rades auf der Fahrbahn etwas weiter nach außen als der eigentliche Mittelpunkt der Radaufstandsfläche auf der Fahrbahn gelegt wurde. Betrachten wir nun wieder den geplatzten vorderen rechten Reifen. Er wird einen deutlich höheren Rollwiderstand produzieren als das intakte linke Vorderrad. Da der Drehpunkt des Rades nicht im Radaufstandflächenmittelpunkt liegt, erzeugt der platte rechte Reifen eine Lenkbewegung nach links. Der linke Reifen läuft nun nicht mehr gerade zur Fahrbahn und erzeugt auch einen höheren Rollwiderstand. Die Lenkgeometrie will nun einen Kräfteausgleich der beiden Räder erzeugen und sucht sich den neuen »Mittelpunkt«. Sind die Rollwiderstände gleich, fährt das Fahrzeug wieder geradeaus. Der Kräfteausgleich bewirkt wiederum die Schiefstellung des Lenkrades. Derselbe Vorgang ergibt sich übrigens auch bei unterschiedlichen Reifen oder auch unterschiedlichem Luftdruck der Reifen.

Positiv ist negativ

Das Lieblingskind der Tuner ist der Umbau auf breite Reifen und natürlich auch auf Spurplatten oder Felgen mit kleineren Einpresstiefen. Beides bewirkt oftmals eine erhebliche Veränderung des Lenkrollenhalbmessers. Der im ungünstigsten Fall nun positive Lenkrollenhalbmesser bewirkt das Gegenteil der Überlegungen des Fahrzeugherstellers.

Betrachten wir nun wieder die Fahrsituation mit dem geplatzten vorderen rechten Reifen. Er wird einen deutlich höheren Rollwiderstand produzieren als das intakte linke Vorderrad. Da der Drehpunkt des Rades zwar auch nicht im Radaufstandflächenmittelpunkt liegt, sondern etwas weiter innen, erzeugt der platte rechte Reifen eine Lenkbewegung nach rechts. Zwar läuft der linke Reifen nun auch nicht mehr gerade zur Fahrbahn und erzeugt auch einen höheren Rollwiderstand, die Wirkrichtung ist aber leider nach rechts. Da keine Kräfte entgegenstehen, kann die Lenkgeometrie keinen Kräfteausgleich der beiden Räder erzeugen und lenkt nach rechts. Die Kräfte werden schlagartig auftreten und durch die unterschiedliche Radbelastung stark an- und abschwellende Gegenkräfte vom Fahrer einfordern. In der Regel wird es kaum möglich sein, das Fahrzeug auf der Straße zu halten und einen Unfall zu vermeiden.

An diesem Beispiel sieht man sehr drastisch, wie ungewollte Einflüsse auf das Fahrzeug ausgeübt werden können, die fatale Folgen nach sich ziehen können. Hinterfragen Sie ruhig auch die Auswirkungen der breiteren Räder auf das Fahrverhalten des Fahrzeugs und natürlich auch auf die Auswirkungen auf den Lenkrollenhalbmesser. Ein Händler, der nicht in der Lage ist diesen Zusammenhang darzustellen, ist sicherlich ungeeignet Ihr Fahrzeug durch Tuningmaßnahmen zu verbessern.

Neben der Veränderung des Lenkrollenhalbmessers verändern auch Höhenlage, Sturz, Spur und Nachlauf das Fahrverhalten des Fahrzeuges. Ohne tief gehende Kenntnisse über die Fahrwerkstechnik sollten Sie niemals Veränderungen, Reparaturen oder Umbauten an Achsbauteilen vornehmen. Rad-/Reifenkombinationen sollten grundsätzlich vom Hersteller freigegeben worden sein oder zumindest hinsichtlich der Abmessungen (inkl. der Einpresstiefe) den Vorgaben der Hersteller entsprechen.

Winterreifen

Für einen Winterreifen genügt die schmalste Reifenbreite, die für Ihr Fahrzeug angegeben ist. Je kleiner die Reifenaufstandsfläche Ihres Reifens, umso höher wird der Druck auf die Fläche. Investieren Sie das für breitere Pneus gesparte Geld lieber in einen zweiten Satz passender Felgen – das Ummontieren der Reifen im Frühjahr und Herbst kommt auf die Dauer viel teurer und birgt bei jeder Montage und Demontage die Beschädigung des Reifens. Zudem müssten die Räder übrigens nach jeder Montage neu ausgewuchtet werden.
Felgen gibt es heutzutage in jedem Autofahrermarkt. Auch Aluminiumfelgen sind heute gar nicht oder kaum teurer als die Felge aus Stahl. Achten Sie darauf, dass die Abmessungen der Felge und die Einpresstiefen mit der Originalfelge übereinstimmen. Fragen Sie nach, ob die Originalradschrauben auf die neue Felge passen oder ob ein neuer Schraubensatz für die neuen Felgen fällig ist.
Manche Händler und Werkstätten lagern Ihre Winterreifen gegen eine geringe Gebühr bis zum nächsten Tausch ein.
Wenn die Höchstgeschwindigkeit der Winterreifen (bis zu 160 km/h) unter der Ihres Fahrzeugs liegt, sollten Sie sich zur Erinnerung einen entsprechenden Aufkleber ins Blickfeld (nicht an die Windschutzscheibe!) kleben. Nach jedem Radwechsel müssen die Räder nochmals nachgezogen werden. Das liegt nicht etwa an der möglichen Unfähigkeit des Monteurs, sondern daran, dass sich gebildete Oxidation, Farbreste oder sonstige Ablagerungen vom Schraubensitz abnutzen können und so eventuell ausreichend Spiel zum eigenständigen Lösen der Schraube entstehen kann.

Montieren der Sommer- oder Winterräder

Das Montieren der Sommer- und Winterräder können Sie schnell und sicher erledigen. Beachten Sie aber beim Anheben des Fahrzeugs die Sicherheitsbestimmung aus dem Abschnitt »Pannen unterwegs, Fahrzeug richtig aufbocken«. Nach der Demontage der Räder müssen diese eingelagert werden. Empfehlenswert ist hierzu ein Felgenbaum, der verhindert, dass die Flanken oder Laufflächen während der Einlagerung belastet werden. Das Anzugsdrehmoment liegt bei 120 Nm, nach 100 km sollten Sie alle Schrauben nochmals zur Sicherheit mit einem Drehmomentschlüssel nachziehen!

- Suchen Sie eine ebene Stelle mit festem Untergrund für den Radwechsel. Ziehen Sie die Handbremse fest an und lösen Sie vor dem Anheben des Wagens alle Radbolzen zunächst nur um eine Viertelumdrehung.
- Heben Sie nun das Fahrzeug so weit an, bis das Rad ein paar Zentimeter über dem Boden ist.
- Entfernen Sie dann die fünf Radbolzen und nehmen Sie das Rad ab. Wechseln Sie immer ein Rad nach dem anderen.
- Kontrollieren Sie den Zustand der Radnabe. Säubern Sie diese gegebenenfalls mit der Drahtbürste und tragen Sie eine hauchdünne Schicht Kupferpaste auf. Das schützt vor weiterer Korrosion.
- Setzen Sie jetzt das Rad an. Drehen Sie alle Radbolzen über Kreuz ein und achten Sie darauf, dass das Rad gerade an der Nabe anliegt.
- Ziehen Sie zunächst alle Räder handfest an.
- Ziehen Sie die Radbolzen mit einem Drehmoment von 120 Nm an.

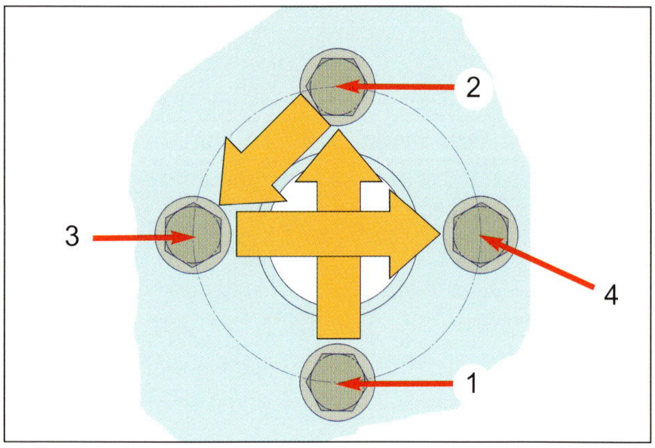

Anzugsfolge: immer der Reihe nach (1–4)!

Reifen

Störung	Was kann das sein?	Was kann ich tun?
A Schwammiges Fahrverhalten	**1** Reifen zu geringer Luftdruck	Luftdruck prüfen.
	2 Stoßdämpfer undicht	Ölverlust mit Finger prüfen, bleibt Öl am Finger: tauschen.
	3 Stoßdämpfer verschlissen	Kolbenstange auf Riefen und Abplatzung prüfen.
	4 Spurwerte stimmen nicht	Achsvermessung durchführen.
	5 Federn erlahmt	Federn prüfen, ggf. austauschen.
	6 Gummis Querlenker hinten	neue Streben einbauen.
B Reifen	**1** starker, unregelmäßiger Verschleiß	Spurwerte stimmen nicht, Achsvermessung durchführen.
	2 Verschleiß innen	Zu viel negativer Sturz.
	3 Verschleiß außen	Zu viel positiver Sturz.
	4 Verschleiß in der Mitte	Zu viel Luftdruck.
	5 Verschleiß innen und außen	Zu wenig Luftdruck.
C Schütteln am Lenkrad	**1** Räder unwuchtig	Räder wuchten lassen.
	2 Spiel in der Lenkung	Kreuzgelenk prüfen.
	3 Spiel in Fahrwerksteilen	Traggelenk und Spurtstangen prüfen.
… beim Bremsen	**4** Bremsscheiben verzogen	neue Bremsscheiben und Beläge.
D Geräusche bei Kurvenfahrt	**1** Radlager defekt	Richtige Seite durch Wechselkurven feststellen.
	2 Spurwerte stimmen nicht	Reifenprofil kontrollieren (siehe B).

Fahrwerk

Als Fahrwerk werden die Teile des Fahrzeugs bezeichnet, die für die präzise Radführung mit bestmöglichem Bodenkontakt, die Richtungsstabilität und für eine komfortable und ausgeglichene Führung der Karosserie über dem Boden zuständig sind. Eigentlich gehören die Reifen auch schon dazu. Des Umfangs halber haben wir diese aber schon im letzten Kapitel behandelt und betrachten hier die Radführungskomponenten genauer.

Was ist eigentlich ein Fahrwerk?

Im Volksmund versteht man unter Fahrwerk eher nur die Stoßdämpfer und die Federn. Dass hinter diesem Begriff eine Konstruktion aus sehr vielen Bauteilen steht, die aufeinander abgestimmt den Spagat zwischen Komfort und präziser Radführung abdecken müssen, ahnt zuerst mal niemand. Zum Fahrwerk gehört alles, was zwischen Karosserie und Straße für die Radführung sorgt. Jede Veränderung, sei es durch Verschleiß oder aber auch durch Umbau, erfordert erhebliches Fachwissen durch den Monteur. Gerade bei Tuningmaßnamen rund ums Fahrwerk darf nie vergessen werden, dass es sich um ein Kraftfahrzeug handelt, das sicher im Straßenverkehr bewegt werden soll. Kunstwerke werden nicht gefahren, sondern ausgestellt.

Auslegung des Fahrwerks

Damit ein Fahrzeug überhaupt geradeaus fahren kann, ist der Bezug zur Hinterachse extrem wichtig. Jeder, der mal erlebt hat, wie ein Auto reagiert, wenn die Hinterachse ausbricht (das Fahrzeug übersteuert dann...), weiß, welche Auswirkung es hat, wenn die Hinterachse als so genannte spurgebende Achse das Fahrzeug nicht mehr führt. Alle Fahrwerkswerte beziehen sich immer auf die Hinterachse. Sie ist der Bezugspunkt für die Konstruktion und natürlich auch für die Fahrwerksvermessung. Aus diesem Grund ist es gelinde ausgedrückt unsinnig die Vorderachse einzeln zu vermessen. Ein Rad kann neben der Drehbewegung sich auch seitlich neigen oder auch nach vorn oder hinten versetzt werden. Die Räder werden sogar beim Einlenken angehoben oder abgesenkt. Alle diese Funktionen entstehen aus dem Zusammenspiel der Bauteile und sind gewollt.
Sogar die Veränderung der Höhenlage eines Fahrzeuges folgt solchen »Kennlinien« und hat selbstverständlich Einflüsse auf die Achsgeometrie und das Fahrverhalten. Auch wenn es kaum vorstellbar ist, haben sogar die Felgengröße und ihre Einpresstiefe Einfluss auf das Fahrwerk und seine Funktionen.

Ohne Reibung keine Kraftübertragung. Das kennen wir schon von der einen oder anderen Glatteisfahrt. Man kann sich vorstellen, dass für eine »spurgenaue« Fahrzeugführung der Kontakt der Reifen von entscheidender Wichtigkeit ist. Geht die Verbindung zwischen Reifen und Fahrbahn verloren, können weder Vortriebs-, Brems-, Seitenführungs- oder Lenkkräfte mehr übertragen werden. Wichtige Elemente für diese Aufgabe sind Federung und Stoßdämpfung. Bodenunebenheiten werden so durch Ein- und Ausfedern des einzelnen Rades möglichst ausgeglichen. Unerwünschtes Nachschwingen des Aufbaus verhindern die Stoßdämpfer.
Sie müssten eigentlich Schwingungsdämpfer heißen, da sie zwar auch Stöße dämpfen, aber in der Hauptsache durch Federn verursachte Schwingungen abschwächen.

Lenkung und Fahrsicherheit

Die Lenkung soll möglichst feinfühlig sein und zielgenaues Lenken ermöglichen. Sie ist genau auf die Achsen und die Lenkgeometrie abgestimmt. Wie bei fast allen Autos heutzutage kommt beim Golf eine Zahnstangenlenkung zum Einsatz. Sie gilt als besonders präzise und sorgt trotz der serienmäßigen Servounterstützung für ein noch direkteres und feinfühligeres Ansprechen der Lenkung. Die Lenkung ist ein Bauteil, von dem die gesamte Fahrsicherheit in besonderem Maße abhängt. Defekte, falsche Einstellungen und fehlerhafte Reparaturarbeiten können deshalb fatale Auswirkungen haben.

⚠ Lenkung und Fahrwerk

GEFAHRHINWEISE

Die Arbeiten an Teilen des Fahrwerks und der Lenkung sind nicht immer fürs Do-it-yourself geeignet. Sie setzen Erfahrung und oft auch spezielle Werkstattgeräte sowie Spezialwerkzeuge voraus. Fehlerhafte Reparaturen werden damit nicht nur zur Gefährdung für Sie selbst, sondern auch für andere Verkehrsteilnehmer. Denn genauso wie bei den Bremsen Ihres Golf kann nur die einwandfreie Funktion aller Teile des Fahrwerks und der Lenkung die Fahrsicherheit gewährleisten. Die Teile der Lenkung und des Fahrwerks sind nach einer Beschädigung, zum Beispiel durch einen Unfall, meist zu ersetzen. So dürfen Sie beispielsweise defekte Teile der Radaufhängung nicht etwa einfach richten oder schweißen – sie müssen grundsätzlich erneuert werden. Wenn Sie sich nicht sicher sind, ob Sie die betreffende Reparatur selbst ausführen können, oder wenn Sie die dafür benötigten Werkzeuge nicht besitzen – überlassen Sie die Arbeit besser der Werkstatt.

Die Vorderachse

Die Mc-Pherson-Vorderachse vorne besteht aus einem Querlenker unten und radführenden Federbeinen. Die Achse entspricht im Wesentlichen der Achse des Golfs. Im Radlagergehäuse wird die Radnabe beim Fronttriebler sowie bei den Allradvarianten von den Antriebswellen, die wiederum am Getriebe angeflanscht sind, angetrieben. Die Bauweise in den unterschiedlichen Antriebskonzepten unterscheidet sich nicht wesentlich. Zur Querstabilisierung wird ein Stabilisator verwendet, der verschraubt mit dem Achsträger über die Koppelstangen die Seitenneigung der Karosse mechanisch verringert. Der Dreiecklenker wird durch einen Hilfsrahmen aus Aluminium aufgenommen, der durch geringes Gewicht zu einer ausgewogenen Gewichtsverteilung des Fahrzeugs beiträgt.

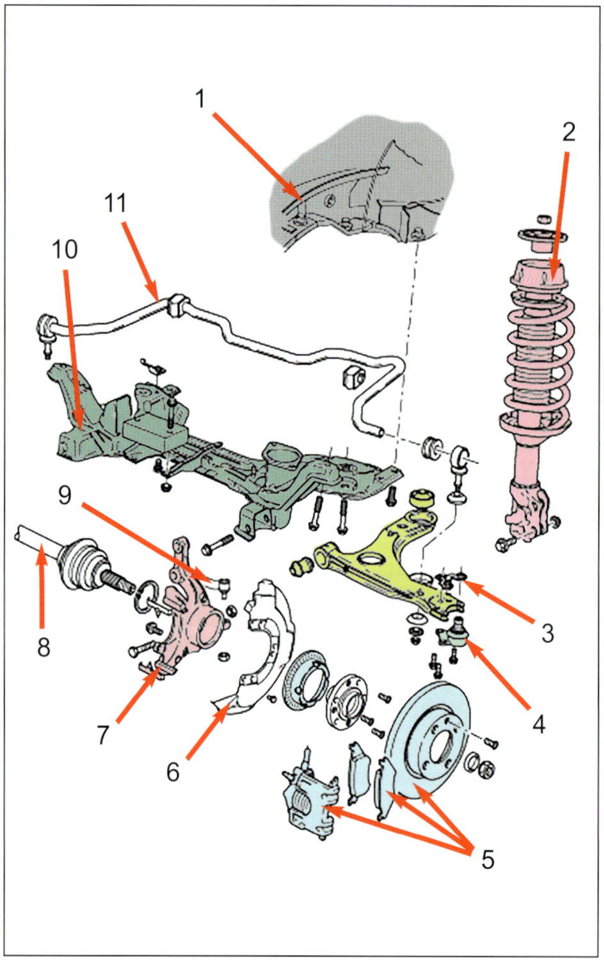

Bauteile der Vorderachse: 1 Rahmenträger, 2 Federbein, 3 Querlenker, 4 Traggelenkbolzen, 5 Bremsanlage mit ABS, 6 Schirmblech, 7 Radlagergehäuse, 8 Gelenkwelle, 9 Spurstange, 10 Achslenker, 11 Stabilisator.

WISSENSWERTES

McPherson-Federbein

Fahrbahnunebenheiten erzeugen an den Rädern Auf- und Abwärtsbewegungen. Mit Hilfe der Federbeine, bestehend aus Federn und Dämpfern, werden diese Bewegungen der Räder durch Ein- und Ausfedern kompensiert und der Kontakt zur Straße gehalten. Die Kombination der Feder- und Dämpfereinheit am Fahrzeug beeinflusst dabei wesentlich den Fahrkomfort, die Fahrsicherheit und auch das Kurvenverhalten. Im Gegensatz zum Nutzfahrzeug kommt hierzu im Pkw fast durchgängig die Einzelradaufhängung zum Einsatz. Mit ihr können die ungefederten Massen gering gehalten werden und die Räder beeinflussen

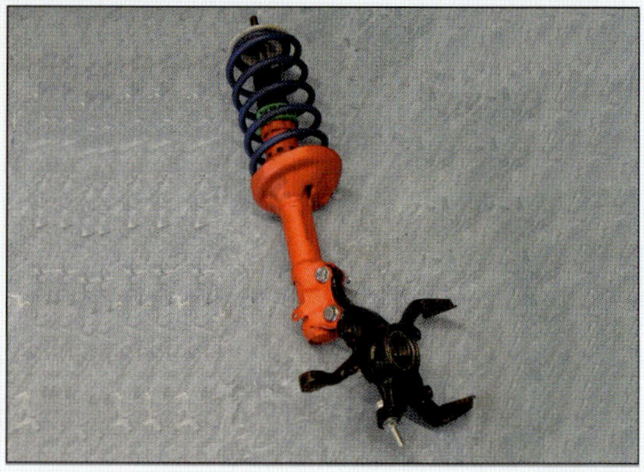

McPherson-Federbein: Bauraum- und kostengünstige Einzelradaufhängung an der Vorderachse.

sich nicht gegenseitig beim Ein- und Ausfedern, wie beim Starrachsenprinzip. Als kostengünstig und platzsparend hat sich das sogenannte McPherson-Federbein erwiesen. Seinen Namen verdankt es seinem Erfinder, dem US-Amerikaner Earl S. McPherson, dessen Patent erstmals 1948 zum Einsatz kam. Es entstand aus dem Doppelquerlenker-Federbein und ist, durch seine kompaktere Bauweise, besonders zum Einsatz in Klein- und Mittelklassewagen geeignet. Die Platzersparnis resultiert aus der Ersetzung des oberen Querlenkers durch ein Schwingungsdämpferrohr, an dem die Achsschenkel befestigt sind. Das Stoßdämpferaußenrohr ist mit dem radlagertragenden Achszapfen und dem Spurstangenhebel fest verbunden. Beim Lenken schwenkt diese Einheit um die Stoßdämpferkolbenstange, die mit ihrem oberen Ende in einem Gummilager der Karosserie sitzt, während unten am Federbein ein frei bewegliches Kugelgelenk über einen Querlenker die zweite Verbindung zur Karosserie herstellt.

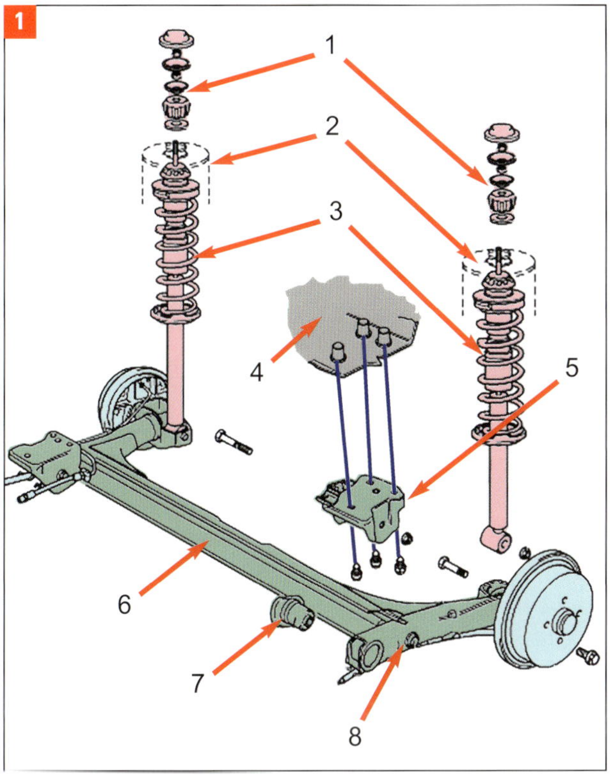

Bauteile der Vorderachse: 1 Gummilagerung Dom, 2 Dämpferdom, 3 Federbein, 4 Aufnahme im Rahmen, 5 Lagerbock, 6 Verbundlenkerachse (Stahlprofil), 7 Gummi-Metall-Lager, 8 Verbundlenkerachse (Achslenker).

Die Hinterachse

Die Hinterachse des Golf Cabriolet ist eine Verbundlenkerachse. Das heißt zuerst einmal, dass die beiden Achslenker (8 im Bild 1) rechts und links miteinander durch ein Stahlprofil (6) verbunden sind. Beide Achslenker (8) können sich trotz des Stahlprofils bedingt unabhängig voneinander bewegen. Die Stahlstrebe hat zwei wesentliche Auswirkungen auf die Radführung durch die Achslenker (8). Solange beide Seiten gleichmäßig eingefedert werden, wirkt nur die Federkraft entgegen. Das Fahrwerk kann so durchaus komfortabel ausgelegt werden. Beim Befahren einer Kurve verlagert sich das Fahrzeuggewicht zur Kurvenaußenseite. Das kurvenäußere Rad wird also stärker eingefedert, als das kurveninnere. Nun wirkt die Strebe (6) zum einen als Stabilisator und zum anderen verändert sie ganz leicht den Radsturz und auch die Spur. Die Stabilisatorwirkung bewirkt, dass das kurveninnere Rad etwas mit eingefedert wird, beziehungsweise ein Teil der Federkraft auf die Feder des kurveninneren Rades übertragen wird. Diese Abstützung stabilisiert das Fahrwerk merklich.

Spurweitenänderung am Golf ab 08/93

Im Rahmen der Modellpflege wurde an Golf/Vento-Fahrzeugen die Spurweite an der Hinterachse mit 4-Loch-Radbefestigung am Golf 18 mm verringert. Damit ist die Spurweite an Fahrzeugen mit 4-Loch- und 5-Loch-Radbefestigung an der Hinterachse bei Rädern mit Einpresstiefe 38 gleich. Die Umstellung erfolgte gleitend. Die Änderung der Spurweite hat Einfluss auf den Freigang der Räder im Radhaus und zur Hinterachse. Alle Original-VW-Räder für den Golf/Vento lassen sich auch an Fahrzeugen nach 08.93 anbauen. Räder aus dem Zubehörprogramm mit anderer Größe und Einpresstiefe als die Serienräder haben möglicherweise keinen ausreichenden Freigang.

Genau nachsehen: Fahrwerksfedern in unterschiedlicher Länge haben Einfluss auf das Fahrverhalten des Fahrzeugs. Gebrochene Federn können im ungünstigen Fall zudem erhebliche Schäden am Reifen verursachen. Die Kontrolle ist durchaus lebenswichtig. 1 Bruchstück, 2 Federteller, beschädigte Feder.

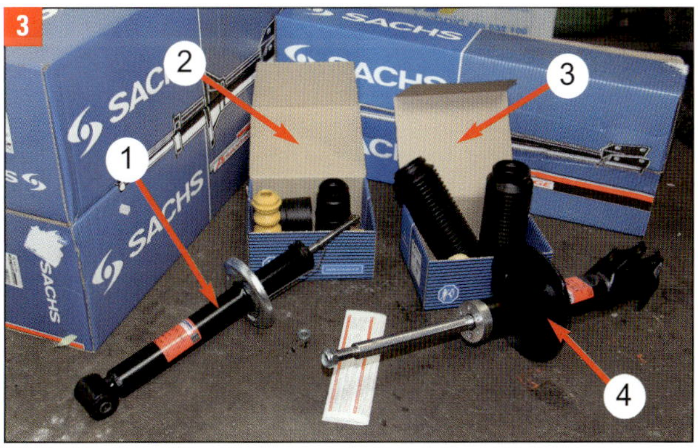

Kompletter Stoßdämpfersatz: 1 Stoßdämpfer für die Hinterachse, 2 Protektionskit für die Hinterachse, 3 Protektionskit für die Vorderachse, 4 Stoßdämpfer für die Vorderachse.

Radlager und am Achsgelenk prüfen

Radlager prüfen

Radlager unterliegen, wie alle beweglichen Teile eines Fahrzeugs, dem Verschleiß. Schäden können Sie anhand zweier Merkmale schnell selbst ausmachen. Zum einen werden Sie ein vorhandenes, übermäßiges Lagerspiel mit der im Folgenden beschriebenen Prüfung feststellen. Zum anderen werden Sie im Rahmen einer Probefahrt oftmals ein beschädigtes Radlager an der Geräuschentwicklung erkennen können. Da dieses Geräusch im Schadensverlauf nur langsam zunimmt, wird es vom Fahrer oft nicht erkannt. Der hat sich im Laufe der zunehmend lauter werdenden Geräuschkulisse, über nicht selten schon mehrere Monate, an das Geräusch gewöhnt. Durch die Lastwechselreaktionen bei Kurvenfahrten können Sie oft auch die Position des beschädigten Radlagers im Rahmen einer Probefahrt feststellen. Radlager können nicht eingestellt werden, man muss sie bei Schäden austauschen. Das ist auf jeden Fall für die Lager der Vorderachse eine Sache für die Werkstatt. Lager, Laufringe, Nabe und Lenk-Schwenklager sind in engen Toleranzen gefertigt, die bei der Montage Spezialwerkzeuge erforderlich machen.

- Gut prüfen können Sie die Radlager auf etwaiges Spiel, wenn das Fahrzeug leicht angehoben wird.

- Das Rad vorsichtig in der Senkrechten bewegen. Radlagerspiel bemerken Sie an einem geringfügigen Kippeln.

- Das Rad vorsichtig in der Waagerechten bewegen. Radlagerspiel bemerken Sie auch hier an einem geringfügigen Kippeln.

Grundsätzlich kann ein Radlager geringfügiges Spiel aufweisen. Es sollte aber im besten Fall gerade so spürbar sein.

- Gibt es Spiel an den vorderen Radlagern, lassen Sie einen Helfer die Bremse treten. Wiederholen Sie die Kontrolle! Wenn immer noch Spiel festgestellt wird, müssen Achsgelenke, Spurstangengelenke und Domlager geprüft werden.

Bewegung in der Senkrechten: Das Lagerspiel in dieser Richtung kann etwas (aber kaum merklich) größer ausfallen, als das Lagerspiel für die waagerechte Ebene.

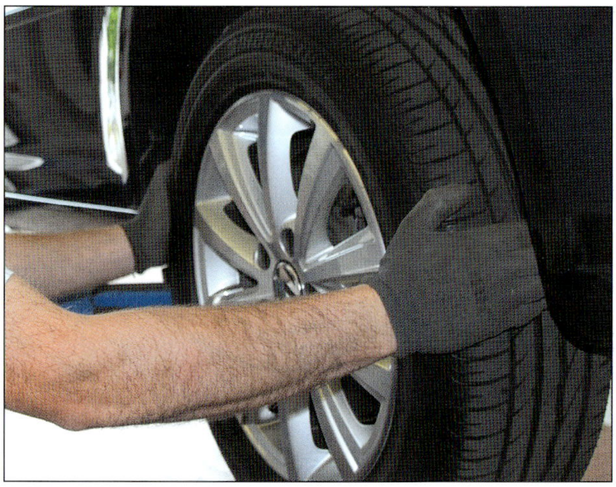

Bewegung in der Waagerechten: Das Lagerspiel in dieser Richtung sollte in der Regel kaum feststellbar sein.

Achsgelenke kontrollieren

Die Kugelgelenke der Achsgelenke (rechts und links zwischen Querlenker und Lenk-Schwenklager) sitzen in einer Fett-Dauerfüllung in Kunststoffschalen. Staubkappen aus Kunststoff schützen sie vor Nässe und Schmutz. Die Gelenke sind wartungsfrei. Eine beschädigte Staubkappe bedeutet allerdings das vorzeitige Aus fürs Gelenk – eindringender Schmutz wirkt wie Schmirgelsand, Feuchtigkeit lässt es mit der Zeit festrosten.

- Fahrzeug vorne aufbocken, ideal wäre für die Prüfung eine Hebebühne.
- Lenkung nach einer Seite voll einschlagen.
- Staubkappen der Achsgelenke rechts und links auf Beschädigungen kontrollieren. Achsgelenke kontrollieren und dabei die Kappen zusammendrücken – so entdecken Sie auch versteckte Risse.
- Eine schadhafte Staubkappe kann nicht einzeln ersetzt werden, der Gelenkbolzen muss komplett ausgetauscht werden.
- Das Axialspiel prüfen, indem der Achslenker kräftig nach unten gezogen und wieder hochgedrückt wird (1).
- Das Radialspiel prüfen, indem das Rad kräftig nach innen und außen gedrückt wird (2).
- Hinteres Lager für Achslenker und Achslenker vorne genau prüfen. Dabei vor allem auf Risse des Gummilagers achten (3) und (4).

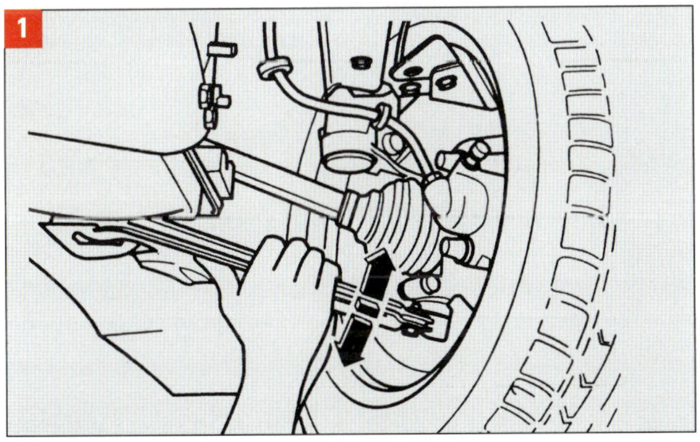

Axialspiel prüfen: Achslenker kräftig nach oben und unten drücken.

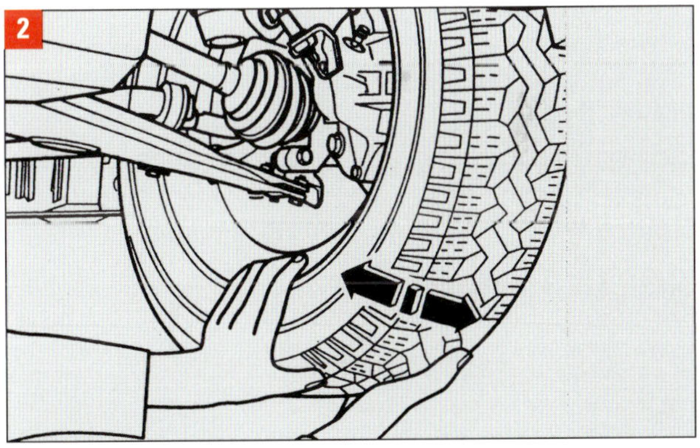

Radialspiel prüfen: Rad unten kräftig nach innen und außen drücken.

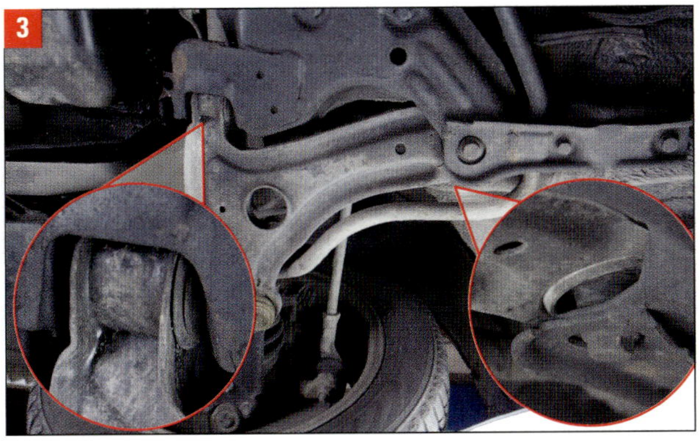

Lagergummis am Querlenker: Ein sicheres Zeichen für schon vorhandenen Verschleiß sind Rissbildungen im Gummi.

Achsgelenk am Golf Cabriolet.

Spurstangenköpfe und Manschetten prüfen

Manschetten der Lenkzahnstange

Die aus dem Zahnstangengehäuse austretende Zahnstange wird links und rechts durch eine Gummimanschette geschützt. Dringen durch einen rissigen oder beschädigten Faltenbalg Schmutz und Feuchtigkeit ein, verbinden sie sich mit dem Fett des Lenkgetriebes zu einer Schleifpaste, die ständig am Lenkritzel nagt. Eine verschlissene Manschette sollten Sie daher sofort ersetzen.

Genau inspizieren: Nehmen Sie bei der Kontrolle der Manschette jede Falte einzeln in Augenschein.

- Leuchten Sie mit einer Taschenlampe jeden Faltenbalg ab. Schlagen Sie die Lenkung voll nach rechts und links ein; ziehen Sie dann den Faltenbalg Stück um Stück auseinander, um Risse in den Falten zu erkennen.

Spurstangengelenk

Das Spurstangengelenk sitzt rechts und links zwischen Spurstange und Spurstangenhebel des Lenk-Schwenklagers. Selbstschmierender Kunststoff umhüllt den stählernen Kugelkopf, eine Manschette schützt ihn vor Schmutz und Feuchtigkeit. Spurstangenköpfe mit defekter Manschette oder Spiel müssen Sie umgehend ersetzen. Die Kontrolle sollten Sie im regelmäßigen Abstand, am besten einmal jährlich oder nach ca. 15.000 gefahrenen Kilometern, durchführen.

Spurstangenkopf prüfen: Spurstangenkopf kräftig nach oben und unten drücken.

- Prüfen Sie, ob das Gelenk Spiel hat. Fahren Sie das Auto dazu am besten über eine Grube. Lassen Sie einen Helfer das Lenkrad mehrmals kurz nach links und rechts drehen. Sie können mit der Hand fühlen, ob die Spurstangengelenke Luft haben.
- Kontrollieren Sie die Manschetten der Spurstangengelenke auf Risse und Beschädigungen. Durch Auseinanderziehen der Falten lassen sich Undichtigkeiten am besten erkennen. Leuchten Sie dabei mit einer Taschenlampe jeden Faltenbalg einzeln ab.
- Ist die Manschette defekt, sollte der komplette Spurstangenkopf gewechselt werden (Werkstattarbeit).

Manschette prüfen: Bei einem Defekt wie einem Loch oder einem Riss ist die Gelenkwellenmanschette auszutauschen.

Radeinstellung prüfen

Begriffe der Lenkgeometrie

WISSENSWERTES

Von der Stellung der Vorderräder wird die Straßenlage wesentlich bestimmt. Man unterscheidet:

Nachlauf: Abstand (in Fahrtrichtung) zwischen der gedachten Verlängerungslinie der Lenkdrehachse zum Boden und dem Mittelpunkt der Reifenaufstandsfläche. Durch den Nachlauf werden die Räder gezogen (und nicht geschoben). Sie neigen deshalb dazu, sich von selbst geradeaus zu stellen und diese Stellung auch beizubehalten (A in Bild 1).

Sturz Die Neigung des Rades zu einer Senkrechten. Vermindert Fahrbahnstöße auf die Teile der Lenkung, reduziert Lenkkräfte und Reibung der Räder auf der Fahrbahn. Die Vorderräder haben positiven Sturz. Sie stehen oben im Radkasten geringfügig weiter auseinander als unten am Boden (B in Bild 1).

Spreizung: Die Neigung der Lenkungsdrehachse zu einer Senkrechten. Denkt man sich eine Linie dieser Achse zum Boden und misst den Abstand zur Mittellinie durch das Rad (Mittelpunkt der Reifenaufstandsfläche), erhält man den Lenkrollradius. Dieser soll möglichst klein sein, um die Störkräfte in der Lenkung zu verringern. Die Spreizung bewirkt zusammen mit dem Nachlauf, dass sich bei eingeschlagenen Rädern das Fahrzeug etwas anhebt. Lässt man das Lenkrad los, stellen sich die Räder selbst in die Mittelstellung zurück (C in Bild 1).

Vorspur: Der vordere Abstand der Räder einer Achse ist kleiner als der hintere (Bild 2). Das gleicht die Reibung zwischen Rad und Straße aus, die das linke Rad nach links und das rechte nach rechts drücken will. Die Vorspur verhindert Flattern der Räder und Radieren der Reifen. Bei der Fahrt durch eine Kurve schwenkt das kurveninnere Rad zur Unterstützung der Lenkbewegung und der Lenkkräfte stärker ein als das kurvenäußere. Die Vorspur geht in Nachspur über (Räder einer Achse hinten enger zusammen).

Spurdifferenzwinkel: Für die Vorderradaufhängung festgelegte Abweichung zwischen den Radeinschlagwinkeln bei Stellung eines Rades auf 20°.

Die richtige Stellung der Vorderräder entscheidet darüber, ob Ihr Fahrzeug auf ebener Strecke und in Kurven ruhig und sicher auf der Straße liegt. Nach harter Berührung des Bordsteins kann die Geometrie der Vorderradaufhängung bereits empfindlich gestört sein. Auch verschlissene Gelenke und Gummilager oder unsachgemäße Reparaturen wirken sich spürbar negativ auf das Fahrzeugverhalten aus.

Unternehmen Sie deshalb ganz gezielt eine kurze Probefahrt zur Überprüfung der Lenkgeometrie. Dazu müssen beide Vorderreifen dieselbe Reifensorte und Profiltiefe aufweisen und den vorgeschriebenen Luftdruck haben.

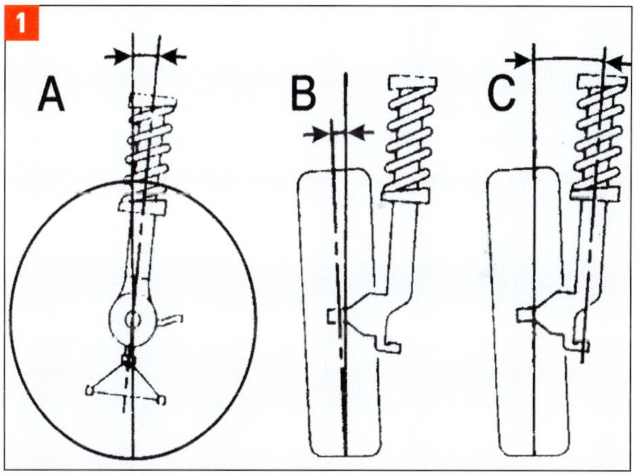

Lenkgeometrie – Die wichtigsten Radeinstellungen:
A – Nachlauf, B – Radsturz, C – Spreizung.

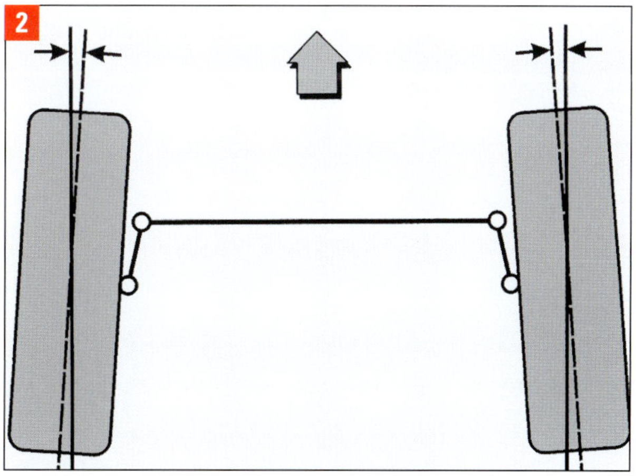

Lenkgeometrie – Der Stand der Räder:
Schematische Darstellung der so genannten Vorspur.

Zustand der Stoßdämpfer prüfen

Nach zwei verschlissenen Reifensätzen besitzen die Stoßdämpfer meist nur noch die Hälfte ihrer Wirkung. Sie sind dann reif für den Austausch. Schlechte Dämpfer gehören zu den schleichenden Verschleißerscheinungen.

Die meisten Fahrer gleichen Mängel am Stoßdämpfer mit der Zeit unbewusst durch verändertes Fahrverhalten aus. Lassen Sie zu Ihrer Sicherheit das Bauteil zur exakten Diagnose einmal im Jahr auf dem Prüfstand eines Automobilclubs oder von TÜV/DEKRA kontrollieren.

Die Schaukelmethode, bei der man den Wagen am betreffenden Kotflügel aufschaukelt und plötzlich loslässt, ersetzt keine Prüfung. Damit können Sie nur einen total ausgefallenen Stoßdämpfer feststellen. Dies gilt auch für die Sichtprüfung. Erkennen Sie bereits das ausgelaufene Dämpferöl, ist der Dämpfer ebenfalls schrottreif. Mit einigen Kontrollfragen können Sie dennoch die nachlassende Wirkung Ihrer Dämpfer feststellen.

Beim Fahren auf Folgendes achten

- Flattert die Lenkung? In diesem Fall haben die Räder nicht ständig Kontakt zum Boden.
- Schwingt die Karosserie bei Fahrbahnunebenheiten nach?
- Wirkt das Fahrzeug in Kurven schwammig? Dann werden die kurveninneren Räder nicht genügend auf den Asphalt gedrückt, die äußeren nicht stark genug entlastet.

Sichtprüfung

- Nutzen die Reifen gleichmäßig ab?
- Sind die Aufnahmen in den Radhäusern unbeschädigt?
- Weisen die Dämpfer offensichtlich Schaden auf (z. B. auslaufendes Dämpferöl, wie in Bild 2 zu erkennen)?

1

Aufnahme im Radlauf: Die Aufnahme der Feder-Dämpfer-Einheit steht unter großer Beanspruchung. Eine Sichtkontrolle schadet daher von Zeit zu Zeit nicht.

2

Schadensbild Stoßdämpfer: Das ausgelaufene Dämpferöl, wie hier zu sehen, bedeutet einen Totalausfall. Sieht Ihr Stoßdämpfer auch so aus wie dieser, ist ein Wechsel fällig.

Federbein vorne ausbauen

Für die Montagearbeiten ist es einfacher, beide Stoßdämpfer zeitgleich zu demontieren. Wird nur eine Seite aufgebockt, wird der Stabilisator auf der Vorderachse unter Spannung stehen und die Montagearbeiten unnötig erschweren.

- Lösen Sie die Radschrauben der Vorderräder, drehen Sie sie aber noch nicht heraus.
- Unterbauen Sie das Fahrzeug mit Unterstellböcken unter dem Achsträger oder unter den vorderen Wagenheberaufnahmen.
- Bauen Sie die Vorderräder ab und stellen Sie die Lenkung in die Mittelstellung.
- Bei Fahrzeugen mit Bremsbelagverschleißanzeige Anschlussstecker an der Steckverbindung trennen.
- Leitung für den Drehzahlfühler des ABS (soweit vorhanden) vom Federbein aushängen.
- Unterbauen Sie den Achsschenkel mit einer Stütze aus Holz oder einem Wagenheber, um einem Absacken und einem eventuellen Auseinanderziehen der Bremsleitung und der Achswelle entgegenzuwirken.
- Sprühen Sie die Befestigungsschrauben Radlagergehäuse/Federbein (1) ein und schrauben Sie die Muttern nach etwas Einwirkzeit ab. Belassen Sie die Schrauben noch in der Bohrung.
- Fixieren Sie den Achsschenkel mit einem Kabelbinder um das Herausklappen zu verhindern.
- Drehen Sie die Mutter am Dom (4) heraus und nehmen Sie den Anschlag (7) ab.
- Ziehen Sie die Schrauben Federbein/Achsschenkel (1) heraus und nehmen Sie das Federbein (2) vorsichtig nach unten ab. Achten Sie darauf, dass Sie die Achswelle nicht beschädigen.

Die Montage erfolgt sinngemäß in umgekehrter Reihenfolge. Verwenden Sie grundsätzlich neue Muttern. Lassen Sie das Fahrzeug anschließend vermessen.

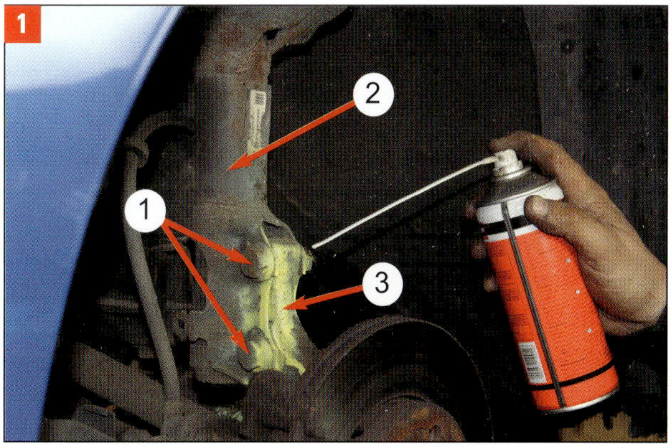

Verschraubungen mit Kriechöl einsprühen: 1 Schrauben Federbein/Radlagergehäuse, 2 Federbein, 3 Radlagergehäuse.

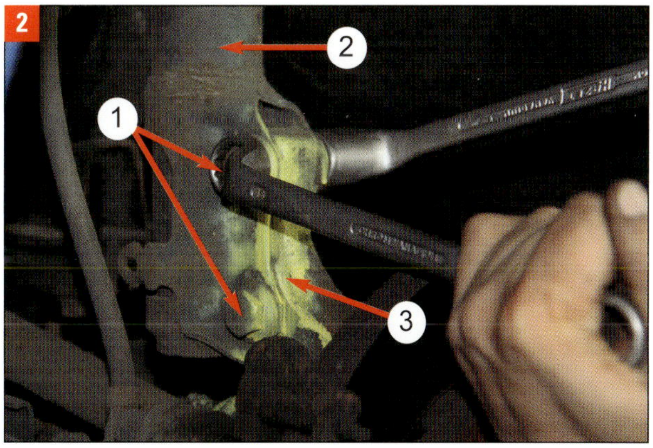

Verschraubungen lösen: 1 Schrauben Federbein/Radlagergehäuse, 2 Federbein, 3 Radlagergehäuse.

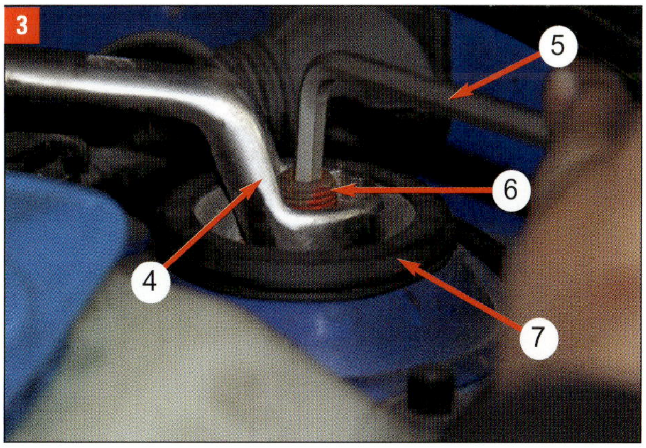

Befestigung am Dom: 4 Schlüssel auf der Mutter, 5 passender Inbusschlüssel in der Kolbenstange, 6 Kolbenstange, 7 Anschlag.

Stoßdämpfer vorne ausbauen

Grundsätzlich müssen Stoßdämpfer immer mindestens achsweise ersetzt werden. Zur Demontage der Fahrwerksfeder vorne muss zwingend ein Federspanner verwendet werden. Die Vorspannung ist viel zu groß, als dass man sie sicher von Hand halten könnte.

- Bauen Sie das Federbein wie beschrieben aus.
- Setzen Sie den Federspanner entsprechend der Bedienungsanleitung an und spannen Sie die Feder so weit vor, dass zwischen Domlager und Feder ein Spalt entsteht und die Feder leicht beweglich ist.
- Drehen Sie die Sicherungsmutter des Domlagers heraus und nehmen Sie es ab. Prüfen Sie das Domlager auf Leichtgängigkeit und Spiel.
- Nehmen Sie die Feder vom Stoßdämpfer ab. Ziehen Sie auch den Protektionskit vom Dämpfer ab.
- Setzen Sie den Protektionskit auf den Stoßdämpfer auf.
- Setzen Sie die vorgespannte Feder auf den neuen Dämpfer auf. Achten Sie auf den richtigen Sitz im Federteller. Montieren Sie das Domlager oben. Verwenden Sie grundsätzlich neue Muttern.
- Kontrollieren Sie erneut den richtigen Sitz der Feder im Federteller und entspannen Sie den Federspanner langsam und gleichmäßig.

Schritt 1: Feder gleichmäßig spannen, bis sie frei beweglich ist.

Schritt 2: Verschraubung des Domlagers lösen und die Mutter und das Domlager abnehmen.

Schritt 3: Federteller abnehmen und zur Seite legen.

Schritt 4: Fahrwerksfeder und den alten Protektionskit abnehmen.

Stoßdämpfer und Federn hinten ausbauen

Für die Montagearbeiten ist es einfacher, eine Seite nach der anderen zu ersetzen. Werden hier beide Seiten zu hoch aufgebockt, klappt die Achse unnötig herunter. Bremsleitungen und Lagerungen können beschädigt werden. Bei einigen Auspuffanlagen ist es erforderlich, den Schalldämpfer hinten aus den Gummilagern zu lösen, um ihn zur Seite schieben zu können.

- Lösen Sie die Radschrauben der Hinterräder auf der entsprechenden Seite, drehen Sie sie aber noch nicht heraus. Unterbauen Sie das Fahrzeug mit Unterstellböcken unter der hinteren Wagenheberaufnahme der jeweiligen Fahrzeugseite. Stellen Sie sicher, dass das Fahrzeug kippsicher steht.
- Bauen Sie das entsprechende Hinterrad ab.
- Öffnen Sie den Kofferraum und ziehen Sie die Abdeckung über dem Domlager hinten ab (soweit verbaut). Halten Sie die Kolbenstange mit einem passenden Schlüssel fest und drehen Sie die Sicherungsmutter los.
- Sprühen Sie die Befestigungsmutter (oft im Achsrohr) mit Rostlöser ein und drehen Sie die untere Federbeinschraube nach einer Einwirkzeit heraus.
- Drehen Sie die Mutter des Domlagers vom Kofferraum her aus und nehmen das Federbein vorsichtig heraus.
- Setzen Sie den Federspanner entsprechend der Bedienungsanleitung an und spannen Sie die Feder so weit vor, dass zwischen Domlager und Feder ein Spalt entsteht und die Feder leicht beweglich ist. Die Federvorspannung ist nicht hoch. Sie sollten aber aus Sicherheitsgründen immer einen Federspanner verwenden.
- Nehmen Sie die Feder vom Stoßdämpfer ab. Ziehen Sie auch den Protektionskit vom Dämpfer ab. Setzen Sie den neuen Protektionskit auf den neuen Dämpfer auf.
- Setzen Sie die vorgespannte Feder auf den neuen Dämpfer auf. Achten Sie auf den richtigen Sitz im Federteller. Montieren Sie das Domlager oben. Verwenden Sie grundsätzlich neue Muttern. Kontrollieren Sie erneut den richtigen Sitz der Feder im Federteller und entspannen Sie den Federspanner langsam und gleichmäßig.

Lösen der Verschraubungen am Dämpferdom: Hier wird nur die Lagerung verschraubt. Die Feder wird weiter unten gehalten.

Verschraubung des Stoßdämpfer im Achsrohr: Rostlöser hilft die oft festgerosteten Verschraubungen zu lösen.

Montagereihenfolge beachten: Die Stufenscheibe über dem Sicherungsring darf nicht vergessen werden!

STÖRUNGSBEISTAND

Fahrwerk

Störung	Was kann das sein?	Was kann ich tun?
A Schwammiges Fahrverhalten	**1** Reifen zu geringer Luftdruck	Luftdruck prüfen.
	2 Stoßdämpfer undicht	Ölverlust mit Finger prüfen, bleibt Öl am Finger: tauschen.
	3 Stoßdämpfer verschlissen	Kolbenstange auf Riefen und Abplatzung prüfen.
	4 Spurwerte stimmen nicht	Achsvermessung durchführen.
	5 Federn erlahmt	Federn prüfen, ggf. austauschen.
	6 Gummis Querlenker hinten	Neue Streben einbauen.
B Reifen	**1** starker, unregelmäßiger Verschleiß	Spurwerte stimmen nicht, Achsvermessung durchführen.
	2 Verschleiß innen	Zu viel negativer Sturz.
	3 Verschleiß außen	Zu viel positiver Sturz.
	4 Verschleiß in der Mitte	Zu viel Luftdruck.
	5 Verschleiß innen und außen	Zu wenig Luftdruck.
C Klackern beim Überfahren	**1** Koppelstange defekt von Unebenheiten	Koppelstangen auf Spiel prüfen und gegebenenfalls ersetzen.
	2 Spiel in der Lenkung	Lenkung prüfen.
	3 Spiel in Fahrwerksteilen	Domlager, Traggelenk und Spurstangen prüfen.
	4 Antriebswelle defekt	Antriebswellen prüfen und gegebenenfalls ersetzen.
D Geräusche bei Kurvenfahrt	**1** Radlager defekt	Richtige Seite durch Wechselkurven feststellen.
	2 Spurwerte stimmen nicht	Reifenprofil kontrollieren (siehe B).
	3 Antriebswelle defekt	Antriebswellen prüfen und gegebenenfalls ersetzen.

Bremsanlage

Hauptaufgabe der Bremsanlage ist die Umwandlung von kinetischer Energie (Bewegungsenergie) in Wärmenergie, die durch Reibung entsteht. Temperaturen von mehreren hundert Grad können dabei die Bremsscheibe zum Glühen bringen. Umso wichtiger ist daher die vernünftige Wartung. Wir zeigen Ihnen alle Funktionen sowie alle Do-it-yourself-Arbeiten, die Sie an Ihren Bremsen durchführen können.

Grenzen der Belastbarkeit

Die Bremsanlage des Golf gilt allgemein als robust und standfest. Der breiten Vielfalt unterschiedlicher Motorleistungen kommt der Hersteller mit dem Einbau verschieden dimensionierter Anlagen nach.

Der Golf hat an Vorder- und Hinterachse Scheibenbremsen – vorne innenbelüftet. Obwohl die Bremsanlage also im Prinzip ausreichend dimensioniert ist, stößt die Anlage früher oder später an ihre Grenzen. Das ist ganz natürlich, denn eine Bremsanlage kann nichts anderes tun, als Bewegungsenergie in Wärme umzuwandeln.

Je mehr Masse und Belüftung die Bremsscheiben haben, umso mehr Energie kann aufgenommen werden. Bei rasanten Passabfahrten kann es also durchaus passieren, dass der Druckpunkt immer schwammiger und der Pedalweg immer länger wird. Ist die Bremsflüssigkeit alt und der Wassergehalt groß, werden jetzt mit Sicherheit Dampfblasen entstehen. Das kann gefährlich werden, denn irgendwann geht der Tritt ins Leere.

Bei extremer Beanspruchung meldet sich die Bremsanlage dann auch akustisch: Ein Wummern oder Brummen deutet auf eine thermische Überlastung hin. Die Scheibe beginnt sich zu verziehen, die Beläge fangen an zu schmieren. Gesellen sich noch spürbare Vibrationen hinzu, ist es höchste Zeit die Anlage bei mittlerer Geschwindigkeit, möglichst ohne Bremsbetätigung, abkühlen zu lassen.

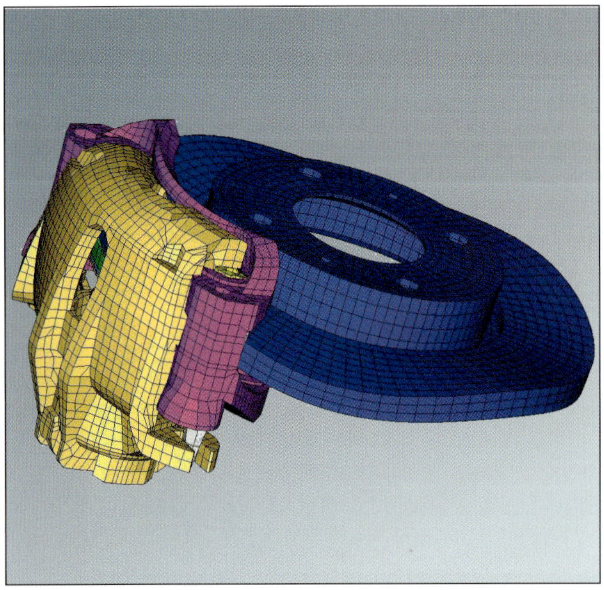

Verzug bei hohen Temperaturen: Diese CAD-Simulation zeigt, wie sich die Scheibe bei hoher Belastung verformt.

Wie funktionieren die Bremsen?

Wenn Sie auf das Bremspedal treten, presst eine mit dem Pedal verbundene Druckstange zwei hintereinander liegende Kolben in den Hauptbremszylinder, der sich im Motorraum befindet. Die Kolben übertragen die Kraft auf die dort eingeschlossene Bremsflüssigkeit. Der so entstehende hydraulische Druck in der Bremsflüssigkeit gelangt über Rohr- und Schlauchverbindungen zu den Radzylindern in den Bremssätteln. In diesen drücken Kolben die Bremsklötze gegen die Bremsscheiben. Dadurch verschiebt sich die auf langen Bolzen geführte Bremszange und überträgt den gleichen Druck auf den äußeren Bremsklotz. Liegt der Bremsdruck nicht mehr an, wird die Rechteckmanschette zurück verformt und zieht den Kolben von den Bremsscheiben zurück. So entsteht zwischen Bremsklotz und Scheibe ein Spiel von weniger als einem Millimeter – die Bremsscheibe dreht wieder frei.

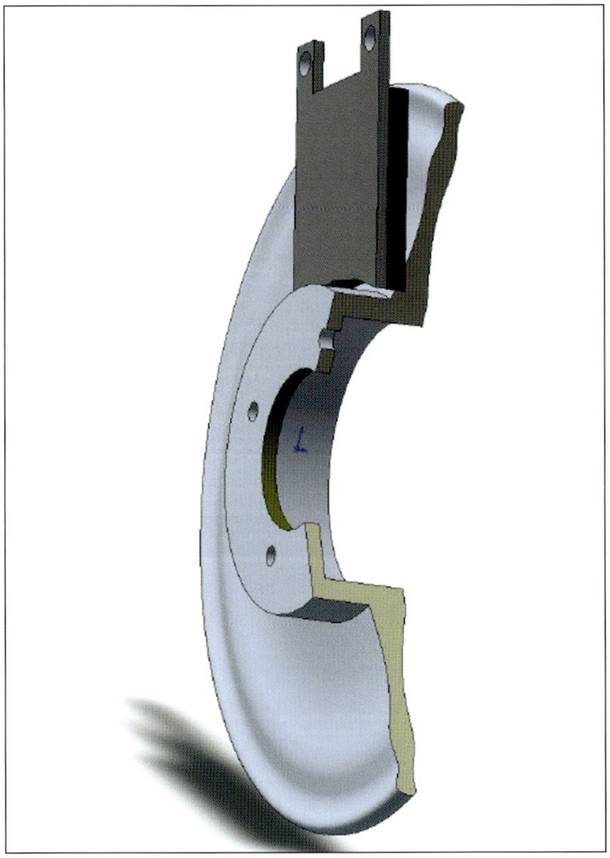

Im Laufe der Zeit nutzen sich auch die Bremsscheiben ab: Ist die Scheibenfläche uneben, müssten die neuen Beläge erst einschleifen. Die Folge: geringere Bremsleistung und stark ungleichmäßige Temperaturentwicklung an der Bremsscheibe.

Die Zweikreis-Bremsanlage

Die StVZO (Straßenverkehrs-Zulassungsordnung) fordert für jedes Kfz zwei Bremsanlagen, die unabhängig voneinander arbeiten. Wenn ein System ausfällt, soll das andere das Fahrzeug immer noch abbremsen können. Deshalb verfügt auch Ihr Golf über eine diagonal aufgeteilte Zweikreisbremsanlage analog Bild 1: Ein Bremskreis ist für linkes Vorderrad (1) und rechtes Hinterrad (2), der andere für rechtes Vorderrad (3) und linkes Hinterrad (4) zuständig. Fällt ein Bremskreis aus, bleiben ein Vorder- und ein Hinterrad bremsfähig. Man muss kräftiger aufs Pedal steigen, es lässt sich weiter durchtreten, der Anhalteweg wird länger.

1

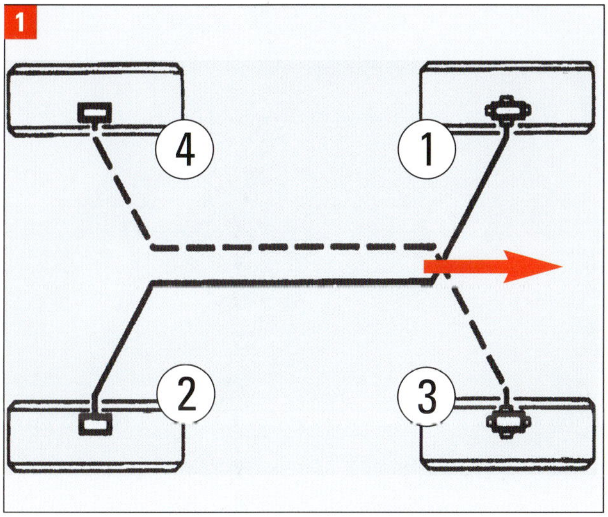

Hydraulischer Druck

Beim Bremsen presst eine Druckstange (blauer Pfeil in Bild 3) am Pedal einen Doppelkolben in den Hauptbremszylinder (2). Dieser bildet mit dem Bremskraftverstärker (1) eine Einheit, weshalb man auch vom »Tandem-Hauptbremszylinder« spricht. Die Kolben übertragen die Fußkraft auf die in den Ausgleichs- oder Vorratsbehälter (3) eingefüllte und von dort über Bremsleitungen (4) ins System verteilte Bremsflüssigkeit (Bilder 2 und 3). Der hydraulische Druck wird in dem mit pneumatischem Unterdruck versorgten Bremskraftverstärker (BKV) etwa verdoppelt. Der BKV bringt damit rund 60% der Bremskraft auf. Unterdruck wird durch Vakuumpumpen erzeugt oder (Benzinmotor) dem Saugrohr entnommen. Der hydraulische Druck geht über Leitungen zur »Hydraulikeinheit« (roter Pfeil, Bild 3). Vom Bremskraftverstärker setzt sich der (Unter-)Druck über Schlauch- und Rohrleitungen zu den Bremssätteln fort. In den Bremssätteln (siehe das Bild zum Kapitelauftakt) drücken die Kolben der Radbremszylinder die Bremsklötze gegen die Bremsscheiben. Beim Lösen des Bremspedals werden die Kolben und dadurch die Bremssättel von den Bremsscheiben zurückgezogen. Diese können dann wieder frei drehen (Bilder 4 und 5).

2

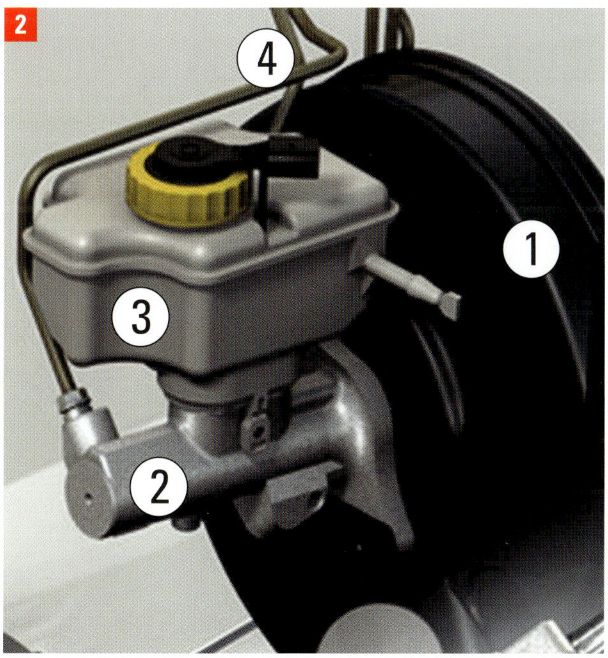

3

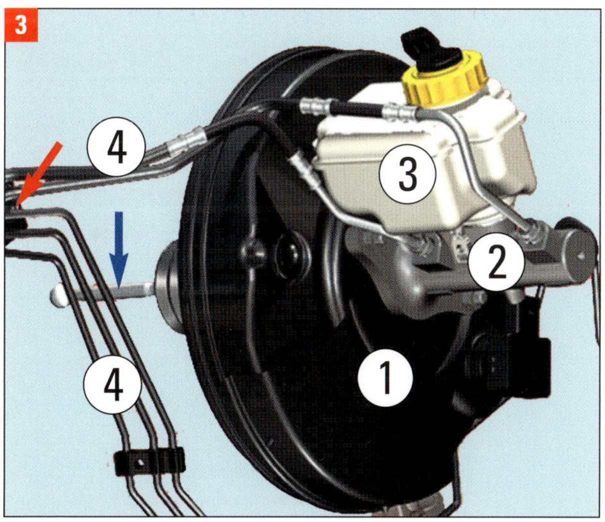

Hydraulik-Komponenten von links/rechts: 1 Bremskraftverstärker, 2 Hauptbremszylinder, 3 Bremsflüssigkeitsbehälter, 4 Bremsleitungen zur ABS-Hydraulik, der so genannten Hydraulikeinheit.

Die Radbremsen am Golf Cabriolet

Wie wir schon in der Modellvorstellung erwähnt haben, stellt das Bremssystem des Golfs eine normale Zweikreisbremsanlage mit ABS-System dar. Arbeiten sollten Sie lediglich dann in eigener Regie an diesem System, wenn Sie sich sicher sind, einen Einblick in die Systeme erhalten und Erfahrungen in der Wartung mit der Bremse haben. Neben dem Zustand der hydraulischen und der mechanischen Komponenten muss auch die Funktion der elektrohydraulischen Anlage, dem ABS, geprüft werden. Zwar wird eine Fehlfunktion mit einer Kontrollleuchte in der Armaturentafel angezeigt, aber die eigentliche Funktion wird nicht überwacht. Überprüfen Sie deshalb bei einer Probefahrt durch eine gezielte Vollbremsung die Funktion des ABS-Systems.

4

5

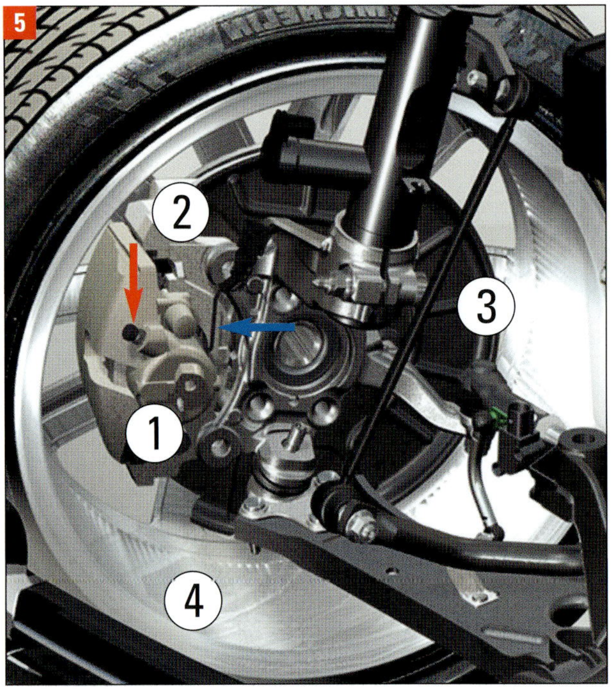

Bild 4 Bremse vorn links: (1) Bremssattel mit (2) Sattelträger und (roter Pfeil) Federklammer, (3) innenbelüftete Bremsscheibe, (4) Felge. An der linken Vorderradbremse befinden sich Fühler für die Bremsbelag-Verschleißanzeige (weiße Pfeile).

Bild 5 Bremse vorn rechts: (1) Bremssattel (Bremskolben) mit Entlüftungsnippel (roter Pfeil), (2) Sattelträger, (3) innenbelüftete Bremsscheibe, (4) Felge. Blauer Pfeil: Bremsleitung (-schlauch).

Bild 6 Bremse vorn rechts / Blick von unten: (1) Bremszylinder im Bremssattel, (2) Bremsschlauch; roter Pfeil – Entlüftungsnippel, weißer Pfeil .

6

Zuordnung der Bremskomponenten

Welche Bremse im Fahrzeug verbaut ist, wird unter anderem auf dem Fahrzeugdatenträger durch die entsprechende PR-Nummer dokumentiert. Beim Cabriolet sind aber eine überschaubare Anzahl von Bremssystemen verbaut. Sollten Sie eine höhere Motorisierung anstreben und Ihren Golf mit einer stärkeren Maschine ausrüsten wollen, ist der Umbau auf eine größere Bremsanlage unumgänglich. Zu diesen Anlagen finden Sie Informationen in weiteren Bänden dieser Buchreihe. Wir betrachten die Bremsanlage zuerst einmal im Detail:
In der Serienausrüstung hat der Golf III/IV Cabriolet Bremsscheiben vorne mit einem Durchmesser von 25,6 cm und Bremstrommeln hinten mit 20,0 cm Durchmesser. Die großen Motorvarianten (81 kW und 85 kW) sind hinten mit einer Scheibenbremse ausgerüstet.

Bremsbetätigungselemente	
Hauptbremszylinder ohne ABS	22,2 mm
Hauptbremszylinder mit ABS	23,1 mm
Bremskraftverstärker Linkslenker ohne ABS	9 Zoll
Bremskraftverstärker Linkslenker mit ABS	10 Zoll
Bremskraftverstärker Rechtslenker mit ABS	9 Zoll

Bremse Vorderachse	
Bremssattel Kolbendurchmesser	54 mm
Bremsscheibendurchmesser	256 mm
Bremsscheibendicke Vollscheibe	13 mm
Bremsscheibendicke innenbelüftet (81 und 85 kW)	20 mm
Bremsbelagdicke Vollscheibe	14 mm
Bremsbelagdicke innenbelüftet	11 mm

Trommelbremse Hinterachse	
Bremstrommel hinten	200 mm
Radbremszylinder hinten ohne ABS	17,46 mm
Radbremszylinder hinten mit ABS	19,05 mm
Bremsbelagdicke hinten	5 mm
Bremsbelagbreite	40 mm

Scheibenbremse Hinterachse	
Bremsscheibe hinten	226 mm
Bremssattel Kolbendurchmesser	38 mm
Bremsscheibe hinten Dicke	10 mm
Bremsbelagdicke hinten	12 mm

Ab dem Modelljahr 10/92 wurde ein geänderter Bremssattel an der Hinterachse verbaut. Das äußere Erkennungsmerkmal des Bremssattels ist der geänderte, angeschraubte Halter für das Handbremsseil, der bisher direkt am Bremssattelgehäuse angegossen wurde. Der neue Bremssattel beinhaltet eine geänderte Feststelleinrichtung der Handbremse, die den Wirkungsgrad der Hinterradbremse verbessert. Deshalb ist eine Mischverbauung (alte und neue Ausführung) nicht zulässig. Ein Einbau in Fahrzeuge vor 10/92 ist nicht möglich.

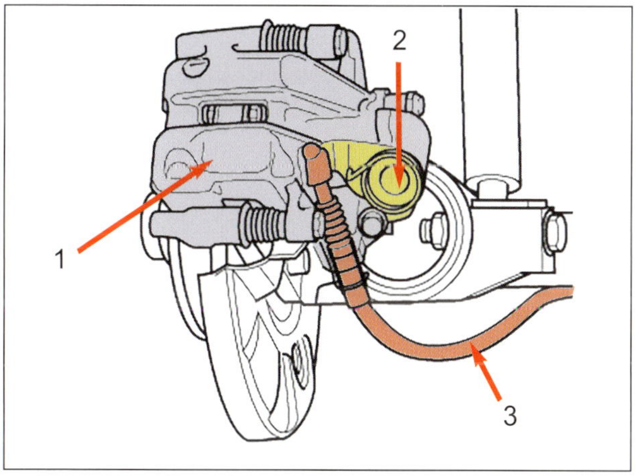

Alte Bauform: Die Sättel müssen achsweise gleich sein. 1 Bremssattel, 2 Betätigungshebel, 3 Bremsseil.

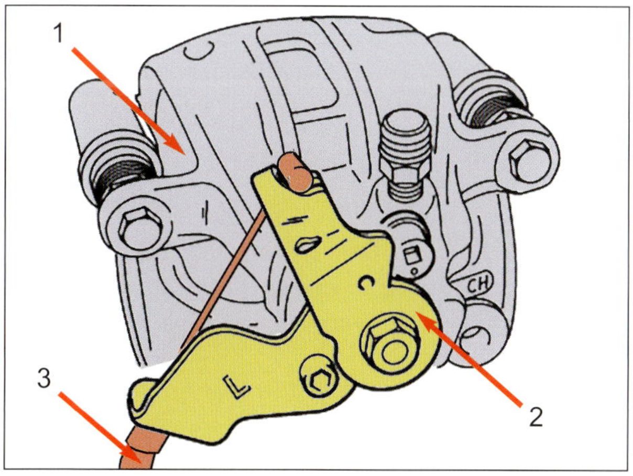

Neue Bauform: Ab Oktober 1992 ist dieser Sattel verbaut worden. 1 Bremssattel, 2 Betätigungshebel, 3 Bremsseil.

Funktionsprüfungen an der Bremse

Regelmäßige Kontrolle der Bremsanlage ist für Autofahrer die beste Lebensversicherung. Im Straßenverkehr entscheiden die Bremsen über Ihre Sicherheit und die anderer Verkehrsteilnehmer. Scheuen Sie sich nicht, die Räder abzunehmen und den Zustand von Bremsscheiben und Bremsbelägen gründlich zu prüfen! Ans Schrauben sollten Sie sich nur dann wagen, wenn Sie sich wirklich auskennen. Suchen Sie sonst besser die Werkstatt auf. Beim Reinigen der Anlage fällt Bremsstaub an, der zu schweren gesundheitlichen Schäden führen kann. Niemals Bremsstaub einatmen! Immer strikt darauf achten, dass Mineralöl, Schmierfett o. Ä. nicht in die Bremsanlage gelangen.

Prüfschritte in Eigenregie

- **Sichtprüfung:** Bremskraftverstärker, Hauptbremszylinder (Montage-Einheit mit Bremsflüssigkeitsbehälter links hinten im Motorraum) und Bremssattel auf Beschädigungen und Undichtigkeiten prüfen. Alle Anschlüsse und Verbindungen von Schläuchen und Rohrleitungen auf richtigen Sitz, Undichtigkeiten und Korrosion untersuchen.

- **Sichtprüfung:** Kontrollieren Sie besonders, ob Hydraulikleitungen geknickt oder Anschlüsse an der Hydraulikeinheit undicht sind. Undichtigkeiten und Schmutznester am Hydrauliksystem müssen beseitigt werden.

- **Sichtprüfung:** Bremsschläuche dürfen nicht in sich verdreht und nirgendwo porös und brüchig sein. Bei maximalem Lenkeinschlag muss ihr Abstand zu anderen Achsteilen mindestens 15 mm betragen. Die Rastnasen der Leitungen müssen einwandfrei in den Haltern sitzen.

- **Sichtprüfung:** Wenn Bremsschlauche, elektrische Leitungen und Steckkupplungen Scheuerstellen aufweisen und Schläuche feucht oder aufgequollen sind: auswechseln!

- **Funktionsprüfung:** Bei laufendem Motor eine Minute lang mit voller Kraft aufs Bremspedal treten. Das Pedal darf nicht nachgeben. Eine exakte Druckprüfung ist allerdings Sache der Werkstatt mit Spezialgerät und Diagnosesystem.

- **Funktionsprüfung:** Auf 50 km/h beschleunigen, Lenkrad loslassen, Hände griffbereit halten. Zuerst sanft, dann scharf bis zum Stillstand bremsen. Das Fahrzeug soll die Spur halten. Nach dem Test auf leicht abschüssiger Strecke Fahrzeug aus dem Stand losrollen lassen. Drehen die Räder frei?

- **Wärmeprobe / kalt:** Räder anfassen. Alle vier Felgen müssen gleich warm sein. Eine einzelne kalte Felge weist auf mangelhafte Bremsfunktion an diesem Rad hin.

- **Wärmeprobe / warm:** Wenn eine Felge ungewöhnlich warm ist (oder wenn Ihnen das bei allen Felgen so scheint), muss weiter gesucht werden. Eine Ursache für zu hohe Temperatur können z. B. schleifende Bremsen oder defekte Radlager sein.

- **Professionelle Bremsenprüfung:** Erfolgt auf einem 1-Achs-Rollenprüfstand. Von Volkswagen freigegebene Anlagen erfüllen die Bedingung, dass die Prüfgeschwindigkeit 6 km/h nicht überschreitet, da sonst beim zeitversetzten Anlaufen der Rollen Bremseingriffe durch das EDS (elektronische Differenzialsperre, Bestandteil des ABS/ESP-Systems) erfolgen. Für Prüfstand-Kontrollen ist ein diagnosefähiges Werkstattsystem (VAS 5051, 5052, 5053 oder 6150; Bild 2) erforderlich. Jeweils eine Achse auf die Rollen fahren. Handgeschaltete Autos in den Leerlauf, automatisch geschaltete in Stellung »N« schalten. Der Antrieb erfolgt durch die Rollen.

- **Auswertung:** Ratsam ist es, die Bremsentests von DEKRA, TÜV oder ADAC in Anspruch zu nehmen. Alle dabei oder auch ohne Geräte von Ihnen festgestellten Mängel müssen unverzüglich in eigener Arbeit oder durch die Werkstatt beseitigt werden.

Bremsbelag und Bremsscheibe Vorderachse

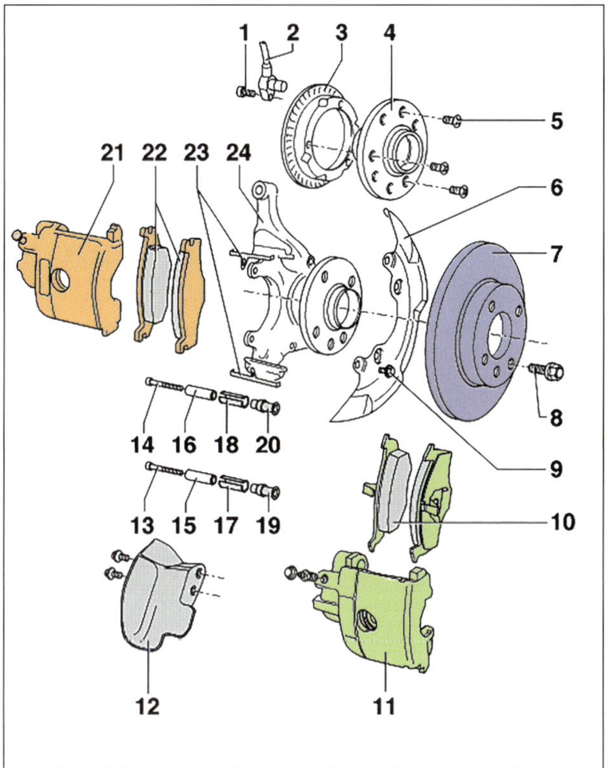

Vollscheibe: 1 Schraube, 2 Drehzahlfühler ABS, 3 Rotor für Drehzahlfühler ABS, 4 Radnabe, 5 Kreuzschlitzschraube, 6 Abdeckblech, 7 Bremsscheibe, 8 Radschraube, 9 Schraube, 10 Bremsbeläge (ab Modelljahr 1996), 11 Bremssattel (ab Modelljahr 1996), 12 Luftleitteil, 13 Innensechskantschraube, 14 Innensechskantschraube, 15 Abstandshülse unten, 16 Abstandshülse oben, 17 Hülse unten, 18 Hülse oben, 19 Buchse unten, 20 Buchse oben, 21 Bremssattel (bis Modelljahr 1995), 22 Bremsbeläge (bis Modelljahr 1995), 23 Belaghaltefeder (bis Modelljahr 1995), 24 Radlagergehäuse.

Bei den kleineren Motorvarianten sind Vollmaterialscheiben verbaut. Für diese Variante gibt es unterschiedliche Bremsbelagsätze. Ein markantes Unterscheidungsmerkmal ist die Haltefeder an den Belägen, die ab dem Modelljahr 1996 eingebaut wurden. Achten Sie auch auf die Belagstärken. Es gibt durchaus auch Beläge, die vom Profil her passen aber deutlich dünner ausfallen. Das mindert natürlich die Laufleistung der Beläge erheblich.

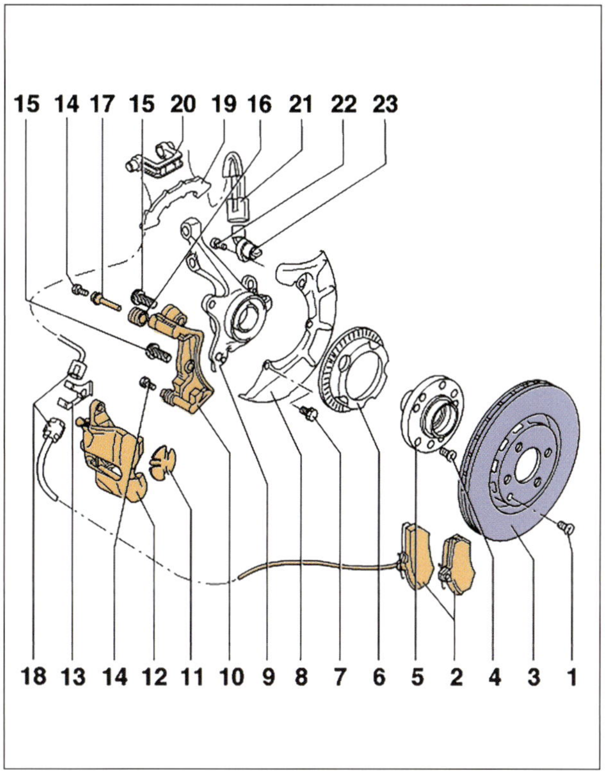

Innenbelüftete Scheibe: 1 Kreuzschlitzschraube, 2 Bremsbeläge, 3 Bremsscheibe, 4 Kreuzschlitzschraube, 5 Radnabe, 6 Rotor für Drehzahlfühler (nur bei Fahrzeugen mit ABS), 7 Sechskantschraube, 8 Abdeckblech, 9 Radlagergehäuse, 10 Bremsträger mit Führungsbolzen und Schutzkappe, 11 Wärmeschutzblech, 12 Bremssattelgehäuse, 13 Halter, 14 Selbstsichernde Schraube, 15 Rippschraube, 16 Schutzkappe, 17 Führungsbolzen, 18 Steckverbindung Bremsbelagverschleißanzeige, 19 Halter, 20 Halter, 21 Steckverbindung Drehzahlfühler ABS, 22 Innensechskantschraube, 23 Drehzahlfühler.

Kontrolle der Bremsbeläge

Kontrollieren Sie regelmäßig die Stärke der Bremsbeläge, mindestens jedoch alle 15.000 km oder einmal im Jahr. Zur Prüfung von Scheiben und Bremsbelägen können Sie durch einen Raddurchbruch schauen. Dabei sind Handlampe, Spiegel und Messschieber hilfreich. Für exakte Messung der Belagdicke ist aber meist die Demontage der Räder empfehlenswert. Kontrollieren Sie den Zustand der Bremsscheiben stets gemeinsam mit dem der Beläge.

- Beim Erneuern von Bremsbelägen beachten: Grundsätzlich immer auf beiden Seiten austauschen!

- Mit neuen Bremsbelägen sollten Sie auf den ersten 200 Kilometern häufige Vollbremsungen vermeiden. Der Belag kann verhärten (»verglasen«) und erreicht dann nicht mehr seine beste Bremswirkung.

- Bremsbeläge, die Sie weiter verwenden können, sollten Sie beim Ausbau kennzeichnen. Sie müssen an gleicher Stelle wieder eingebaut werden.

De- und Montage der Bremssättel

- Radschrauben lösen, aber noch nicht herausdrehen.

- Fahrzeug anheben, Räder abbauen, elektrische Steckverbindung für Belagverschleißanzeige trennen. Bremsschlauch eventuell aus dem Halter nehmen.

- Beide Führungsbolzen (beziehungsweise die selbstsichernden Schrauben) aus den Bremssätteln herausnehmen.

- Bremssattel abnehmen und so mit Draht befestigen, dass das Gewicht des Bremssattels den Bremsschlauch nicht belastet bzw. beschädigt.

- Die Montage erfolgt sinngemäß in umgekehrter Reihenfolge.

De- und Montage der Bremsbeläge

- Radschrauben lösen, aber noch nicht herausdrehen. Das Fahrzeug anheben, die Räder abbauen, elektrische Steckverbindung für Belagverschleißanzeige trennen. Eventuell den Bremsschlauch aus dem Halter nehmen.

- Bremssattel an der entsprechenden Radseite demontieren.

- Anlageflächen für Beläge am Bremsträger gründlich reinigen, Korrosion entfernen.

- Bremsen-Montagepaste oder Kupferpasten auf die Auflagestellen an Bremsträger und Bremssattel dünn auftragen.

Vollmaterialscheibe bis Modelljahr 1995:

- Neue Bremsbeläge in den Bremsträger einlegen. Für die Vollmaterialbremsscheibe der alten Bauweise neue Belaghaltefedern einlegen.

Vollmaterialscheibe ab Modelljahr 1996:

- Neue Bremsbeläge im Bremssattel einrasten. Die Haltefeder wird in den Kolben des Bremssattels und für die Außenseite im Bremssattelgehäuse eingeclipst.

Innenbelüftete Bremsscheibe:

- Neue Bremsbeläge in den Bremsträger einlegen.

- Bremssattel zurückstellen. Der Kolben des Bremssattels muss zurückgedrückt werden. Verwenden Sie dazu ein Bremssattelrückstellwerkzeug. Mit einer Zange werden leicht Schäden an Bremskolben, Manschette oder am Sattel selbst verursacht.

Beide Vollmaterialscheiben:

- Die Bremssättel werden im Bremsträger eingehakt. Dazu den Bremssattel zuerst unten einhängen und dann oben beiklappen. Der Bremssattel liegt nun auf den Haltefedern der Bremsbeläge aus (23).

- Beide Führungsbolzen (beziehungsweise die selbstsichernden Schrauben) aus den Bremssätteln hineindrehen und festziehen. Beim innenbelüfteten Bremsscheibensystem müssen neue selbstsichernde Schrauben verwendet werden.

- Die weitere Montage erfolgt sinngemäß in umgekehrter Reihenfolge.

De- und Montage der Bremsscheibe

- Radschrauben lösen, aber noch nicht herausdrehen. Das Fahrzeug anheben, die Räder abbauen, elektrische Steckverbindung für Belagverschleißanzeige trennen. Eventuell den Bremsschlauch aus dem Halter nehmen. Bremsbeläge herausnehmen. Wenn Sie die Bremsscheiben erneuern, müssen Sie auch neue Bremsbeläge verwenden. Sollen Beläge und Scheiben wieder verwendet werden, markieren Sie die Einbauposition von Bremsscheiben und Belägen.

- Drehen Sie die Kreuzschlitzschraube in der Bremsscheibe heraus. Verwenden Sie unbedingt einen passenden Schraubendreher. Lösen Sie die Schraube durch einige Hammerschläge auf den Schraubendreher. Sie sind recht oft festgerostet.

- Nehmen Sie die Bremsscheibe von der Radnabe ab. Auch hier kann Rostbildung dafür sorgen, dass die Bremsscheibe sehr fest sitzt. Im Extremfall helfen nur gezielte Hammerschläge von hinten auf die Bremsscheibe, um sie zu lösen. Der Ersatz ist dann nicht mehr abzuwenden.

- Reinigen Sie die Auflagefläche der Bremsscheibe auf der Radnabe sehr gründlich. Sehr gut und einfach gelingt das mit einer Topfbürste auf dem Winkelschleifer oder der Bohrmaschine. Geringe Korrosionsreste können das saubere Aufliegen der Bremsscheibe verhindern. Daraus resultiert eine ungleichmäßige Wärmeableitung, die schnell einen Verzug der Scheibe nach sich ziehen kann.

- Tragen Sie im Bereich der Auflage der Bremsscheibe auf der Radnabe etwas (sehr wenig!) Montagepaste oder Kupferpaste auf. So wird das Festkorrodieren etwas hinausgezögert.

- Ersetzen Sie die Befestigungsschraube in der Bremsscheibe (Kreuzschlitz) in jedem Fall.

- Die weitere Montage erfolgt sinngemäß in umgekehrter Reihenfolge.

ACHTUNG:
Nach jedem Bremsbelagwechsel das Bremspedal im Stand mehrmals kräftig durchtreten, damit die Bremsbeläge ihren dem Betriebszustand entsprechenden Sitz einnehmen.

Trommelbremse Hinterachse

Die kleineren Motorvarianten des Golf Cabriolet sind auf der Hinterachse mit einer Trommelbremse ausgerüstet. Die Achskonstruktion selbst ist davon unbetroffen. Lediglich der Achsdorn und die darauf verschraubte Bremse unterscheiden sich hier. Der Unterschied der beiden Bremsanlagen ist für den Fahrer nicht festzustellen. Tatsächlich ist aber die Bremsleistung der Scheibenbremse im Bereich der Warmbremsung leistungsfähiger. Trommelbremsanlagen leiden bei großer Wärmeentwicklung unter »Fading«. Bei einer Temperatur um 400 °C an den Reibflächen lässt die Reibleistung der Bremsbeläge erheblich nach. Zudem wird die Trommel an der Außenseite, wo eine bessere Wärmeableitung möglich ist, besser gekühlt. Im Extremfall kann dann die Wärmedehnung unterschiedlich ausfallen. Die Reibfläche am Rand der Trommel dehnt dann weiter aus als die Lauffläche am Radflansch. Die Folgen sind eine konische Reibfläche und eine schlechtere Anlage der Beläge und somit eine geringere Bremsleistung.

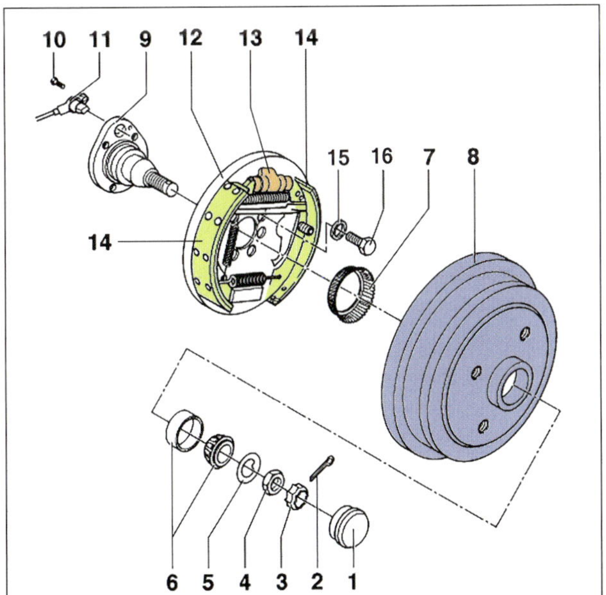

Trommelbremse hinten: 1 Fettkappe, 2 Splint, 3 Kronensicherung, 4 Sechskantmutter, 5 Druckscheibe, 6 Radlager außen, 7 Impulsrad, 8 Bremstrommel, 9 Achszapfen, 10 Innensechskantschraube, 11 Drehzahlfühler ABS, 12 Bremsträger (Ankerplatte) 13 Radbremszylinder, 14 Bremsbacken, 15 Tellerfeder, 16 Sechskantschraube.

Kontrolle der Bremsbeläge

Der Vorteil der Trommelbremse liegt in ihrer extremen Langlebigkeit und dem geringen Wartungsaufwand. Kontrollieren Sie regelmäßig die Stärke der Bremsbeläge, mindestens jedoch alle 30.000 km oder einmal im Jahr. Für exakte Messung der Belagdicke und die Begutachtung des Zustandes der Bremstrommeln ist aber meist die Demontage der Räder empfehlenswert. Kontrollieren Sie den Zustand der Bremstrommeln stets gemeinsam mit dem der Beläge. Auch den Radbremszylindern sollten Sie bei dieser Gelegenheit unter die Staubmanschette sehen, um eventuell eine Undichtigkeit frühzeitig erkennen zu können. Zusätzlich sollten Sie die Radlager mit in diese Kontrolle einbeziehen. Neben der Kontrolle des Radlagerspiels schadet es nicht, die Fettfüllung nach etwa 50.000 km zu erneuern.

- Beim Erneuern von Bremsbelägen beachten: Grundsätzlich immer auf beiden Seiten austauschen!
- Bei nassen Bremsbelägen durch undichte Radbremszylinder müssen die Bremsbeläge beidseitig mit den Radbremszylindern ersetzt werden!

1

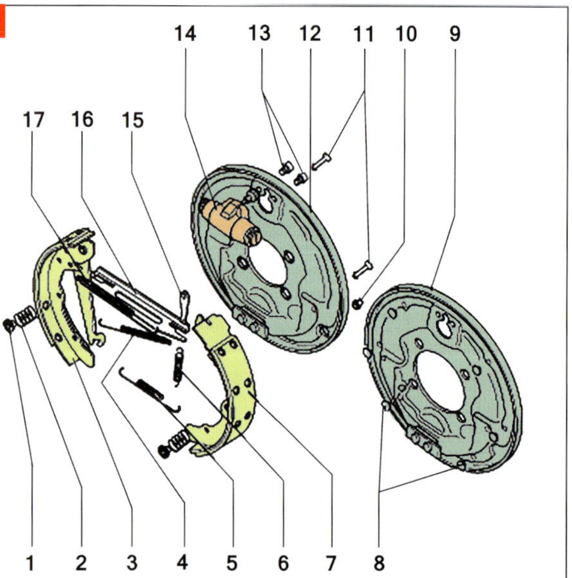

Belagsatz, Federn und Nachstelleinrichtung: 1 Federteller, 2 Druckfeder, 3 Bremsbacke mit Hebel für Handbremse, 4 Rückzugfeder oben, 5 Rückzugfeder unten, 6 Zugfeder, 7 Bremsbacken, 8 Gleitstücke, 9 Bremsträger (Ankerplatte), 10 Verschlusskappe, 11 Spannstift, 12 Bremsträger (Ankerplatte), 13 Innensechskantschraube, 14 Radbremszylinder, 15 Keil, 16 Druckstange, 17 Anlagefeder.

De- und Montage der Bremstrommel

- Radschrauben lösen, aber noch nicht herausdrehen. Das Fahrzeug anheben, die Räder abbauen. Legen Sie den Gang ein, um ein Wegrollen zu verhindern, und lösen Sie die Handbremse.
- Verdrehen Sie die Bremstrommel so, dass Sie durch eine Gewindebohrung den unteren Teil des Keils (15) zur Bremsnachstellung sehen können (Taschenlampe). Schieben Sie den Keil mit einem Schraubendreher nach oben. Sie haben so die Nachstellung zurückgenommen und haben etwas mehr Platz zur Demontage der Trommel.
- Fettkappe abziehen und den Splint mit einem Seitenschneider richten und herausziehen. Die Kronensicherung von der Sechskantmutter abnehmen.
- Sechskantmutter lösen, mit der Druckscheibe abnehmen und auf einem sauberen Lappen ablegen.
- Das Radlager außen herausnehmen und auf dem Lappen ablegen.
- Nehmen Sie die Bremstrommel ab, reinigen Sie die Bremsanlage mit Bremsenreiniger und lassen Sie die Bremse abtrocknen. Das Ausblasen der Bremse mit Druckluft sollten Sie tunlichst unterlassen. Der Feinstaub, der hierbei in die Luft abgegeben wird, ist lungengängig und wird Ihre Gesundheit schädigen.

Prüfen der Radbremszylinder

- Demontieren Sie wie schon beschrieben die Räder und die Bremstrommeln.
- Reinigen Sie die Bremsanlage mit Bremsenreiniger und lassen Sie die Bremse abtrocknen. Das Ausblasen der Bremse mit Druckluft sollten Sie tunlichst unterlassen. Der Feinstaub, der hierbei in die Luft abgegeben wird, ist lungengängig und wird auf Dauer Ihre Gesundheit schädigen.
- Heben Sie die Gummimanschetten der Radbremszylinder (14) vorsichtig mit einer Fühlerlehre etwas an und sehen Sie nach, ob sich bereits Bremsflüssigkeit angesammelt hat. In diesem Fall müssen die Radbremszylinder ersetzt werden.

- Prüfen Sie die Beweglichkeit der beiden Kolben der Radbremszylinder, indem Sie mit einem Schraubendreher, den Sie in die Kante am Rand der Ankerplatte einsetzen können, die Bremsbeläge auf der Ankerplatte verschieben. Sind beide oder ein Kolben nicht mehr beweglich, muss auch der Radbremszylinder ersetzt werden.

Demontage der Bremsbacken

Der Aufbau der Trommelbremsanlage ist eigentlich nicht sehr kompliziert. Aber an dieser Stelle mal ein Schraubertrick, mit dem Sie auch nach dem Zerlegen und viel Ablenkung die Bremsanlage wieder zusammenbauen können: Die Bremsen sind achssymmetrisch aufgebaut. Entsprechend setzen Sie zuerst eine Seite instand und belassen die andere Seite im zusammengebauten Zustand. So haben Sie ein Muster zum Nachsehen, wenn doch mal vergessen gehen sollte, was wie zusammengebaut war.

- Radschrauben lösen, aber noch nicht herausdrehen.

- Bocken Sie das Fahrzeug auf der entsprechenden Seite oder besser gleich auf beiden Seiten auf. Legen Sie den Gang ein, um ein Wegrollen zu verhindern, und lösen Sie die Handbremse.

- Demontieren Sie die Bremstrommel, wie schon beschrieben.

- Halten Sie die Federteller (1 im Bild 1) mit einer Wasserpumpenzange fest und drücken Sie sie gegen den Federdruck der Feder (2) an.

- Verdrehen Sie von hinten mit der Hand den jeweiligen Spannstift (11) um 90° und nehmen Sie den Federteller (1) und die Feder (2) ab.

- Demontieren Sie die Rückzugsfeder unten (5) und nehmen Sie sie heraus.

- Ziehen Sie die Bremsbacken oben etwas auseinander und nehmen Sie sie als Backensatz wie im Bild 2 abgebildet heraus.

- Demontieren Sie das Handbremsseil.

- Spannen Sie die Bremsbacken wie im Bild 2 gezeigt im Schraubstock (D) ein und bauen Sie die Zugfeder (3 im Bild 2) für den Keil aus.

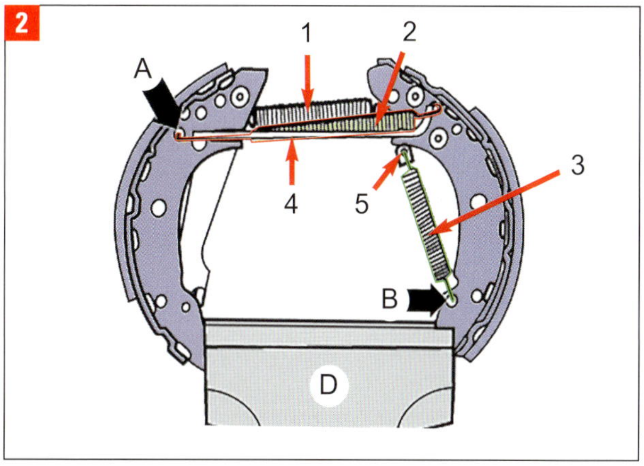

Backenset montiert: 1 Anlagefeder, 2 Rückzugsfeder, 3 Zugfeder, 4 Druckstange, 5 Keil, A Bohrung für Anlagefeder, B Bohrung für Zugfeder, D Schraubstock.

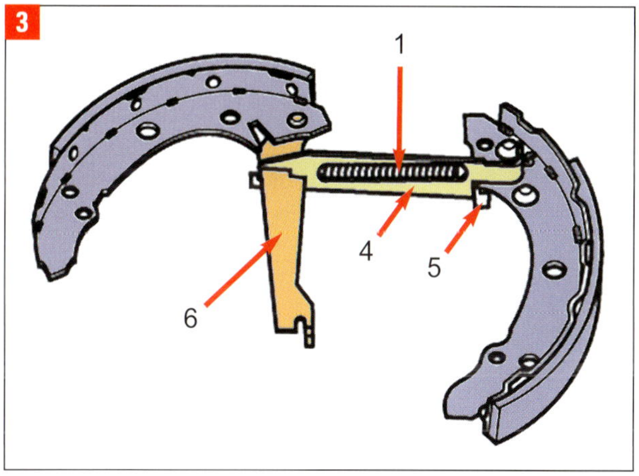

Backensatz teilen: 1 Anlagefeder, 4 Druckstange, 5 Keil, 6 Betätigungshebel der Handbremse.

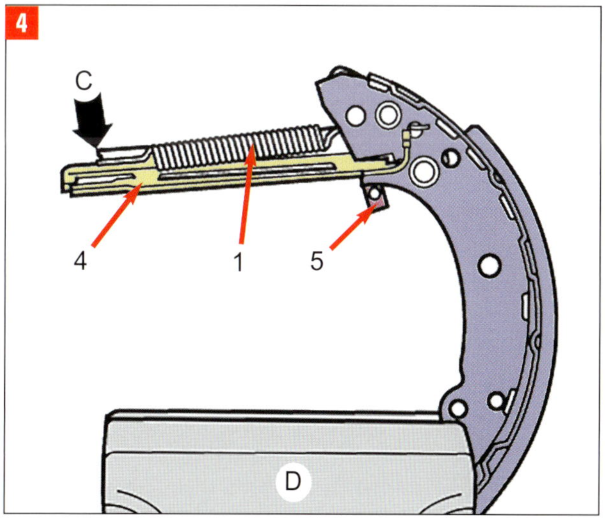

Keil ausbauen: 1 Anlagefeder, 4 Druckstange, 5 Keil, C Befestigungsnase für die Anlagefeder, D Schraubstock.

- Hängen Sie die Rückzugsfeder oben (Pfeil A im Bild 2) aus und klappen Sie den Bremsbelag ab. Nun kann der Bremsbelag abgenommen werden.
- Hängen Sie die Anlagefeder (Pfeil C im Bild 4) aus und klappen Sie den Bremsbelag ab.
- Spannen Sie die Druckstange wie im Bild 5 gezeigt in den Schraubstock (D) ein. Ziehen Sie den Belag etwas weg.
- Nehmen Sie nun den Keil (5 im Bild 4) heraus.
- Ziehen Sie den Belag so weit von der Druckstange ab, dass Sie die Druckstange aus der Führung im Belag herausnehmen können (Bild 5). Nun kann die Druckstange (4) abgenommen werden.
- Die Montage erfolgt sinngemäß in umgekehrter Reihenfolge.
- Stecken Sie den Keil (5 im Bild 4) gerade so weit ein, dass Sie das Loch für die Feder wie im Bild 4 abgebildet noch sehen können.

5
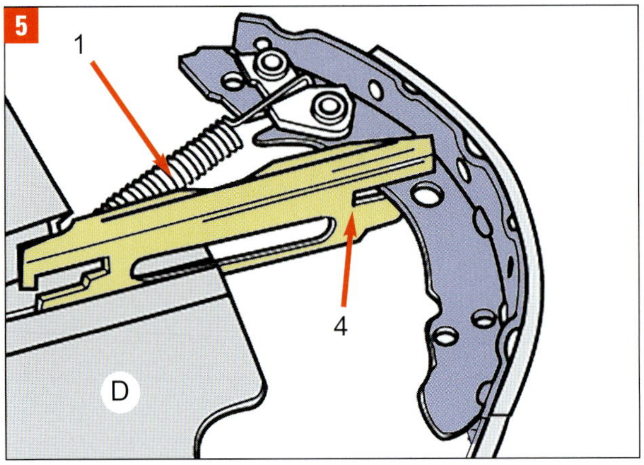

Druckstange ausbauen: 1 Anlagefeder, 4 Druckstange, D Schraubstock.

- Reinigen Sie die Ankerplatte gründlich und tragen Sie etwas Kupferpaste auf die Anlagepunkte der Bremsbeläge auf der Ankerplatte auf.

Scheibenbremse Hinterachse

Wie wir eingangs in diesem Kapitel schon erwähnt haben, gab es ab Oktober 1992 einen neuen Bautyp des Bremssattels für die hintere Bremse. Informationen und auch die optischen Unterscheidungsmerkmale dazu finden Sie unter dem Abschnitt »Zuordnung der Bremskomponenten« in diesem Kapitel. Die Montagearbeiten unterscheiden sich nicht nennenswert voneinander.

Kontrolle der Bremsbeläge

Kontrollieren Sie regelmäßig die Stärke der Bremsbeläge, mindestens jedoch alle 15.000 km oder einmal im Jahr. Zur Prüfung von Scheiben und Bremsbelägen können Sie durch einen Raddurchbruch schauen. Dabei sind Handlampe, Spiegel und Messschieber hilfreich. Für exakte Messung der Belagdicke ist aber meist die Demontage der Räder empfehlenswert. Kontrollieren Sie den Zustand der Bremsscheiben stets gemeinsam mit dem der Beläge.

- Beim Erneuern von Bremsbelägen beachten: Grundsätzlich immer auf beiden Seiten austauschen!
- Mit neuen Bremsbelägen sollten Sie auf den ersten 200 Kilometern häufige Vollbremsungen vermeiden. Der Belag kann verhärten (»verglasen«) und erreicht dann nicht mehr seine beste Bremswirkung.
- Bremsbeläge, die Sie weiter verwenden können, sollten Sie beim Ausbau kennzeichnen. Sie müssen an gleicher Stelle wieder eingebaut werden.

De- und Montage der Bremssättel

- Radschrauben lösen, aber noch nicht herausdrehen.
- Fahrzeug anheben, Räder abbauen, elektrische Steckverbindung für Belagverschleißanzeige (soweit verbaut) trennen. Bremsschlauch eventuell aus dem Halter nehmen.
- Ziehen Sie den Clip (4 im Bild 2) ab und hängen Sie das Bremsseil aus. Beim älteren Bremssystem muss er nur herausgezogen werden. Achten Sie darauf, die Manschette (Pfeil 2) nicht zu beschädigen.

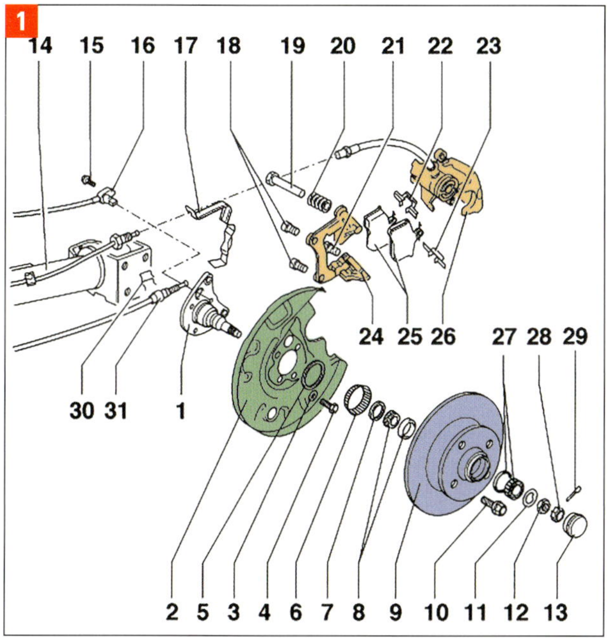

Scheibenbremse hinten: 1 Achszapfen, 2 Abdeckblech, 3 Tellerfeder, 4 Schraube, 5 Abdeckring, 6 Rotor für Drehzahlfühler, 7 Dichtring, 8 Radlager innen, 9 Bremsscheibe, 10 Radschraube, 11 Druckscheibe, 12 Sechskantmutter, 13 Fettkappe, 14 Achskörper, 15 Innensechskantschraube, 16 Drehzahlfühler ABS, 17 Halter für Bremsschlauch, 18 Schraube, 19 Führungsbolzen, 20 Schutzkappe, 21 selbstsichernde Schraube, 22 Belaghaltefedern oben, 23 Belaghaltefedern unten, 24 Bremsträger mit Führungsbolzen und Schutzkappe, 25 Bremsbeläge, 26 Bremssattel, 27 Radlager außen, 28 Kronensicherung, 29 Splint, 30 Federklammer, 31 Handbremsseil.

- Bremssattel abnehmen und so mit Draht befestigen, dass das Gewicht des Bremssattels den Bremsschlauch nicht belastet beziehungsweise beschädigt.

- Die Montage erfolgt sinngemäß in umgekehrter Reihenfolge.

- Verwenden Sie zur Befestigung des Bremssattels neue selbstsichernde Schrauben (1).

Rückstellen der Bremssättel

- Die Rückstellung erfolgt für beide Sattelsysteme nach der gleichen Vorgehensweise. Die Rückstellung muss nur erfolgen, wenn die Bremsbeläge oder/und die Bremsscheiben erneuert wurden. Erfolgt die Demontage nur zum Wechsel beispielsweise der Radlager, verändert sich das Einstellmaß nicht. Eine Rückstellung ist dann nicht erforderlich.

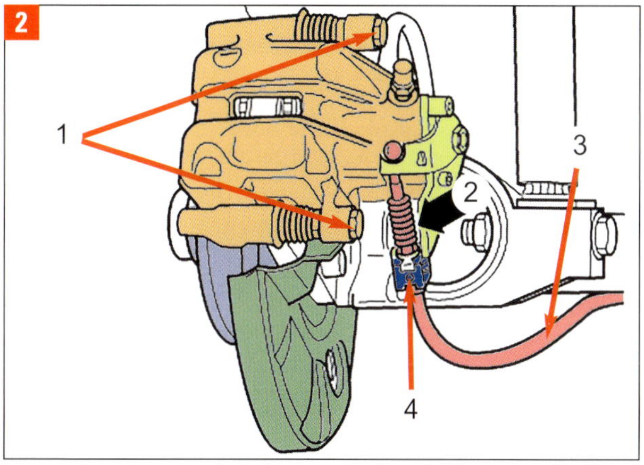

Bremssattelbefestigung: 1 Selbstsichernde Schrauben, 2 Manschette, 3 Handbremsseil, 4 Halteclip.

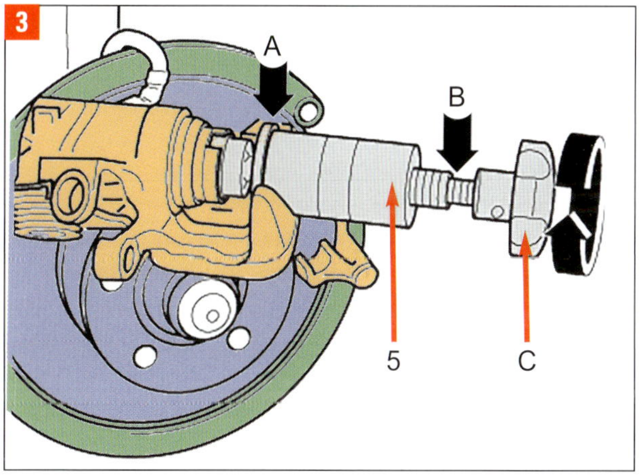

Druckstange ausbauen: 5 Bremsenrücksteller, A Bund zur Anlage im Sattel, B SW13 zum Schlüssel aufsetzen, C Handrad.

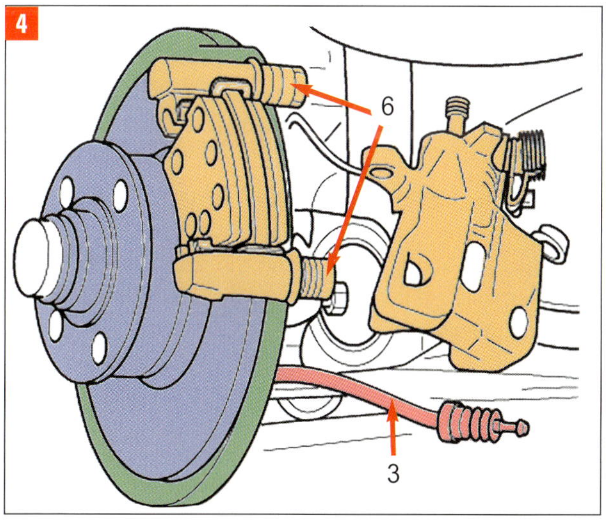

Führungsbolzen: 3 Handbremsseil, 6 Führungsbolzen im Bremssattelträger.

- Bauen Sie den Bremssattel vom Bremssattelträger ab und legen Sie ihn über die Bremsscheibe mit der Öffnung nach oben nach außen.

- Setzen Sie den Bremskolbenrücksteller (5) wie im Bild 3 gezeigt an und stellen Sie den Bremskolben zurück, indem Sie an dem Handrad (C) drehen. Für die Rückstellung muss der Bremskolben gedrückt und gleichzeitig gedreht werden, um die Spindel der Handbremsverstellung nachzustellen, die ein Gewinde im Bremskolben hat. Achten Sie darauf, dass die Staubmanschette am Bremskolben gleitet und sich nicht verzieht.

- Die Montage erfolgt sinngemäß in umgekehrter Reihenfolge.

- Achten Sie auf die Leichtgängigkeit der Führungsbolzen (6 im Bild 4). Falls erforderlich, müssen sie gängig gemacht werden.

Bremsbelagwechsel

Auch hier werden die Bremsbeläge grundsätzlich nur achsweise getauscht. Der Verschleiß der Beläge ist hier in der Regel sehr gering. Sehen Sie sich die Bremsscheibe genau an. Eventuell sollten Sie diese dann gleich mit ersetzen.

- Demontieren Sie wie bereits beschrieben das Rad und den Bremssattel.

- Stellen Sie den Bremssattel zurück.

- Reinigen Sie den Bremssattelträger gründlich.

- Tragen Sie etwas Montagepaste auf die Bereiche auf, an denen die Bremsbeläge anliegen.

- Legen Sie neue Belaghaltefedern (22 und 23, Bild 1) ein.

- Legen Sie neue Bremsbeläge ein. Eventuell muss die Schutzfolie auf den Kontaktpads der Bremsbeläge abgezogen werden.

- Die Montage erfolgt sinngemäß in umgekehrter Reihenfolge.

- Achten Sie auf die Leichtgängigkeit der Führungsbolzen (6 im Bild 4). Falls erforderlich, müssen sie gängig gemacht werden.

5

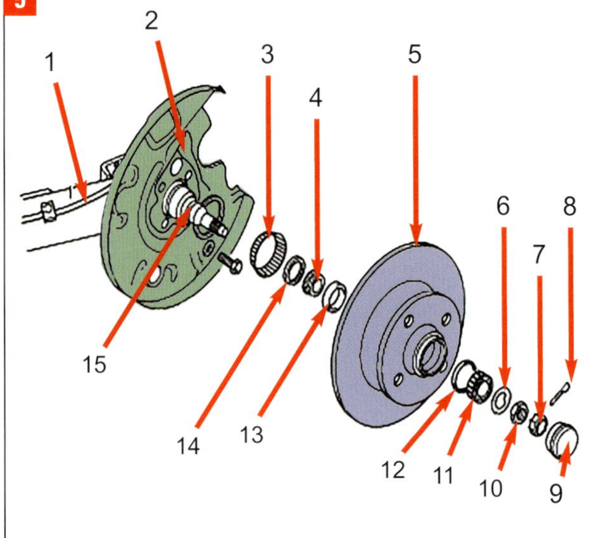

Bremsscheibe hinten: 1 Achsträger, 2 Bremsankerplatte, 3 ABS-Sensorkranz, 4 Lager innen, 5 Bremsscheibe, 6 Andruckscheibe, 7 Kronensicherung, 8 Splint, 9 Fettkappe, 10 Mutter, 11 Lager außen, 12 Lagersitzring außen, 13 Lagersitzring innen, 14 Wellendichtring, 15 Achsstummel.

De- und Montage der Bremsscheibe

- Radschrauben lösen, aber noch nicht herausdrehen. Das Fahrzeug anheben, die Räder abbauen, elektrische Steckverbindung für Belagverschleißanzeige trennen. Eventuell den Bremsschlauch aus dem Halter nehmen, Bremsbeläge herausnehmen. Wenn Sie die Bremsscheiben erneuern, müssen Sie auch neue Bremsbeläge verwenden. Sollen Beläge und Scheiben wieder verwendet werden, markieren Sie die Einbauposition von Bremsscheiben und Belägen.

- Demontieren Sie wie bereits beschrieben das Rad und den Bremssattel.

- Demontieren Sie den Bremssattelträger. Hierzu müssen die beiden selbstsichernden Schrauben (18 im Bild 1) erneuert werden.

- Ziehen Sie die Staubkappe ab.

- Ziehen Sie die Fettkappe ab und ziehen Sie den Splint mit einem Seitenschneider heraus.

- Nehmen Sie die Kronensicherung von der Sechskantmutter ab.

- Sechskantmutter lösen, mit der Druckscheibe abnehmen und auf einem sauberen Lappen ablegen.
- Das Radlager außen herausnehmen und auf dem Lappen ablegen.
- Die Montage erfolgt sinngemäß in umgekehrter Reihenfolge.
- Wenn die Bremsscheibe erneuert werden soll, müssen zwangsläufig auch die Radlager ersetzt werden. Achten Sie darauf, dass im Reparatursatz auch der Wellendichtring und eine neue Fettkappe enthalten sind.
- Auch wenn die alte Bremsscheibe wieder montiert wird, sollten Sie zumindest im äußeren Lager und in der Fettkappe das alte Lagerfett abwischen und neues Lagerfett auftragen.

Handbremsseile

De- und Montage der Handbremsseile

- Demontieren Sie die Verkleidungen an der Handbremse (1 im Bild 1) und lösen Sie die Mutter (Pfeil A im Bild 2) vom Handbremsseil (3).
- Hängen Sie die Bremsseile aus den Bremssätteln und aus den Haltelaschen am Achskörper aus.
- Soweit verbaut, demontieren Sie die Abschirmbleche im Bereich der Durchführung der Handbremsseile in den Innenraum.
- Ziehen Sie die Handbremsseile von unten heraus.
- Die Montage erfolgt sinngemäß in umgekehrter Reihenfolge.
- Achten Sie darauf, dass die Bremsseile sicher in der Führung sitzen.
- Verlegen Sie die Bremsseile ausschließlich in der originalen Einbauposition.
- Achten Sie darauf, dass alle Befestigungspunkte in Ordnung sind.
- Stellen Sie die Handbremsseile ein.

1

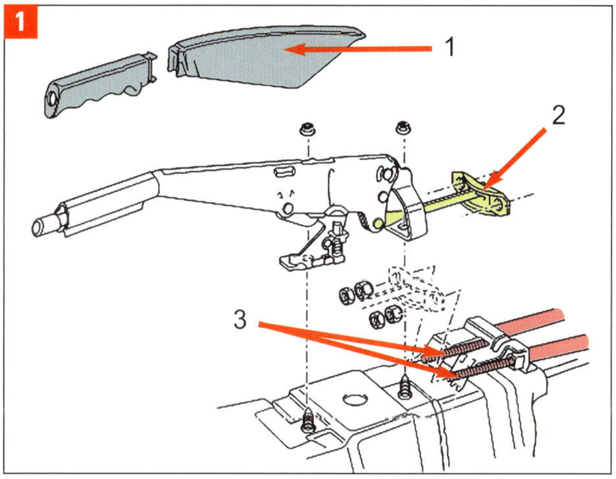

Handbremshebel: 1 Verkleidungen für Hebel und Griff, 2 Zugstrebe, 3 Handbremsseile.

2

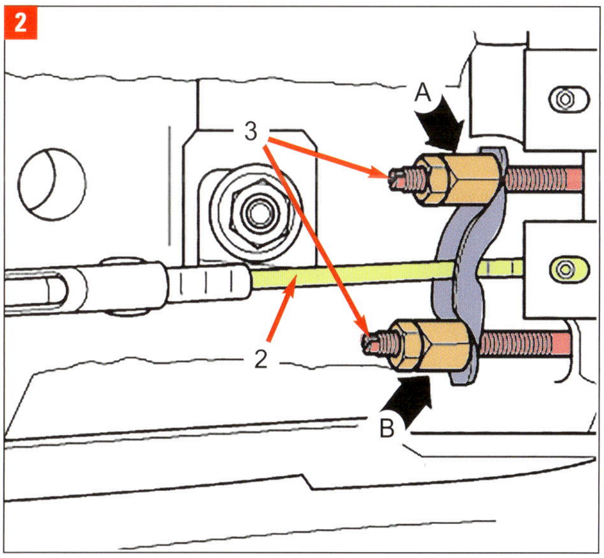

Verschraubung Handbremsseile: 2 Zugstrebe, 3 Handbremsseile, A Mutter und Kontermutter.

Einstellen der Handbremsseile

Eine Nachstellung der Hinterradbremse ist normalerweise nicht erforderlich. Sie muss nur bei Ersatz der Handbremsseile, der Bremssättel und Bremsscheiben erfolgen.

- Zum Verstellen der Nachstellmuttern (Pfeile A im Bild 2) sind der Handgriff und die Verkleidung (1 im Bild 1) auszubauen.
- Stellen Sie den Handbremshebel in Ruhestellung.
- Ziehen Sie die Nachstellmuttern so weit an, dass sich die Hebel (Pfeil B im Bild rechts) 1,5 mm (maximal!) an den Bremssätteln vom Anschlag abheben.
- Handbremse 3-mal fest anziehen und anschließend wieder lösen und prüfen, ob beide Räder frei durchdrehen.

3

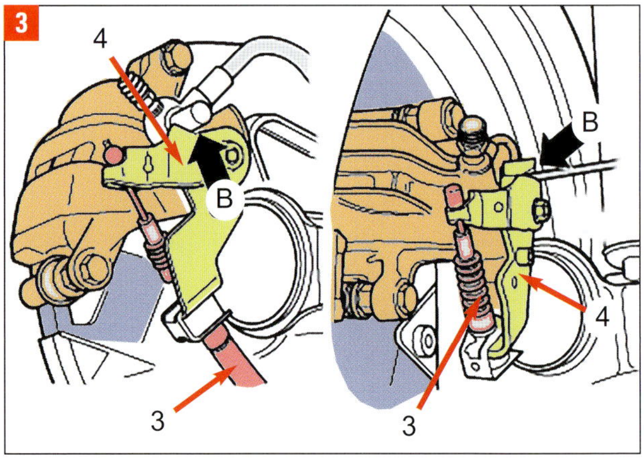

Unterschiedliche Bautypen: 3 Handbremsseil, 4 Betätigungshebel, B Anschlag in Ruhestellung.

Bremsflüssigkeit

Volkswagen setzt Bremsflüssigkeit nach dem Standard »FMVSS 116 DOT 4« ein wovon auch die Weiterentwicklung »DOT 4 plus« erhältlich ist. DOT 4 entspricht der US-Sicherheitsvorschrift für einen hohen Nasssiedepunkt. Das übliche Wechselintervall beträgt zwei Jahre. Die Bremsflüssigkeit aus Glykol und Polyglykoläther ist bis minus 40 °C dünnflüssig. Ihr Siedepunkt liegt bei 230 °C. »DOT 5« mit noch höherem Siedepunkt enthält Silikon und darf nicht in DOT 4-Bremssysteme. Geeignete DOT 4-Produkte werden von ATE, Ferrodo, AP und anderen angeboten. Bei Volkswagen ist es »VW 50114« mit der Katalog-Teilenummer B 000 750. Bremsflüssigkeit ist erst bernsteinhell, verfärbt sich aber im Laufe der Zeit durch chemische Reaktion. Dunkle Färbung ohne Verunreinigung bedeutet noch nicht mangelhafte Qualität.

Bremsflüssigkeit kontrollieren

Viele Arbeiten an der Bremsanlage, vor allem Wartungen, können Sie selbst ausführen. Auch bei einer intakten Bremsanlage kann zum Beispiel der Bremsflüssigkeits-Pegel sinken. Ursache ist der Verschleiß an den Bremsbelägen.
Ein sinkender Pegel kann aber auch mit Defekten am Kupplungssystem zusammenhängen. Regelmäßige Kontrolle des Standes ist auf jeden Fall eine gute Wartungsarbeit.

- Flüssigkeitsstand von außen am Behalter (Bild 1) kontrollieren: Der Pegel muss zwischen den Markierungen »MIN« und »MAX« liegen.
- Wenn die Bremsbeläge schon sehr abgefahren sind (und bald erneuert werden müssen), ist ein Pegelstand leicht über »MIN« noch zulässig. Beim Einbau neuer Beläge werden dann nämlich die Bremskolben wieder

Flüssigkeitsstand: Der Pegel sollte im Ausgleichsbehälter sich zwischen Minimum und Maximum befinden.

zurückgedrückt, wodurch der Stand im Bremsflüssigkeitsbehälter wieder ansteigt.

- Sind aber die Bremsbeläge noch neuwertig und hat die vorangegangene Prüfung keine Undichtigkeit im Bremssystem ergeben, muss zur Überbrückung bis zum nächsten Wechsel der Bremsflüssigkeit etwas nachgefüllt werden.
- Nachfüllen nur die schon erwähnte Bremsflüssigkeit nach Norm DOT 4 (VW: 501 14, Teilenummer B 000 750).
- Die Steckverbindung (1 im Bild rechts) trennen und den Deckel (blauer Pfeil in Bild 2) abschrauben. Deckel mit Schwimmereinsatz (Bild 3) herausnehmen, das Sieb (3 im Bild rechts) bleibt im Behälter. Bremsflüssigkeit nachfüllen. Der Füllstand muss stets ausreichend sein, damit keine Luft ins Bremssystem gelangen kann.

Bremsbehälter mit Warnkontakten: 1 Deckel mit Schwimmer, 2 Elektrischer Anschluss, 3 Filtersieb

Bremsflüssigkeit wechseln

Nach statistischen Erhebungen muss seit Jahren jedes fünfte Kraftfahrzeug auf deutschen Straßen wegen Mängeln an der Bremsanlage beanstandet werden. Die Sachverständigenorganisation DEKRA verweist immer wieder darauf, dass sehr viele Fahrzeuge mit Bremsflüssigkeit unzulänglicher Qualität unterwegs sind.

Bei 20 Prozent der auf Bremsflüssigkeit überprüften Fahrzeuge wird der äußerst kritische Siedepunkt von 150 °C (neuwertige Bremsflüssigkeit: 270 bis 300 °C!) unterschritten. Das kann zum Versagen der Bremsen führen, weshalb der Wechsel alle zwei Jahre dringend zu empfehlen ist.

Sie benötigen dazu einen Liter frische Bremsflüssigkeit der Spezifikation FMVSS 116 DOT 4 (bei VW die Ersatzteilenummer B 000 700 A). Für einen sachgerechten Bremsflüssigkeitswechsel ist ein Bremsenentlüftungsgerät erforderlich. Lassen Sie diese Arbeiten grundsätzlich in einer Werkstatt durchführen.

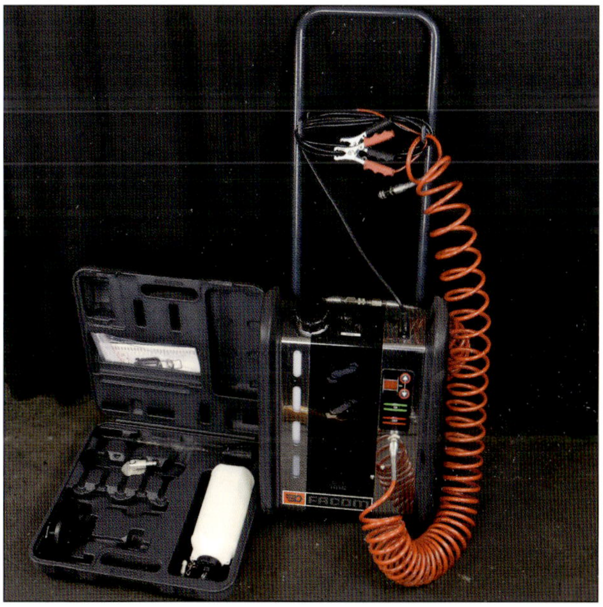

Automatisches Bremsenentlüftungsgerät: 1 Anschlussadapter, 2 Vorratsbehälter, 3 Anschlussschlauch, 4 Druckanzeige, 5 Bedienfeld, 6 Auffangflasche für den Anschluss an den Entlüftungsnippeln

STÖRUNGSBEISTAND

Bremsanlage

Störung	Was kann das sein?	Was kann oder muss ich tun?
A Bremsen quietschen	**1** Hochfrequente Schwingungen	Längskanten der Beläge mit einer Feile anschrägen, dazu Anti-Quietsch-Paste auf Rückseite der Beläge
	2 Verglaste Beläge nach extremer Überhitzung	Die Bremsklötze müssen ersetzt werden; dabei die Scheiben genau prüfen
	3 Beläge verschlissen, der Verschleißanzeiger liegt an	Die Bremsklötze müssen ersetzt werden, dabei die Scheiben genau prüfen
B Schwache Bremswirkung	**1** Ungünstige Materialpaarung zwischen Scheiben und Belägen	Scheiben und Beläge ersetzen und dabei zumindest Teile vom gleichen Hersteller, am besten die original verbauten Teile verwenden
... bei zu hartem Bremspedal	**2** Bremskraftverstärker ausgefallen	Unterdruckanschluss prüfen. Evtl. ein Marderbiss?
... bei zu weichem Bremspedal	**3** Bremse überhitzt	Bei langsamer Fahrt abkühlen lassen
	4 Luft im System	Mit speziellem Gerät entlüften lassen und dabei die Bremsflüssigkeit erneuern
C Übermäßiger Verschleiß	**1** Überstrapazieren der Bremse	Lieber etwas stärker und dafür weniger lang bremsen
... an einer Bremse	**2** Schwergängiger Sattel oder Belag verklemmt	Zerlegen und reinigen. Etwas stärkerer Verschleiß an der Kolbenseite ist jedoch normal
... nur vorne	**3** Ungünstige Materialpaarung	Scheiben und Beläge ersetzen und dabei Originalteile verwenden. Evtl. größere Bremsanlage verwenden
... nur hinten	**4** Luftspiel zu gering	Park- und Feststellbremse überprüfen. Sie sollte erst nach der ersten Tastung greifen
D Park- und Feststellbremse reagiert träge oder gar nicht	**1** Die Elektromechanik funktioniert nicht einwandfrei	Steuergerät für elektrische Park- und Handbremse überprüfen und ggf. austauschen. Wenn das Steuergerät in Ordnung ist: Stellmotor prüfen und ggf. austauschen
	2 Beläge hinten abgenutzt oder verglast	Bremsbeläge tauschen und dabei die Bremsscheibe genau inspizieren. Bei Riefen austauschen

Bremsanlage

Störung	Was kann das sein?	Was kann oder muss ich tun?
E Bremsflüssigkeitsstand zu niedrig	**1** Starker Verschleiß an den Bremsbelägen	Alle Bremsen auf Verschleiß prüfen und ggf. ersetzen. Beim Zurücksetzen der Kolben steigt der Stand an
	2 Flüssigkeitsverlust	Undichte Stelle lokalisieren (Bremsleitungen?). Bei deutlichem Leck: Auto abschleppen lassen
F Warnleuchte geht an	**1** Bremsflüssigkeitsstand prüfen	Wenn nötig, etwas nachfüllen
G Schiefziehen beim Bremsen	**1** Reifenzustand fehlerhaft	Reifenprofil und Luftdruck überprüfen
	2 Eine Bremse ist defekt	An den Felgen die Temperatur erfühlen. Ist eine heißer als die anderen, hängt der Bremssattel; ist eine zu kalt, kommt hier kein Bremsdruck an
H Hässliche Schleifgeräusche beim Bremsen	**1** Bremsscheiben angerostet	Vor und nach längeren Standphasen die Bremsanlage freibremsen
	2 Bremsbeläge verschlissen	Prüfen, ob der Verschleißanzeiger bereits an der Bremsscheibe kratzt
	3 Fremdkörper in der Bremsanlage	Fahren Sie ein paarmal rückwärts und bremsen sie dann
I Vibrationen beim Bremsen	**1** Bremsscheiben verzogen	Scheiben genau anschauen! Blaue Verfärbung deutet auf thermische Überlastung hin, dabei können sich die Scheiben verzogen haben
	2 Bremsscheiben verschmiert	Auf den Scheiben können Spuren von Fremdmaterial verblieben sein, die für ein Rubbeln sorgen
	3 Spiel in der Radaufhängung	Querlenker und andere Bauteile prüfen
	4 Ungünstige Materialpaarung	Scheiben und Beläge ersetzen und dabei Originalteile verwenden. Falsche Fahrwerk- und Lenkungsteile können zu Bremsflattern führen

Karosserie

Bestwerte für statische und dynamische Steifigkeit der Karosserie sorgen beim Golf für Qualität, Sicherheit, gute Fahrdynamik und Schwingungskomfort sowie für ausbalancierte Akustik. Was man hieran im Bedarfsfall selbst warten und reparieren kann, zeigen wir in diesem Kapitel. Natürlich werden wir Ihnen die Besonderheiten der Karosse Ihres Cabrios auch mit den erforderlichen Abmessungen und Einstellwerten vorstellen.

Verglasung

Die Fahrzeugverglasung ist nicht nur recht wichtig, sondern beim Cabriolet schon etwas Besonderes. Während die Frontscheibe auch in den geschlossenen Varianten verbaut ist, sind alle anderen Scheiben in der offenen Variante etwas Besonderes. Sie sind entweder im Verdeck verbaut oder im nicht mehr vollständig vorhandenen Scheibenrahmen. Dieser sowie die Abdichtung stellen besondere Anforderungen.

Frontscheibe

Die Frontscheibe im Golf III/IV ist eingeklebt. Sicherlich können Sie die Scheibe mit viel Aufwand auch selbst entfernen. Das Risiko für Lack und Kunststoff ist jedoch recht hoch. Die meisten Autoglas-Firmen wie »Carglass« bieten heute einen »Vor-Ort-Service« an. Die Profis können oftmals auch eine intakte Scheibe ausbauen und später auch wieder einsetzen. Die Kosten dafür erfragen Sie am besten bei einem Autoglaser in Ihrer Nähe. Wir werden Ihnen an dieser Stelle zumindest die Abstandsmaße und die Besonderheiten zur Montage der Frontscheibe vorstellen.

Vorbereitungsarbeiten zur Frontscheibenmontage
Hier bietet sich etwas Einsparpotenzial. Wenn Sie die Demontagearbeiten selbst erledigen, können Sie vielleicht etwas am Arbeitslohn für den Autoglaser einsparen. Fragen Sie ruhig mal nach.

- Demontieren Sie den Rückspiegel.
- Demontieren Sie die Sonnenblenden, die A-Säulenverkleidungen und den Windabweiser unter den Sonnenblenden. Diese Arbeiten beschreiben wir etwas später im Kapitel »Innenraum«.

Profiarbeit: Zum einen durch die tägliche Erfahrung und zum andern aufgrund der besseren Werkzeuge ist diese Arbeit schnell erledigt.

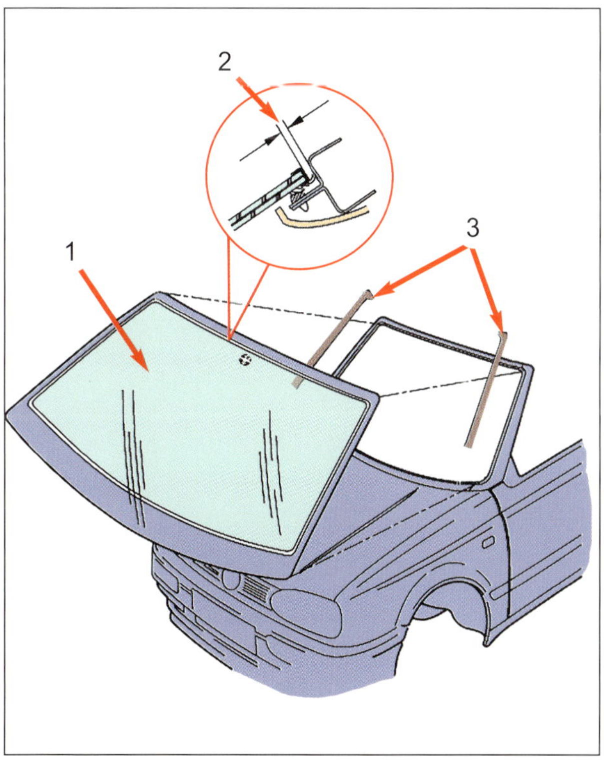

Windschutzscheibenmontage: 1 Windschutzscheibe, 2 Abstandsmaß zur Dachkante, 3 Wasserabweiserleisten.

- Bauen Sie die Scheibenwischerarme ab und demontieren Sie die Wasserkastenabdeckung.

- Bauen Sie die Wasserabweiserleisten (3) rechts und links ab.

De- und Montage Rückspiegel

- Ziehen Sie den Rückspiegel schräg nach unten in Richtung der Armaturentafel. Dadurch wird der Spiegel von der Halteplatte an der Scheibe abgedrückt. Im Spiegelfuß sind Klemmfedern verbaut, die den Spiegel festhalten.
- Für die Montage setzen Sie den Spiegel um 60 bis 90° verdreht zur Anbaulage an und drehen Sie ihn in Richtung gerade, bis die verbaute Arretierfeder einrastet.

De- und Montage Wasserkastenabdeckung

Die Wasserkasten-Abdeckung verdeckt die beiden Exzenter für die Höheneinstellung der Windschutzscheibe und natürlich auch die Unterkante der Windschutzscheibe. Zudem wird hier der Zugang zum Wischermotor und Gestänge sowie dem Pollenfilter möglich.

- Öffnen Sie die Motorhaube.

- Ziehen Sie den Dichtgummi (3) zum Motorraum nach oben ab.

- Drehen Sie die Schraubköpfe (1) einige Umdrehungen herausdrehen. Der Clip wird dadurch entspannt.

- Nehmen Sie die Schraube (1) mit dem Clip heraus.

- Nehmen Sie die Wasserkastenverkleidung (2) ab.

De- und Montage Wasserabweisleisten

Die beiden Leisten sind aufgeklebt. Versuchen Sie nicht die Leisten (6) einfach herunterzuziehen. Bei vorsichtiger und sachgemäßer Demontage können sie wieder verwendet werden.

Demontage:

- Demontieren Sie, wie schon beschrieben, die Wasserkastenabdeckung (2).
- Die Leiste (6) vorsichtig und gleichmäßig mit einem Heißluftgebläse (5) auf etwa 60 °C erwärmen und die Wasserabweisleiste vorsichtig abziehen.

Montage:

Sollten Klebstoffreste auf Lackflächen geraten, wi-

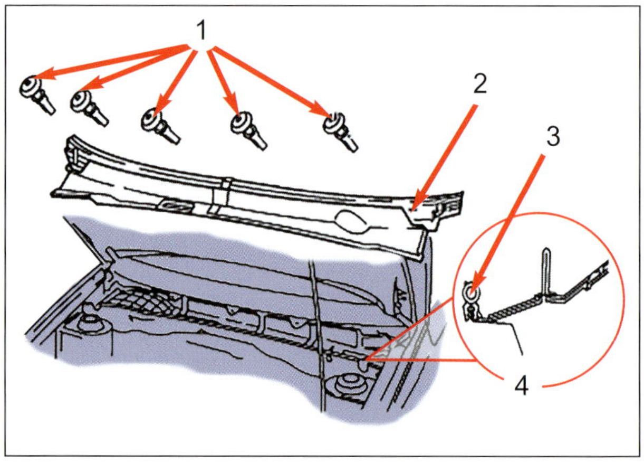

Wasserkastenabdeckung: 1 Schrauben mit Clip, 2 Wasserkastenabdeckung, 3 Dichtgummi, 4 Schnittaufbau Wasserkasten-Dichtleiste zum Motorraum.

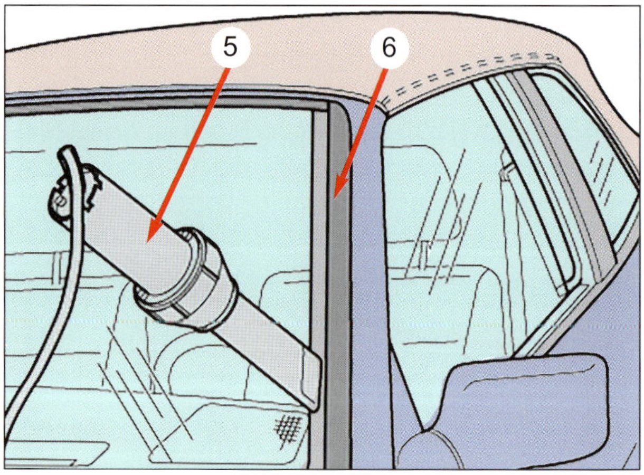

Wasserabweisleisten demontieren: 5 Heißluftföhn (Heißluftgebläse), 6 Wasserabweisleiste.

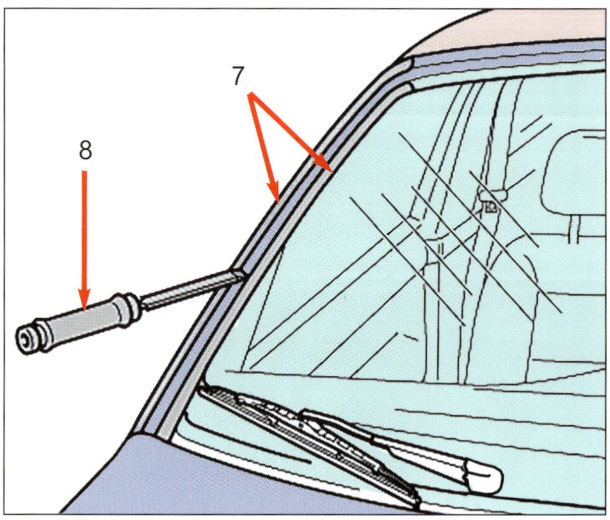

Klebereste entfernen: 7 Schutzabklebung aus stabilem Gewebeband, 8 scharfer Stechbeitel.

schen Sie diese erst grob mit einem Lappen ab und reinigen Sie die Flächen mit Klebstoffentferner (ist im Klebeset für die Scheiben meist enthalten). Auf Kunststoffflächen, die nicht geprimert sind, lässt sich der Klebstoff nach dem Aushärten einfach abziehen.

- Decken Sie die A-Säule und die Frontscheibe an den gezeigten Stellen (7) zum Schutz vor Verschmutzung und Schäden mit einem Gewebeband ab.

- Entfernen Sie die Klebstoffreste gründlich mit einem scharfen Stechbeitel (8).

- Bessern Sie mögliche Lackschäden mit einem Lackprimer aus. Den Primer finden Sie im Klebeset für die Windschutzscheibe. Fragen Sie nach einem Rest beim Autoglaser.

- Reinigen Sie die Wasserabweisleisten mit der Reinigungslösung, die mit den Scheibenklebesets mitgeliefert wird. Auch hier können Sie für kleines Geld einen Rest beim Autoglaser erwerben. Lassen Sie den Reiniger etwa 10 Minuten bei etwa 20 °C ablüften.

- Streichen Sie auch hier die Klebestellen mit dem Lackprimer ein. Auch hier muss eine Ablüftzeit von etwa 10 Minuten bei etwa 20 °C eingehalten werden.

- Tragen Sie auf die geprimerte Fläche 1K Scheibenklebstoff (Raupe mit ca. 1-2 mm im Durchmesser) auf.

- Setzen Sie die Wasserabweisleiste an, drücken Sie sie fest und sichern Sie die Leisten mit textilverstärktem Klebeband. Bis zum Entfernen der Klebebandstreifen muss eine Wartezeit von zwei Stunden eingehalten werden.

Türscheibe

Aus- und Einbau

- Bauen Sie die Fensterschachtabdichtung (3 und 4 im Bild 1) aus. Senken Sie dafür die Türfensterscheibe (5) etwas ab.

- Sechskantmuttern (2) lösen und Klemmbacken auseinanderdrücken.

- Türfensterscheibe (5) nach oben ziehen, nach vorn neigen und aus dem Fensterschacht herausheben.

1

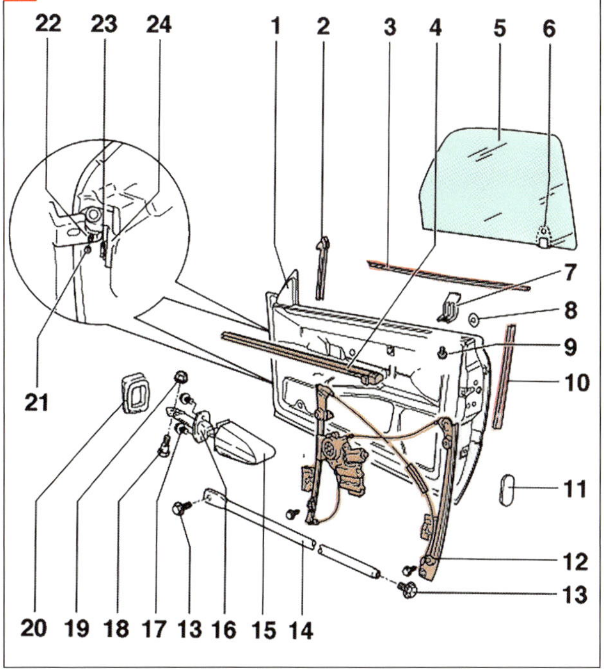

Montageübersicht Türscheibe: 1 Tür, 2 Fensterführung vorn, 3 Fensterschachtabdichtung außen, 4 Fensterschachtabdichtung innen, 5 Türfensterscheibe, 6 Gegenlager, 7 Einlaufkeil, 8 Stopper, 9 Sechskantschraube, 10 Fensterführung hinten, 11 Abdeckung, 12 Fensterheber, 13 Sechskantschraube, 14 Aufprallträger, 15 Hülle/Türfeststeller, 16 Türfeststeller, 17 Sechskantschraube, 18 Bolzen, 19 Sicherungsmutter, 20 Abdeckung für Türfeststeller, 21 Abdeckkappe, 22 Madenschraube, 23 Schraube, 24 Scharnier.

- Der Einbau erfolgt sinngemäß in umgekehrter Reihenfolge.

Türfensterscheibe einstellen

Die Türeinstellung zur Karosserie und die Verdeckeinstellung zum Windschutzscheibenrahmen muss in Ordnung sein. Im Folgenden wird die Türfensterscheibe zur vorderen Fensterführung eingestellt.

Einstellung zur vorderen Fensterführung:

- Türfensterscheibe mit Fensterheber leicht verschraubt.

- Türfensterscheibe so weit nach oben oder unten fahren, bis die Klemmbacken (3 im Bild 2) in den Montageöffnungen (2) stehen.

- Klemmbacken (3) lösen und Türfensterscheibe nach vorne in die vordere Fensterführung drücken.

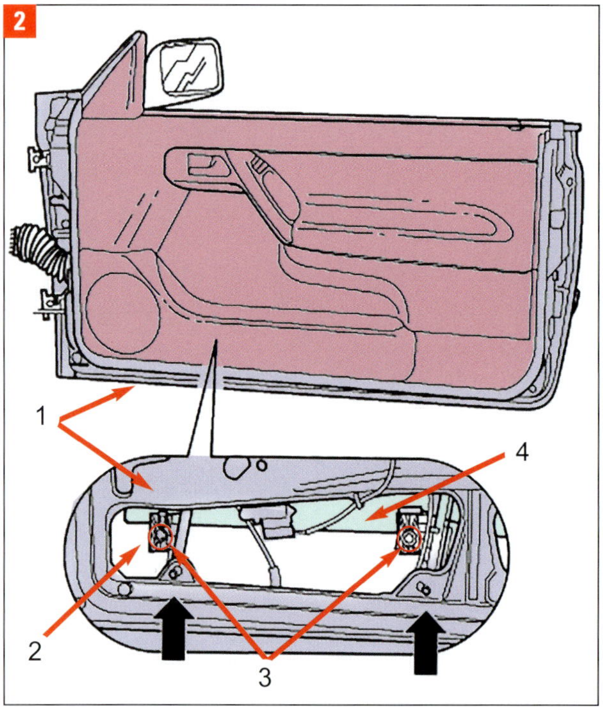

Montageöffnung unten in der Tür: 1 Tür, 2 Montageöffnung, 3 Verschraubung der Klemmbacken in der Stellung unten, 4 Scheibe.

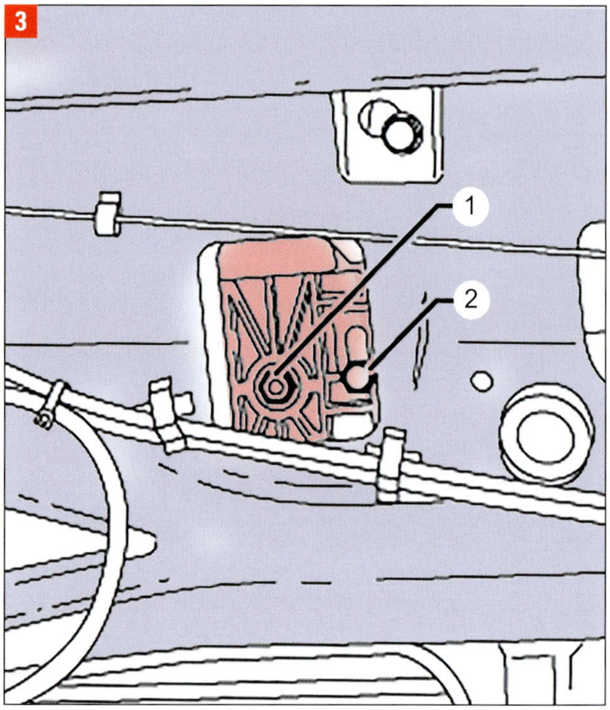

Montageöffnung oben in der Tür: 1 Verschraubung Klemmbacken, 2 Sechskantschraube für Höhenanschlag.

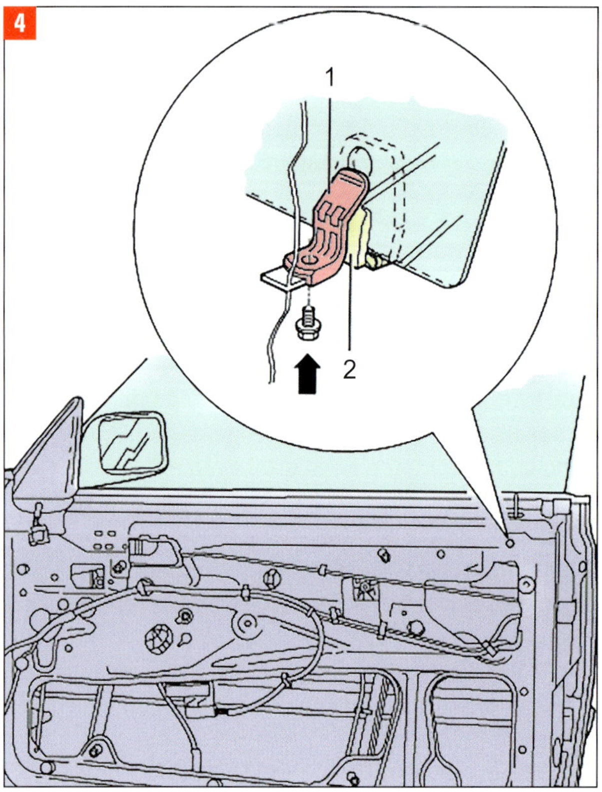

Vorspannung der Türscheibe: 1 Einlaufkeil (er wird nicht mehr verbaut), 2 Gegenlager.

- Klemmbacken (3) wieder festziehen. Prüfen Sie die Funktion und Leichtgängigkeit der Fensterscheibe und des Fensterhebers.

Einstellung zur B-Säule:

- Scheibe so weit hochfahren, dass die Klemmbacken in der Montageöffnung oben (5 im Bild 6) stehen. Der vordere Höhenanschlag muss ganz heruntergedreht sein.
- Klemmbacken (1 im Bild 3) lösen.
- Sechskantschraube (2) für Höhenanschlag lösen.
- Türfensterscheibe zur Höhe der Tür-/Seitenscheibendichtung bündig einstellen.
- Verstellkeile in mittlere Stellung schieben (bündig mit den Klemmbacken unten abschließend) und Sechskantschraube (2) anziehen.

Scheibenanlage zur Säule B einstellen.

- Mit einem Papierstreifen die Anlage der Scheibe an der Dichtung der Säule B prüfen.
- Durch Verschieben der Verstellkeile (1) wird die Stellung der Scheibe verändert.

- Der Papierstreifen muss über den ganzen Bereich der Türdichtung zur Scheibe mit gleichem Kraftaufwand unter die Scheibe (zwischen Scheibe und Dichtung) geschoben werden können.

Vorspannung der Türfensterscheibe einstellen

- Bauen Sie die Türverkleidung aus und lösen Sie die Dämpfungsfolie.

- Fahren Sie die Türfensterscheibe hoch und drehen Sie die Sechskantschraube (Pfeil im Bild 4) heraus und nehmen Sie den inneren Einlaufkeil heraus. Der Einlaufkeil (1) wird nicht mehr verbaut.

- Das neue Gegenlager (2) auf die Scheibe stecken. Um Klappergeräusche zu vermeiden, sollte das neue Gegenlager mit etwas Wachs auf die Scheibe gesteckt werden.

Höheneinstellung der Scheibe vorn:

- Türfensterscheibe nicht ganz hochfahren (50 mm unter oberen Scheibenstand zur besseren Stabilisierung).

- Scheibe am vorderen Höhenanschlag mit Torx-Steckschlüssel (2 im Bild 5) spielfrei einstellen, dazu Scheibe in Pfeilrichtung (1) bewegen.

Fensterheber Tür

Aus- und Einbau

- Bauen Sie die Verkleidung der Tür vorn aus und lösen Sie die Dämpfungsfolie an der Tür.

- Ziehen Sie die Fensterschachtabdichtung innen vom Flansch ab.

- Bauen Sie die Türfensterscheibe wie schon beschrieben aus.

- Clip (4) für Bowdenzüge ausclipsen.

- Sechskantschrauben (2 im Bild 6) lösen und Sechskantschrauben (3) herausdrehen.

- Fensterheber etwas anheben, damit die Sechskantschrauben (2) durch die Montagelöcher gezogen werden können.

- Fensterheber nach unten aus der Montageöffnung herausziehen.

5

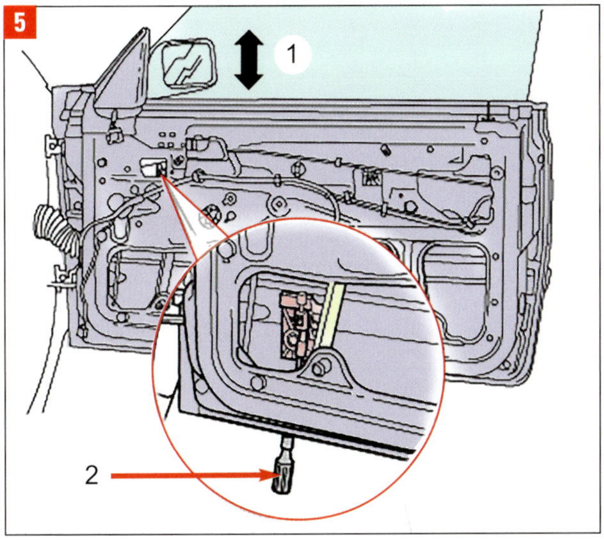

Höheneinstellung der Scheibe: 1 Bewegungsrichtung der Scheibe, 2 Torx-Schraubendreher zum Einstellen.

6

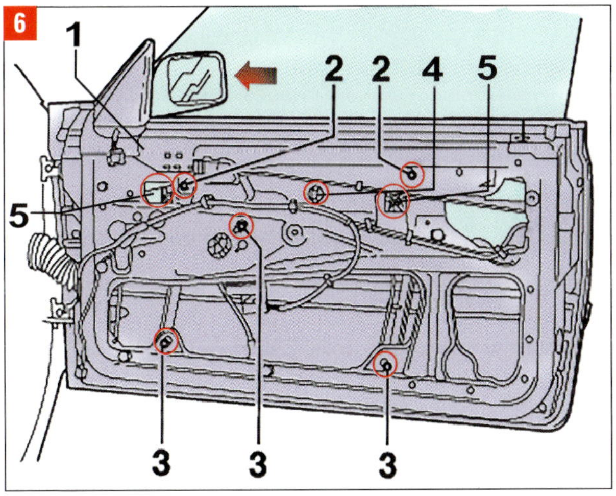

Montageübersicht Türscheibe: 1 Tür, 2 Verschraubungen oben, 3 Verschraubungen unten, 4 Clip Bowdenzüge, 5 Verschraubung.

- Bei elektrischem Fensterheber Raste der Steckverbindung zurückschieben und den Stecker abnehmen.

- Der Einbau erfolgt sinngemäß in umgekehrter Reihenfolge. Prüfen Sie die Funktion und Leichtgängigkeit.

Fensterheber einstellen

- Die Befestigungsschrauben (2 und 3 im Bild 6) vom Fensterheber lösen.

- Türfensterscheibe nicht ganz hochfahren. Etwa 50 mm unter oberem Rand zum Scheibenstand wird sie besser stabilisiert.

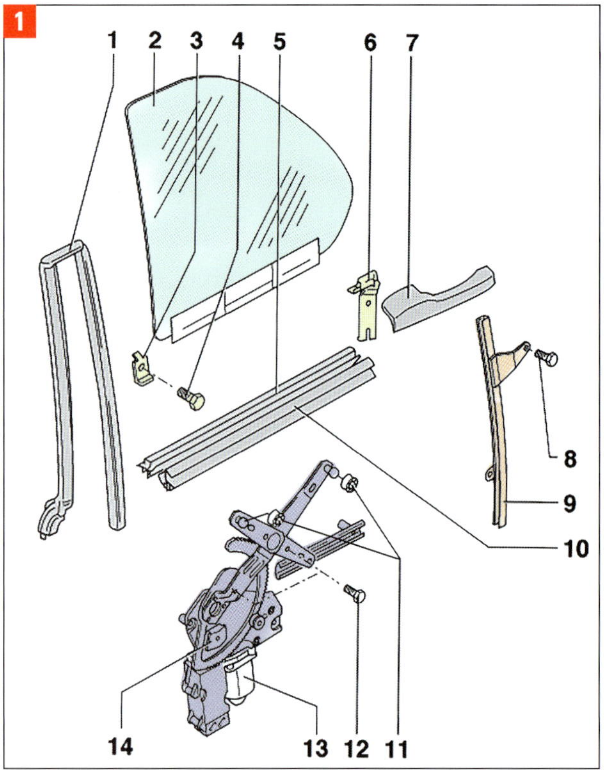

Übersicht der Fensterhebers hinten: 1 Dichtung Tür-/ und Seitenscheibe, 2 Seitenscheibe, 3 Höhenanschlag Seitenscheibe, 4 Sechskantschraube, 5 Fensterschachtabdichtung innen, 6 Abdichtung für Hauptsäule innen, 7 Abdichtung für Hauptsäule außen, 8 Sechskantschraube, 9 Fensterführung hinten, 10 Fensterschachtabdichtung außen, 11 Führungsrolle, 12 Sechskantschraube, 13 Fensterheber, 14 Höhenanschlag Fensterheber.

- Befestigungsschrauben (2) oben für Fensterheber anziehen.
- Türfensterscheibe nach unten fahren, Befestigungsschrauben (3) für den Fensterheber anziehen. Prüfen Sie die Funktion der Fensterscheibe und des Fensterhebers.

Scheibe hinten

Aus- und Einbau

- Seitenverkleidung ausbauen.
- Abdichtung für Hauptsäule (7 im Bild 1) innen lösen.
- Fensterschachtabdichtung innen (5) ausbauen.
- Seitenscheibe herunterfahren und aus Fensterheber aus den Führungsrollen (11) herausclipsen.

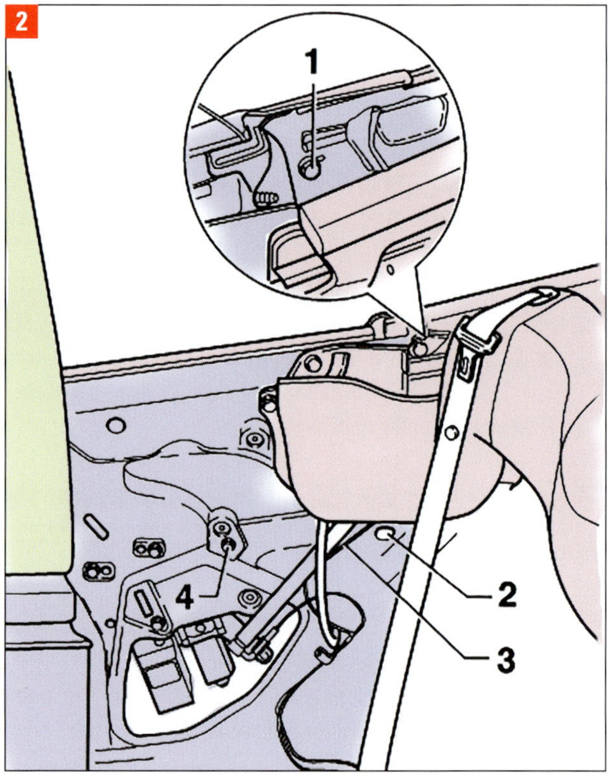

Einstellung der Scheibe: 1 Sechskantschraube, 2 Sechskantschraube, 3 Sechskantschraube, 4 Sechskantschraube.

- Seitenscheibe (2) nach oben aus dem Fensterschacht herausnehmen.

Türfensterscheibe einstellen

Auch hier bestehen einige Möglichkeiten, die Einstellung der Scheibe zu verändern und/oder anzupassen.

Fensterführung einstellen

- Die Seitenverkleidung auf der entsprechenden Seite und die Abdichtfolie darunter ausbauen.
- Die Sechskantschrauben (1 im Bild 2) und (2) der Fensterführung hinten lösen. Dann die Sechskantschrauben (3) und (4) lösen.
- Seitenscheibe nicht ganz hochfahren (50 mm unter oberem Scheibenstand wird die Seitenscheibe besserer stabilisiert). Seitenscheibe in die Fensterführung (Pfeil B im Bild 3) drücken.
- Fensterführung oben leicht gegen die Scheibe drücken und die Sechskantschraube (1 im Bild 2) festziehen.

■ Seitenscheibe nicht ganz herunterfahren, die Fensterführung unten leicht gegen die Scheibe drücken und Sechskantschraube (2) festziehen. Prüfen Sie die Funktion und Leichtgängigkeit der Fensterscheibe und des Fensterhebers.

Scheibenanlage zur Säule B einstellen

■ Seitenscheibe hochfahren und parallel zur Dichtung B-Säule ausrichten.

■ Die Sechskantschrauben (3 und 4 im Bild 2) festschrauben.

Höheneinstellung der Seitenscheibe

■ Sechskantschraube für Höhenanschlag (1 im Bild 4) lösen.

■ Sechskantschraube (2) für Höhenanschlag vom Fensterheber lösen.

■ Seitenscheibe hochfahren.

■ Seitenscheibe zur Oberkante der Dichtung Tür-/Seitenscheibe(Pfeil A im Bild 3) einstellen.

■ Sechskantschraube (2 im Bild 4) anziehen.

■ Sechskantschraube für Höhenanschlag (1) anziehen.

■ Höhenanschlag (1) nach unten gegen die Seitenscheibe schieben und Sechskantschraube. Prüfen Sie die Funktion und Leichtgängigkeit der Fensterscheibe und des Fensterhebers.

Fensterheber hinten

Die Einstellung des Fensterhebers erfolgt über die Einstellung der Seitenscheibe.

Elektrische Fensterheber aus- und einbauen

■ Seitenscheibe vom Fensterheber (11 im Bild 1) abclipsen.

■ Seitenscheibe nach oben schieben und festsetzen (zum Beispiel mit Klebestreifen am Überrollbügel).

■ Fensterheber ganz herunterfahren.

■ Steckverbindung vom Motor für Fensterheber trennen. Bei mechanischen Hebern entfällt dieser Schritt.

3

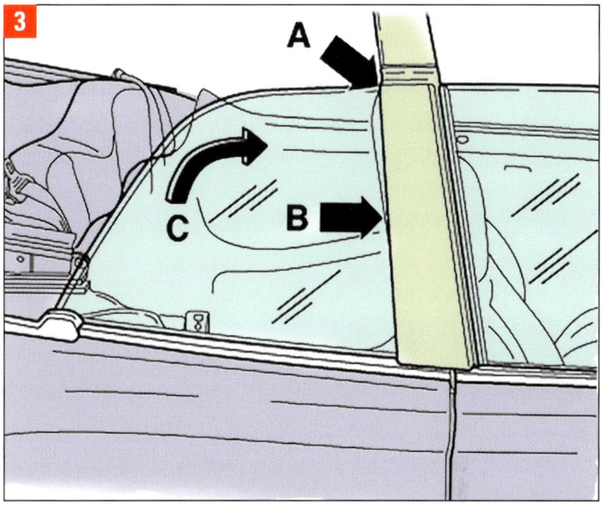

Hintere Scheibe im Seitenteil: A Abschluss in der Höhe, B Anlage an der Dichtung, C Scheibe hochschieben.

4

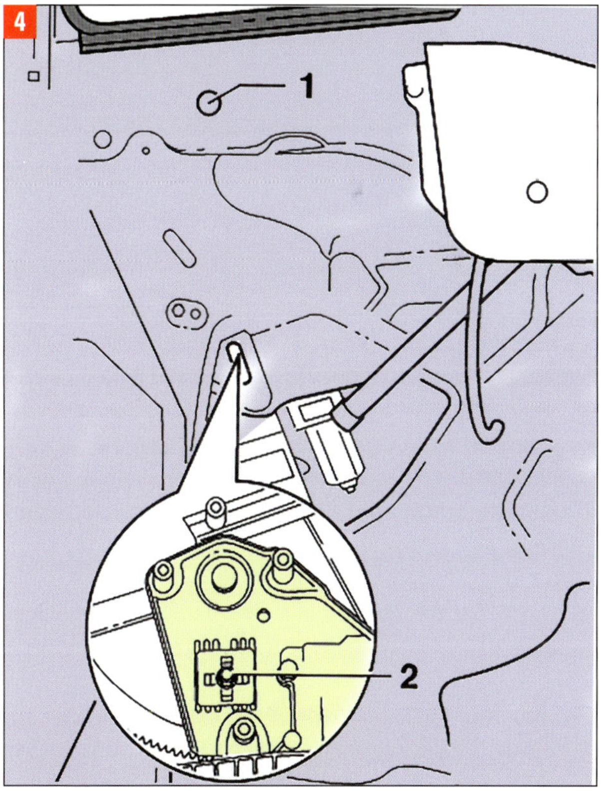

Höheneinstellung der Scheibe: 1 Schrauben für den Höhenanschlag der Scheibe, 2 Sechskantschraube.

■ Fensterheber abschrauben und nach unten herausnehmen.

■ Die Montage erfolgt sinngemäß in umgekehrter Reihenfolge. Nach der Montage ist die Einstellung der Seitenscheibe zu kontrollieren.

Heckscheibe

Die Heckscheibe ist einfach mit dem Dichtgummi eingesetzt. Diese Montageart war früher auch bei Windschutzscheiben üblich. Sie benötigen einen Helfer, um die Scheibe außen anzuhalten, während Sie von innen arbeiten. Das Verdeck muss für diese Arbeiten geschlossen sein. Nur so ist der im Verdeck verbaute Scheibenrahmen gespannt. Ab dem Baujahr 10/2000 ist die Heckscheibe Bestandteil des Verdeckbezugs.

Demontage

- Ziehen Sie die Steckkontakte von der Heckscheibenheizung ab. Klappen Sie dazu die beiden Vordersitze nach vorne und arbeiten Sie von der Rückbank aus.
- Drücken Sie vorsichtig das Dichtgummi nach außen vom Scheibenrahmen ab. Das Gummi muss lediglich um die innere Kante. Fangen Sie am besten oben in einer Ecke an.
- Drücken Sie vorsichtig die Scheibe und das Gummi nach außen. Je mehr Gummi nach außen gerutscht ist, umso leichter wird diese Arbeit.

Montage

Reinigen Sie den Scheibenrahmen und die Scheibendichtung gründlich. Es sollten keine Rückstände oder Verschmutzungen in der Nut vorhanden sein.

- Legen Sie eine Wäscheleine oder ein Kabel als Zugschnur in die Nut des Gummis. Diese Zugschnur muss in der Oberfläche glatt sein. Der Anfang und das Ende müssen sich an einer Ecke um etwa 15 cm überschneiden.
- Legen Sie die Scheibe nun auf den Scheibenrahmen auf.
- Lassen Sie einen Helfer auf die Scheibe drücken und ziehen Sie die Zugschnur möglichste rechtwinklig nach oben heraus. Die Gummilippe wird so nach innen gezogen und ermöglicht die Scheibenmontage.
- Klopfen Sie mit der flachen Hand von außen auf die Scheibe. So kann sich das Scheibengummi in den Rahmen einsetzen. Achten Sie darauf, dass die Scheibe gleichmäßig in den Scheibenrahmen rutscht.

Scheibe ausbauen: Vorsichtig von einer Ecke ausgehend das Scheibengummi nach außen bringen.

Scheibe einbauen: Die Zugschnur kreuzt sich in einer Ecke. So kann das Scheibengummi nach innen gezogen werden.

Kontrolle: Das Scheibengummi muss außen sichtbar gleichmäßig aufliegen.

Verdeck

Wie Sie schon an den Abbildungen erkennen können, ist der Unterschied zwischen den unterschiedlichen Bauserien, mal abgesehen von der Heckscheibe, nicht zu erkennen. Von den schrauberischen Arbeiten ist auch kein Unterschied erfassbar. Wir werden Ihnen nun in diesem Unterkapitel einige Arbeiten rund um das Verdeck und die Betätigung vorstellen. Zwar sind diese Arbeiten für einen erfahrenen Mechaniker nicht besonders anspruchsvoll, wenn Sie sich jedoch nicht sicher sind, sollten Sie diese Arbeiten mit Hilfe eines Sattlers oder eben eines Mechaniker durchführen, der Erfahrungen mit den Arbeiten rund um das Verdeck hat.

Demontage des Verdecks

- Rücksitzlehne (Lehnenunterteil) entriegeln und umklappen.
- Sechskantschrauben (1 im Bild 3) mit Unterlegscheiben herausdrehen und Rückenlehnenoberteil (2) vom hinteren Querträger nach oben abziehen (Pfeil). Das Rückenlehnenoberteil (2) mit Sicherheitsgurten in den Kofferraum ablegen.
- Verdeck entriegeln und etwas anheben (Verdeck entspannen).

1

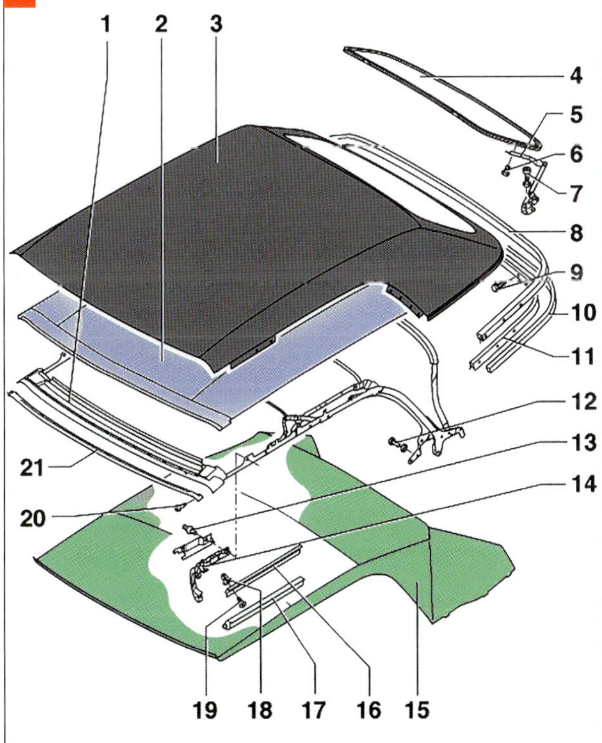

Verdeck bis 09/2000: 1 Verdeckgestell, 2 Polstermatte, 3 Verdeckbezug, 4 Rahmen für Heckscheibe, 5 Scharnier, 6 Schraube, 7 Schraube, 8 Dichtung/Verdeckrahmen, 9 Schraube, 10 Dichtband, 11 Verdeckstoffhaltebügel, 12 Schraube, 13 Verschlussbolzen, 14 Verdeckverschluss, 15 Verdeckhimmel, 16 Einfassschiene, 17 Dichtung/Dachrahmen, 18 Spreizmutter, 19 Schraube, 20 Schraube, 21 Klemmleiste.

2

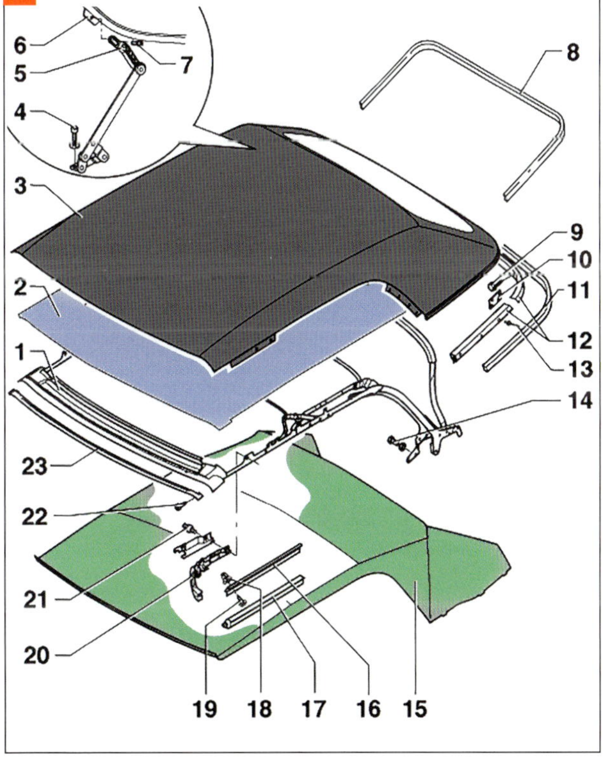

Verdeck ab 10/2000: 1 Verdeckgestell, 2 Polstermatte, 3 Verdeckbezug, 4 Schraube, 5 Scharnier, 6 Aufnahme für Scharnier, 7 Schraube, 8 Dichtung/Verdeckrahmen, 9 Schraube, 10 Verbindungsblech, 11 Dichtband, 12 Geteilter Verdeckstoffhaltebügel, 13 Nieten für Verbindungsblech, 14 Schraube, 15 Verdeckhimmel, 16 Einfassschiene, 17 Dichtung/Dachrahmen, 18 Spreizmutter, 19 Schraube, 20 Verdeckverschluss, 21 Verschlussbolzen, 22 Schraube, 23 Klemmleiste.

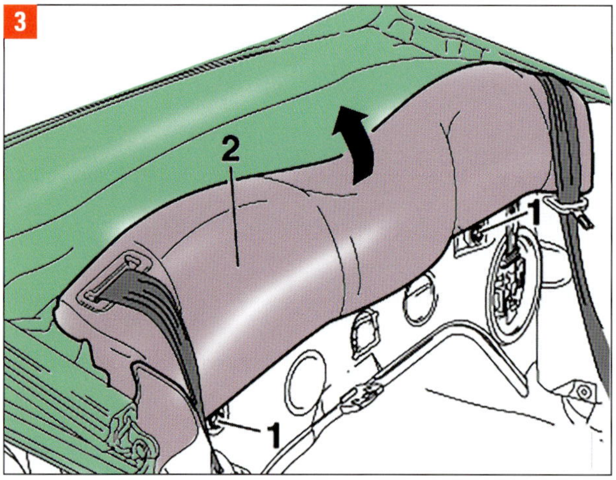

Rückenlehnenoberteil abnehmen: 1 Sechskantschraube, 2 Rückenlehnen-Oberteil.

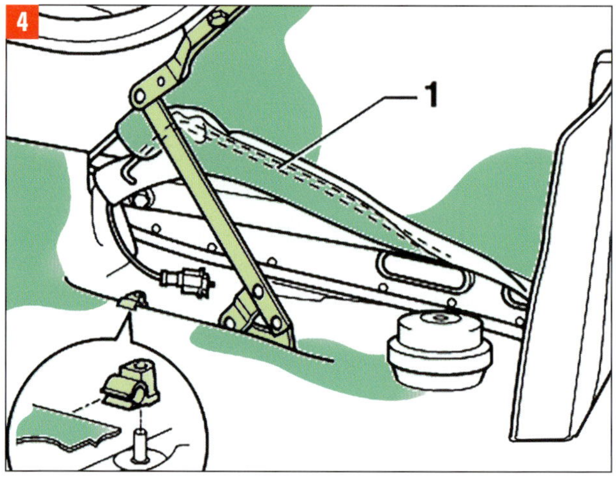

Verdeckhimmel aushängen: Verdeck (1) mit Drahtbügel aus dem Clip aushängen.

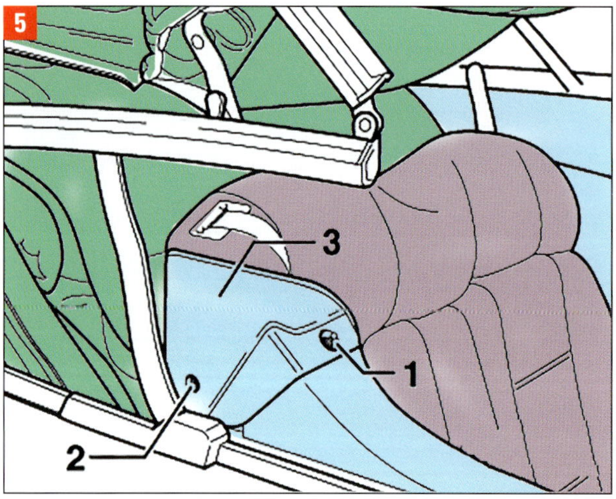

Seitlich im Fensterbereich: 1 Kugelbolzen für den Druckknopf, 2 Kreuzschlitzschraube, 3 Abdeckung (Verkleidung).

Verdeckhimmel aushängen: Der Pfeil zeigt die Position der Schraube rechts. Auf der linken Seite finden Sie die zweite Schraube.

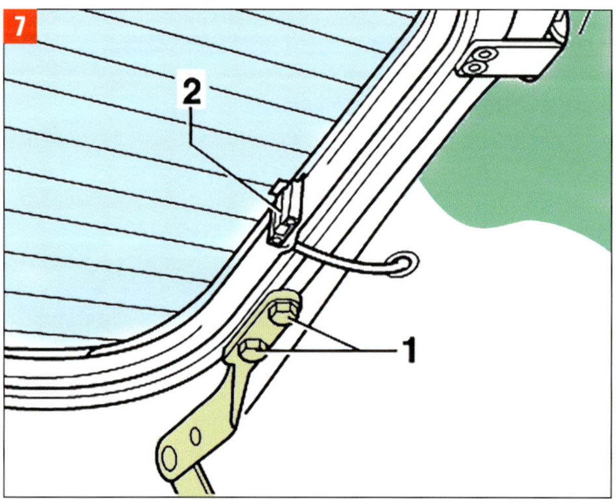

Heckscheibenscharnier bis 09/2000: 1 Sechskantschrauben, 2 Stecker Heckscheibenheizung.

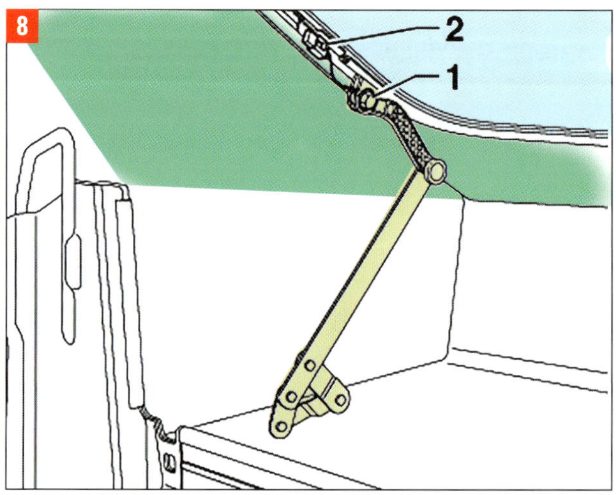

Heckscheibenscharnier ab 10/2000: 1 Sechskantschrauben, 2 Stecker Heckscheibenheizung.

- Verdeckhimmel (1 im Bild 4) in den hinteren Eckbereichen links/rechts ausclipsen.
- Verdeck so weit wie in Abbildung 5 gezeigt öffnen.
- Kugelbolzen für Druckknopf (1 im Bild 5) und Kreuzschlitzschraube (2) herausdrehen.
- Abdeckung (3) abnehmen und Verdeck ganz absenken.
- Verdeckhimmel (Pfeil im Bild 6) links/rechts abschrauben.

Heckscheibenscharnier ausbauen bis 09/2000

- Sechskantschrauben (1 im Bild 7) links/rechts vom Heckscheibenscharnier herausdrehen.
- Steckverbindung (2) für die Heckscheibenheizung trennen und aus der Heckscheibendichtung herausziehen (das Gehäuse für Flachstecker vorher abhebeln).

Heckscheibenscharnier ausbauen ab 10/2000

- Sechskantschrauben (1 im Bild 8) links/rechts vom Heckscheibenscharnier herausdrehen.
- Das Steckergehäuse für Flachstecker der Heckscheibenheizung (2) abhebeln.
- Steckverbindung (2) für die Heckscheibenheizung trennen und aus der Heckscheibendichtung herausziehen.

weiter für alle Fahrzeuge

- Die Clips für Teppichbefestigung mit einem Abdrückhebel oder einem anderen geeigneten Werkzeug herausziehen.
- Die Kombischrauben (1 im Bild 9) (12 Stück) herausdrehen und Verdeckstoffhaltebügel (2) abziehen. Das Dichtband zwischen Verdeckstoffhaltebügel (2) und Karosserie kann zu einer leichten Verklebung des Verdeckstoffhaltebügels führen.
- Verdeckstoffhaltebügel (1 im Bild 10) mit Heckscheibe (2) nach vorn umlegen. Ziehen Sie die elektrischen Leitun-

9

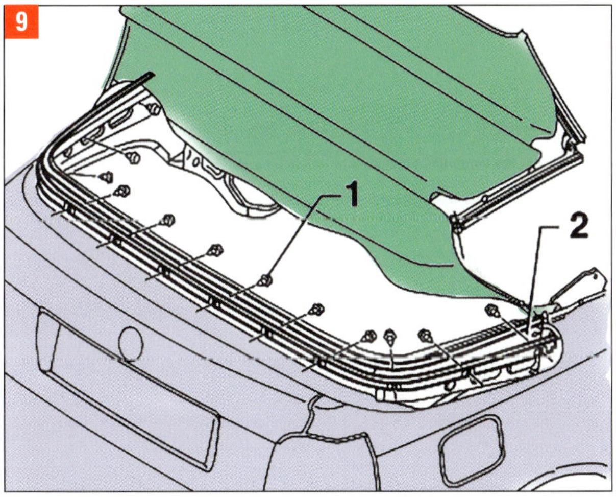

Im Fahrzeugheck: 1 Kombischrauben, 2 Verdeckstoffhaltebügel.

10

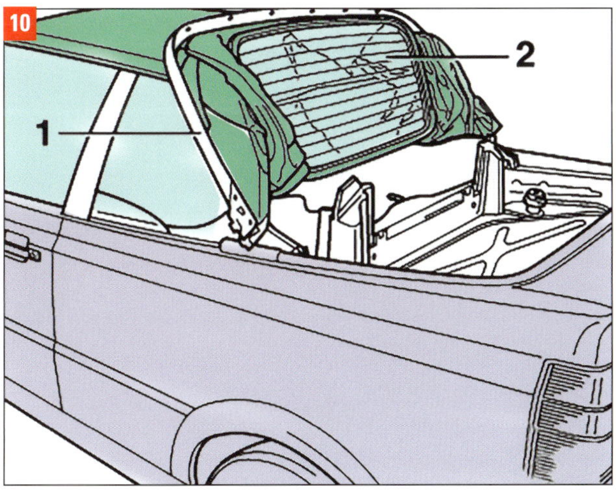

Verdeck abklappen: 1 Verdeckstoffhaltebügel, 2 Heckscheibe (Rückblickscheibe).

11

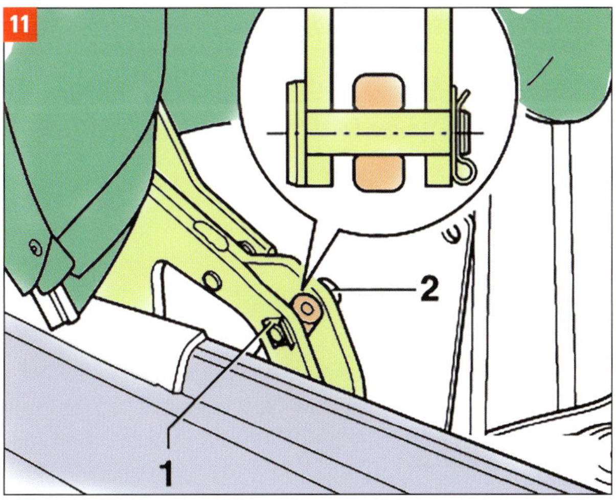

Gasdruckfeder oder Hydraulikzylinder: 1 Sicherungsscheibe, 2 Gasdruckfeder oder Hydraulikzylinder (E-Verdeck).

gen für Heckscheibenheizung aus den Führungslaschen heraus.

- Ziehen Sie die Sicherungsscheibe (1 im Bild 11) vom Bolzen/Hydraulikzylinder (Gasdruckfeder) (2) ab. Bolzen herausziehen und Hydraulikzylinder (Gasdruckfeder) vom Verdeckgestell abziehen. Ab 09/1995 wird nur noch auf der linken Verdeckseite eine Gasdruckfeder verbaut.
- Sechskantschrauben mit Unterlegscheiben (1 im Bild 12) vom Halter Hydraulikzylinder (Gasdruckfeder) herausdrehen.
- Sechskantschrauben mit Federscheiben (2) vom Hauptlager herausdrehen.
- Verdeck vom Fahrzeug nach oben von der Karosserie abnehmen. Dazu ist ein zweiter Monteur erforderlich.
- Der Einbau erfolgt sinngemäß in umgekehrter Reihenfolge. Wenn Sie ein Verdeck verwenden, bei dem der Scheibenausschnitt noch nicht vorgearbeitet ist, müssen Sie das Verdeck vor dem Ausschnitt sauber montiert und verspannt haben.

Einstellen des Verdecks

Die Verdeckeinstellung zur Vermeidung von Undichtigkeiten und Windgeräuschen sollten Sie gelegentlich überprüfen und eventuell korrigieren. Die Verdeckspitze (1 im Bild 13) muss ca. 5 mm (Pfeile) unterhalb des Scheibenrahmens (2) zur Anlage kommen.

- Verdeck öffnen und Torxschraube T20 (1 im Bild 14) für den Verriegelungshaken (2) lösen.
- Verriegelungshaken (2) links/rechts einstellen und Torxschraube wieder festziehen.
- Türscheibeneinstellung überprüfen und eventuell korrigieren.

Wechsel des Verdeckstoffs

Der Unterschied in der Arbeitsweise liegt im Wesentlichen an der Heckscheibe. Wir werden Ihnen die Montageanweisung für beide Bauweisen zusammenstellen und die Unterschiede soweit erforderlich hervorheben.

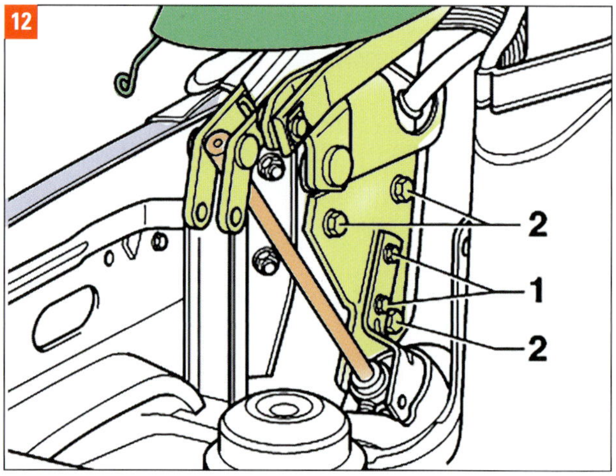

Halterung am Fahrzeug: 1 Schrauben mit Scheiben, 2 Sechskantschrauben mit Federscheiben.

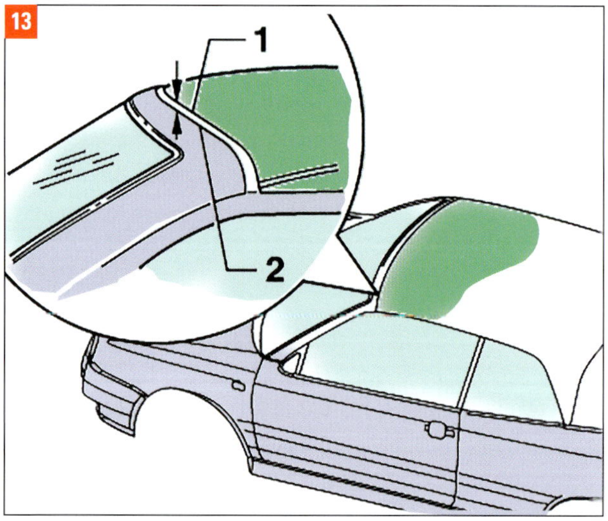

Spaltmaß einpassen: 1 Verdeckspitze, 2 Scheibenrahmen.

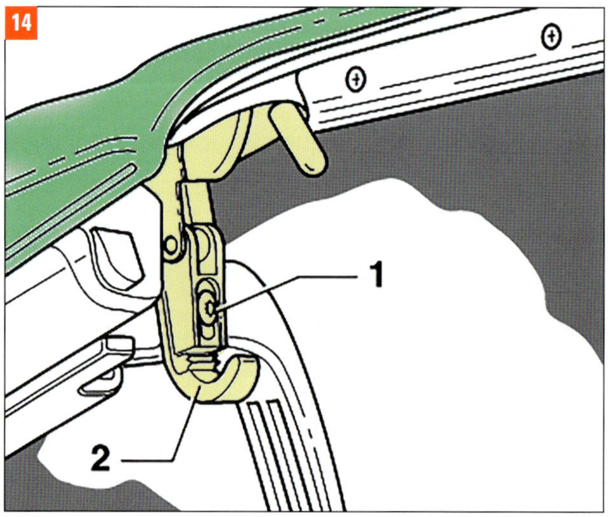

Verdeckriegel: 1 Torxschraube, 2 Verdeckhaken.

- Steckverbindung von Heckscheibenheizung, wie schon beschrieben, trennen und die Kabel aus Heckscheibendichtung herausziehen.
- Heckscheibe, wie schon beschrieben, herausdrücken.
- Verdeckbezug umlaufend vom Heckscheibenrahmen durch Heraushebeln der Stahlheftklammern im Scheibenrahmen lösen.
- Verdeckhimmel (1 im Bild 4) in den hinteren Eckbereichen links/rechts ausclipsen.
- Die Dichtung (1 im Bild 15) vom vorderen Dachrahmen abziehen.
- Die Einfassschiene (2) abschrauben (Torxschlüssel T20) und beiseite legen.
- Anschließend die Clips (3) heraushebeln.
- Nun die Klemmleiste (1 im Bild 16) an der Verdeckspitze abschrauben.
- Der Verdeckbezug ist auf der Verdeckspitze verklebt. Er muss jetzt abgezogen werden.
- Als Nächstes die Niete (1 im Bild 17) für Spannseilbefestigung entfernen (Nietkopf abbohren und Nietschaft mit einem Dorn aus dem Verdeckgestell heraustreiben).
- Dichtung (1 im Bild 18) vom hinteren Dachrahmen abziehen und die Einfassschiene (2) abschrauben (Torx T20).

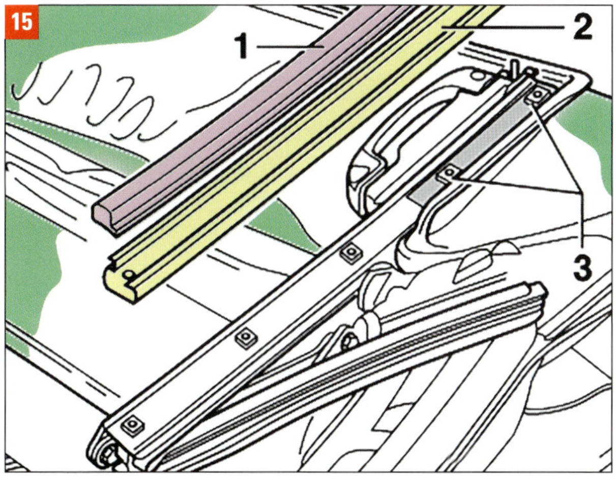

Vorderer Dachrahmen: 1 Dichtung, 2 Einfassschiene, 3 Clips.

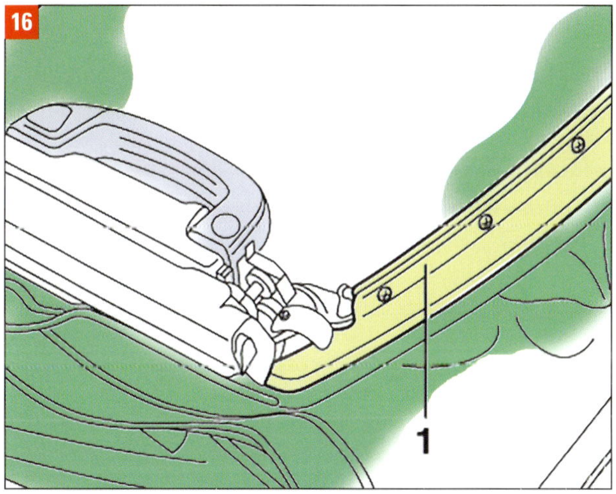

Verdeckspitze: 1 verschraubte Klemmleiste, die auf dem Dichtgummi des Frontscheibenrahmens aufliegt.

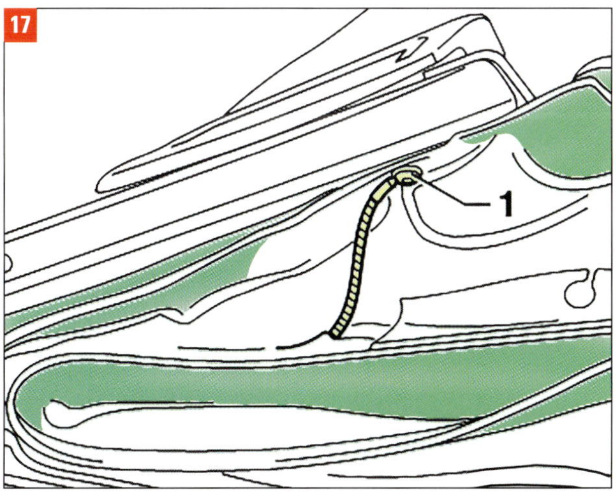

Spannseilbefestigung vorne: 1 vernietete Spannseilbefestigung am Verdeckgestell vorne.

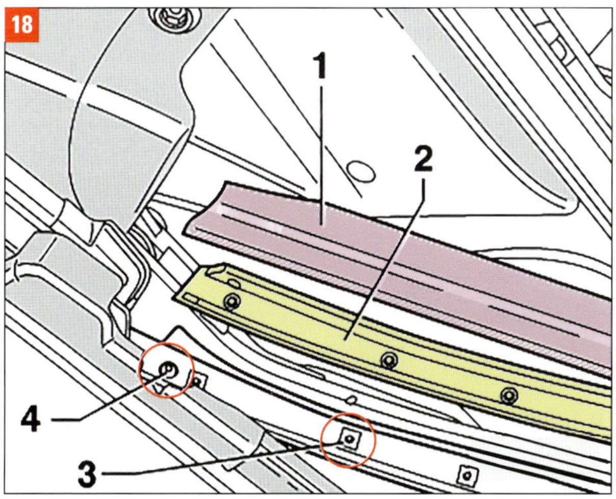

Befestigung im Fensterbereich: 1 Dichtung, 2 Einfassschiene, 3 Clips, 4 Niete.

- Die Clips (3) rechts und links heraushebeln.
- Die Nieten (4) entfernen (Nietkopf abbohren und Nietschaft mit einem Dorn aus dem Verdeckgestell heraustreiben).
- Dann den verklebten Verdeckbezug vom Dachrahmen hinten abziehen und das Spannseil (2 im Bild 19) aus Verdeckbezug (1) herausziehen.
- Niete (3) entfernen (Nietkopf abbohren und Nietschaft mit einem Dorn aus Verdeckgestell heraustreiben).
- Verdeckbezug im Randbereich (zur besseren Demontage) umlaufend abschneiden. Spanngurt und Verdeckhimmel dürfen beim Abschneiden nicht beschädigt werden.
- Clips für Teppichbefestigung mit einem Abdrückhebel oder einem anderen geeigneten Werkzeug ausziehen.
- Kombischrauben (1 im Bild 9) (12 Stück) herausdrehen und Verdeckstoffhaltebügel (2) abziehen. Das Dichtband zwischen Verdeckstoffhaltebügel (2) und Karosserie kann zu einer leichten Verklebung des Verdeckstoffhaltebügels führen.
- Niete (1 im Bild 20) vom Verdeckstoffhaltebügel (2) entfernen (Nietkopf abbohren und Nietschaft mit einem Dorn aus dem Verdeckstoffhaltebügel heraustreiben). Weiße Befestigungslaschen (3) für die Transportschutzplane können bei der Montage entfallen.
- Verdeckbezugstreifen aus dem Verdeckstoffhaltebügel herausziehen.

Montage des neuen Verdecks

- Verdeckstoffhaltebügel (1 im Bild 21) mit Montagewinkel »V.A.G 1887« (2) an Karosserie anschrauben.
- Verdeckbezug mit Hilfe von einem Silikon-Gleitmittel-Spray in Verdeckstoffhaltebügel einziehen.
- Mittenmarkierung/Verdeckbezug (1 im Bild 22,Schweißpunkt) mit Mittenmarkierung/Verdeckstoffhaltebügel (2) (Bohrung im Verdeckstoffhaltebügel) ausrichten.
- Wasserabweiser (1 im Bild 23) mit Nieten (2) an Verdeckstoffhaltebügel (3) befestigen.

19

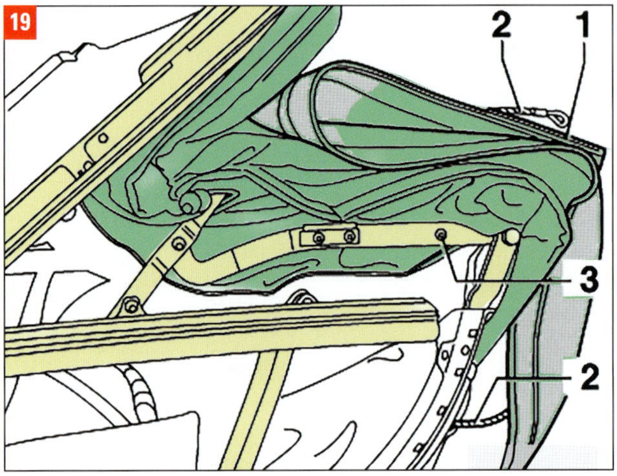

Spannseil herausziehen: 1 Verdeckbezug, 2 Spannseil, 3 Niete.

20

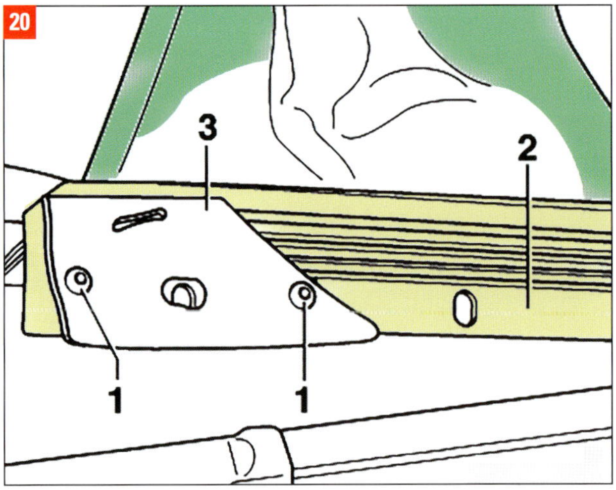

Lasche für Transportschutzfolie: 1 Niete, 2 Verdeckstoffhaltebügel, 3 Befestigungslasche für die Transportschutzfolie.

21

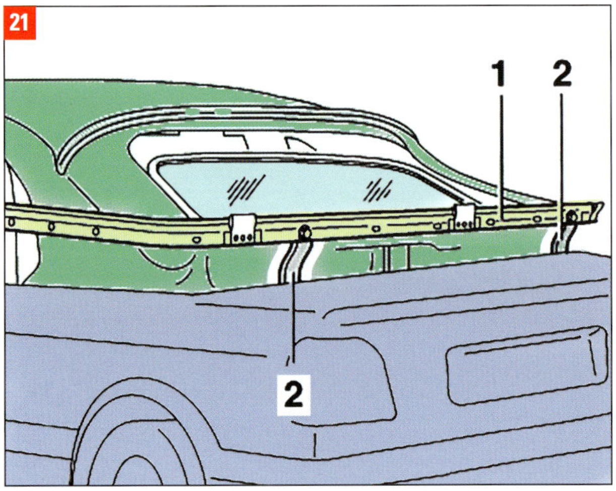

Vormontage: 1 Verdeckstoffhaltebügel, 2 Montagewinkel »VAG 1887«.

- Den Montagewinkel (2 im Bild 21) »V.A.G 1887« abschrauben.
- Verdeckstoffhaltebügel mit Karosserie verschrauben.
- Spannseil (1 im Bild 24) links/rechts in Seitenführung (2) eindrücken mit einem Hilfsdraht einziehen.
- Das Spannseil im vorderen Bereich (1 im Bild 17) festnieten.
- Verdeckbezug auf Dachspitze aufstecken, ausrichten und mit 2-Komponenten-Kunstlederkleber ankleben.
- Klemmleiste/Verdeckspitze montieren (Bild 16).
- Befestigungsstreifen/Verdeckbezug rechts und links der Arretierhebel an Dachrahmen mit 2-Komponenten-Kunstlederkleber ankleben.
- Niete (4 in Bild 18) einziehen, Clipse (3) einsetzen, Einfassschiene (2) anschrauben und Dichtung (1) montieren.
- Heckscheibenrahmen zum Eckspriegel parallel ausrichten. Dazu ein Messholz(1) (ca. 60 mm x 20 mm, Länge ca. 460 mm) zwischen Heckscheibenrahmen und Eckspriegel klemmen.
- Verdeck schließen. Verdeckbezug muss umlaufend am Heckscheibenrahmen anliegen.
- Verdeckbezug (zuerst in den Radien Pfeile im Bild 25) an den Heckscheibenrahmen mit Stahlklammern (8 mm,

22

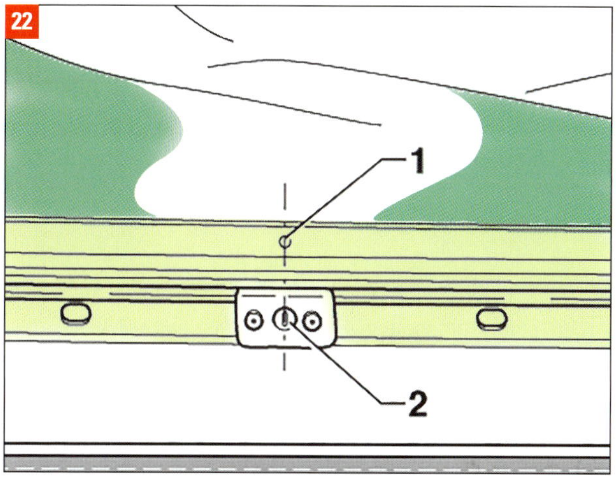

Mittenmarkierung und Verdeckbezug: 1 Schweißpunkt, 2 Bohrung im Verdeckstoffhaltebügel.

23

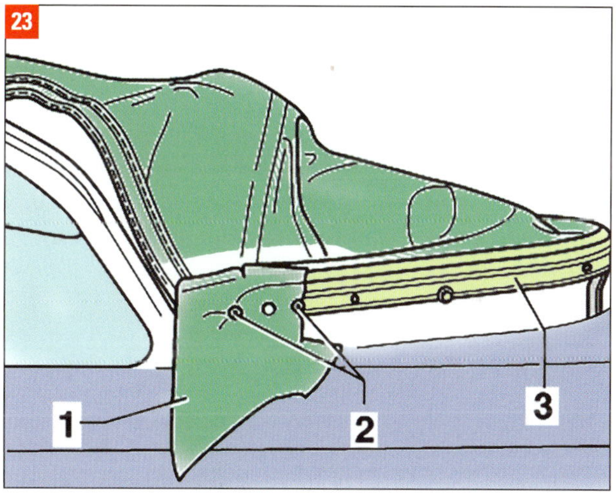

Vorarbeiten am Verdeck: 1 Wasserabweiser, 2 Niete, 3 Verdeckhaltebügel.

24

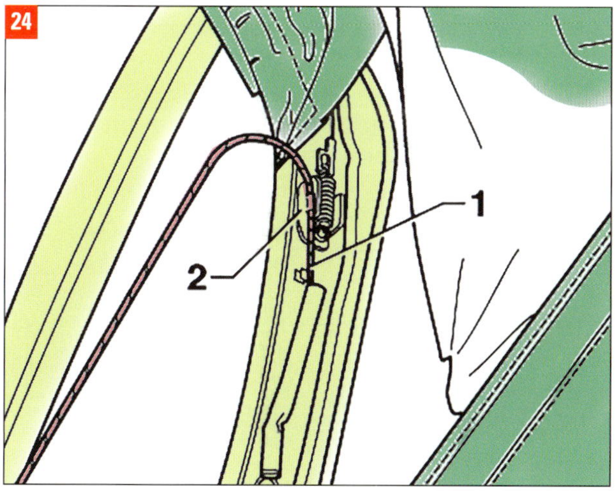

Spannseil am Verdeckgestell: 1 Spannseil, 2 Seitenführung.

25

Befestigung im Heckscheibenbereich: Pfeile = Schnittlinie und Befestigung am Scheibenflansch.

nicht rostend) befestigen (tackern). Kontrollmessungen zwischen Rückblickscheibenrahmen und Verdeckstoffquernaht durchführen. Verdeckbezug nicht vor dem Annageln an den Heckscheibenrahmen einschneiden.

- Verdeckbezug entlang dem inneren Scheibenflansch (Bild 25) bündig ausschneiden.
- Heckscheibe einbauen und mit Dichtmasse zusätzlich umlaufend abdichten. Eine eventuelle Faltenbildung des Verdeckstoffs kann durch Erwärmen des Verdeckbezuges mit einem Heißluftgebläse beseitigt werden.

Hydraulische Verdeckpumpe befüllen

Beim elektrisch-/hydraulischem Verdeck handelt es sich um ein geschlossenes hydraulisches System. Ein Befüllen ist in der Regel nur nach einem Öffnen des hydraulischen Kreislaufes (z. B. nach einem Teiletausch) nötig. Aufgrund des Hubes und des Verdrängungseffektes der hydraulischen Kolbenstangen darf der Ölstand des Hydrauliköls nur bei geöffnetem Verdeck ermittelt werden. System nicht über »Max«-Markierung befüllen. Der Druck im System könnte sonst so groß werden, dass Beschädigungen nicht ausgeschlossen sind.

- Eventuell vorhandenen CD-Player ausbauen.
- Kreuzschlitzschrauben (Pfeile im Bild 26) der linken Gepäckraumverkleidung herausdrehen und die Verkleidung ausbauen.
- Öleinfüllschraube (1 im Bild 27) herausdrehen.
- Hydrauliköl nur so weit nachfüllen, bis sich der Ölstand zwischen »Min«- und »Max«-Markierung (2) befindet.
- Zum Auffüllen des Hydrauliköls eignet sich eine Ölkanne. Zum Befüllen muss das Verdeck geöffnet sein, nur im geöffneten Zustand lässt sich der tatsächliche Ölstand ermitteln.
  Um Verunreinigung des Hydrauliköls mit anderen Ölen zu vermeiden, darf die Ölkanne ausschließlich für diesen Zweck benutzt werden.
- Öleinfüllschraube (1) festdrehen (5 Nm).

Hydraulische Verdeckpumpe entlüften

Das Hydrauliksystem ist selbstentlüftend. Nach mehrmaligem Betätigen ist das System entlüftet.

- Öleinfüllschraube (1 im Bild 27) lösen.
- Zündung ein- und wieder ausschalten, Schlüssel im Zündschlosssteckenlassen.
- Verdeckschalter betätigen und Verdeck 4- bis 5-mal öffnen und schließen. Durch das mehrmalige Öffnen und Schließen entlüftet sich das System selbsttätig.
- Das Verdeck muss sich gleichmäßig und ruckfrei öffnen und schließen lassen.
- Ölstand muss sich bei geöffnetem Verdeck zwischen der

26

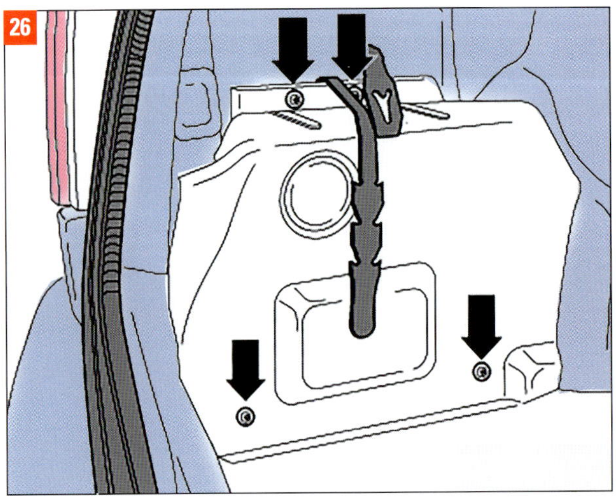

Abdeckung über der Hydraulikpumpe: Pfeile = Verschraubungen für die Abdeckung.

27

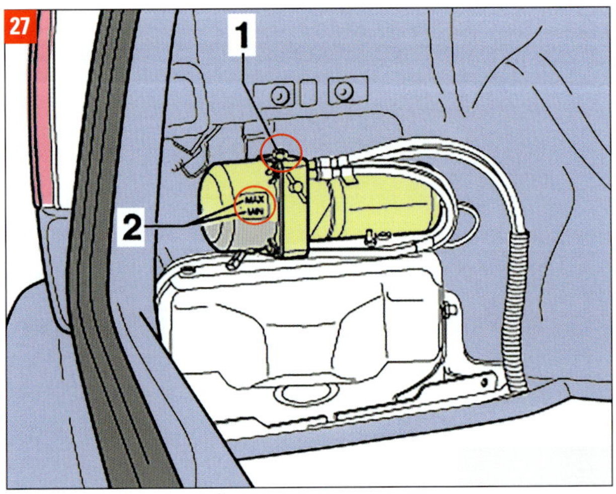

Hydraulikpumpe: 1 Öleinfüllschraube, 2 Füllstandsmarkierungen am Vorratsbehälter.

»Min«- und »Max«-Markierung (2) befinden, gegebenenfalls korrigieren.

- Öleinfüllschraube (1) festdrehen (5 Nm).

Hydraulischern Hubzylinder oder Dämpfer ausbauen

Die Montagearbeiten unterscheiden sich bis auf die hydraulischen Anschlüsse nicht oder zumindest aus schrauberischer Sicht nur unwesentlich voneinander. Wir werden Ihnen eine allgemeingültige Anweisung zur Verfügung stellen, die beide Systeme abdeckt.

Hydraulisches Verdecksystem

- Knebelschraube an der Hydraulikpumpe lösen, damit eventuell vorhandener Restdruck aus dem System entweichen kann. Das Hydrauliksystem ist empfindlich gegen jeglichen Schmutzeintritt. Sobald das System geöffnet wird, müssen die entsprechenden Bauteile abgedeckt werden, damit kein Schmutz in das Hydrauliksystem gelangen kann.

Manuelles Verdecksystem

Ab 09/1995 wird nur noch auf der linken Verdeckseite eine Gasdruckfeder verbaut.

- Öffnen Sie das Verdeck um den Gasdruckdämpfer zu entspannen.

Beide Systeme

- Seitenverkleidung ausbauen.

- Nehmen Sie die Sicherungsscheibe (2) ab, um den Haltebolzen (1) rauszudrücken.

Hydraulisches Verdecksystem

- Die Kolbenstange des Hydraulikzylinders (3) vom Verdeckgestell abziehen.

- Hydraulikschläuche (4) markieren und vom Hydraulikzylinder abschrauben und Anschlüsse abdecken.

Beide Systeme

- Sechskantschrauben mit Unterlegscheiben (5) vom Halter Hydraulikzylinder/Gasfeder herausdrehen.

- Hydraulikzylinder/Gasfeder herausnehmen.

- Die Montage erfolgt sinngemäß in umgekehrter Reihenfolge.

28

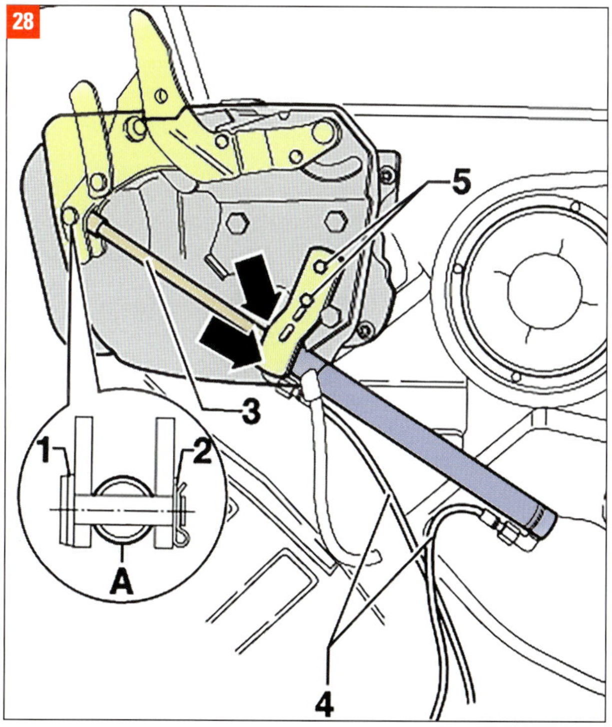

Hydraulikzylinder: 1 Haltebolzen, 2 Sicherungsscheibe, 3 Kolbenstange, 4 Hydraulikschläuche, 5 Sechskantschrauben mit Unterlegscheiben.

29

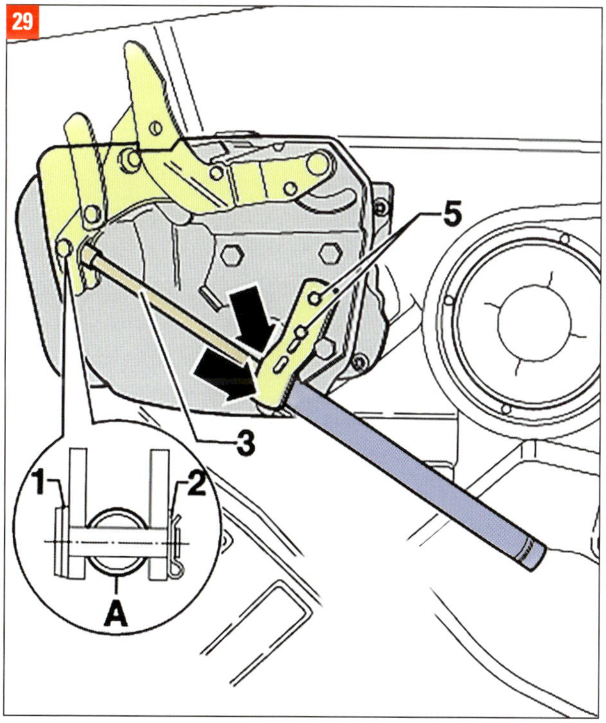

Verdeckdämpfer: 1 Haltebolzen, 2 Sicherungsscheibe, 3 Kolbenstange, 4 Hydraulikschläuche, 5 Sechskantschrauben mit Unterlegscheiben.

Karosseriemaße Vorderwagen

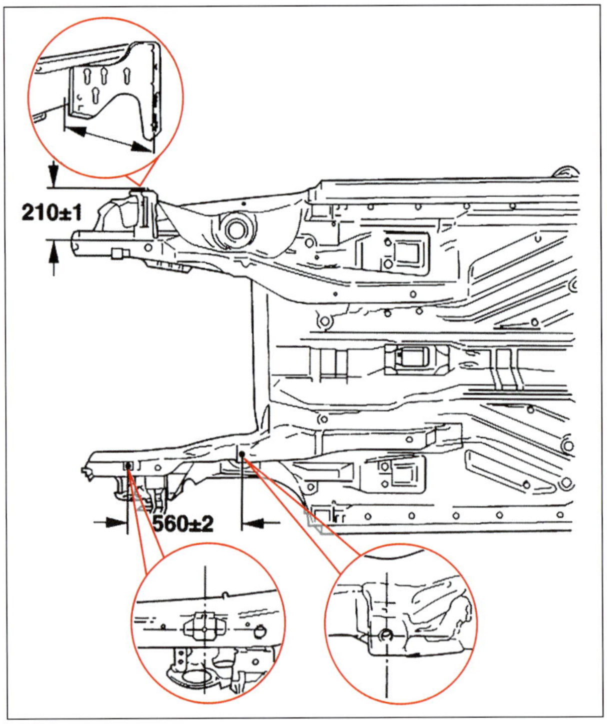

Rahmen unten: Messpunkte längs mit Ausleger.

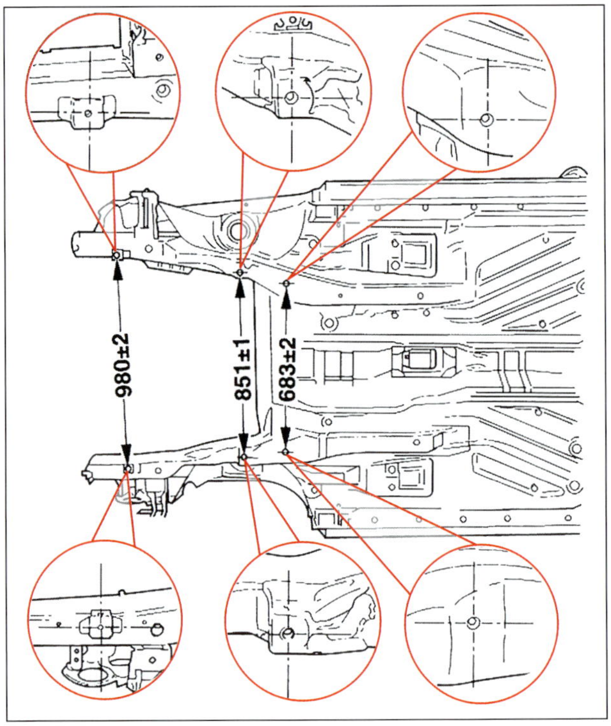

Rahmen unten: Messpunkte quer.

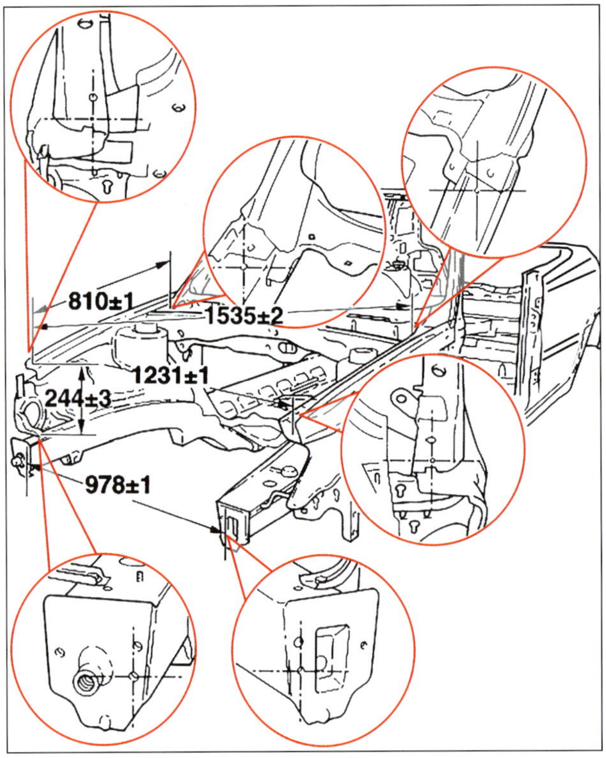

Messpunkte Vorderwagen: längs und quer.

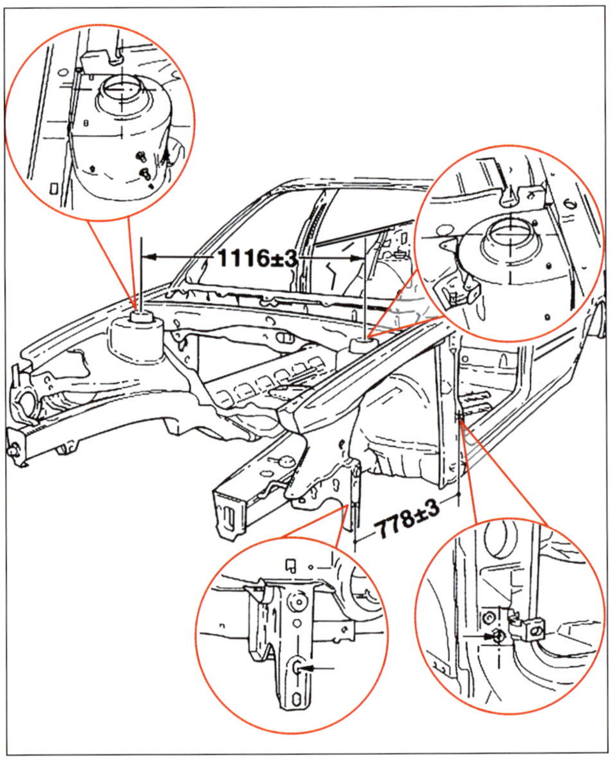

Messpunkte Vorderwagen: Domabstand und Radhaus.

Kühlergrill

Beim Kühlergrill finden Sie zwei unterschiedliche Ausführungen, die wir Ihnen auch für die Montage näher darstellen wollen.

Kühlergrill aus- und einbauen bis Modelljahr 02/1998

- Motorhaube öffnen.
- Entriegeln Sie mit einem kleinen Schraubendreher die oberen und unteren Rastnasen (A).
- Ziehen Sie den Kühlergrill (1) nach oben vom Schlossträger ab.
- Clipsen Sie die Lamellen (2) und das Firmenzeichen (4) heraus.
- Clipsen Sie die Blendleiste aus Stahlblech vom Kühlergrill ab.
- Der Einbau erfolgt sinngemäß in umgekehrter Reihenfolge.

Kühlergrill aus- und einbauen ab Modelljahr 03/1998

- Motorhaube öffnen.
- Lösen Sie den Dichtstreifen (8) vom Kühlergrill (1).
- Entriegeln Sie durch die Bohrung (Pfeil) mit einem Schraubendreher (7) die beiden Rasthaken (3).
- Ziehen Sie die beiden Kreuzzapfen (2) aus dem Schlossträger heraus.
- Nehmen Sie den Kühlergrill (1) nach oben ab.
- Clipsen Sie das Firmenzeichen (6) heraus.

Bei der Montage muss der Kühlergrill (1) nach der Mittenfixierung (5) ausgerichtet werden.

- Stecken Sie die unteren Zapfen (4) in die Stoßfängerabdeckung.
- Verclipsen Sie den Kühlergrill im oberen Bereich.
- Der weitere Einbau erfolgt sinngemäß in umgekehrter Reihenfolge.

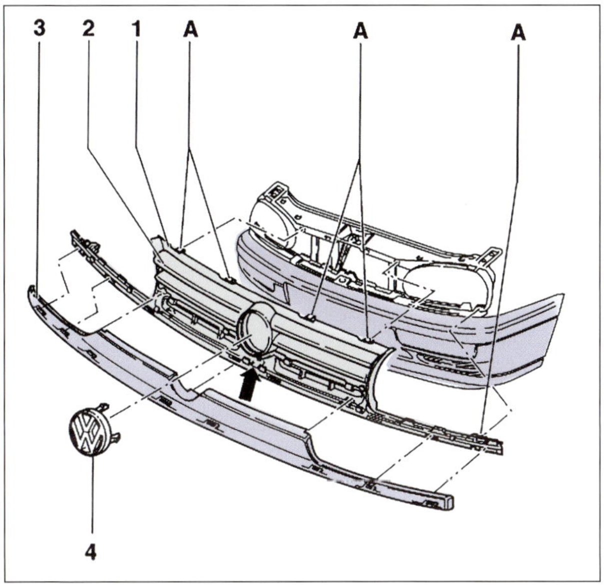

Kühlergrill bis Modelljahr 02/1998: 1 Kühlergrill, 2 Lamellen, 3 Blendleiste aus Blech, 4 VW-Logo, A Rastnasen.

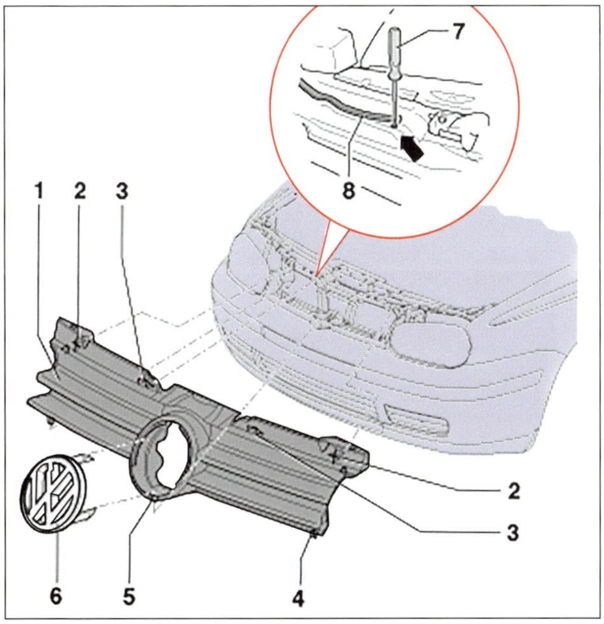

Kühlergrill ab Modelljahr 03/1998: 1 Kühlergrill, 2 Kreuzzapfen, 3 Rasthaken, 4 Zapfen, 5 Mittenfixierung, 6 VW-Logo, 7 Schraubendreher, 8 Dichtstreifen.

Stoßfänger vorne

Stoßfänger vorn bis Modelljahr 02/1998

- Kühlergrill und Spreizclips (Verbindungselemente zwischen Stoßfängerabdeckung und Radhausschale) ausbauen.
- Spritzdüsen der Scheinwerferreinigungsanlage (soweit verbaut) abschrauben.
- Sechskantschrauben (8 Stück) herausdrehen.
- Luftführungen von der Stoßfängerabdeckung lösen.
- Steckverbindungen trennen.
- Rastnase unter dem Scheinwerfer links/rechts mit Schraubendreher herunterdrücken und Stoßfängerabdeckung parallel aus den seitlichen Führungen herausziehen.
- Der Einbau erfolgt sinngemäß in umgekehrter Reihenfolge.

Stoßfänger vorn ab Modelljahr 03/1998

- Kühlergrill ausbauen.
- Äußere Lüftungsgitter ausclipsen.
- Clips (2) und (15) herausziehen.
- Eckteile Pos. 10 abschrauben.

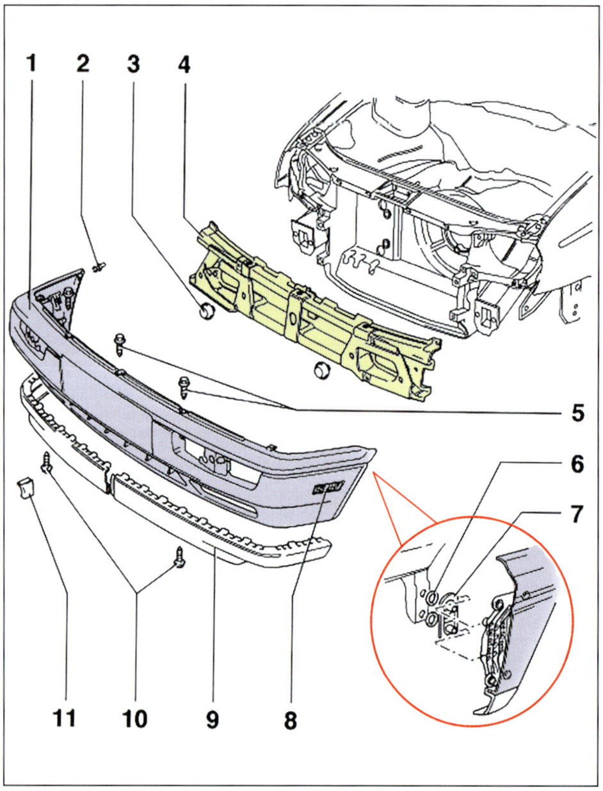

Stoßfänger vorn bis Modelljahr 02/1998: 1 Abdeckung, 2 Spreizniete, 3 Puffer/Querträger, 4 Querträger, 5 Sechskantschraube, 6 Dichtscheibe (Kunststoff), 7 Führungsteil, 8 Seitenmarkierung (nur US-Markt), 9 Spoiler, 10 Sechskantschraube, 11 Abdeckteil.

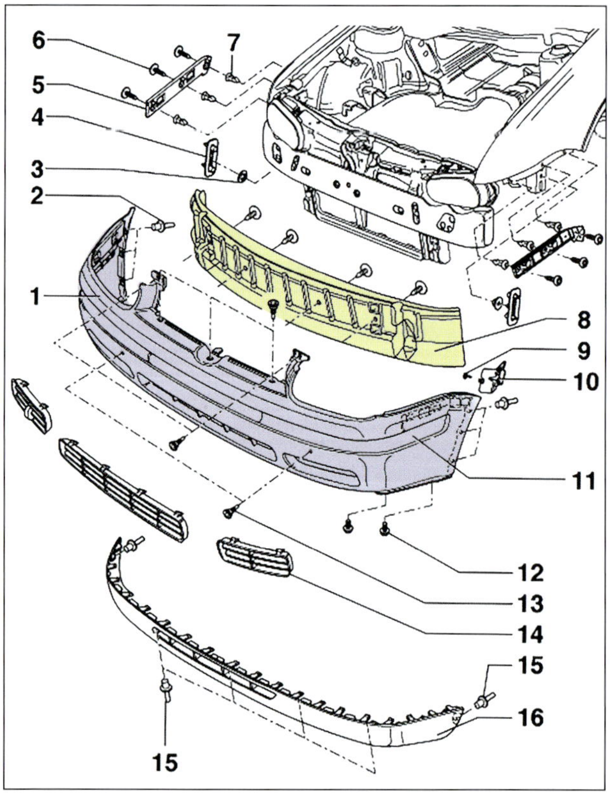

Stoßfänger vorn ab Modelljahr 03/1998: 1 Abdeckung, 2 Clip, 3 Sechskantmutter, 4 Halter, 5 Führungsteil, 6 Schraube, 7 Spreizmutter, 8 Stoßabsorber, 9 Schraube, 10 Eckteil, 11 Stoßleiste, 12 Schraube, 13 Schraube, 14 Lüftungsgitter, 15 Clip, 16 Spoiler.

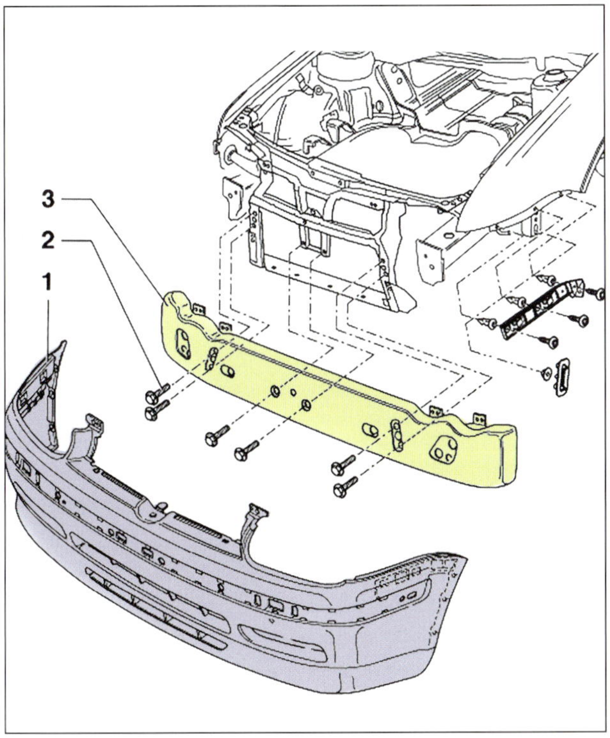

Stoßfängerträger vorn ab Modelljahr 03/1998: 1 Abdeckung, 2 Schraube, 3 Stoßfängerträger.

- Luftführungsteile von der Abdeckung (1) abschrauben.
- Schrauben (13) herausdrehen.
- Abdeckung (1) von den Führungsteilen (5) und Haltern (4) links und rechts abziehen.
- Der Einbau erfolgt sinngemäß in umgekehrter Reihenfolge.

Stoßfängerträger ab Modelljahr 03/1998 ausbauen:

- Kühlergrill, Scheinwerfer und Abdeckung des Stoßfängers vorne wie schon beschrieben ausbauen.
- Schlauch für Scheinwerferreinigungsanlage, soweit verbaut, vom Stoßfängerträger abclipsen.
- Sechskantschrauben (2) herausdrehen und Stoßfängerträger abnehmen.
- Der Einbau erfolgt sinngemäß in umgekehrter Reihenfolge.

Stoßfänger hinten

Stoßfänger hinten bis Modelljahr 02/1998

- Klammer (6) rechts und links abhebeln.
- Kofferraumklappe öffnen.
- Abdeckungen (9) abhebeln (4 Stück).
- Sechskantschrauben (8) herausdrehen (insgesamt 7 Stück) und Stoßfänger aus den seitlichen Führungen herausziehen.
- Der Einbau erfolgt sinngemäß in umgekehrter Reihenfolge.

Stoßfänger hinten ab Modelljahr 03/1998

- Schlussleuchten ausbauen.

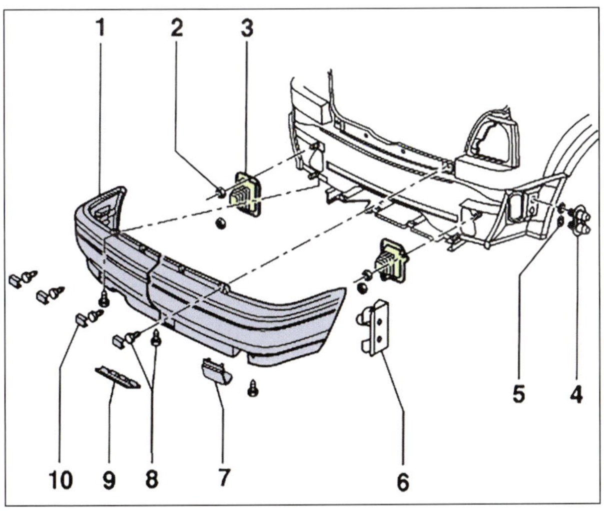

Stoßfänger hinten bis Modelljahr 02/1998: 1 Stoßfänger, 2 Sechskantmutter, 3 Deformationselement, 4 Führung, 5 Dichtscheibe (Kunststoff), 6 Klammer, 7 Abdeckung/Abschleppöse, 8 Sechskantschrauben, 9 Abdeckung/Anhängevorrichtung, 10 Abdeckung/obere Sechskantschrauben.

- Abdeckung (11) im Bereich Radhaus abschrauben und von der Karosserie abclipsen.
- Schrauben oben (7) herausdrehen.

- Abdeckung von den Führungsteilen (4) (links und rechts) und Befestigungsleiste (2) abziehen.
- Der Einbau erfolgt sinngemäß in umgekehrter Reihenfolge.

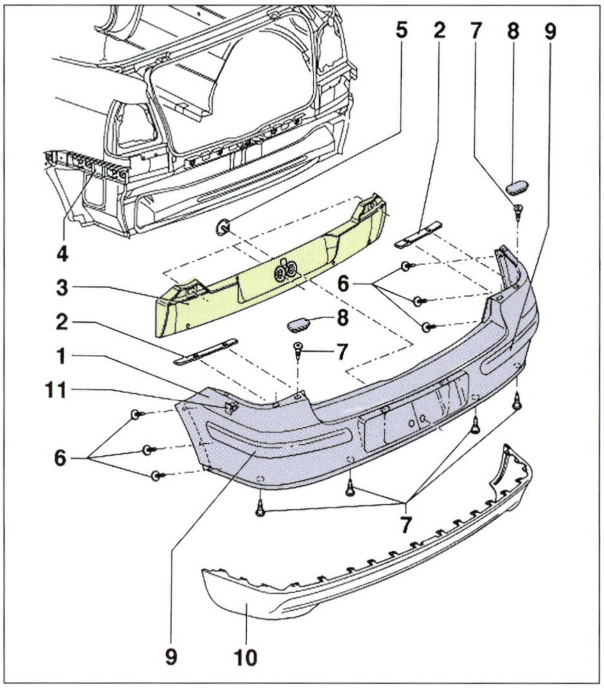

Stoßfängerträger hinten ab Modelljahr 03/1998: 1 Abdeckung, 2 Befestigungsleiste, 3 Stoßabsorber, 4 Führungsteil, 5 Clip, 6 Schraube, 7 Schraube, 8 Stopfen, 9 Stoßleiste, 10 Spoiler, 11 Spreizclip.

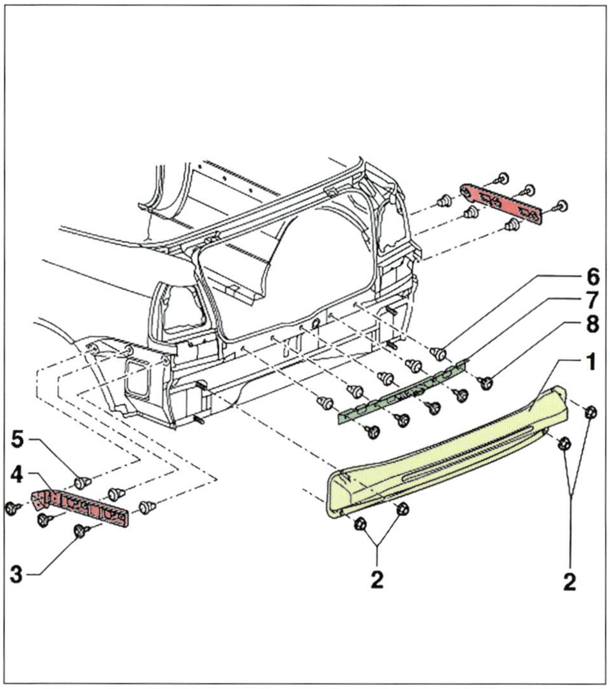

Stoßfängerträger hinten ab Modelljahr 03/1998: 1 Stoßfängerträger, 2 Sechskantmutter, 3 Schraube, 4 Führungsteil, 5 Spreizmutter, 6 Spreizmutter, 7 Befestigungsleiste, 8 Schraube.

Radhausschalen

- Rad abschrauben und die sieben Kombischrauben (1) aus den Spreizmuttern (2) herausdrehen.
- Spreizniete (3) ausbauen. Die Spreizniete verbinden die Radhausschale und die Stoßfängerabdeckung vorn.
- Luftführungen von der Radhausschale lösen und die Radhauschale aus dem Radhaus herausziehen.
- Der Einbau erfolgt sinngemäß in umgekehrter Reihenfolge.

Achten Sie darauf, dass alle Schrauben in den vorgesehenen Positionen vormontiert werden, bevor Sie die erste Schraube anziehen.

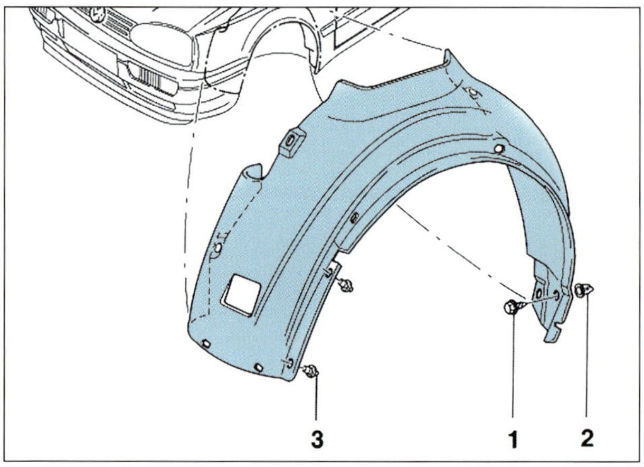

Radhausschale: 1 Kombischraube, 2 Spreizmuttern, 3 Spreizniete.

Schlossträger

- Seilzug für Klappenschloss aushängen.
- Kühlmittel ablassen.
- Steckverbindungen und Kühlwasserschläuche trennen.

Nur Fahrzeuge mit Klimaanlage:

- Klimaanlage evakuieren (lassen) und die Kältemittelleitung lösen.
- Luftführungen und Verschraubungen im Bereich der Radhausschale lösen.
- Schrauben (5) für den Schlossträger unten lösen.
- Schrauben (3) für den Schlossträger oben lösen.
- Schlossträger mit Lüfter, Kühler(n) und den Scheinwerfern zusammen abnehmen und beiseite legen.
- Der Einbau erfolgt in umgekehrter Reihenfolge.

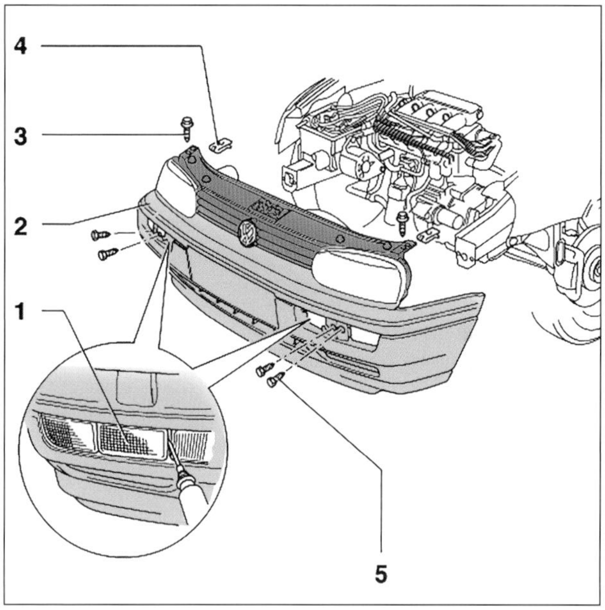

Schlossträger mit Anbauteilen: 1 Abdeckkappe/Abschleppöse, 2 Schlossträger, 3 Kombischraube, 4 Schnappmutter, 5 Sechskantschraube.

Kotflügel vorne

- Kühlergrill, Stoßfänger und Radhausschale ausbauen.
- Stabantenne vom Kotflügel abschrauben (falls vorhanden).
- Sechskantschrauben (1) und Sechskantbolzen (2) herausdrehen.
- Kotflügel im Bereich der Säule A mit einem Heißluftgebläse erwärmen und abziehen. Gegebenenfalls das PVC-Steinschlagschutz-Material mit einem Messer durchtrennen. Dazu ist ein zweiter Monteur erforderlich. Das PVC-Material nur leicht und kurzzeitig erwärmen. Es darf sich farblich nicht verändern und keine Blasen bilden.
- Der Einbau erfolgt in umgekehrter Reihenfolge.
- Vor dem Anschrauben des Kotflügels sind die Schraubpunkte im Anlagebereich Radhaus/Säule A mit je einer Zink-Zwischenlage AKL 381 035 50 zu versehen. Diese funktioniert wie eine Opferanode. Zink ist in der elektrochemischen Spannungsreihe »unedler« als Stahl. Der Schutz funktioniert wie bei verzinkten Bauteilen: Wenn es zur Korrosion kommt, reagiert die Zinkunterlage und schützt mit der Oxidschicht das Stahlblech.

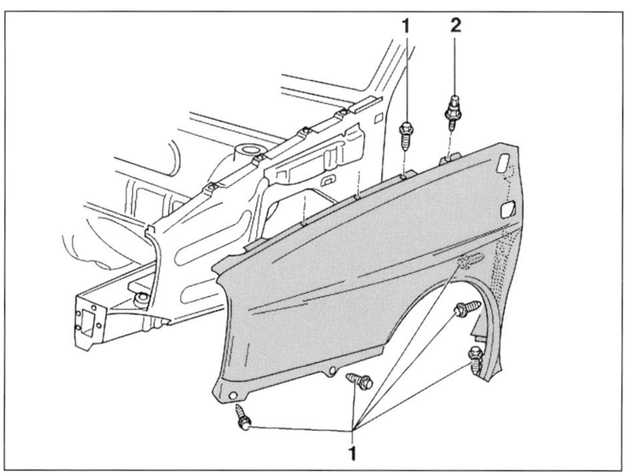

Kotflügel vorne: 1 Sechskantschrauben, 2 Sechskantbolzen.

Motorhaube

Demontage

- Leitungen für Scheibenreinigungsanlage und die Waschdüsen ausbauen.
- Klappe (1) abstützen.
- Sicherungsbügel (11) mit Schraubendreher anheben und Gasdruckfeder (13) von den Kugelzapfen (12) abziehen. Bei Wiederverwendung der Gasdruckfeder Sicherungsbügel (11) nicht ganz aus der Kugelpfanne heraushebeln, sonst wird der Sicherungsbügel beschädigt.
- Schrauben (8) herausdrehen, und Klappe abnehmen.

Einstellen

- Klappe (1) zwischen den Kotflügeln durch Verschieben der Klappenscharniere ausmitteln.
- Mit den Anschlagpuffern (4) kann die Klappe in der Höhe zu den Kotflügeln eingestellt werden.
- Spaltmaße beachten, wenn erforderlich zumindest gleichmäßig einstellen.
- Nach Montage oder Einstellarbeiten sind Korrosionsschutzmaßnahmen am Scharnier und den Schrauben durchzuführen.
- Die weitere Montage erfolgt sinngemäß in umgekehrter Reihenfolge.

Haubenzug ersetzen

- Öffnen Sie die Fahrertür und die Motorhaube.

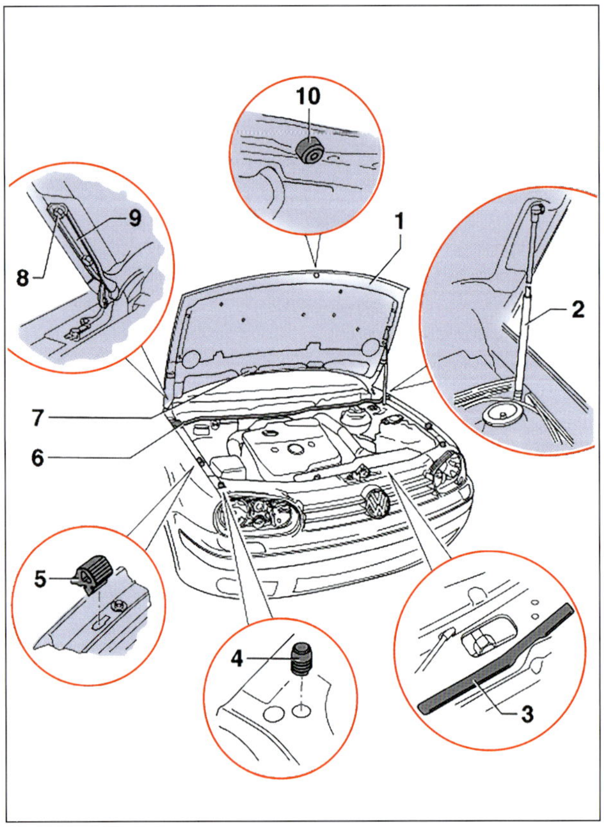

Motorhaube: 1 Klappe, 2 Gasdruckfeder, 3 CW-Dichtung, 4 Anschlagpuffer, 5 Führungsstück, 6 Dichtung Wasserkasten, 7 Spritzdüse, 8 Schraube, 9 Scharnier, 10 Gummipuffer.

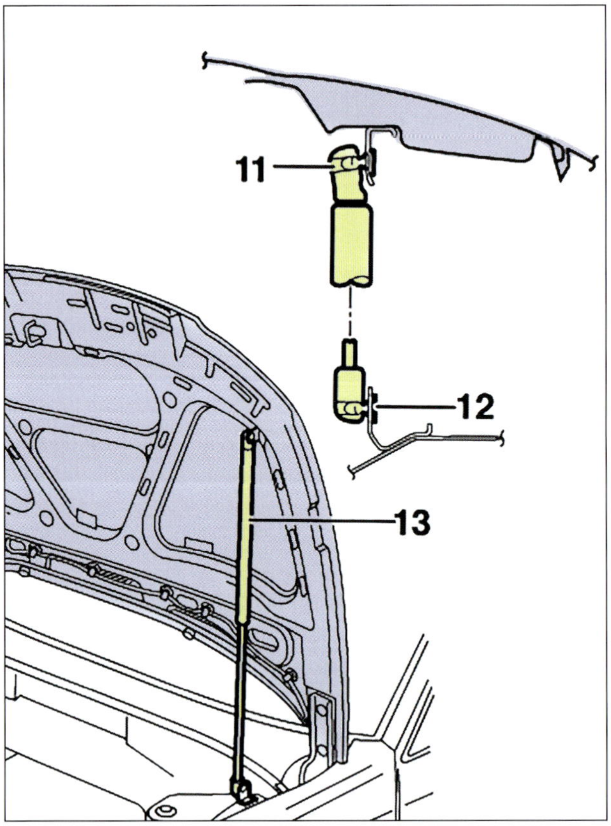

Haubendämpfer: 11 Sicherungsbügel, 12 Lagerbock mit Kugelzapfen, 13 Gasdruckfeder.

- Demontieren Sie die Verkleidung im Fahrerfußraum.
- Hängen Sie den Seilzug (5) zuerst am Haubenschloss, dann am Betätigungshebel (1) aus.
- Drücken Sie die Dichttülle (3) aus der Spritzwand heraus.
- Nehmen Sie den Zug von den Clips (4) ab und ziehen Sie den Zug heraus.
- Ziehen Sie den neuen Zug ein. Achten Sie darauf, dass er die gleiche Einbaulage erhält.
- Der Einbau erfolgt sinngemäß in umgekehrter Reihenfolge.
- Bei Demontage und Wiederverwendung der Schrauben muss das Gewinde mit Drahtbürste und das Muttergewinde mit einem Gewindebohrer gereinigt werden. Die Schraube muss mit einem Sicherungsmittel beschichtet werden.

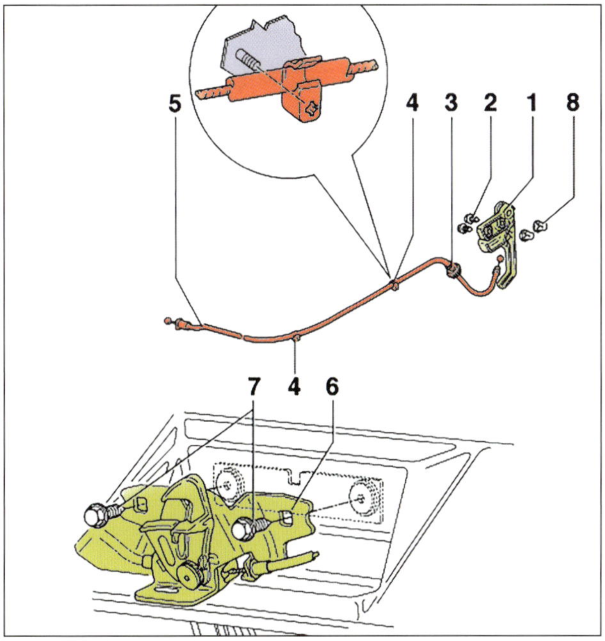

Haubenzug und Schloss: 1 Betätigungshebel, 2 Kombiblechschraube, 3 Dichttülle, 4 Clip, 5 Seilzug, 6 Schloss, 7 Sechskantschraube, 8 Spreizclip.

Heckklappe

Demontage Heckklappe

- Leitungen für die elektrische Anlage aus der Heckklappe ausbauen.
- Klappe (1 im Bild 1) abstützen.
- Sicherungsbügel mit Schraubendreher anheben und Gasdruckfeder (6) abziehen. Bei Wiederverwendung der Gasdruckfeder Sicherungsbügel (11) nicht ganz aus der Kugelpfanne heraushebeln, sonst wird der Sicherungsbügel beschädigt.
- Muttern (4) rechts und links herausdrehen, und Klappe (1) abnehmen.

Einstellen Heckklappe

- Klappe (1) zwischen den Seitenteilen durch Verschieben der Klappe in den übergroßen Löchern der Scharniere ausmitteln.
- Mit den Anschlagpuffern (2) kann die Klappe in der Höhe zu den Seitenteilen eingestellt werden.

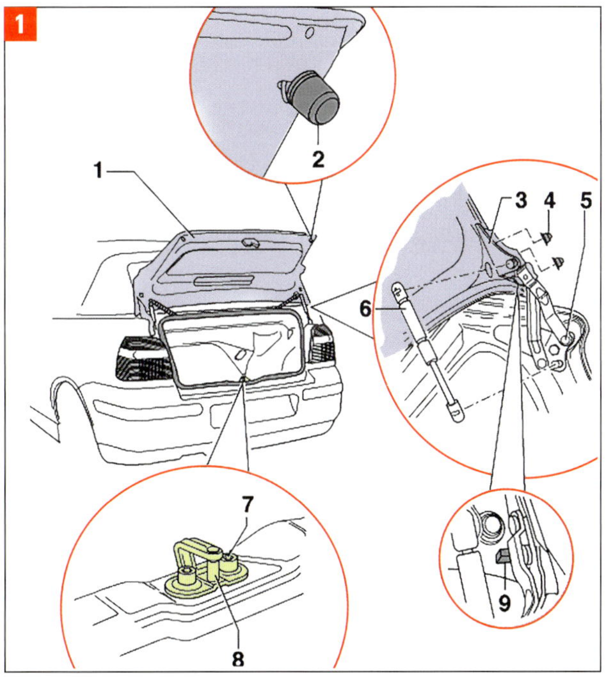

Heckklappe: 1 Klappe, 2 Gummipuffer, 3 Scharnier, 4 Mutter, 5 Scharnier, 6 Gasdruckfeder, 7 Schraube, 8 Schließblech, 9 Anschlag.

- Spaltmaße beachten, wenn erforderlich zumindest gleichmäßig einstellen.
- Nach Montage oder Einstellarbeiten sind Korrosionsschutzmaßnahmen am Scharnier und den Schrauben durchzuführen.
- Die weitere Montage erfolgt sinngemäß in umgekehrter Reihenfolge.

Ausbauen Heckklappenschloss bis 02/1998

- Kreuzschlitzschrauben (4 im Bild 2) an der Außenseite herausdrehen und die Griffleiste (5) abnehmen.
- Innenverkleidung der Heckklappe ausbauen.
- Zugstange (1) aushängen und Verkabelung, soweit vorhanden, abziehen.
- Die Klemmnasen (Pfeile) an der Innenseite zusammendrücken und Drucktaste aus der Klappe herausnehmen.
- Die Montage erfolgt sinngemäß in umgekehrter Reihenfolge.

2

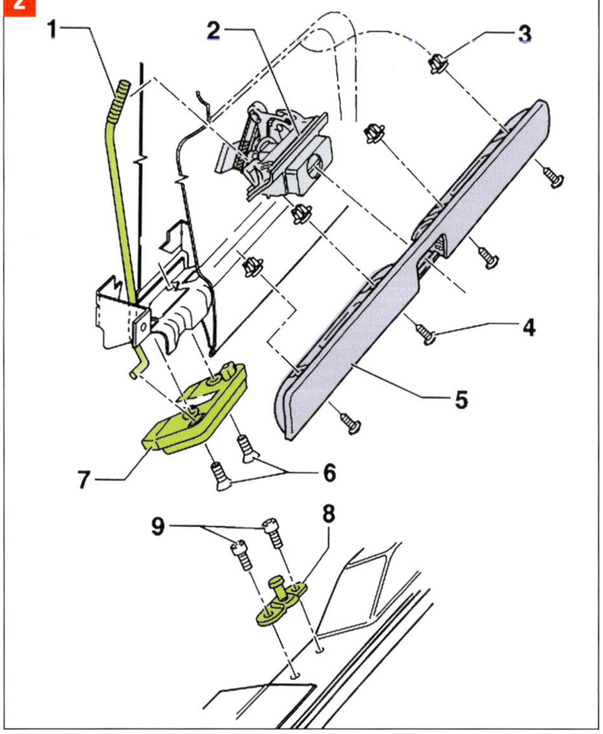

Heckklappenschloss bis 02/1998: 1 Zugstange, 2 Drucktaste, 3 Spreizmutter, 4 Kreuzschlitzschraube, 5 Griffleiste, 6 Linsensenkschraube, 7 Klappenschloss, 8 Schließblech, 9 Zylinderschrauben.

Schließzylinder ausbauen bis 02/1998

- Sicherungsklammer (1 im Bild 3) abdrücken.
- Umlenkhebel (2) abnehmen und Schließzylinder (12) herausziehen (Schlüssel muss sich im Schließzylinder befinden). Eine Gleichschließung des Schlosses zum Fahrzeugschlüssel erhalten Sie durch Umhängen der Schließplatten im Schließzylinder.

3

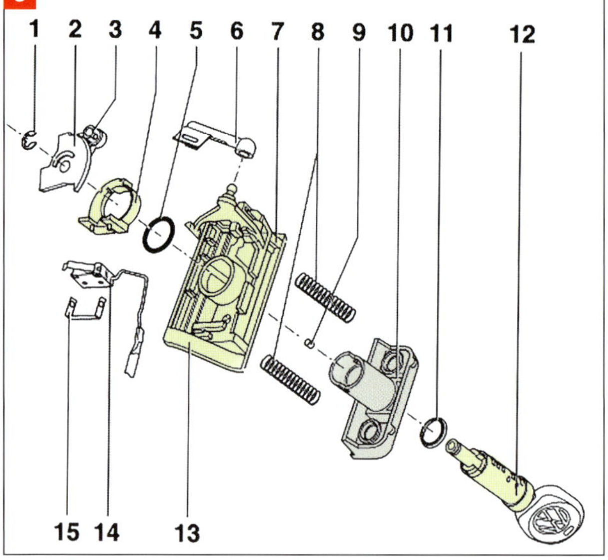

Schließzylinder bis 02/1998: 1 Sicherungsklammer, 2 Umlenkhebel, 3 Gestängeclip, 4 Führungsstück, 5 Dichtring, 6 Gelenkbuchse, 7 Drucktaste, 8 Druckfeder, 9 Führungszylinder, 10 Drücker, 11 Dichtring, 12 Schließzylinder, 13 Dichtung, 14 Kontaktschalter, 15 Klammer.

4

Heckklappenschloss bis 02/1998: Die Pfeile markieren die Position der Klemmnasen zum Herausnehmen des kompletten Schlosses.

Griff aus- und einbauen ab 03/1998

- Verkleidung für Klappe ausclipsen (Handgriff ist mit einer Kreuzschlitzschraube befestigt).
- Schließzylindergehäuse (11) ausbauen.
- Sicherungsklammern des Griffes im Blech oben (Bild 4) einrasten.
- Torxschrauben (10) herausdrehen und Griff aus der Klappe herausnehmen.
- Der Einbau erfolgt in umgekehrter Reihenfolge. Anschließend muss eine Funktionsprüfung durchgeführt werden.

Schließzylindergehäuse aus- und einbauen ab 03/1998

- Verkleidung Klappe hinten ausbauen und die Steckverbindung (3 im Bild 6) trennen.
- Betätigungsstange (1) und (2) am Schließzylindergehäuse ausclipsen.
- Mit einem Schraubendreher die Sicherungsklammer (5 im Bild 5) anheben. Hier kann die untere Aufnahme der

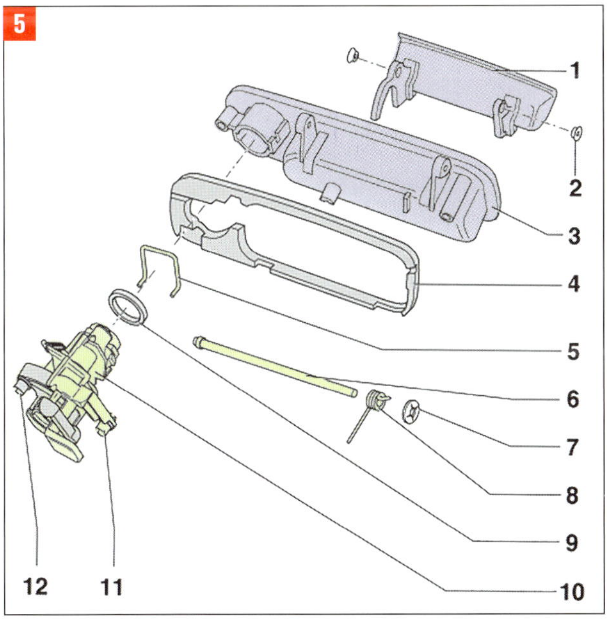

Griff Heckklappe ab 03/1998: 1 Griff, 2 Führungshülsen, 3 Griffschale, 4 Dichtung, 5 Sicherungsklammer, 6 Welle, 7 Sicherungsring, 8 Druckfeder, 9 Dichtring, 10 Schließzylindergehäuse, 11 Gestängeclip für Klappenschloss, 12 Gestängeclip.

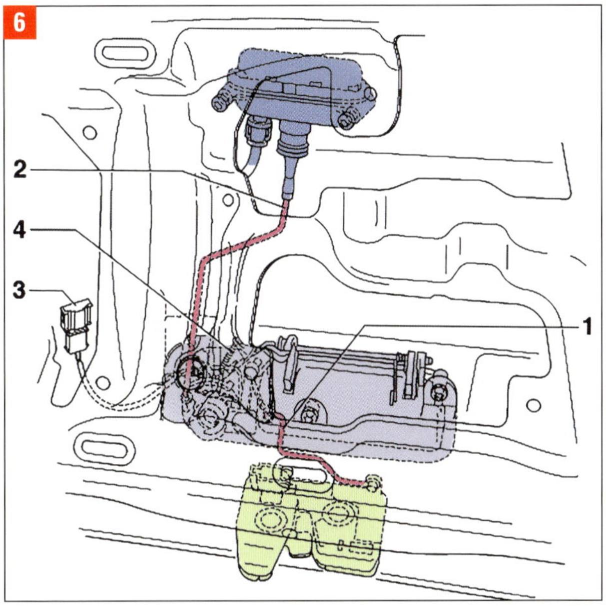

Betätigung am Griff: 1 Betätigungsstange Schloss, 2 Betätigungsstange Zentralverriegelung, 3 Stecker, 4 Griff Kofferraumdeckel.

Feder beschädigt werden. Das Schließzylindergehäuse muss dann ersetzt werden! Daher muss mit größter Sorgfalt montiert werden.

- Durch Umsetzen des Schraubendrehers die Sicherungsklammer (5 im Bild 5) über die Aufnahme für das Schließzylindergehäuse heben.
- Schließzylindergehäuse aus dem Griff und der Klappe hinten herausnehmen.

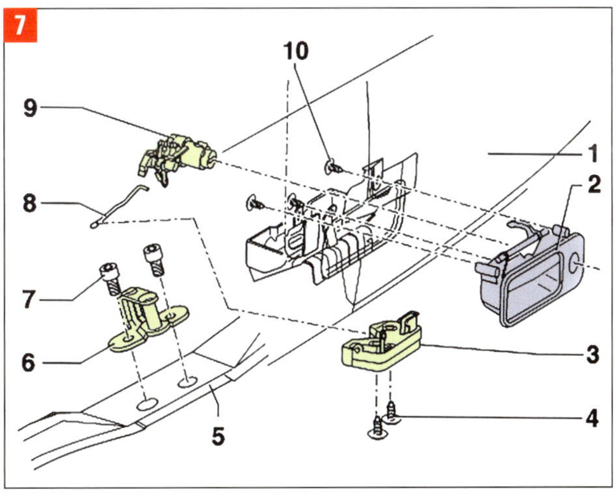

Schließteile ab 03/1998: 1 Klappe, 2 Griff, 3 Schloss, 4 Linsensenkschraube, 5 Abschlussblech, 6 Dorn, 7 Schraube, 8 Betätigungsstange, 9 Schließzylinder.

- Sicherungsklammer (5 im Bild 5) in den Griff einsetzen.
- Schließzylindergehäuse in den Griff einsetzen und mit einem hörbaren Klicken verrasten.
- Betätigungsstange (1 im Bild 6) und (2) einclipsen.
- Steckverbindung (3) zusammenstecken.
- Anschließend ist in umgekehrter Reihenfolge wie beim Ausbau vorzugehen und eine Funktionsprüfung durchzuführen.

Zugstange (Griff zum Schloss) einstellen

Die Einstellung der Zugstange muss nach jeder Montage oder Reparatur erfolgen.

- Arretierung der Sperrklinke: Bohrer (3,2 mm, 1 im Bild 8) in Bohrung des Schlosses einstecken.
- Zugstange in Pfeilrichtung bis gegen den Widerstand des Bohrers ziehen.

8

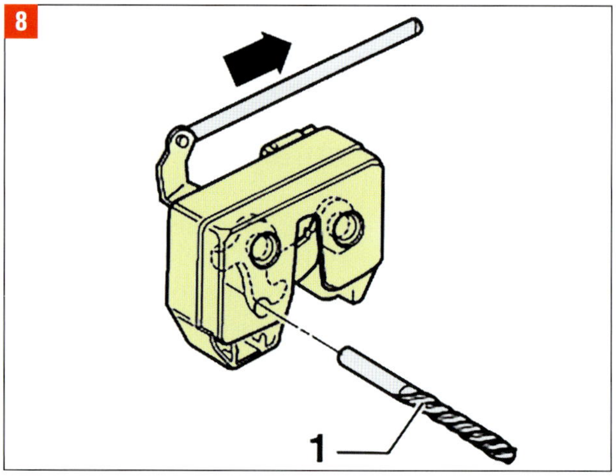

Einstellung Zugstrebe: 1 Bohrer muss in die Bohrung eingeführt und die Einstellung der Zugstrebe angepasst werden.

- Zugstange eindrücken und Gelenkbuchse schließen.
- Bohrer aus Schloss herausziehen und Funktionsprüfung durchführen. Die Sperrklinke muss bis in Endstellung zurückspringen.

Tür vorne

Tür vorne ausbauen

- Mehrfachsteckverbindung an der A-Säule trennen. Bei Fahrzeugen mit Zentralverriegelung zusätzlich Bi-Druckleitung im Mehrfachstecker trennen.
- Mutter (4 im Bild 1) abschrauben und Bolzen (3) herausziehen.
- Abdeckkappe (1) mit Schraubendreher abhebeln.
- Madenschraube (2) aus dem oberen und dem unteren Scharnier herausdrehen.
- Tür nach oben aus den Scharnierwinkeln herausheben.
- Der Einbau erfolgt in umgekehrter Reihenfolge. Anschließend muss eine Funktionsprüfung durchgeführt werden.

Türfangband vorne ausbauen

- Sichern Sie die Tür gegen ungewolltes Auffliegen und öffnen Sie die entsprechende Tür.
- Bolzen (3 im Bild 1) an der A-Säule herausschlagen.
- Türverkleidung und Schutzfolie entfernen.

1

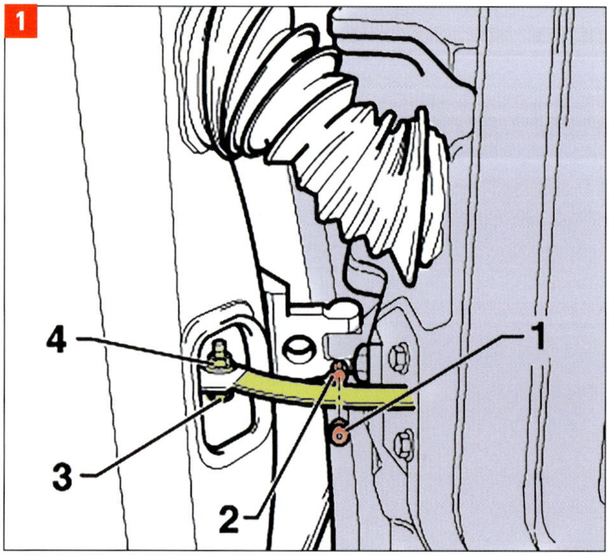

Türbefestigung: 1 Abdeckkappe, 2 Madenschraube, 3 Bolzen, 4 Mutter.

2

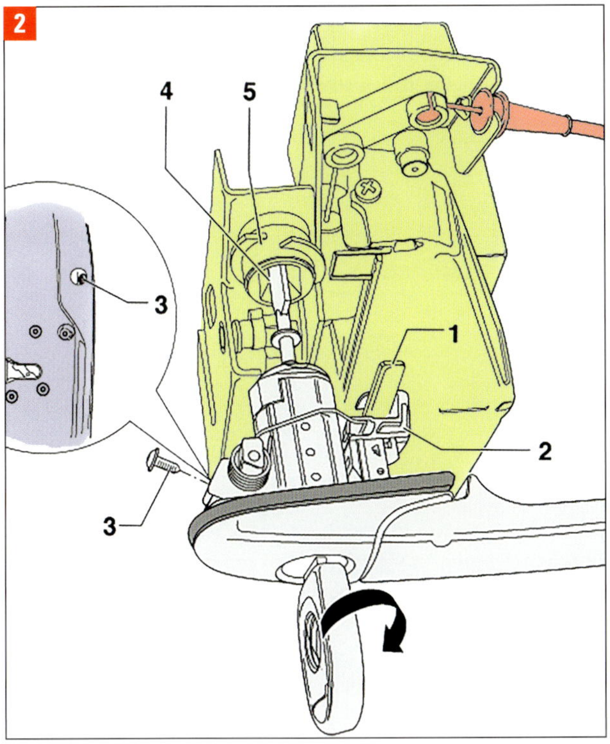

Schlossmechanik in der Tür: 1 Betätigungshebel, 2 Mitnehmer, 3 Schraube, 4 Paddel, 5 Mitnehmer.

3

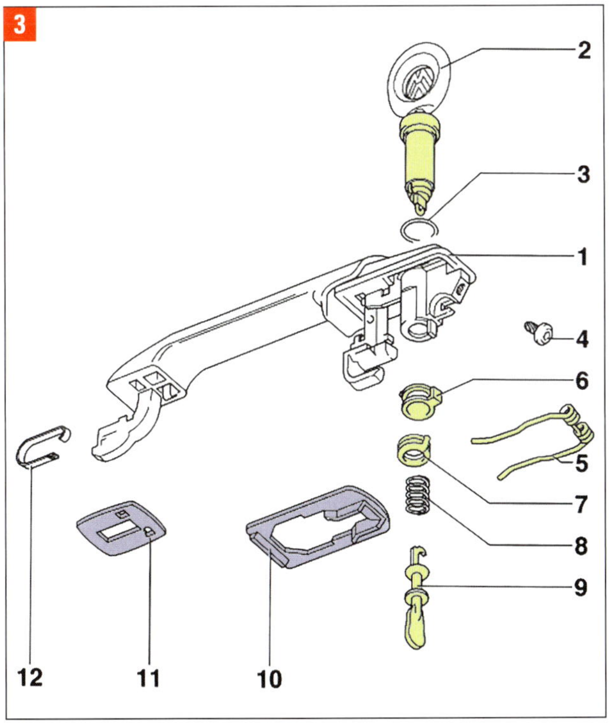

Außenbahnschlüsselsystem: 1 Türgriff, 2 Schließzylinder, 3 Dichtring, 4 Zylinderbundschraube, 5 Feder/Türgriff, 6 Mitnehmer, 7 Feder/Mitnehmer, 8 Feder, 9 Verbindungsstange, 10 Unterlage, 11 Unterlage, 12 Blattfeder.

4

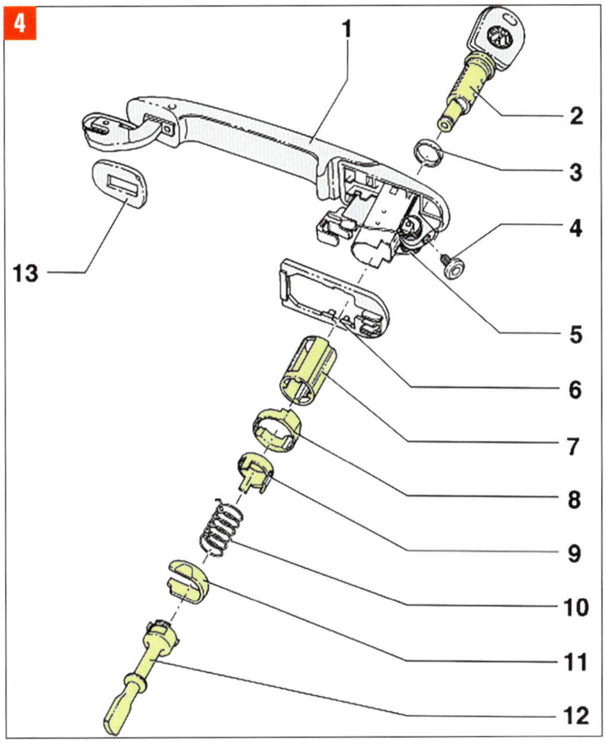

Innenbahnschlüsselsystem: 1 Türgriff, 2 Schließzylinder, 3 Dichtring, 4 Innentorxschraube, 5 Druckfeder, 6 Unterlage, 7 Freilaufhülse, 8 Lager, 9 Mitnehmer, 10 Drehfeder, 11 Sicherungsscheibe, 12 Paddel/Exzenter, 13 Unterlage.

- Die beiden Verschraubungen in der Tür herausdrehen und das Fangband mit Schutzhülle herausnehmen.
- Der Einbau erfolgt in umgekehrter Reihenfolge. Anschließend muss eine Funktionsprüfung des Schlosses durchgeführt werden.

Türgriff aus- und einbauen

- Öffnen Sie die entsprechende Tür.
- Stecken Sie den Schlüssel in den Schließzylinder des Türgriffes.
- Drehen Sie die Schraube (3 im Bild 2) heraus.
- Schieben Sie den Türgriff in Fahrtrichtung und drehen Sie den Schlüssel um 45° nach rechts. Der Mitnehmer (2) vom Türgriff gibt den Betätigungshebel (1) des Türschlosses frei).
- Schwenken Sie den Türgriff aus der Tür heraus.
- Der Einbau erfolgt in umgekehrter Reihenfolge.

- Vor dem Einsetzen des Türgriffes muss der Mitnehmer (5) für das Paddel (4) in senkrechter Position stehen.

- Anschließend führen Sie eine Funktionsprüfung des Schlosses durch.

Türschloss aus- und einbauen

- Schließen Sie die Türfensterscheibe und bauen Sie den Türgriff aus.

- Verkleidung Tür vorn ausbauen, Dämpfungsfolie im hinteren Bereich vorsichtig abziehen.

- Die Torxschrauben (13 im Bild 5) herausdrehen und Zugstange (14) aushängen.

- Einstellschraube (die am weitesten außen liegende Schraube am Schloss) vor dem Einbau des Türschlosses lösen und erst nach der Schloss-/Griff-Montage Einstellschraube wieder festziehen. Durch das Festziehen der Einstellschraube wird die Einstellung vorgenommen: linkes Schloss Rechtsgewinde, rechtes Schloss Linksgewinde.

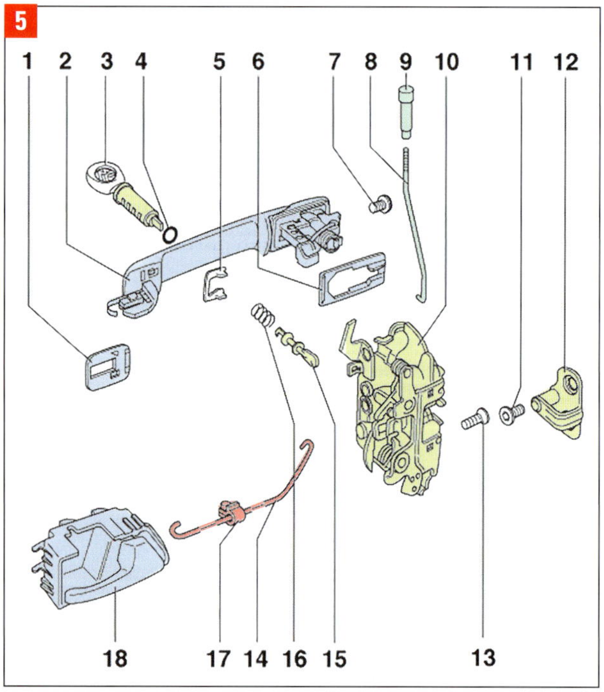

Schlossmechanik in der Tür: 1 Unterlage, 2 Türgriff, 3 Schließzylinder, 4 Dichtring, 5 Klammer, 6 Unterlage, 7 Torxschraube, 8 Sicherungsstange, 9 Sicherungsknopf, 10 Türschloss, 11 Linsenschraube, 12 Schließbügel, 13 Torxschraube, 14 Zugstange, 15 Verbindungsstange, 16 Druckfeder, 17 Clip, 18 Innenbetätigung.

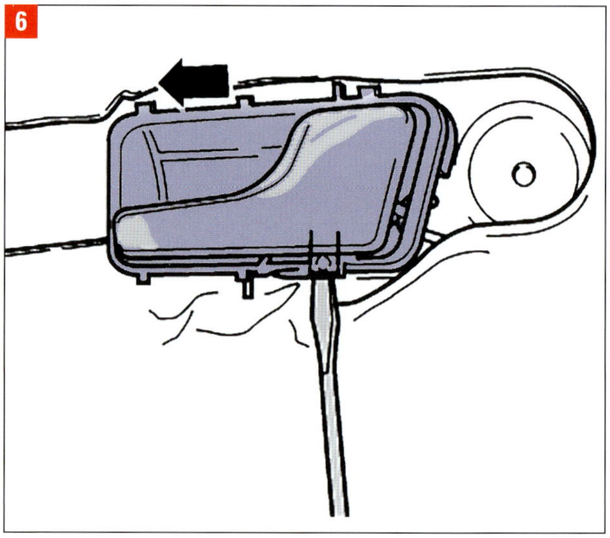

Innenbetätigung in der Tür: Nase mit dem Schraubendreher etwas anheben und Griff nach hinten schieben.

- Der weitere Einbau erfolgt sinngemäß in umgekehrter Reihenfolge.

- Prüfen Sie abschließend die Funktion des Schlosses.

Innenbetätigung ausbauen

Türöffnung:

- Verkleidung der entsprechenden Tür vorn ausbauen.

- Sicherungslasche aus Bohrung (Schraubendreher) im Türinnenblech herausdrücken (Bild 6).

- Die Innenbetätigung in Fahrtrichtung aus den Befestigungsöffnungen herausdrücken.

- Hängen Sie die Innenbetätigung aus dem Zug (14 im Bild 5) aus.

Verriegelung:

- Drehen Sie den Sicherungsknopf (Türverriegelungsknopf) gegen den Uhrzeigersinn vom Gewinde der Zugstange ab.

- Der weitere Einbau erfolgt sinngemäß in umgekehrter Reihenfolge.

- Prüfen Sie abschließend die Funktion der Schließmechanik.

Tankdeckel/Tankklappe

Demontage Tankklappe

- Öffnen Sie die Tankklappe.
- Drehen Sie die beiden Kreuzschlitzschrauben oben und unten heraus.
- Nehmen Sie die Tankklappe ab.
- Der Einbau erfolgt in umgekehrter Reihenfolge.
- Drehen Sie die Schrauben zuerst leicht an und richten Sie die Tankklappe zum Seitenteil in der Ebene und im Spalt so gut wie möglich aus.
- Ziehen Sie die Schrauben fest.

Befestigung Tankklappe: 1 Tankklappe, 2 Schrauben.

Stellelement Tankklappe aus- und einbauen

- Verkleidung für Kofferraum lösen und die Bi-Druckpumpe ausbauen.
- Die Kreuzschlitzschrauben (1) lösen und das Stellelement mit montierter Verriegelungsstange aus Anschlagpuffer (2) herausziehen.
- Druckleitung am Stellelement abziehen.
- Der Einbau erfolgt in umgekehrter Reihenfolge.
- Führen Sie eine Funktionsprüfung durch.

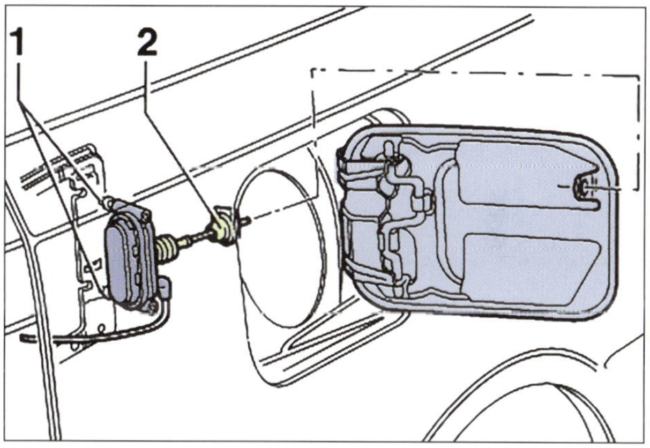

Stellelement Tankklappe: 1 Kreuzschlitzschraube, 2 Anschlagpuffer.

Außenspiegel

Demontage Außenspiegel

Auch hier stellen wir Ihnen die unterschiedlichen Modelle in einer Beschreibung zusammen. Die besonderen Arbeitsschritte für einzelne Fahrzeuge heben wir gesondert hervor.

Fahrzeuge mit innen-verstellbarem Außenspiegel

- Demontieren Sie die Türverkleidung und bauen Sie die Betätigung für die Spiegelverstellung aus.
- Legen Sie die Betätigungszüge frei, sodass sie bei der Demontage durch die Öffnung in der Tür herausgeführt werden können.

Alle Fahrzeuge

- Ziehen Sie die Abdeckung innen vom Spiegel ab und nehmen Sie die Dämpfung darunter heraus.
- Drehen Sie die Schrauben (6) heraus und halten Sie den Spiegel von außen fest.

Fahrzeuge mit innen-verstellbarem Außenspiegel

■ Führen Sie die Seilzüge und den Bedienhebel zur Spiegelverstellung durch die Öffnung nach außen.

Alle Fahrzeuge

■ Nehmen Sie den Spiegel ab.

■ Der Einbau erfolgt in umgekehrter Reihenfolge.

Wechsel Spiegelglas

Das Spiegelglas ist lediglich auf dem Träger aufgeclipst. Zur Sicherheit sollten Sie bei Montagearbeiten mit dem Spiegelglas grundsätzlich Handschuhe tragen.

■ Hebeln Sie das Spiegelglas von zwei Seiten vorsichtig ab.

■ Nehmen Sie das Spiegelglas ab.

■ Setzen Sie das neue Spiegelglas gerade auf und bewegen Sie es vorsichtig durch Andrücken so lange hin und her, bis Sie es mit einem »Klick« einrasten hören.

Demontage Spiegelkappe

■ Demontieren Sie das Spiegelglas.

■ Klappen Sie das Spiegelgehäuse zur Türscheibe hin.

■ Rasten Sie die Rastnasen (A) aus dem Spiegelgehäuse (1) aus.

■ Rasten Sie die Rastnase (B) aus und ziehen Sie die Spiegelkappe gerade vom Spiegelgehäuse ab.

■ Die Montage erfolgt sinngemäß in umgekehrter Reihenfolge.

■ Achten Sie darauf, dass das Spiegelgehäuse einrastet und die Spiegelkappen sauber anliegt.

■ Prüfen Sie, dass der Spiegel sich klemmfrei wieder aufklappen lässt.

■ Montieren Sie das Spiegelglas wieder.

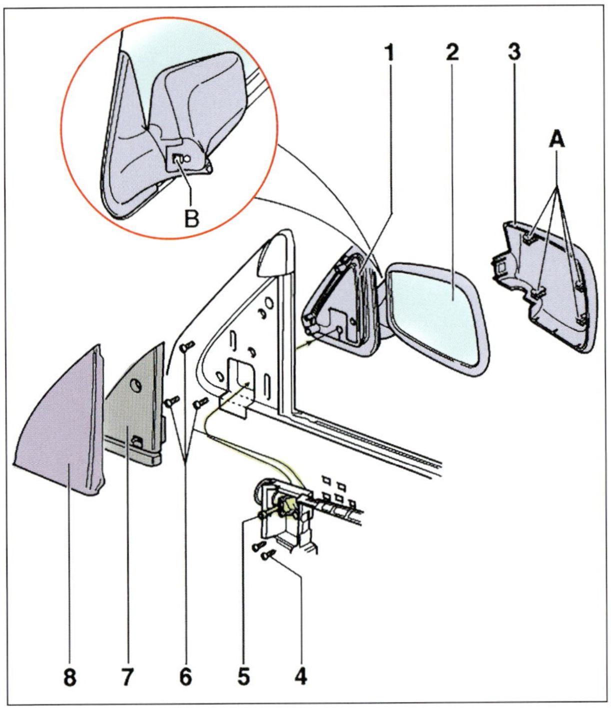

Bauteilübersicht Außenspiegel: 1 Spiegelgehäuse, 2 Spiegelglas, 3 Spiegelkappe, 4 Schrauben, 5 Versteller, 7 Dämmung, 8 Verkleidung, A Haltenasen.

Rastnasen am abgeklappten Spiegel: Die äußeren Haltenasen (B) müssen zusammengedrückt werden, ohne dass die Spiegelkappe verkratzt wird.

Praxistipp: Unfallgefahr

Tragen Sie als Schnittschutz grundsätzlich bei jeder Arbeit am Rückspiegel Handschuhe. Am besten eignen sich hochwertige Montagehandschuhe mit rutschfester Gummierung.

Karosserie außen

Störung	Was kann das sein?	Was kann oder muss ich tun?
A Klappergeräusch einer Tür	**1** Türschloss schließt nicht richtig.	Einstellung des Türschlosses prüfen (lassen).
	2 Türschloss defekt.	Türschloss und Funktion prüfen lassen (Tester erforderlich), eventuell Türschloss ersetzen.
	3 Fanghaken defekt.	Befestigung des Fanghakens prüfen und instand setzen eventuell Fanghaken ersetzen.
	4 Einstellung der Türe falsch.	Türeinstellung durchführen (lassen).
	5 Verschraubungen oder Fangbänder lose.	Befestigung des Fanghakens prüfen und instand setzen eventuell Fanghaken ersetzen.
	6 Anschlaggummi verschlissen.	Anschlaggummis prüfen und gegebenenfalls erneuern.
B Tür schließt nicht richtig.	**1** Tür steht vorne weiter außen. **2** Tür steht hinten weiter außen.	Einstellung der Tür prüfen und wenn erforderlich einstellen (lassen). Achten Sie auf die richtige Einstellung der vorderen Türen (Grundeinstellung)! Prüfen Sie den Zustand der Türscharniere.
	3 Schließt nicht richtig.	Schlosshaken und Einstellung prüfen lassen.
	4 Tür sitzt schief.	Zustand der Türscharniere prüfen (lassen).
	5 Tür ist schwergängig.	Zustand der Türscharniere und der Fangbänder prüfen (lassen).
C Tür lässt sich nicht öffnen oder verriegeln.	**1** Türschloss defekt.	Türschloss und Funktion prüfen lassen (Tester erforderlich), eventuell Türschloss ersetzen.
	2 Defekt am Servo der Zentralverriegelung.	Funktion des Servomotors und der Zentralverriegelung prüfen lassen (Tester erforderlich), eventuell Servo ersetzen.
	3 Zentralverrieglung defekt.	Funktion der Zentralverriegelung prüfen lassen, Diagnose ist wichtig!
D Verdeck schließt nicht richtig	**1** Einstellung des Verdecks stimmt nicht.	Einstellung des Verdecks und der Scheiben prüfen.
	2 Hydraulikpumpe zu wenig Öl.	Öl der Hydraulikpumpe auffüllen und das System nach Lecks absuchen.
	3 Hydraulikpumpe arbeitet nicht.	Elektrische Ansteuerung und die Hydraulikpumpe prüfen (lassen).

Der Innenraum

Hohe Wertigkeit kennzeichnet auch den Innenraum des Golf III und Golf IV Cabriolet. Woran Sie in diesem Bereich edler Oberflächen und Features tätig werden können, wollen wir hier zeigen. Oberstes Gebot: Kratzer und Schäden an Kunststoffoberflächen und Verkleidungen vermeiden!

In diesem Kapitel erfahren Sie, welche Arbeiten im Innenraum selbst erledigt werden können, aber auch, wovon Sie besser Abstand nehmen sollten. Denn hinter den vielen Abdeckungen und Verkleidungen in Ihrem Golf lauern durchaus auch Gefahren, wie die pyrotechnischen Elemente des Rückhaltesystems in den Airbags. Aber wir wollen Sie keineswegs gleich zu Beginn entmutigen. Es gibt noch eine Reihe anderer Dinge, die Sie mit Hilfe der folgenden Anleitungen erledigen können. Dazu gehören zum Beispiel der Lampenwechsel der Innenraumbeleuchtung oder auch der Ausbau diverser Verkleidungen, zum Beispiel an der Türinnenseite. Gerade diese Arbeit kann für Sie früher oder später wichtig werden, wenn der Fensterheber streiken sollte.

An welchen Teilen sollte nicht gearbeitet werden?

Wie bereits erwähnt: Vor Arbeiten an Komponenten, die dem Insassenschutz dienen, müssen wir warnen. Wenn es an Kenntnis und Erfahrung mangelt, sollten Sitze und Lenkrad wegen der darin enthaltenen Airbags tabu sein. Denn selbst in den Werkstätten darf nur speziell geschultes Personal an diesen Teilen tätig werden. Das Risiko bei Reparaturversuchen verletzt zu werden, ist ja nur die eine Seite. Ein bei einem Unfall nicht mehr ordnungsgemäß funktionierender Insassenschutz stellt die weitaus schwerer wiegende andere Seite dar. Sogar bei einer Verschrottung des Fahrzeugs, etwa nach einem Unfall, müssen die Airbageinheiten und Gurtstraffer nach bestimmten Vorschriften sicher entsorgt werden. Auf keinen Fall dürfen Sie diese Komponenten wie üblichen Abfall behandeln. Das gilt auch für gezündete Einheiten und technische Ladungen, wozu übrigens auch Gurtstraffereinheiten zählen. Denn es ist nicht mit Sicherheit zu bestimmen, ob wirklich alle im Fahrzeug vorhandene Pyrotechnik sicher gezündet wurde.

Profitipp: Montagekeil für Verkleidungen

Die teilweise kratzempfindlichen Kunststoffe der Innenraumverkleidung verlangen einen äußerst sensiblen Umgang. Will man nicht gleich beim ersten Demontageversuch hässliche Spuren hinterlassen, empfiehlt sich die Verwendung eines Montagekeils für den Innenraum (VW-Nummer: 3409). Dieser ist aus weichem und elastischem Kunststoff und erlaubt, mit der flachen Seite auch in den meist sehr engen Spalten problemlos zu arbeiten. Eine weitere Schutzmaßnahme ist das Abkleben der entsprechenden Stellen mit Klebeband oder das Unterlegen mit einem schützenden Stofftuch. Die Vielzahl der Verkleidungsteile ist mit Halteclips angebracht, die Sie mit einem Schraubendreher schnell beschädigen oder gar abreißen werden. Ein Ärgernis, denn die Wiederanbringung des Verkleidungsteils kann dann zum Problem werden. Auch hier können Sie mit dem Keil sensibler vorgehen.

GEFAHRHINWEISE – Arbeiten am Rückhaltesystem

Achtung Lebensgefahr!

Grundsätzlich dürfen keine Arbeiten an Systemen der Airbageinheiten von ungeschulten Personen durchgeführt werden. Es handelt sich nicht nur um tatsächliche Sprengsätze, sondern auch um Fahrzeugeinrichtungen, die der Sicherheit des Fahrzeuges dienen. Unsachgemäßer Umgang kann Ihr Leben oder Ihre Gesundheit schon bei der Demontage gefährden. Auch wenn es auf den ersten Blick einfach erscheint, sollten Sie niemals ohne entsprechende Ausbildung an diesen Systemen arbeiten. Für die Arbeit, den Umgang und die Lagerung mit diesen Systemen muss ein »Airbag-Sachkunde-Lehrgang« abgeschlossen und bescheinigt worden sein. Auf die Demontage dieser Systeme wird in diesem Buch absichtlich nicht eingegangen. Das Abklemmen der Batterie reicht nicht aus um eine sichere Montage an diesen Systemen gewährleisten zu können.

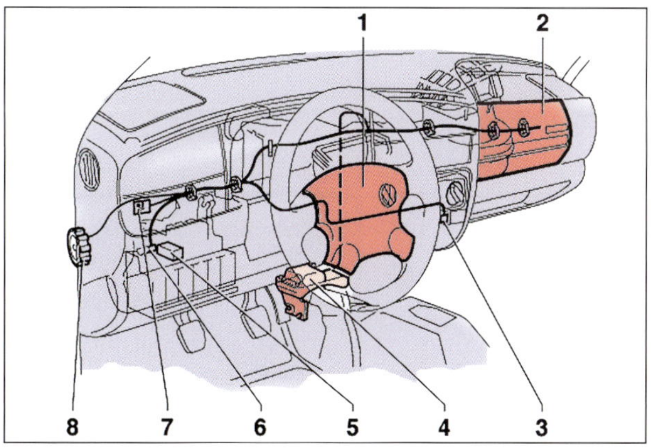

Airbagsystem im Golf Cabrio: 1 Fahrerairbag, 2 Beifahrerairbag, 3 Diagnosestecker, 4 Diagnosestecker, 5 Relais für Signalhorn, 6 Leitungsverteiler, 7 Kontrolllampe für Airbag, 8 Zentralmassestern.

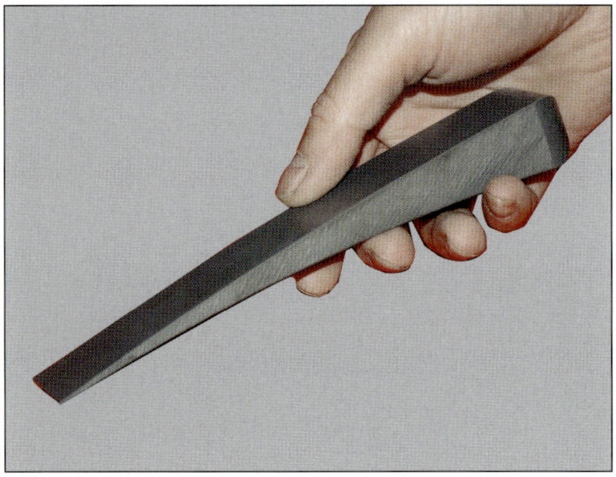

Kommt in die meisten Spalten: Ein Montagekeil ist im Fachhandel für wenige Euro zu erhalten und spart bei Montagearbeiten im Innnenraum oder generell bei Kunststoffteilen oder anderen empfindlichen Flächen eine Menge Ärger und Kratzer.

Sichtprüfung: Eine einwandfreie Funktion hat der Gurt nur, wenn er keine Beschädigungen aufweist. Beschädigungen können nach häufigem Einklemmen in der Tür auftreten.

Zum Thema Sicherheit im Innenraum gehört auch eine regelmäßige Gurtkontrolle. Achten Sie dabei auf Beschädigungen wie Einrisse oder Verfransungen. Solche Verschleißerscheinungen können im Ernstfall zur Achillesferse des Rückhaltesystems werden. Denn sollte der Gurt bei einem Unfall durch die hohe Beanspruchung versagen, dann dort, wo er beschädigt ist. Rollen Sie daher bei der Sichtprüfung bei hellem Tageslicht die gesamte Gurtlänge ab. Fahren Sie mit den Fingern über den gesamten Gurt, und fühlen Sie dabei, ob es Beschädigungen wie oben beschrieben gibt. Nehmen Sie den Gurt auch genauestens in Augenschein. Die Behandlung mit irgendwelchen Mittelchen ist ebenfalls tabu! Denken Sie daran, dass im Falle eines Unfalls mehrere Tonnen am Gurt zerren.

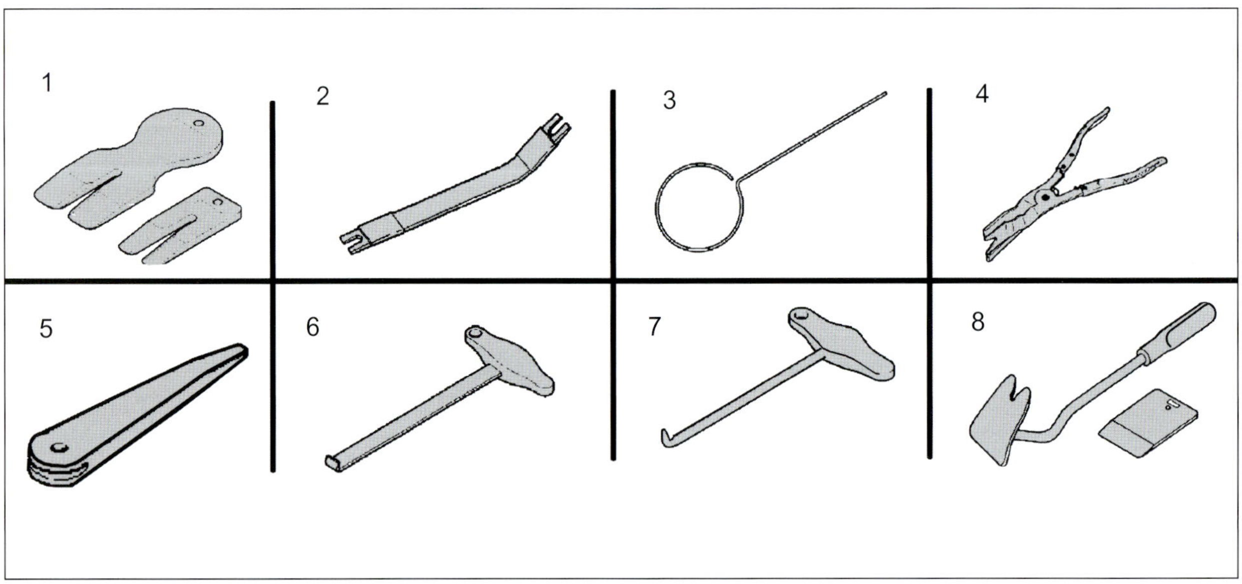

Karosseriewerkzeuge für den Innenraum: 1 geschlitzte Demontagekeile, 2 Lösehebel, 3 Absteckstift, 4 Demontagezange, 5 Demontagekeil, 6 Demontagehaken, 7 Frontend-Haken, 8 Abdrückhebel.

Sitze und Bänke

Bei wenigen Modellen sind in den Sitzlehnen so genannte Side-Bagy verbaut. Auch das sind Airbageinheiten und die Arbeit daran ist streng geregelt. Jede Arbeit an einem Airbag- oder Gurtstraffersystem sowie der Handel damit ist für Privatpersonen verboten. Die Grundlage ist das Dritte Gesetz zur Änderung des Sprengstoffgesetzes (3. SprengÄndG) und anderer Vorschriften vom 15.06.2005. Im § 4 Abs. 3 1. SprengV sind verbindlich ausschließlich der gewerbliche Umgang und die Notwendigkeit der Fachkunde vorgeschrieben. Andernfalls, d. h. bei privatem Umgang mit diesen Teilen, liegt dann oft sogar ein Verstoß gegen das Sprengstoffgesetz vor. Auch für Personen mit Fachkundenachweis ändert das nichts. Die Erlaubnis für den Umgang beschränkt sich lediglich auf den gewerblichen Umgang.
Schon der unsachgemäße Umgang kann den Verlust der Fahrzeug-ABE zur Folge haben. Wir werden Ihnen auch deshalb nur die Montage an Sitzen und Verkleidungen ohne Airbagsystem vorstellen.

Demontage Vordersitze

Vor dem Arbeiten an der elektrischen Anlage wie der Sitzheizung oder dem Airbagsystem muss das Batterie-Masseband abgeklemmt werden. Sollte an Ihrem Fahrzeug ein Sidebagsystem im Sitz verbaut sein, lassen Sie die Arbeiten in einer Werkstatt durchführen.

- Abdeckleiste (1) nach hinten von der inneren Führungsschiene abziehen.
- Keil (2) an der Rückseite der Abdeckkappe (3) mit Flachzange herausziehen und Abdeckkappe aus der äußeren Führungsschiene herausnehmen.
- Sitz nach vorn verschieben, Sicherungsklammer (4) zusammendrücken und herausziehen.
- Steckverbindungen für Sitzheizung und Sitzverstellung, falls vorhanden, trennen.
- Sitz nach hinten aus den Führungsschienen herausschieben und aus dem Fahrzeug herausnehmen.
- Die Montage des erfolgt sinngemäß in umgekehrter Reihenfolge.
- Reinigen Sie die Sitzschiene und die Rastschiene am Sitz gründlich vor dem Einbau.
- Prüfen Sie den Zustand Gleitstücke (6) links und rechts sowie das Gleitstück vorn (5) auf Beschädigungen, gegebenenfalls ersetzen Sie diese.
- Alle Gleitstücke (5 und 6) mit Mehrzweckfett schmieren.

Demontage Rücksitze

Die Rücksitzbank besteht aus drei Teilen, die einzeln ausgebaut werden müssen. Im hinteren Bereich sind keine Airbagkomponenten verbaut. Um keine Verkleidungsteile im Innenraum zu beschädigen, sollten Sie das Verdeck öffnen und die Scheiben herunterlassen.

Achtung Airbag: Montagearbeiten an Airbagsystemen ist im privaten Bereich nicht zulässig. Dazu kann schon der Sitzausbau gehören.

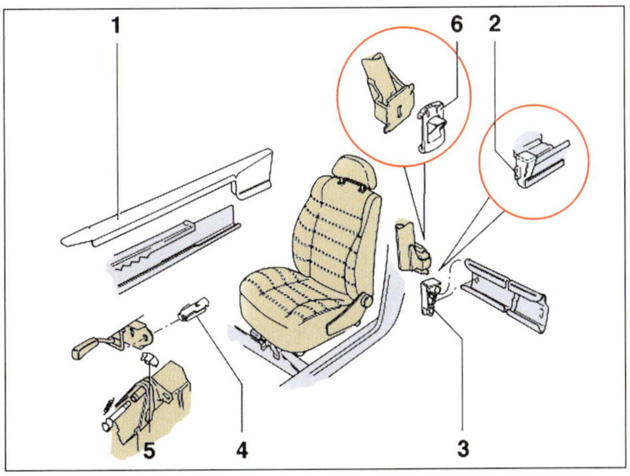

Montageübersicht Vordersitze: 1 Abdeckleiste auf der Sitzschiene, 2 Keil, 3 Abdeckkappe, 4 Sicherungsklammer, 5 Gleitstück vorne, 6 Gleitstück rechts und links.

Lehnenunterteil aus- und einbauen

- Verdeck öffnen.
- Lehnenentriegelung (im Kofferraum) ziehen und das Lehnenunterteil nach vorn klappen.
- Die Rasthaken (1) links und rechts mit einem Schraubendreher zurückdrücken und Lehnenunterteil (2) aus dem Lehnenlager (3) nach oben herausziehen.
- Der Einbau erfolgt in umgekehrter Reihenfolge.

Lehnenoberteil aus- und einbauen

- Lehnenunterteil ausbauen und Sitzbank hochklappen.
- Die Sechskantschraube des Gurtbeschlages links und rechts herausdrehen und den Gurtendbeschlag abnehmen.
- Die Rückwandverkleidung (1) aus dem Flansch des Lehnenoberteils heraushebeln und nach hinten abziehen. Die Rückwandverkleidung ist im oberen Bereich mit dem Lehnenoberteil verklebt. Sie muss beim Einbau wieder verklebt werden.
- Sechskantschrauben (2) herausschrauben, Sicherheitsgurte aus dem Lehnenoberteil herausziehen und Lehnenoberteil abnehmen.
- Der Einbau erfolgt in umgekehrter Reihenfolge.

Sitzbank aus- und einbauen

- Innensechskantschrauben (1) herausdrehen und Sitzbank (2) herausnehmen.
- Der Einbau erfolgt in umgekehrter Reihenfolge.

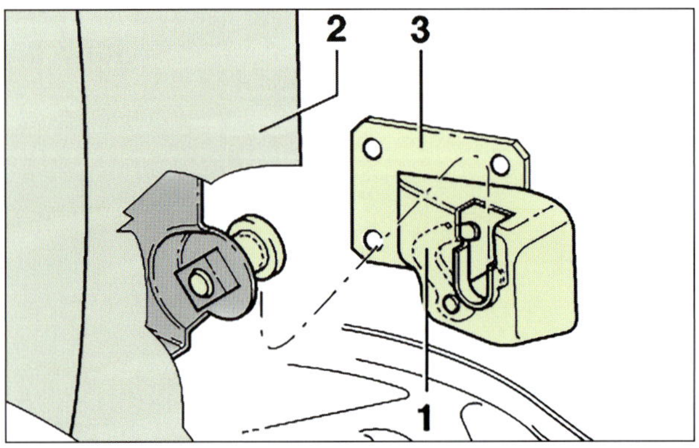

Befestigung untere Rückenlehne unten: 1 Rasthacken, 2 Lehenunterteil, 3 Lehnenlager.

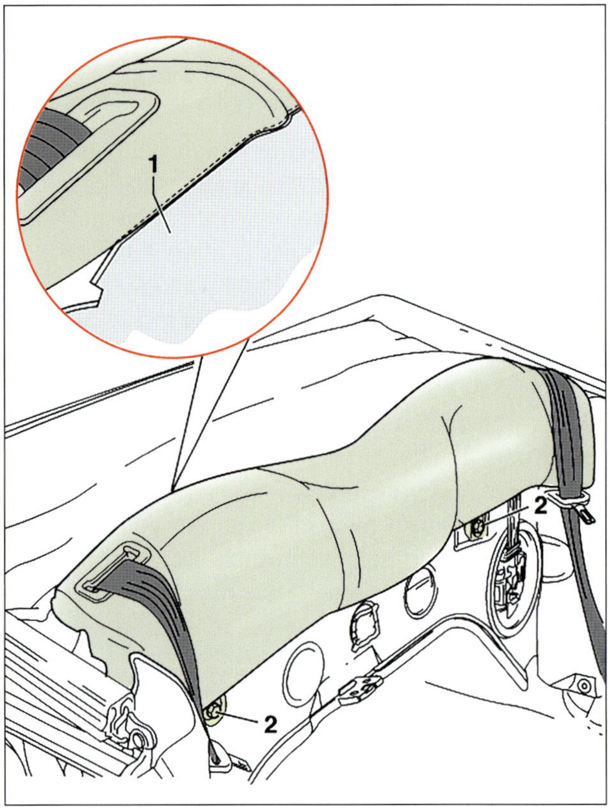

Befestigung obere Rückenlehne: 1 Rückwandverkleidung, 2 Verschraubungen.

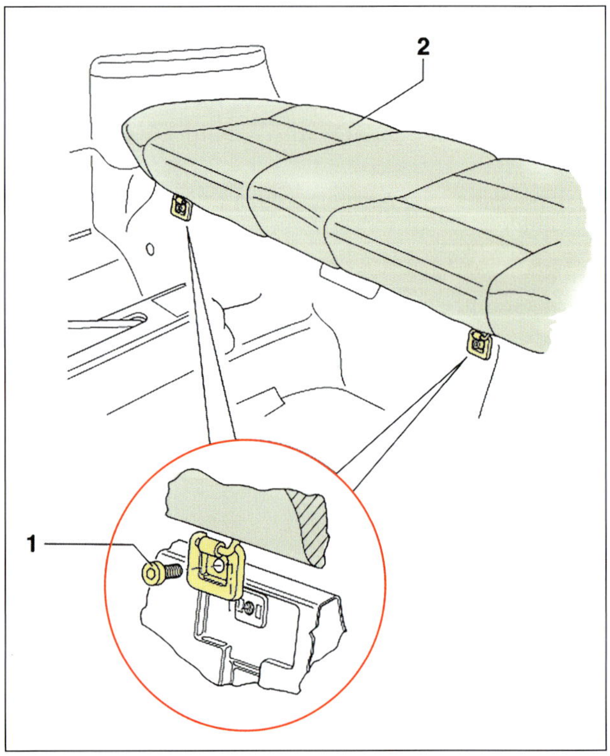

Sitzfläche hinten: 1 Verschraubungen, 2 Sitzfläche hinten.

Türverkleidung

Die Demontagearbeiten an und um die Türverkleidungen sind gar nicht so aufwändig. Wir stellen in der folgenden Beschreibung die erforderlichen Arbeitsschritte vor.

Fahrzeuge mit manuellen Fensterhebern

- Stellen Sie die Fensterkurbel nach vorne.
- Schieben Sie den Abstandsring zwischen Fensterkurbel und Türverkleidung seitlich nach hinten. Die Sicherungsklammer wird so entriegelt.
- Ziehen Sie die Fensterkurbel vom Antrieb ab. Werkseitig wird die Fensterkurbel immer in einer Stellung montiert. Für die Montage sollte die Fensterkurbel dann etwa 45° von der Senkrechten nach vorne montiert werden.

alle Fahrzeuge

- Ziehen Sie die Abdeckung (1) vom Türrahmen ab.
- Drehen Sie den Verriegelungsknopf (3) gegen den Uhrzeigersinn ab.
- Ziehen Sie den Betätigungsknopf für den Spiegel ab.
- Ziehen Sie die Blende für die Innenbetätigung der Tür und den Spiegel gerade ab.
- Drehen Sie die Linsenschrauben (12) heraus und nehmen Sie den Grundkörper des Zuziehgehäuses (13) von der Türverkleidung ab. Führen Sie die eventuell vorhandenen Züge für die Spiegelverstellungen mit dem Versteller durch die Öffnungen im Zuziehkörper.
- Ziehen Sie die Verkleidung von unten beginnend mit Hilfe des Demontagekeils oder eines anderen geeigneten Werkzeugs von der Tür ab.
- Heben Sie die Verkleidung oben von der Schachtleiste ab. Achten Sie auf eventuell vorhandene Züge für die Spiegelverstellungen mit dem Versteller sowie auf eventuelle Anschlüsse für den in der Türverkleidung verbauten Lautsprecher.

Dämpfungsfolien unter der Türverkleidung

Dämpfungsfolien haben die Aufgabe, den Fahrzeuginnenraum gegen Geräusche, Wassereintritt und Zugluft abzudichten. Ersatzteil-Dämpfungsfolien werden selbstklebend geliefert.

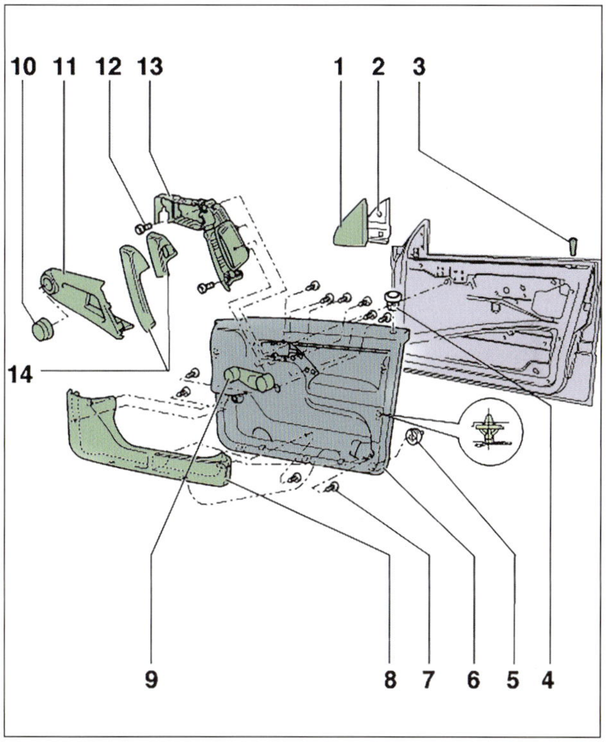

Türverkleidung für Fahrer und Beifahrer: 1 Abdeckung, 2 Dämpfung, 3 Verriegelungsknopf, 4 Rosette, 5 Befestigungsclip, 6 Verkleidung, 7 Linsenschraube, 8 Türablage, 9 Fensterkurbel, 10 Betätigungsknopf, 11 Blende/Innenbetätigung, 12 Linsenschraube, 13 Grundkörper/Zuziehgriff, 14 Abdeckung.

Die Dämpfungsfolie ist immer sorgfältig und faltenfrei zu kleben. Bei einem Erneuern sind die Klebebänke zu säubern und die neue Folie von unten nach oben faltenfrei zu kleben. Bei nicht ausreichender Verklebung doppelseitiges Klebeband (VW AKL 434 019 25 oder AKL 440 025) oder ein geeignetes Dichtband verwenden.

Abziehen der Folie

- Beginnen Sie die Folie an einer Ecke abzulösen und ziehen Sie sie langsam vom Karosserieblech der Tür ab. Bei kalten Temperaturen oder etwas ausgehärteter Klebedichtmasse sollten Sie mit einem Heißluftföhn den Bereich der Klebestelle rundum etwas erwärmen.

- Achten Sie darauf, die Folie nicht einzureißen. Ist das mal geschehen, sollten Sie eine neue Folie montieren. Diese wird mit dem Klebstoff geliefert.

- Bringen Sie eine dickere PP-Folie auf den Klebestreifen auf, um ein ungewolltes Ankleben an Karosserieteilen oder der Innenverkleidung zu verhindern.

Anbringen der Folie

- Legen Sie die Folie mit den Klebestreifen auf einer ebene Fläche ab.

- Entfernen Sie die Schutzfolie auf dem Klebestreifen.

- Setzen Sie die Folie zuerst oben im Bereich des Verriegelungsknopfes an.

- Drücken Sie die Folie immer erst dann an, wenn sie straff und faltenfrei anliegt. Beginnen Sie mit der oberen Folienkante. Legen Sie dann eine Kante nach unten straff an und spannen Sie dann die Folie über die Ecke.

Demontage der Türablage

- Demontieren Sie den Lautsprecher soweit verbaut.

- Bauen Sie die entsprechende Türverkleidung ab.

- Drehen Sie die Linsenschrauben heraus und nehmen Sie die Türverkleidungen ab.

- Der Einbau erfolgt sinngemäß in umgekehrter Reihenfolge.

PRAXISTIPP

Stopfenmontage

Beim Lösen der Türverkleidung besteht die Gefahr, dass Schäden an den Befestigungselementen erzeugt werden! Um dies zu verhindern, ist beim Ausbau der Türverkleidung die angegebene Lage und Reihenfolge der zu lösenden Clipverbindungen unbedingt einzuhalten!

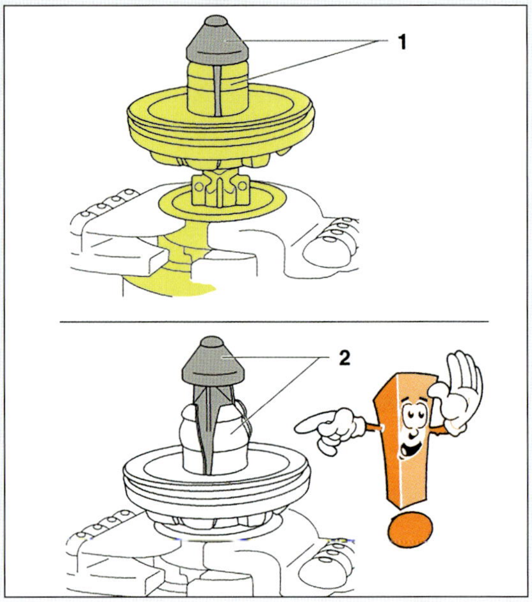

Die neueren Stopfen der Türverkleidung haben eine Verriegelungsfunktion. Sind sie »eingedrückt« (2), sind sie verriegelt und werden wie ein Spreizdübel in der Wand auseinandergedrückt. Durch das Herausziehen der Aufnahme werden sie »entriegelt« und können montiert werden.
Vor dem Einbau der Türverkleidung müssen Sie sicherstellen, dass sich der Verriegelungsmechanismus sämtlicher Clipverbindungen in Position 1 »entriegelt« befindet!
In der Position 2 »verriegelt« ist ein fehlerfreier Einbau der Türverkleidung nicht möglich!

Seitenverkleidung hinten

Um die Verkleidung demontieren zu können, muss die Sitzbank hinten ausgebaut werden. Diese Montagearbeiten haben wir bereits beschrieben und möchten Sie auf diese Beschreibungen verweisen.

- Das Verdeck muss so weit wie in der Abbildung gezeigt geöffnet werden.
- Den Kugelbolzen für den Druckknopf (1) und die Kreuzschlitzschraube (2) herausdrehen.
- Die Abdeckung (3) abnehmen und das Verdeck ganz absenken.
- Die hintere Sitzbank ausbauen.
- Das Rücklehnenunterteil ausbauen.
- Das Lehnenoberteil nach oben abnehmen und auf dem geöffneten Verdeck ablegen.
- Clip (1) abschrauben und Einstiegleiste (2) nach oben aus den Klammern (3) herausziehen.
- Bei Kurbel-Fensterhebern nun die Fensterkurbel ausbauen.

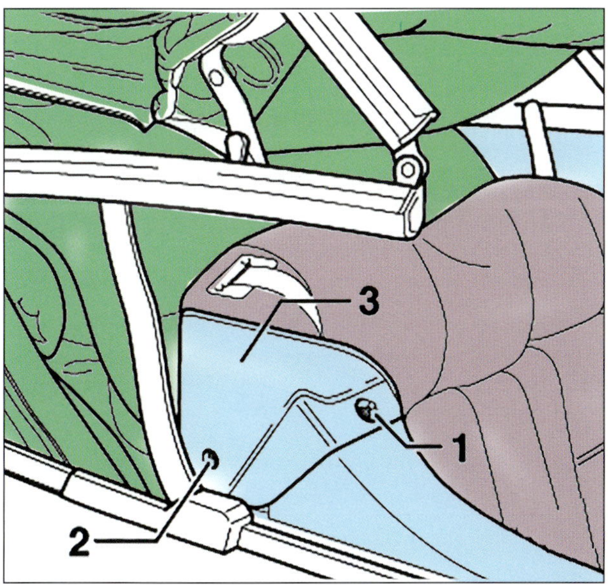

Vom Verdeck aus: 1 Kugelbolzen für den Druckknopf, 2 Kreuzschlitzschraube, 3 Verkleidung.

- Clip (1) abschrauben und Clips (2) heraushebeln.
- Kreuzschlitzschrauben (3) herausdrehen und die Seitenverkleidung abnehmen.
- Der Einbau erfolgt sinngemäß in umgekehrter Reihenfolge.

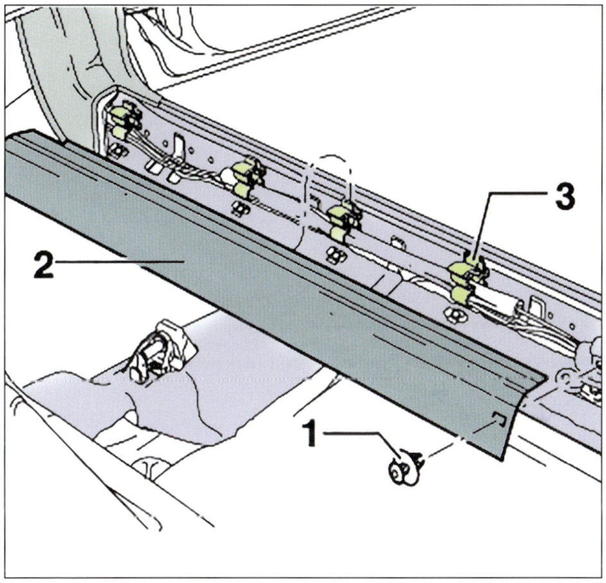

Einstiegsleiste: 1 Clip, 2 Einstiegsleiste, 3 Klammer am Schweller.

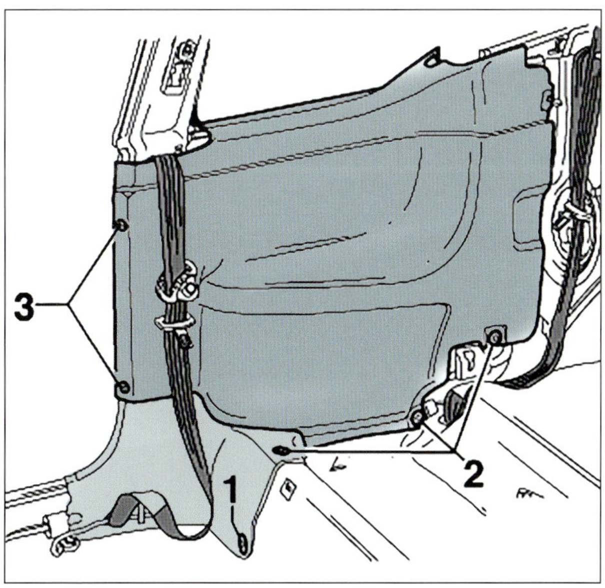

Verkleidung hinten: 1 Clip, 2 Clips, 3 Kreuzschlitzschrauben.

Verkleidung Windschutz

- Innenleuchte mit einem Schraubendreher heraushebeln.
- Die elektrischen Steckverbindung trennen.
- Sonnenblendenlager (1) und Aufnahmelager (2) abschrauben und Steckverbindungen für Spiegelbeleuchtung trennen. Die Aufnahmelager müssen zum Ausbau um 90° gedreht werden.
- Verkleidung für Windschutzfensterrahmen abnehmen.
- Der Einbau erfolgt in umgekehrter Reihenfolge.

Innenleuchte: Die Innenleuchte wird seitlich mit einem Schraubendreher herausgehebelt.

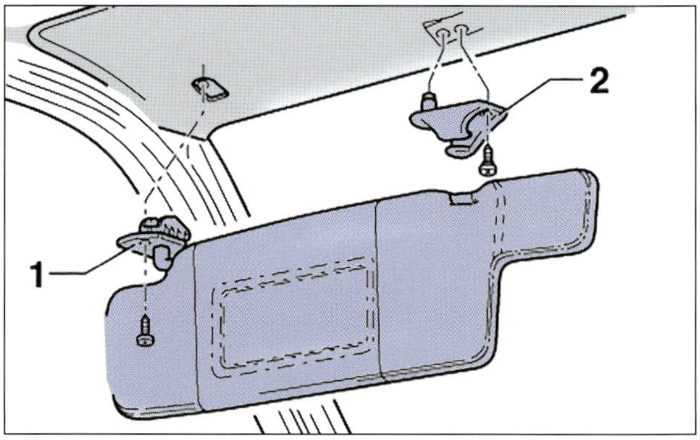

Sonnenblenden: 1 Sonnenblendenlager, 2 Aufnahmelager.

Verkleidung A-Säule

- Verkleidung für Windschutz wie beschrieben ausbauen.
- Abdeckkappe (2) abhebeln und Kreuzschlitzschraube (1) herausdrehen.
- Verkleidung nach oben von der Säule A abziehen.
- Clips (3) von der Säule A abclipsen und in die Verkleidung einsetzen.
- Spreizclip (4) in Aufnahmeloch Säule A einsetzen.
- Verkleidung an Säule A montieren, dabei auf richtigen Sitz der Dichtung achten.

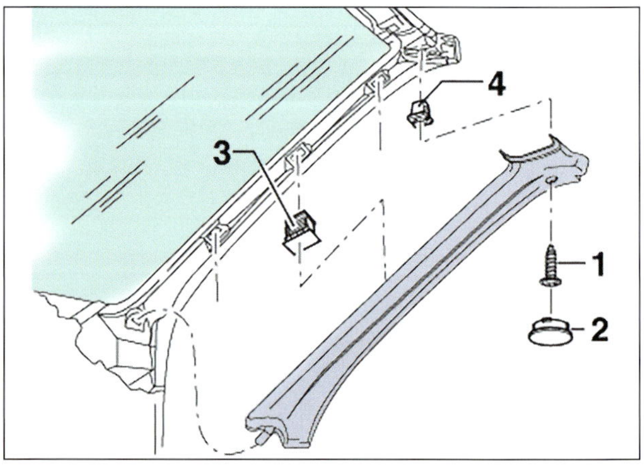

Verkleidung der A-Säulen: 1 Kreuzschlitzschraube, 2 Abdeckkappe, 3 Clips, 4 Spreizclip.

Verkleidung B-Säule

Neben den beschriebenen Arbeiten sollten Sie auf die Dichtungen zur Türe und zu den Fenstern achten. Ziehen Sie die Dichtgummis mit dem Montagekeil nach. Sprühen Sie die Gummis mit etwas Silikonspray ein.

- Die Seitenverkleidung, wie bereits beschrieben ausbauen.
- Abdeckkappe des Umlenkbeschlages des Gurtes nach oben abclipsen, Sechskantschraube herausdrehen und den Umlenkbeschlag abnehmen.
- Abdeckkappe (1) abclipsen, Kreuzschlitzschraube (2) herausdrehen und Mantelhaken (3) abnehmen.
- Kreuzschlitzschrauben (4) und (5) herausdrehen und Verkleidung Säule B abnehmen.
- Der Einbau erfolgt sinngemäß in umgekehrter Reihenfolge.

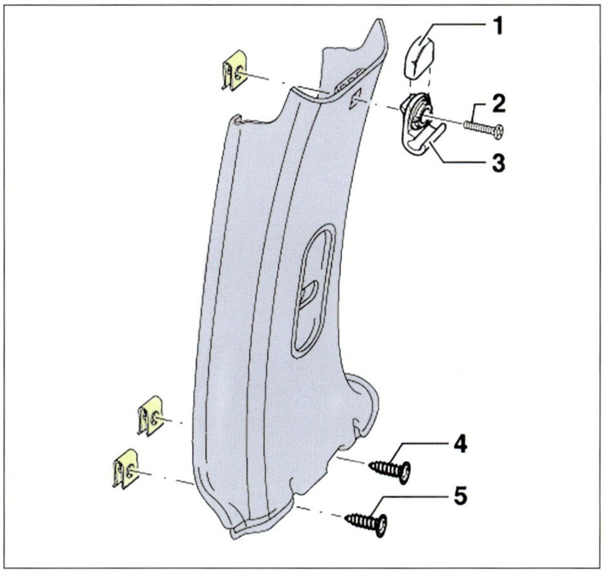

Verkleidung B-Säule: 1 Abdeckkappe, 2 Kreuzschlitzschraube, 3 Mantelhacken, 4 Kreuzschlitzschraube, 5 Kreuzschlitzschraube.

Verkleidung Überrollbügel

Für die Demontage ist es günstiger, die Verkleidungen der B-Säule zu demontieren. Die Verkleidungen lassen sich so besser ausrichten.

- Verdeck öffnen.
- Verkleidungen Säule B im oberen Bereich lösen, dazu Mantelhaken und Umlenkbeschlag abschrauben.
- Die Dämpfung (1) entfernen. Sie wird dabei zerstört und muss erneuert werden.
- Die Kreuzschlitzschrauben (2) herausdrehen.
- Verkleidung für den Überrollbügel (3) abnehmen.
- Der Einbau erfolgt sinngemäß in umgekehrter Reihenfolge.

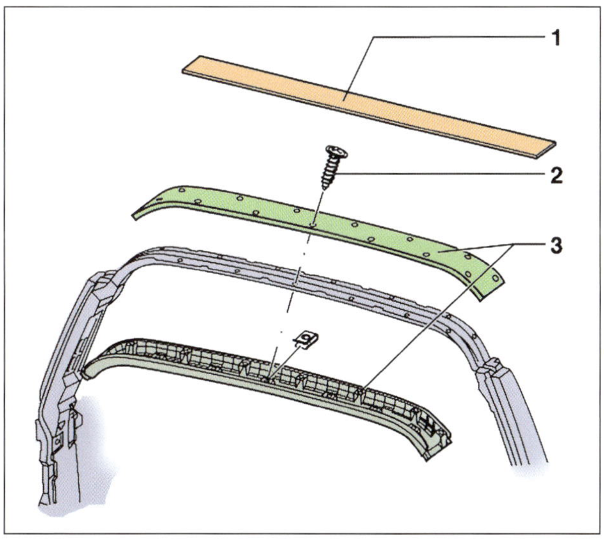

Verkleidung Überrollbügel: 1 Dämpfung, 2 Kreuzschlitzschraube, 3 Verkleidung Überrollbügel.

Heckklappenverkleidungen

- Öffnen Sie die Heckklappe.
- Drehen Sie die Schraube (1) heraus.
- Clipsen Sie die Verkleidung (2) aus den Aufnahmen in der Heckklappe heraus.
- Der Einbau erfolgt sinngemäß in umgekehrter Reihenfolge.
- Setzen Sie, vor der Montage, die Aufnahme (3) für den Clip wieder in die Heckklappe ein beziehungsweise sehen Sie nach, ob die Clips ordnungsgemäß in der Verkleidung sitzen.

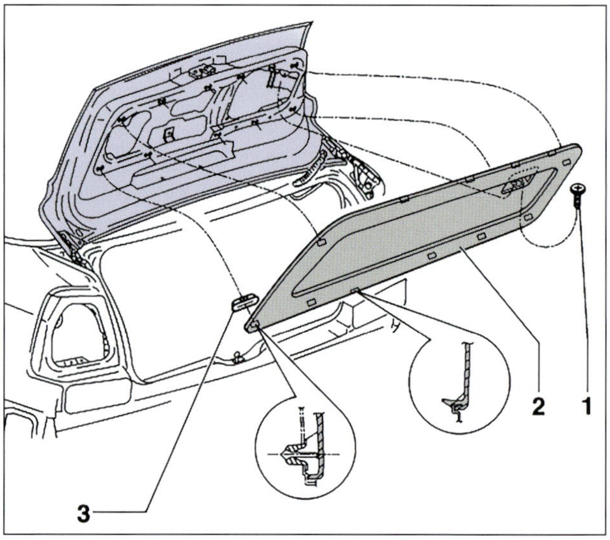

Verkleidung Heckklappe: 1 Schraube, 2 Verkleidung Heckklappe, 3 Aufnahme.

Mittelkonsole

- Aschenbecher herausziehen und Sechskantmuttern (1) abschrauben.
- Abdeckung (A) entgegen der Fahrtrichtung von der Mittelkonsole abziehen und elektrische Anschlüsse abziehen.
- Sechskantmuttern (2) und Kreuzschlitzschrauben (3) (links und rechts) abschrauben bzw. herausdrehen.
- Die Mittelkonsole hinten etwas anheben und nach hinten von der Schalttafel abziehen. Die elektrische Anschlüsse trennen.
- Der weitere Einbau erfolgt sinngemäß in umgekehrter Reihenfolge.
- Distanzhülsen (4) auf Stehbolzen aufsetzen.
- Konsole mit Haltezapfen (5) in Schalttafel einsetzen.

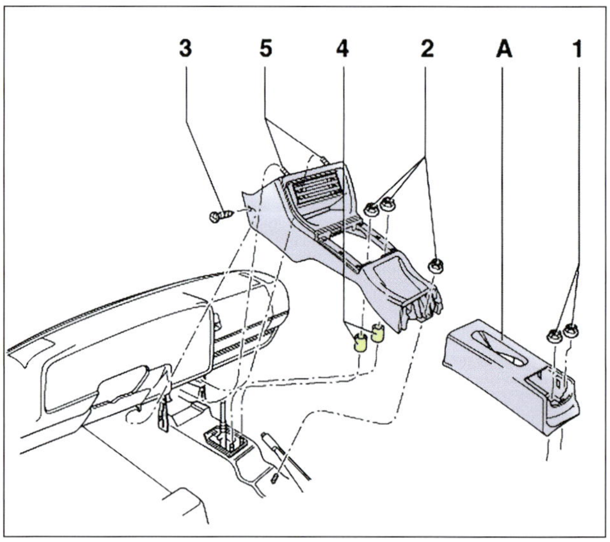

Mittelkonsole: 1 Muttern, 2 Muttern, 3 Kreuzschlitzschrauben, 4 Distanzhülsen, 5 Haltezapfen, A Abdeckung Handbremse.

Elektrische Fensterheber

Störung	Was kann das sein?	Was muss ich tun?
A Fensterscheibe wird nur in eine Richtung verstellt	**1** Schalter defekt	Schalter auswechseln
B Fensterscheibe wird in keine Richtung verstellt durchgebrannt	**1** Fensterscheibe schwergängig, Sicherung wegen Überlastung des Motors	Fensterscheibe in den Führungen gängig machen, Sicherung erneuern
	2 Fensterheber wird nicht angesteuert	Fehlerspeicher abfragen (lassen) Fensterhebermotor prüfen
C Fensterscheibe wird im ganzen Verstellbereich zu langsam verstellt	**1** Fensterscheibe in den Führungen verklemmt	Spiel der Scheiben prüfen, ggf. korrigieren
	2 Kabelverbindungen defekt oder oxidiert	Überprüfen, reinigen ggf. auswechseln
3 Schalter defekt oder oxidiert		Überprüfen, ggf. auswechseln
D Fensterscheibe wird an der oberen Grenze des Verstellbereichs zu langsam verstellt	**1** Fensterscheibe in den Führungen verklemmt, Aufnahmen gebrochen	Reparatursatz Fensterheber verbauen

Elektrik

Während der Kraftstoff als ausgesprochen wertvoll gilt, wird die Stromversorgung sträflich vernachlässigt. Früher oder später rächt sich das: Misteriöse Fehlfunktionen oder sogar der Totalausfall des Bordnetzes sind die Folge. Wir verraten Ihnen, wie sich das mit wenig Aufwand vermeiden lässt und wie Sie zusätzlich Geräte anschließen können.

Ein Auto braucht im Wesentlichen drei Dinge, um zu fahren: Kraftstoff, Luft und Zündung. Alle diese Dinge werden durch elektrische Bauteile gesteuert, geregelt und durch Elektronik beeinflusst.

Während der Kraftstoff als ausgesprochen wertvoll gilt, wird die Stromversorgung sträflich vernachlässigt. Früher oder später rächt sich das: Mysteriöse Fehlfunktionen oder sogar der Totalausfall des Bordnetzes sind die Folge.

»Na klar, früher war alles einfacher!«, denkt man. Stimmt aber nicht. Es ist neu, das Datenbussystem im Auto, ist aber real leichter zu prüfen. »Früher ...«, ruft mir der Altgeselle zu,»... hamwa alles noch mit der Prüflampe ...!!!«. Das Argument, dass man manchmal das halbe Auto zerlegt hat, lässt er kaum gelten. Die Prüflampe gehört nun endgültig, schön in Kupfer, Stahl und Hausmüll getrennt, auf den Recyclingweg. Und einfacher war es auch nicht! Die guten Mechaniker haben die meisten Standardschaltpläne im Kopf und müssen meist nur wegen der Kabelfarben oder dem Einbauort im Schaltplan schauen.

Und genau das ist jetzt zwar anders, aber nicht schwerer. Die OBD ermöglicht Messungen und Funktionsprüfungen an Bauteilen, ohne die entsprechenden Bauteile überhaupt zu Gesicht zu bekommen. Dazu aber etwas später.

Was ist eigentlich der Unterschied zwischen Elektrik und Elektronik?

Von der Elektrik spricht man bei Bauteilen, die nach einem einfachen physikalischen Prinzip funktionieren. Kabel: »Stromleitung durch freie Elektronen«, Elektromotor: »Drehbewegung durch Einwirken elektrischer Feder auf Festmagneten«. Die Elektronik beschreibt alle Bauteile, die durch andere elektrische Bauteile oder Größen beeinflusst steuern oder regeln können. Eine klare Grenze gibt es aber nicht. Betrachtet man beispielsweise die Lichtmaschine, würde man sie sicherlich jetzt der »Elektrik« zuordnen. Die Ladespannung wird aber »elektronisch« geregelt. Der Übergang zwischen diesen beiden Begriffen ist also eher fließend.

Vernetzung

Seit ungefähr1980 ist zur Datenübertragung im Fahrzeug der CAN-Daten-Bus Industriestandard. Über eine, zwei Leitungen oder sogar über Glasfaserkabel werden elektrische Signale mit einer Übertragungsrate von bis zu 500 kBit/s zwischen den einzelnen Steuergeräten ausgetauscht. Der Code enthält neben den Daten auch Informationen, für welches Steuergerät seine Daten relevant sind. Die Dateninformationen werden in einer bestimmten »Sprache« übermittelt. Schließlich müssen die Informationen auch hinsichtlich Dringlichkeit sortiert werden. Die Motortemperatur ändert sich beispielsweise deutlich langsamer als der zeitliche Abstand der Zündung oder die erforderliche Kraftstoffmenge. Neben dem ursprünglichen Netz sind mittlerweile mehrere Datennetze mit unterschiedlichen Geschwindigkeiten, Aufgaben und Ausführungen im Fahrzeug verbaut, die den möglichst reibungslosen Betrieb gewährleisten sollen.

Es gibt eigentlich zwei Argumente für die Datenbusvernetzung. Zum einen die Sparsamkeit und zum anderen die Flexibilität des Systems. Die Anbindung an ein Datennetz ermöglicht es tatsächlich, etliche Meter Kabel an einem Fahrzeug einzusparen.

Natürlich ist der Datenbus im Golf III und Golf IV noch nicht so weit ausgeprägt wie die Netzwerksysteme an den modernen Fahrzeugen heute. Zwischen Motorsteuergerät und ABS wurde schon damals ein CAN-Datenbus eingesetzt.

Heutzutage werden alle Steuergeräte in durchaus auch unterschiedlichen Datennetzen übermittelt. So können einzelne Sensoren für unterschiedliche Aufgaben ausgewertet werden und natürlich auch die unterschiedlichsten Funktionen auch unterschiedlicher Systeme zusammengeführt werden. Ein typisches Beispiel hierfür an modernen Fahrzeugen sind die ABS-Sensoren. Beim Ihrem Golf erfassen sie die Raddrehzahl für das ABS-System. Wenige Golfgenerationen weiter, wird mit ihnen die ESP-Regelung, natürlich das ABS, der Tachometer und, um beim Cabrio zu bleiben, auch die Verdeckbewegung bis zu einer gewissen Geschwindigkeit zugelassen.

Sprit, Luft und Zündung: Die Basis für jeden Motorlauf. Ob Diesel oder Benziner: immer etwas anders, die Wirkung bleibt gleich.

Fehlersuche und Diagnose

Bei einem Fehler in der Elektronik ist guter Rat teuer. Denn das Ermitteln der Fehlerquelle, die so genannte Diagnose, ist heutzutage ohne ein entsprechendes Diagnosetool, wie im Bild zu sehen, nicht möglich. Diagnosegeräte können dabei aber weitaus mehr als nur den Fehlerspeicher auslesen. Das moderne Fahrzeugsystem verbindet gleich mehrere Funktionen miteinander. Eine geführte Fehlersuche erläutert dem Servicetechniker ein schrittweises Vorgehen zum Beheben des aufgetretenen Fehlers. Niemals sollte die erste Hilfe nach gut nachbarschaftlichem Rat erfolgen. Setzen Sie das Steuergerät beispielsweise durch mehrstündiges Abklemmen der Batterie zurück, wird zwar der Fehlerspeicher gelöscht, aber neben dem Radiocode (der sich wieder eingeben lässt) gehen alle Feinabstimmungsdaten (so genannte Adaptionswerte) die das Steuergerät selbst ermittelt hat, verloren. Im schlimmsten Fall wird durch das mehrstündige Abklemmen auch die Software beschädigt und das Auto läuft nicht mehr. Mit etwas Glück kann der freundliche Hersteller-Partner diese wieder aufspielen. Gelingt das nicht, wird die Neuanschaffung eines

Multitalent: Der Umgang mit dem Multimeter ist nicht schwer und doch sehr hilfreich. Spannung, Stromstärke oder der Widerstand eines Verbrauchers können leicht ermittelt werden.

Steuergerätes (könnten auch mehrere werden…) und die Anpassung an das System unumgänglich. Bei jeder Art von Messungen sollte immer ein Dauerladegerät angeschlossen werden, um die Bordnetzspannung aufrecht zu halten.

Garnicht so wenige Störungen an der Elektrik lassen sich mit einfachen Mitteln beheben. Man muss sich natürlich etwas auskennen, weswegen wir Ihnen Grundbegriffe erläutern und Hilfen bieten wollen. Wie bei anderen Baugruppen auch, gehören dennoch viele Störungen in die Fachwerkstatt oder zu einem versierten Mechaniker. Hilfen hierzu werden auch im Buch »Reparaturanleitung« unseres Verlages genauer beschrieben.

On Bord Diagnose (OBD)

Seit den 1990er-Jahren sind alle Automobilhersteller gesetzlich dazu verpflichtet, die abgasbeeinflussenden Systeme während des Fahrbetriebs permanent zu überwachen und auftretende Fehler zu speichern. Die On Bord Diagnose in Ihrem Golf erfüllt genau diese Aufgabe. Das System ist ebenso in der Lage, Fehler zu erkennen, wie auch abzuspeichern. Es informiert ggf. auch den Fahrer über eine Anzeige im Cockpit um ihn so dazu zu veranlassen, die Werkstatt aufzusuchen.

Anschlussdose: Die Verbindung zwischen Auto und Tester.

Die im Golf eingesetzte OBDII ist in der Lage, bei der Eigendiagnose die Fehlerart (Unterbrechung, Kurzschluss, unplausibles Signal), den Fehlerstatus (sporadisch, resistent) und die Fehlerquelle zumindest im System zu erkennen. Dies erleichtert der Werkstatt die Fehlersuche (das Auftrennen verschiedener Steckverbindungen mit anschließenden und aufwendigen Funktions- und Bauteileprüfungen wird oftmals unnötig). Zur Informationsübertragung wurde eine Diagnoseschnittstelle geschaffen, die eine Kommunikation zwischen den eingesetzten Steuergeräten und einem angeschlossenen Diagnosetester ermöglichen.
Der Informationsfluss ist in beide Richtungen möglich, das heißt zusammen mit dem Werkstattreparaturleitfaden hilft dieses System der Werkstatt das Einkreisen des Fehlers zu beschleunigen, die Reparatursicherheit zu erhöhen und damit auch Reparaturkosten zu senken. Die Diagnosegeräte haben sich mittlerweile vom einfachen Fehlerauslesegerät zu richtigen Hightechrechnern mit Eingriffsmöglichkeiten in die Steuergeräteumgebung entwickelt. Damit ein solches System funktionieren kann, müssen alle Systeme miteinander vernetzt sein und untereinander kommunizieren können. Dies ermöglicht der so genannte CAN-Daten-Bus.

WISSENSWERTES

Grundbegriffe der Elektrik

Spannung (Volt): Vergleichbar mit dem Druck in einer Wasserleitung. Je größer der Druck, umso schärfer der Strahl. Autos benutzen derzeit ein 12 Volt-Bordnetz, in naher Zukunft wird die Voltzahl wohl deutlich erhöht. Besonders hohe Spannungen werden in Zündanlagen bereitgestellt. Bis zu 40 000 Volt sorgen dafür, dass der Strom auch größere Distanzen überspringen kann. Im Grunde soll er das aber nur an der Zündkerze, weshalb alle spannungsführenden Teile gut isoliert sind.

Stromstärke (Ampere): Vergleichbar mit der Durchflussmenge am Wasserhahn. Neben der Spannung, die zu Stromüberschlägen führen kann, ist die Stromstärke das eigentlich Gefährliche am Strom. Wird dicht an der Stromquelle ein Kurzschluss verursacht, fließt maximaler Strom. Vergleichbar einem Wasserrohrbruch, der eine ganze Straße unter Wasser setzen kann.

Leistung (Watt): Das Produkt aus Spannung und Strom gibt an, welche elektrische Arbeit ein Verbraucher abgibt beziehungsweise aufnimmt. Das hängt wiederum von dessen Widerstand ab. Bildlich gesprochen: Der wenig geöffnete Wasserhahn kann bei hohem Druck die gleiche Menge abgeben wie ein voll geöffneter Hahn bei geringem Druck. Wie viel entnommen werden soll, bestimmt allein der Verbraucher und dessen Aufnahmefähigkeit.

Widerstand (Ohm): Fließt der Strom ungehindert, ist der Widerstand = 0. Bei einer Unterbrechung des Stromkreises dagegen unendlich. Jeder Verbraucher bietet normalerweise einen gewissen Widerstand, wenn auch zum Teil einen sehr geringen. Kurzschluss: Wenn Sie zum Beispiel mit einem Schraubenschlüssel beide Batteriepole verbinden, kann durch den massiven Stahl fast unendlich Strom fließen. Das schweißt sogar den Schlüssel an den Polen fest! Vor Kurzschlüssen im Bordnetz schützen Schmelzsicherungen mit ihrer dünnen Drahtbrücke. Dieser Draht ist das genau definierte schwächste Glied im Stromkreis und brennt bei Überlastung durch. Der Stromfluss wird somit unterbrochen und weiterer Schaden vermieden.

Das Bordnetz

Ihr Golf ist in allen Versionen vom Start an auf elektrische Energie angewiesen. Alle für den Fahrbetrieb, die Sicherheit und die Bequemlichkeit eingebauten Systeme und die gesamte Lichtanlage sind ohne sie arbeitsunfähig.

Batterie

Startenergie bereitzustellen, ist die wichtigste Aufgabe der Batterie auf der linken Fahrzeugseite Ihres Golfs. Defekte Verbraucher, Selbstentladung durch lange Standzeiten oder eine Tiefentladung durch einen nicht abgeschalteten Verbraucher können Ausfälle verursachen. Diese Fehler zu finden, kann durchaus eine kniffelige Sachen sein. Eine ausgebaute Batterie oder den Akku in einem vorübergehend stillgelegten Fahrzeug aufzuladen, ist hingegen leicht zu schaffen. Die Funktionen des Dauerladers werden wir etwas später noch vorstellen. Soweit Sie kein Dauerladegerät benutzen, sollten Sie die Batterie einmal im Monat laden. Denn zum Anlassen sind bei einem kleinen warmen Motor schon durchaus 400 W erforderlich. Bis zu 2000 W können bei Kaltstart abgefragt werden.

Batteriezelle in Scheiben: 1 Zellbrücke, 2 Plusplatte, 3 Minusplatte mit Trägergitter, 4 Separator, 5 Batteriegehäuse, 6 Batteriepol.

Generator

Der Drehstromgenerator (im Volksmund »Lichtmaschine«) versorgt vom Motor angetrieben schon bei Leerlauf alle elektrischen Aggregate mit Strom und lädt ständig.

Generator im Schnitt: 1 Wicklungen mit drei Phasen, 2 Antriebswelle, 3 Gehäuse, 4 Regler mit Kohlen, 5 Kollektor, 6 Diodensatz.

Dauerladegerät im Einsatz: Ob nun aufgeladen oder die Ladung erhalten werden soll, gute Geräte arbeiten selbsttätig.

die Batterie auf. Er bringt es auf mehr als 2 kW Elektroenergie. Leistungsdioden besorgen die Gleichrichtung dieses Wechselstroms. Der Generator im Golf ist wartungsfrei, die Schleifkohlen sind für 100.000 km gut.
Je schneller die Lichtmaschine dreht, umso höher die Spannung. Ein Regler schützt vor Überspannungen und verhindert Überladen der Batterie. An die Lichtmaschine angeschraubt, reguliert er die Betriebsspannung je nach Temperatur auf Werte zwischen 13,8 und 14,5 Volt im »14-Volt-Toleranzfeld«.

Anlasser

Der Golf ist mit dem üblichen Schub-Schraubtrieb-Anlasser ausgestattet, der sich vorn am Motor befindet. Sein Magnetschalter (1, Bild 3) trägt die Anschlüsse Klemme 30 (Pluskabel der Batterie) und Klemme 50 (Startfreigabe vom Bordnetzsteuergerät).
Tut sich mal beim Starten gar nichts und könnte es der Anlasser sein: Kontakte überprüfen, durchmessen, vielleicht ausbauen und auswechseln. Magnetschalter, Schleifkohlen oder ein Lager-Verschleiß sind mögliche Ursachen.

Fehler an der Elektrik

Nötige Arbeiten sind nicht immer von der komplizierten Elektronik verursacht. Pflege und Wartung der Batterie, Ersetzen von Lampen im ausgedehnten Beleuchtungssystem oder Austausch von Sicherungen können Sie durchaus bewältigen. Dazu geben wir Ihnen später einige Tipps.

Schub-Schraubtrieb-Anlasser: Das Bosch-Gerät zeigt die auch im Golf zu findende Bauform. (1) Magnetschalter.

Die Beleuchtung

Die Fahrzeugbeleuchtung ist ein zentrales aktives Sicherheitselement. Auch das Fahren mit Licht am Tag ist inzwischen aktuell. Serienmäßig ist kein Tagfahrlicht verbaut. Diese Ausrüstung gab es zum Produktionszeitpunkt noch nicht.

Für Sicherheit auf der Straße

Tagfahrlicht soll nach einschlägigen Untersuchungen die Sichtbarkeit eines Fahrzeuges erhöhen. Das mag zwar stimmen, verschlechtert aber die besondere Aufmerksamkeit für Motorradfahrer, die eigentlich schon immer mit Licht am Tag unterwegs sind. Wenn Sie mit Ihrem Golf mit Licht am Tag fahren möchten, bleibt Ihnen das Einschalten des Abblendlichtes oder die Nachrüstung von Tagfahrlicht im Bereich des vorderen Stoßfängers. Der Einbau ist je nach Ausführung Ihres vorderen Stoßfängers, etwas schwieriger. Flache LED-Leuchten können allerdings Platz in den unteren Kühlluftschlitzen des Stoßfängers finden. Achten Sie bei einer geplanten Montage darauf, einen Steckkontakt gut zugänglich im Bereich des Frontträgers zu platzieren. Der Steckkontakt sollte idealerweise nicht im Spritzwasserbereich liegen. Die Leuchten müssen ein »E-Prüfzeichen« aufweisen.

Scheinwerfer: Halogenlampen in H4- oder H7-Ausführung sind je nach Modell verfügbar.

Die Scheibenwischanlage

Die einfache Funktion der Scheibenwischanlage ist im Gegensatz zu den modernen Fahrzeugen mittlerweile schon etwas Besonderes. Es gibt keine Software gestützten Funktionen bis auf den Wischintervall der über ein Relais ausgelöst wird. Details zu der Funktion haben wir ja bereits auf der Seite 54 beschrieben.

Wischerfunktionen

Die Geschwindigkeitsanwahl erfolgt über die Bestromung von zwei unterschiedlichen Kohlen auf dem Motoranker. Je nach gewählter Geschwindigkeit wird eine der beiden Kohlen mit 12V durch den Wischerschalter versorgt. Der Anschluss mit der Kabelfarbe Grün ist für Stufe 2 Zuständig, die Farbe grüngelb für die langsame Stufe. Schwarz/Grau ist die Spannungsversorgung des Motors für den Rücklauf.
Der Motor ist mit einer thermischen Sicherung ausgerüstet, die bei einer Motorüberlasten den Motor für einige Minuten zum Abkühlen abschaltet. Es handelt sich um eine Bimetalsicherung die selbsttätig wider zuschaltet.

Winterstellung: So bleibt kein Wasser auf den Gummis der Wischer stehen und die frieren weniger oft auf der Scheibe an.

Relais und Sicherungen

Damit Sie die Elektrik Ihres Autos einfach, zuverlässig und sicher nutzen können, gibt es Schaltstellen, Leitungsstränge und Sicherheitsvorkehrungen. Die zahlreichen Schalter und Taster können auch schon mal Ursache für Störungen sein. Mit Multimeter kontrollieren, defekte Schalter auswechseln: Zündung und Verbraucher ausschalten, Zündschlüssel abziehen.

Schutz der Systeme

Verbraucher, die einen hohen Strom aufnehmen, werden durch Schaltrelais in Betrieb genommen. Erst über das Schließen des Schaltstromkreises wird von ihnen der Arbeitsstromkreis hergestellt. Für den Schutz der elektrischen Systeme sorgen Schmelzsicherungen. Wo sich Relaisträger und Sicherungshalter befinden, zeigen wir weiter hinten. Für Sie am wichtigsten: Sicherungen im Halter links unten in der Schalttafel (Bild unten).

Bauteilkennung und Kabelfarben

In den Stromlaufplänen haben alle Bauteile Kennbuchstaben in Kombination mit Zahlen. Die Kabel sind mit Farben gekennzeichnet, und die meisten Anschlüsse an den Mehrfachsteckern wie an den Relais sind nummeriert.

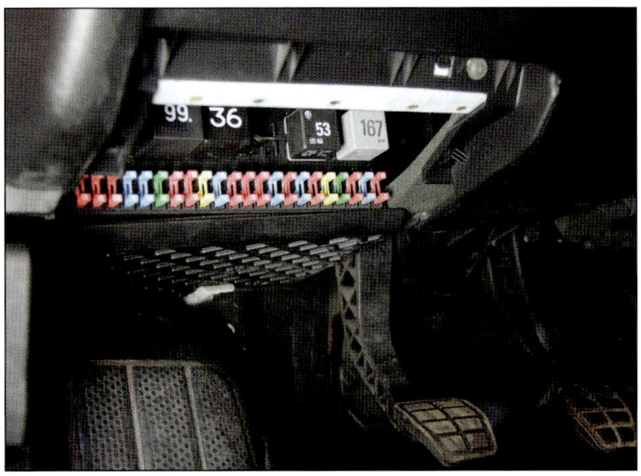

Schutz der Elektrik Sicherungshalter neben der Batterie im Motorraum

Batterie: Sichtprüfung und richtige Behandlung

- **Sichtprüfung:** Zündung ausschalten, Zündschlüssel abziehen, Motorhaube öffnen. Die Batterie links im Motorraum hat eine flexible Hülle oder steckt in einem verriegelbaren Kunststoffkasten. Auf Schäden am Gehäuse untersuchen. Wenn Säure ausgelaufen ist: Stellen mit Säurewandler oder Seifenlauge reinigen. Undichte Batterien auswechseln!

- Sind die Batteriepole (Bild 1 Minuspol mit Klemme) beschädigt? Der nötige Kontakt der Klemmen muss unbedingt gewährleistet sein. Oxidkristalle an Batterieklemmen mit warmem Sodawasser abwaschen oder mit Säurewandler Neutralon behandeln.

- Die Batteriepolklemmen (Bild 1) müssen korrekt aufgesteckt und festgezogen sein, weil es sonst zu Leitungsbränden und Störungen kommen kann. Der Funktionszustand des Fahrzeugs ist dann in erheblichem Maße nicht mehr gewährleistet. Polklemmen gewaltfrei von Hand aufstecken, um das Gehäuse nicht zu beschädigen. Die Muttern (3, Bild 1) werden mit 6 Nm festgeschraubt.

- Die Batterie muss fest in ihrer Halterung (Bild 2) sitzen. Schraube (3) mit 20 Nm anziehen. Lockerer Sitz verkürzt durch Erschütterungen die Batterielebensdauer, kann zu Schäden an den Batterieplatten führen und stellt eine Gefährdung durch Explosions-Möglichkeit dar.

- **Batterie richtig behandeln:** Um lange Gebrauchstüchtigkeit zu gewährleisten, muss die Batterie sachgemäß geprüft, gewartet und gepflegt werden. Hinweise (Piktogramme) auf der Oberseite und in der Betriebsanleitung beachten!

- Reihenfolge beim Ab- und Anklemmen: Zuerst Minuspol, dann Pluspol abklemmen. Beim Anklemmen erst Plus-, dann Minusklemme (»Masseband«) aufstecken. Verpolung und Kurzschlüsse vermeiden!

- Wenn die Batterie längere Zeit im abgestellten Fahrzeug verbleibt, sollte der Minuspol abgeklemmt werden.

- Für die neue Batteriegeneration weist Volkswagen an: »Keine Etiketten entfernen und kein destilliertes Wasser auffüllen. Nur Sichtprüfungen vornehmen!«

- Nach Wiederanklemmen der Batterie Grundprogrammierung mit dem Werkstattsystem (VAS 505x) vornehmen. Einige Funktionen »lernt« das Elektrik-System auch wieder selbst.

Anmerkung: Mit »AGM« gekennzeichnete Blei-Säure-Akkus sind Vliesbatterien, wartungsfrei mit festem Elektrolyt. Dieser ist in einem Mikroglasvlies (»Absorbent Glas Material – AGM«) festgelegt. Die Batterie ist verschlossen und hat Ventile. Vliesbatterien stets durch Vliesbatterien ersetzen!

Polklemme: (1) Batterie, (2) Plusklemme, (3) Klemmenmutter, (4) flexible Abdeckung, (5) Minusleitung (»Masseband«).

Batterie-Halterung: (1) Batterie, (2) Klemmplatte, (3) Befestigungsschraube (M8x35; 20 Nm) der Klemmplatte.

Batterie warten und prüfen

Sie führt ein unbeachtetes Dasein in einer möglichst versteckten Ecke und wird schon nach wenigen Einsatzjahren oft schon wieder in den Recyclingkreislauf zurückgeführt. Die Batterie kann aber –vorausgesetzt sie ist von guter Qualität, wird regelmäßig gewartet und nachgeladen – einige Jahre halten. Auch der plötzliche Batterietod kann gut vorausgesehen werden.

Prüfung des Säurestandes

Diese Prüfung ist natürlich nur bei Nassbatterien möglich, an denen Sie die Zellenverschlussdeckel noch öffnen können. Der Säurestand ist sehr wichtig für die Leistungsfähigkeit einer Batterie. Im Laufe der Zeit verdunstet etwas vom Wasseranteil der Batteriesäurefüllung und der Elektrolytstand nimmt in den Zellen ab. Wird eine Zelle nicht mehr vom Elektrolyt komplett abgedeckt, steht auch nur noch der kleinere noch im Elektrolyt stehende Plattenanteil als Kapazität zur Verfügung.

- Öffnen Sie die Zellenverschlussdeckel der Batterie.
- Kontrollieren Sie, ob der Säurestand die Markierungsnase über den Platten erreicht.
- Wenn erforderlich, füllen Sie den Säurestand mit destilliertem Wasser auf.

Prüfung der Säuredichte

Der Ladezustand einer Batterie spiegelt sich in der Säuredichte am deutlichsten wieder.

- Öffnen Sie die Zellenverschlussdeckel der Batterie.
- Drücken Sie den Gummiball des Säurehebers (3) zusammen und saugen Sie das Elektrolyt aus einer Batteriezelle an. Der Schwimmer mit Skala des Säurehebers (4) muss aufschwimmen.
- Lesen Sie die Dichte an der Flüssigkeitslinie (5) am Schwimmer ab. Werten Sie die Säuredichte aus:

Dichte	Ladezustand (etwa)
1,28 g/cm³	Voll geladen
1,22 g/cm³	Normal geladen
1,18 g/cm³	Schwach geladen
1,12 g/cm³	Normal entladen
1,06 g/cm³	Tief entladen

Magisches Auge (integrierter Säureheber): 1 Verschlussschraube mit Säureheber und Sichtkugel, 2 Sichtkugel mit definiertem Gewicht (etwa 1,20 g/cm³).

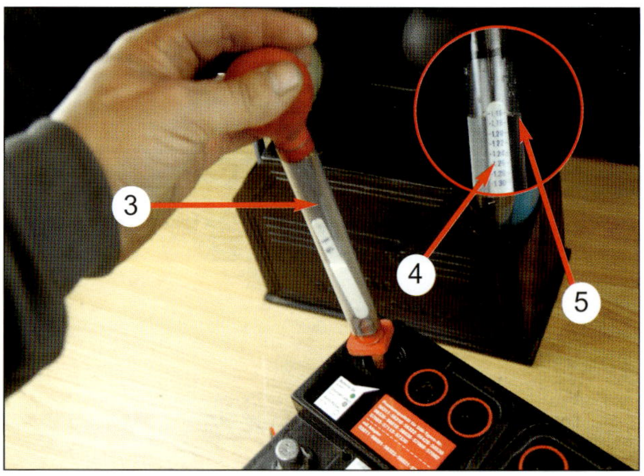

Säureheber als Werkzeug: 3 Säureheber, 4 Skala auf dem Schwimmer, 5 Säurestand.

Prüfung der Batteriespannung

Die Prüfung der Batteriespannung ist zwar die am häufigsten eingesetzte Methode, liefert aber wie der Test mit den Batterietestern nur dann ein zuverlässiges Ergebnis, wenn die Batterie nach der Vollladung mindestens 3 Stunden weder ge- noch entladen wurde. Hier finden Sie die meisten Messfehler auch bei der Einschätzung durch die Werkstätten und Händler. Die Ruhezeit ist von entscheidender Wichtigkeit.

- Laden Sie die Batterie auf und lassen Sie sie etwa 3 Stunden ruhen.
- Schließen Sie ein Multimeter an die Pole an und lesen Sie die Spannung ab.

Spannung	Ladezustand (etwa)
> 12,8 V	Voll geladen
ca. 12,4 V	Normal geladen
ca. 12,2 V	Schwach geladen
ca. 11,9 V	Normal entladen
< 10,7 V	Tief entladen

Batterietester einsetzen

Auch für die Prüfung mit dem Batterietester muss die Batterie geladen werden und ruhen. Anschließend wird nach der Dateneingabe und dem Anschluss an die Batterie ein kleiner Belastungsstrom (2) für eine kurze Zeit aufgeschaltet. Die Auswertung des Spannungsabfalls (4) erfolgt durch den Batterietester. Je stärker der Spannungsabfall ausfällt und je schlechter sich die Batterie nach der Belastung (4 bis 5) erholt, umso geringer fällt die Kapazität aus. Sobald diese Werte den im Tester abgelegten Messwerten deutlich widersprechen, wird der Test als »nicht bestanden« und die Batterie als »defekt« ausgewiesen.

Spannungsmessung an der Batterie: Das Messergebnis zeigt, dass die Batterie nur schwach geladen ist, oder aber, nach der Ladung und der Ruhezeit, einen Defekt aufweist.

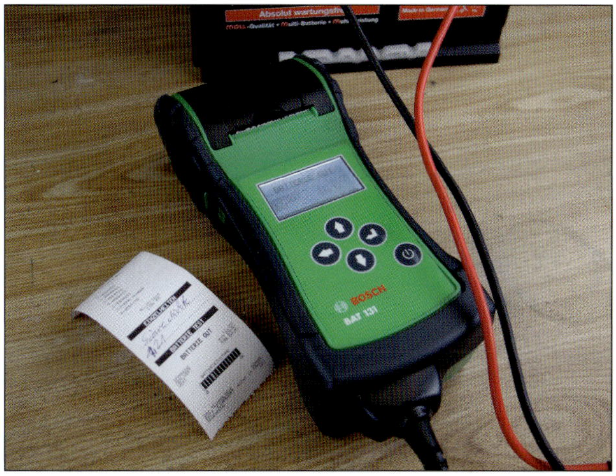

Batteriehandtester: Ein zuverlässiges Ergebnis ist nur bei sachgerechter Handhabung zu erwarten. Der Ausdruck weist einen korrekten oder fehlerhaften Prüfablauf aber nicht aus.

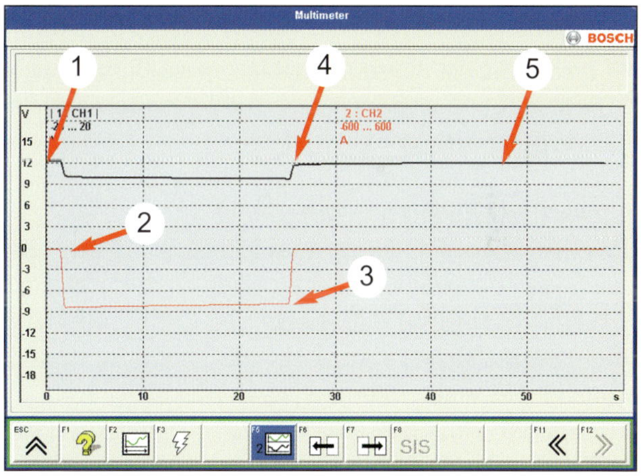

Strom und Spannung: 1 Batterieruhespannung, 2 Belastungsstrom setzt ein, 3 Ende Belastungstest, 4 Spannung nach Belastung, 5 Spannung nach Erholung, 4 bis 5 Zeit der Erholung.

Prüfen und Reinigen der Polanschlüsse und Kabel

Korrosion und Verschmutzungen an den Batteriepolen verursachen Übergangswiderstände, die zum einen die Stromabnahme verhindern, aber auch die Batterieladung verschlechtern. Beides sind Faktoren, die die Leistung einschränken und aufgrund der schlechteren Ladebilanz die Batterie auch nachhaltig schädigen können.

Zur Batteriewartung gehören also die gewissenhafte Gehäusereinigung und die Reinigung von Polen und Polklemmen auch dazu. Korrosionsspuren müssen entfernt werden.

- Klemmen Sie den Minuspol der Batterie ab.

- Klemmen Sie den Pluspol der Batterie ab.

Reinigung des Batteriegehäuses

- Reinigen Sie mit einem Lappen das Batteriegehäuse um die Zellverschlussdeckel und die Batteriepole gründlich. Verwenden Sie eventuell eine Seifenlauge und keinen brennbaren Reiniger.

Reinigung der Batteriepole

- Drücken Sie die Polbürste auf den Batteriepol auf.

- Drehen Sie die Bürste einige Male in die Bürstenstrichrichtung und kontrollieren Sie, ob der Pol wieder metallisch blank ist.

Reinigung der Polklemmen

- Stecken Sie die Polbürste in die Batteriepolklemme ein.

- Drehen Sie die Bürste einige Male in die Bürstenstrichrichtung und kontrollieren Sie, ob die Polanschlussklemme wieder metallisch blank ist.

Einsatz von Polfett am Batteriepol

Das Batteriepolfett sollte ausschließlich auf den Bereich des Batteriepols aufgetragen werden, wo der Übergang zwischen Batteriepol und Gehäuse ist. Auf den Kontaktflächen verursacht das Polfett im ungünstigsten Fall einen Übergangswiderstand.

- Klemmen Sie die Batterie wieder an.

Ladegeräte und die Batterie

Ladegerät ist nicht gleich Ladegerät. Der Unterschied liegt meist nicht nur im Preis. Betrachten wir das Thema Batterie und das passende Ladegerät mal unter unterschiedlichen Aspekten.

Säure- oder AGM-Batterie?

Der erste Unterschied fällt tatsächlich ins Auge, nicht nur im Preis. Es sind keine Zellenverschlussdeckel verbaut und die Batterie ist gasdicht. Der wesentliche Unterschied zwischen AGM- und Nassbatterie liegt darin, dass der Elektrolyt in ein Glasfaservlies eingebunden ist. AGM bedeutet »Absorbent Glass Mat«. Die Ladeschlussspannung für offene Batterien und den geschlossenen AGM kann sehr unterschiedliche sein. In der Regel wird für die AGM-Batterien sogar ei-

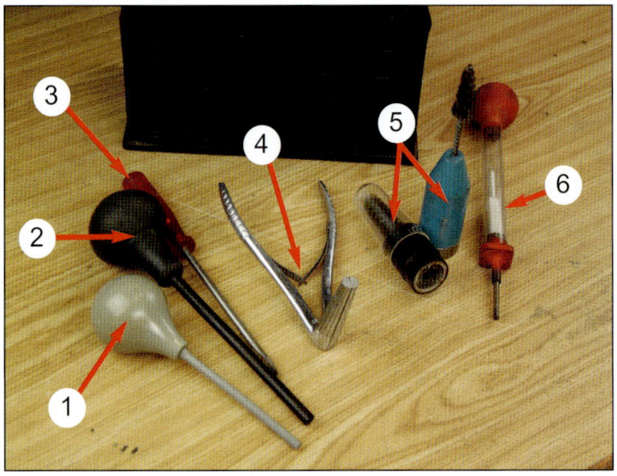

Batteriewartungsset: 1 Flüssigkeitsheber klein, 2 Flüssigkeitsheber groß, 3 Schraubendreher, 4 Polzange, 5 Polbürsten, 6 Säureheber.

Polbürste im Einsatz: 7 Bürste für die Polanschlussklemmen, 8 Bürste für die Batteriepole.

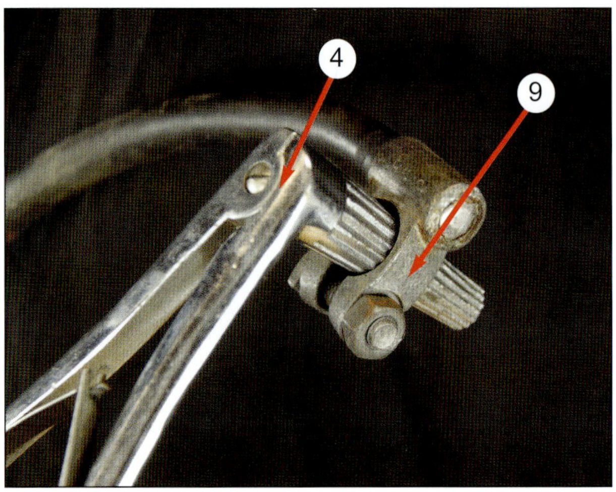

Polzange im Einsatz beim Aufweiten: 4 Polzange, 9 Polanschlussklemme.

ne etwas höhere Spannung angefordert. Die Ladespannung wird oft von Ladegeräten aber auch vom Bordnetzsystem des Fahrzeugs überschritten. Eine zu hohe Spannung bringt die Batterien zum Ausgasen (Gasungsspannung) und eine zu geringe Ladespannung verursacht dann eine nicht vollständig geladene Batterie.

Einfache Ladesysteme

Natürlich gibt es schon sehr günstige Ladegeräte, die aber leider in der Regel lediglich spannungsbezogen arbeiten. In der Anfangsphase wird wegen der hohen Stromaufnahme der Spannungswert gerade so erreicht. Die Weiterladung erfolgt mit zu hoher Spannung. Das fördert die Gasbildung und kann gerade die geschlossenen Batteriesysteme wie die AGM schädigen. Auch die Vollladung erfolgt mit zu hoher Spannung, um überhaupt einen Ladestrom erzeugen zu können.

Prozessor-geführte Ladesysteme

Die Erhaltungsladung wird im Volksmund auch Batteriejogging genannt. Diese Funktion kann die Lebensdauer deutlich erhöhen und sogar einen Teil der Sulfatierung wieder regenerieren.

Entsulfatierung der Batterie (1)

Das Ladegerät erkennt eine sulfatierte Batterie. Strom und Spannung pulsieren und entfernen auf diese Weise Sulfat von den Bleiplatten der Batterie, wodurch die Batteriekapazität weitgehend wiederhergestellt wird.

Ladeprüfung (2)

Das Ladegerät prüft, ob die Batterie Ladung aufnehmen kann. Mit diesem Schritt wird das Laden einer defekten Batterie verhindert.

Vorladephase (3)

Hier findet das Laden mit Maximalstrom bis zum Erreichen von ca. 80% der Batteriekapazität statt.

Vollladen (4)

Das Laden wird mit schwächer werdendem Strom bis zum Erreichen von bis zu 100% der Batteriekapazität fortgeführt.

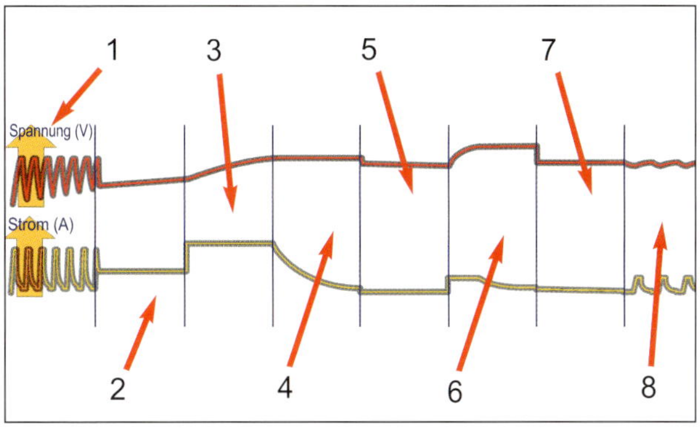

Ladezyklen eines Prozessorladegerätes: 1 Entsulfatierung, 2 Ladeprüfung, 3 Vorladephase, 4 Vollladen, 5 Batterietest, 6 Durchmischung (Sonderprogramm), 7 Ladungserhaltung (Sonderprogramm), 8 Ladungsüberwachung (Sonderprogramm).

Batterietest (5)

Das Ladegerät prüft, ob die Batterie eine Ladung halten kann. Batterien, die ihre Ladung nicht halten können, müssen ersetzt werden.

Durchmischen (6)

Mit dem Programm »Recond« wird der Rekonditionierungsschritt in den Ladevorgang angefügt. Während des Rekonditionierungsschritts wird die Spannung erhöht, um eine kontrollierte Gasbildung in der Batterie zu erzeugen. Das macht natürlich nur bei Nassbatterien Sinn. Durch die Gasbildung wird die Batteriesäure vermischt, um die Schichtung von unterschiedlichen Säuredichten in einer Zelle aufzuheben.

Ladungserhaltung (7)

Die Batteriespannung wird auf ihrem Maximalwert gehalten, indem sie mit konstanter Spannung weiter geladen wird.

Ladungsüberwachung (8)

Die Batteriekapazität wird bei 95-100% gehalten. Das Ladegerät überwacht die Batteriespannung.

Anlasser (Starter)

Die Montagearbeiten laufen für die wesentlichen Arbeiten fast identisch ab. Das liegt daran, dass die Motorblockausführungen, die im Golf Cabrio verbaut wurden, sehr ähnlich sind. Auch die unterschiedlichen Getriebe verändern den Arbeitsablauf nur unwesentlich. Nach den Arbeitsanweisungen von Volkswagen sollten der Motor und das Getriebe durch den Motor- und Getriebeaggregatehalter (10-222A) und die dazugehörigen Füßen (10-222A/1) abgefangen werden.

- Die Batterie abklemmen und wenn erforderlich den Luftfilterkasten ausbauen.
- Vor dem Lösen der Leitungen (Anlasser-Anschlüsse), schwarze Kunststoffkappe und Steckverbindung (Pfeil) von Magnetschalter abziehen.
- Den eventuell verbauten Kabelbinder vom Starter lösen.
- Steckgehäuse Klemme 50 (Pfeil oben) entriegeln und abziehen.
- Die Plusleitung am Magnetschalter Klemme 30 (Pfeil unten) abschrauben und beiseite legen.
- Die Befestigungsmutter (3) des Leitungshalters (4) lösen.
- Die Geräuschdämpfung des Motors unten, soweit verbaut, ausbauen und die Befestigungsmutter (3) abschrauben und den Leitungshalter (4) von den Befestigungsschrauben des Anlassers abnehmen.
- Dann zuerst die obere Befestigungsschraube (2) des Anlassers und dann die untere Befestigungsschraube (1) des Anlassers herausschrauben.
- Den Anlasser nach unten aus dem Fahrzeug herausnehmen.
- Die Montage erfolgt sinngemäß in umgekehrter Reihenfolge.
- Beachten Sie die Wartungstipps zu »Batterie« (»Batterie warten und prüfen«) in diesem Buch.
- Klemmen Sie aus Sicherheitsgründen den Plusanschluss zuerst an die Batterie an. So können Sie keinen Kurzschluss beim Festschrauben des Pols zur Masse verursachen.
- Klemmen Sie anschließend den Masseanschluss der Batterie an.

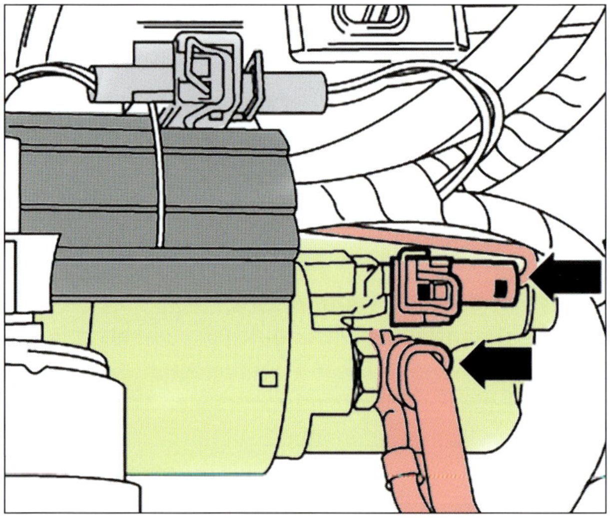

Anschlüsse am Starter: Pfeil oben = Anschluss Klemme 50 Starteransteuerung, Pfeil unten = Plusanschluss Klemme 30.

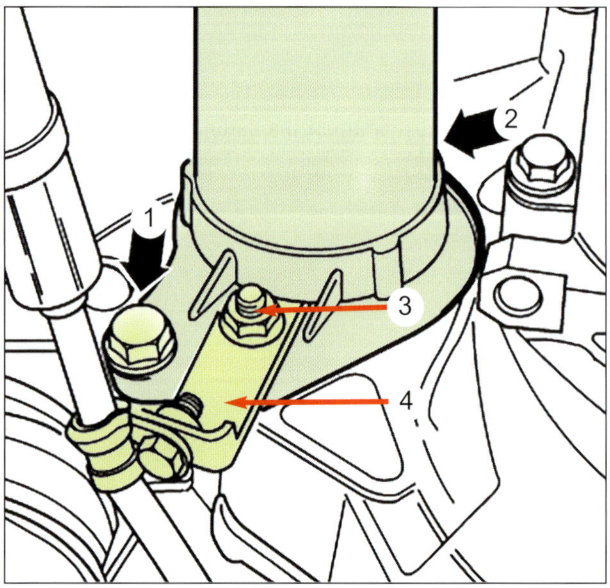

Befestigung Starter am Getriebe: 1 Befestigungsschraube unten, 2 Befestigungsschraube oben, 3 Befestigungsschraube Kabelhalter, 4 Kabelhalter.

Generator aus- und einbauen

Die Montagearbeiten für den Generator unterscheiden sich zwischen den einzelnen Modellen kaum. Auch hier werden wir soweit erforderlich die Besonderheiten hervorheben und die Beschreibung allgemeingültig belassen.

Aus- und Einbau

- Batterie abklemmen.
- Motorabdeckung, soweit verbaut, oben demontieren.
- Zeichnen Sie die Laufrichtung des Riemens an, wenn er weiter verwendet werden soll.

Motoren ohne Riemenspannrolle

- Befestigungsschrauben (11 und 12) lösen und den Generator gegen die Spannfeder (10) zum Motor drücken.

Motoren mit Riemenspannrolle

- Spannrolle nach oben ziehen, um den Keilrippenriemen zu entlasten.

Weiter für alle Fahrzeuge

- Den Keilrippenriemen (8) abnehmen.
- Steckverbindung der »DF-Leitung« entriegeln und trennen.
- Schutzkappe für den Plusanschluss abhebeln, die Befestigungsmutter abschrauben, die darunter liegende B+-Leitung vom Anschlussgewinde des Generators abnehmen.
- Die Steckverbindung des Generators beiseite legen.
- Befestigungsmutter abschrauben und den Leitungshalter vom Generator abnehmen.
- Die Befestigungsschraube herausschrauben und vom Generator-Halter abnehmen. Achten Sie darauf, dass die Zentrierhülsen im Halter verbleiben.
- Generator nach oben aus dem Fahrzeug nehmen.
- Die Montage erfolgt sinngemäß in umgekehrter Reihenfolge.
- Beim Einbau bereits gelaufener Keilrippenriemen die beim Ausbau gekennzeichnete Laufrichtung beachten!
- Vor dem Einbau des Keilrippenriemens darauf achten, dass alle Aggregate (Generator, Klimakompressor, Flügelpumpe) fest montiert sind.
- Beim Auflegen des Riemens auf korrekten Sitz des Keilrippenriemens in den Riemenscheiben achten! Die Gewindebuchsen (9) etwa 4 mm in Pfeilrichtung aus dem Gehäuse des Generators heraustreiben.

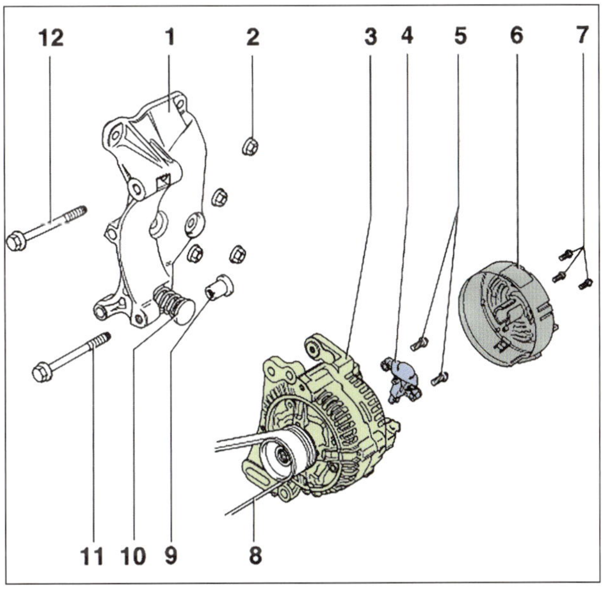

Anbau und Teile des Generators: 1 Halter, 2 Sechskantmutter, 3 Drehstromgenerator, 4 Spannungsregler, 5 Linsenkopfschrauben mit Kreuzschlitz, 6 Schutzkappe, 7 Sechskantschrauben, 8 Keilrippenriemen, 9 Innengewindehülse M8, 10 Spannfeder, 11 Sechskantschraube, 12 Sechskantschraube.

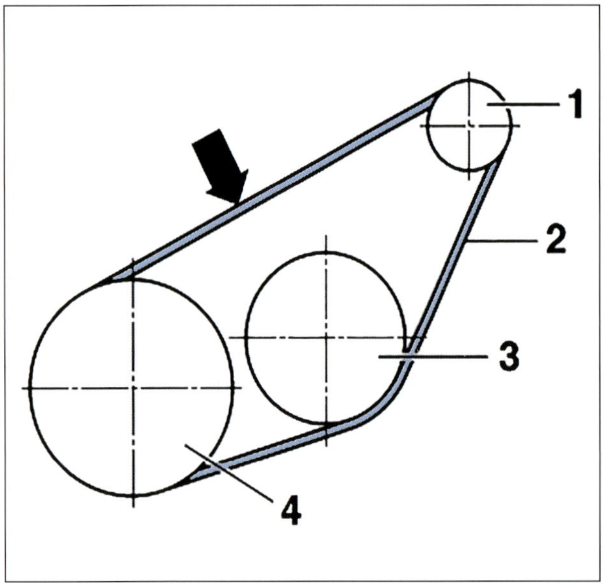

1,8 l- und 2,0 l-Motor (ohne Klima und ohne Servo): 1 Riemenscheibe (Drehstromgenerator), 2 Keilrippenriemen (Drehstromgenerator und Kühlmittelpumpe), 3 Riemenscheibe (Kühlmittelpumpe), 4 Riemenscheibe (Kurbelwelle).

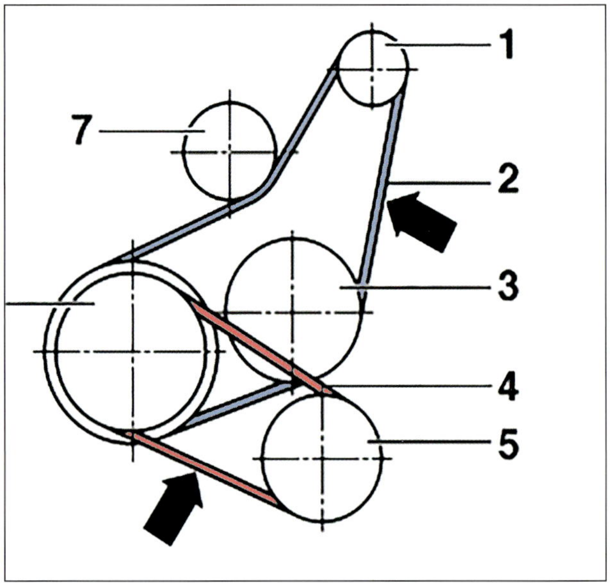

1,8 l- und 2,0 l-Motor (ohne Klima und mit Servo): 1 Riemenscheibe (Drehstromgenerator), 2 Keilrippenriemen (Drehstromgenerator, Kühlmittelpumpe und Kurbelwelle), 3 Riemenscheibe (Kühlmittelpumpe), 4 Keilriemen (Kurbelwelle und Flügelpumpe für Servolenkung), 5 Riemenscheibe (Flügelpumpe für Servolenkung), 6 Riemenscheibe (Kurbelwelle), 7 Spannrolle.

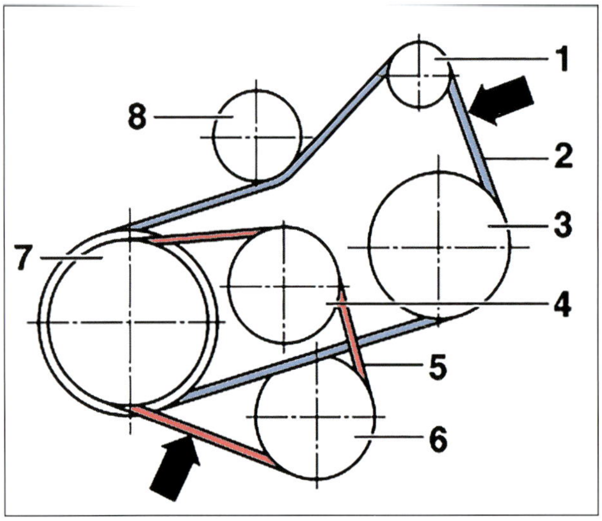

1,8 l- und 2,0 l-Benzin- und 1,9 l-Dieselmotor (mit Klima und mit Servo): 1 Riemenscheibe (Drehstromgenerator), 2 Keilrippenriemen (Drehstromgenerator, Kurbelwelle, Kompressor für Klimaanlage und Spannrolle), 3 Riemenscheibe (Kompressor für Klimaanlage), 4 Riemenscheibe (Kühlmittelpumpe), 5 Keilriemen (Kurbelwelle, Flügelpumpe für Servolenkung und Kühlmittelpumpe), 6 Riemenscheibe (Flügelpumpe für Servolenkung), 7 Riemenscheibe (Kurbelwelle), 8 Spannrolle.

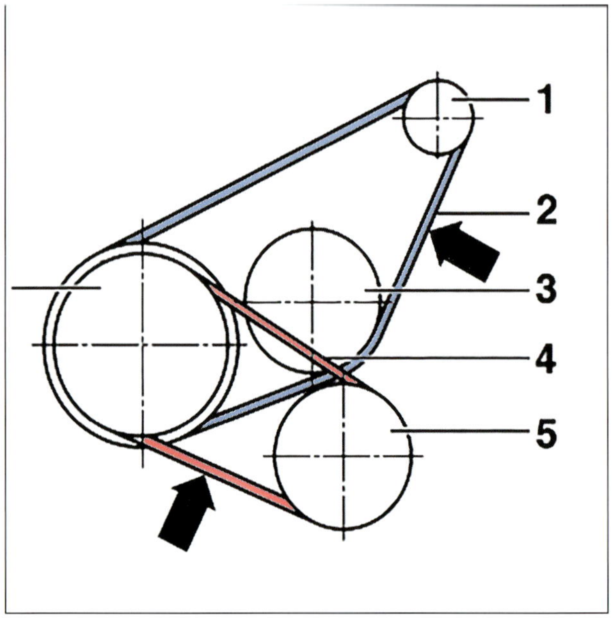

1,9 l-Dieselmotor (ohne Klima und mit Servo): 1 Riemenscheibe (Drehstromgenerator), 2 Keilrippenriemen (Drehstromgenerator, Kühlmittelpumpe und Kurbelwelle), 3 Riemenscheibe (Kühlmittelpumpe), 4 Keilriemen (Kurbelwelle und Flügelpumpe für Servolenkung), 5 Riemenscheibe (Flügelpumpe für Servolenkung).

Reparaturen am Generator

Generell ist es möglich, den Generator zu reparieren. Wie man schon an dem Schaubild gut sehen kann, besteht der Generator aus nicht allzu vielen Teilen. Die Zerlegbarkeit scheitert meist an unzureichendem Werkzeug. Beispielweise muss bei einigen Generatoren die Diodenplatte (der Gleichrichter) demontiert werden.

Da er angelötet ist und zudem recht dicke Drähte am Generator verbaut wurden, wird ein Lötgerät mit einer hohen Leistung notwendig.

Für die Demontage der Lager müssen passende Abzieher vorhanden sein, um den Anker und seine Welle nicht zu beschädigen. In den meisten Fällen sind die Kohlen des Reglers verschlissen. Bei einigen Generatoren sind diese einzeln, beziehungsweise mit dem Bürstenhalter lieferbar.

Entscheidend für einen sinnvollen Austausch der Kohlen ist der Zustand der Schleifringe des Ankers. Sind diese durch den langen Betrieb eingelaufen, werden die neuen Kohlen sehr schnell wieder verschleißen. Hier sollte dann auf einen Austauschgenerator zurückgegriffen werden.

Bei allen Arbeiten am Generator gelten die bekannten Hinweise: Nach Abklemmen des Massekabels den Minuspol der Batterie am besten mit Isolierband abkleben, Generator nicht bei angeschlossener Batterie ausbauen, beim Ausbau Radio-Codierung beachten, nach Wiedereinbau Fehlerspeicher auslesen. Fahrzeuggeneratoren und Anlasser sind Austauschteile: Ein defekter wird beim Kauf eines überholten oder neuen Teils in Zahlung genommen. Er muss aber noch vollständig, einigermaßen sauber und zusammengebaut sein.

Zerlegt kann Ihr Generator so aussehen: In wieweit sich diese Arbeit rechnet, hängt von Ihrer Austattung und ihrer fachlichen Erfahrung ab.

Generatorfreilauf

Betrachtet man die Riemenscheibe des Generators genauer, sieht man zuerst einen Kunststoffdeckel an der Seite, wo die Verschraubung sein müsste. Zieht man diesen ab, findet man keine Mutter, sondern einen Vielzahneinsatz. Steckt man einen Inbusschlüssel in die Aufnahme in der Generatorwelle, stellt man fest, dass der Generator in Drehrichtung frei drehbar ist. Gegen die Drehrichtung hingegen wird der Riementrieb mitbewegt. Die Antriebsscheibe beinhaltet einen Freilauf. Um den technischen Grund für diesen Aufwand zu verstehen, muss man sich die Funktion eines Verbrennungsmotors vorstellen. Gerade im Leerlauf läuft kein Motor richtig rund. Die Zündung verursacht bei jedem Arbeitstakt eine kurze aber kräftige Beschleunigung der Kurbelwelle und damit auch der durch sie angetriebenen Aggregate. Alle anderen Takte verzögern die Drehgeschwindigkeit des Motors. Hieraus ergeben sich Schwingungen, die durch Flattern des Flachriemens quittiert werden. Um diesem Effekt entgegenzuwirken, wird der Generator als das Gerät mit der größten Masse entkoppelt. Das vermindert die Schwingungen des Flachriemens sehr deutlich. Ein beschädigter Freilauf ist zumeist sicht- und hörbar. Der Antriebsriemen flattert und gelegentlich ist auch ein leichtes Schlagen hörbar.

Demontage des Generatorfreilaufs

- Entspannen Sie den automatischen Flachriemenspanner.
- Ziehen Sie den Kunststoffdeckel von der Antriebsscheibe des Generators ab.
- Stecken Sie den Freilaufvielzahn in den Freilauf ein.
- Führen Sie einen guten und genau gearbeiteten Inbusschlüssel in die Generatorwelle ein.
- Lösen Sie die Verschraubung, indem Sie die Generatorwelle gegen die Drehrichtung des Generators drehen, und halten den Freilauf mit dem Freilaufvielzahn fest.
- Schrauben Sie den Freilauf von der Generatorwelle ab.
- Montieren Sie den neuen Freilauf auf die Generatorwelle.
- Prüfen Sie den automatischen Riemenspanner. Sollten Sie Schäden an der Rolle oder an der Lagerung feststellen oder die Lagerung Geräusche von sich geben, tauschen Sie diese besser gleich mit aus.

Riemenscheibe ist nicht gleich Riemenscheibe: Ein Freilauf macht sie zum Schwingungsdämpfer.

Unter der Schutzkappe: Ein großer Vielzahn außen und ein kleiner Vielzahn in der Welle weisen auf den Freilauf hin. Hier ist Spezialwerkzeug gefragt!

Spannungsregler ausbauen

Der Spannungsregler (2) mit Kontakt-Schleifkohlen (Kohlebürsten) ist an die Generatorrückseite geschraubt.
Seine Abdeckung (4) sieht bei den im Golf verwendeten Spannungsregler-Typen Bosch und Valeo etwas unterschiedlich aus. Ausbau und Prüfung zeigen wir am Bosch-Regler. Das Prinzip ist auf den Generator von Valeo übertragbar.

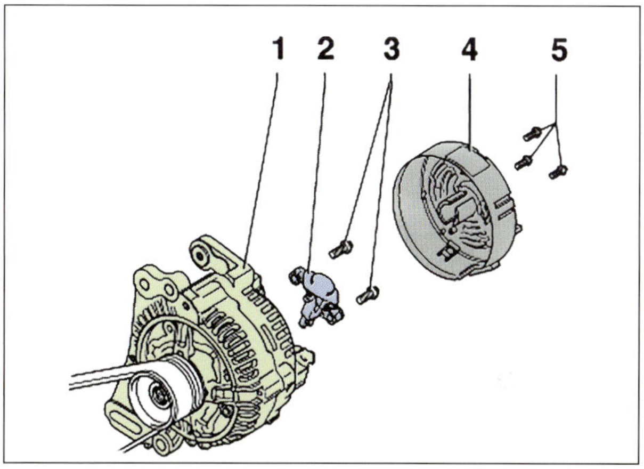

Reglereinheit im Generator: 1 Generator, 2 Generatorregler, 3 Schrauben, 4 Abdeckung, 5 Schrauben.

Ausbau

- Batterie abklemmen.
- Motorabdeckung, soweit verbaut, oben demontieren.
- Zeichnen Sie die Laufrichtung des Riemens an, falls er weiter verwendet werden soll.
- Generator wie schon beschrieben ausbauen, die B+-Leitung abschrauben.
- Die Schraube (5) abschrauben, Abdeckung (5) abnehmen. Die 2 Schrauben (3) herausschrauben und Regler (2) abnehmen.
- Die Montage erfolgt in umgekehrter Reihenfolge.

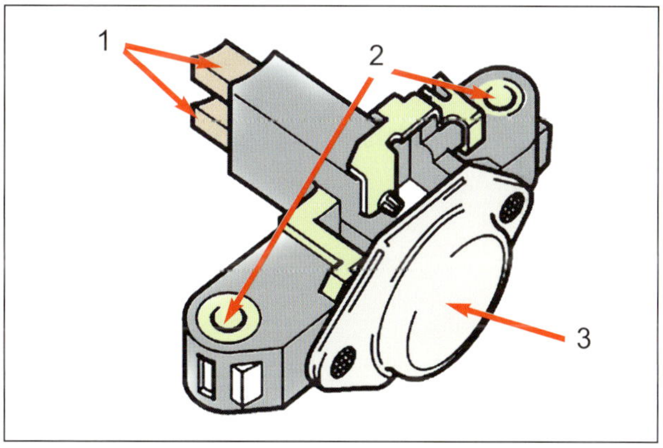

Reglereinheit im Generator: 1 Kohlebürsten, 2 Befestigungsschrauben, 3 Regler (Kühlbereich für den Transistor).

Prüfen der Reglerkohlen

Bei Fehlfunktionen des Generators, wie bei Aussetzern, können die Schleifkohlen (Kohlebürsten) des Spannungsreglers verschlissen sein und müssen überprüft werden. Sie dürfen die Verschleißgrenze nicht unterschreiten.

- Gemessen wird vom Reglergehäuse bis zum Ende der herausstehenden Kohlebürsten im ausgebauten Zustand des Reglers. Dieses Verschleißmaß (3) beträgt 5 mm bei 1 mm Toleranz zwischen beiden Kohlebürsten. Bei neuen Spannungsreglern sind die Bürsten 12 mm lang. Im Bedarfsfall müssen die Kohlen erneuert oder der Regler ausgetauscht werden.
- Der Einbau erfolgt sinngemäß umgekehrt.
- Die Kohlebürsten müssen korrekt auf den Schleifbahnen liegen. Die Schleifbahnen im Generator dürfen nicht eingelaufen sein.

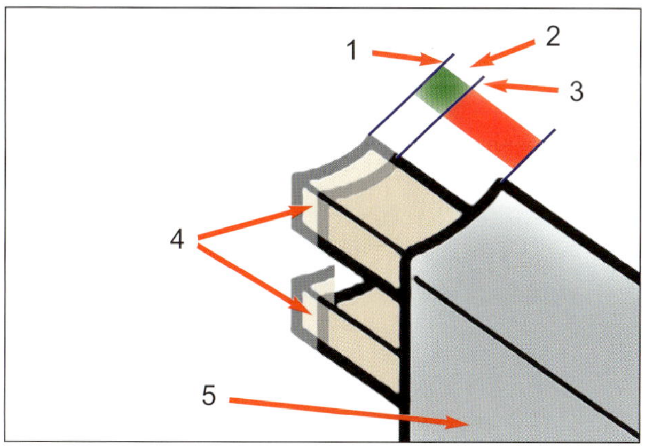

Verschleiß der Kohlebürsten: 1 Neumaß 12 mm, 2 Verschleißbereich, 3 Verschleißgrenze 5 mm, 4 Kohlebürsten, 5 Regler.

Lichtschaltereinheit aus- und einbauen

Lichtschalter

Demontage

- Blende (1) links neben der Lichtschaltereinheit vorsichtig heraushebeln.
- Die jetzt sichtbare seitliche Rastnase (5) an der Lichtschaltereinheit (3) zurückdrücken.
- Lichtschalter aus der Schalttafel herausziehen.
- Steckverbindung abziehen.

Montage

- Steckverbindung aufstecken.
- Lichtschaltereinheit in Schalttafel einsetzen und verrasten und Blende (1) links neben Lichtschalter einsetzen.

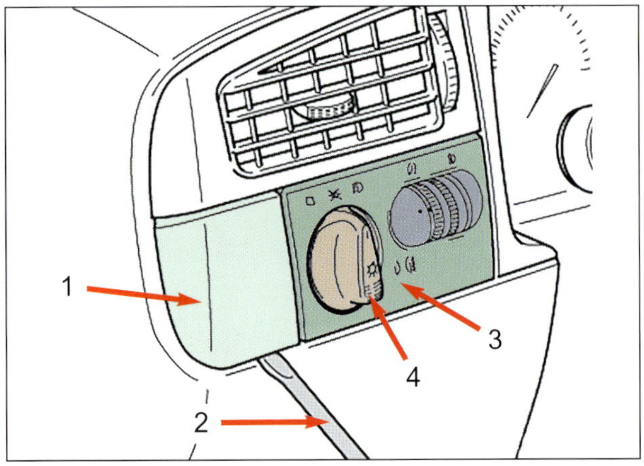

Einbauposition: 1 Blende, 2 Schraubendreher, 3 Blende Lichtschaltereinheit, 4 Lichtschalter.

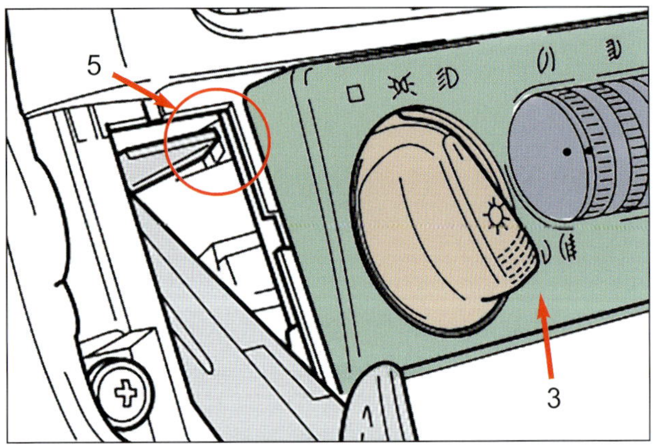

Ausbau Lichtschaltereinheit: 3 Blende Lichtschaltereinheit, 5 Rastnase.

Regler für Leuchtweitenregulierung

Demontage

- Lichtschaltereinheit (3) ausbauen.
- Die seitliche Haltelaschen (7) am Einsteller für Leuchtweitenregulierung zusammendrücken, sodass Rastnasen entriegeln.
- Einsteller (6) für Leuchtweitenregulierung nach hinten aus der Frontplatte des Lichtschalters ziehen.
- Die Steckverbindung abziehen.

Montage

- Steckverbindung wieder aufstecken.
- Einsteller für Leuchtweitenregulierung (6) in Führungsstege an der Lichtschaltereinheit (3) einsetzen und in Frontplatte eindrücken.
- Haltelaschen (7) nach außen drücken, bis Rastnasen verriegeln.
- Lichtschalter in Schalttafel einsetzen und verrasten.

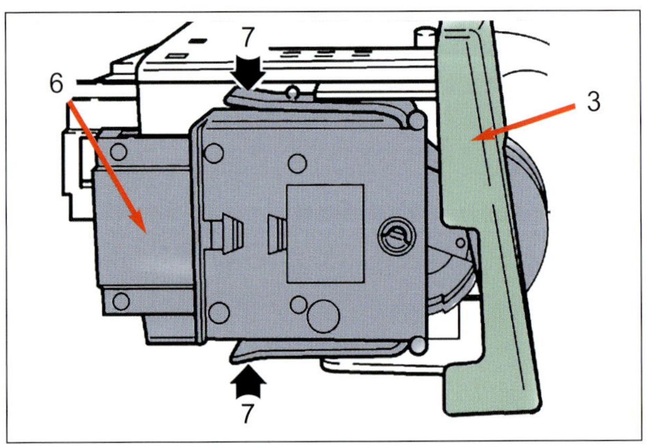

Regler Leuchtweitenverstellung: 3 Blende Lichtschaltereinheit, 6 Einsteller für Leuchtweitenregulierung, 7 Montagerichtung.

Scheinwerfer vorne

Scheinwerfer de- und montieren

- Stoßfänger wie schon beschrieben ausbauen.
- Befestigungsschrauben (1) herausschrauben und das Scheinwerfergehäuse ein Stück nach vorn herausziehen.
- Die Mehrfachsteckverbindung (4) hinten am Scheinwerfer abziehen.
- Den kompletten Scheinwerfer nach vorn herausziehen.
- Der Einbau des Scheinwerfers erfolgt sinngemäß in umgekehrter Reihenfolge!

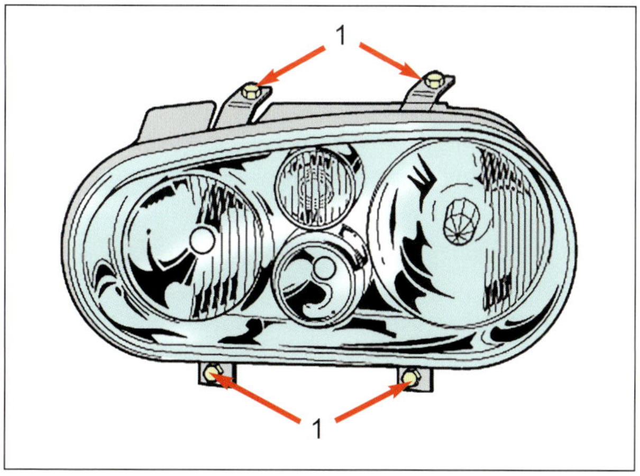

Verschraubungen des Scheinwerfers: 1 Halteschrauben in der Frontverkleidung.

Scheinwerfer einstellen

Für die Einstellung der Scheinwerfer muss das Fahrzeug mit einer Person oder 75 kg auf dem Fahrersitz bei einem sonst unbelasteten Fahrzeug (Leergewicht) beladen werden. Als Leergewicht ist das Gewicht des betriebsfertigen Fahrzeuges mit vollständig gefülltem Kraftstoffbehälter (mindestens 90%) einschließlich des Gewichts aller im Betrieb mitgeführten Ausrüstungsteile wie Reserverad, Werkzeug, Wagenheber und Feuerlöscher usw. anzusehen. Das Fahrzeug muss einige Meter gerollt bzw. vorne und hinten mehrmals durchgefedert werden, damit sich die Federn setzen. Fahrzeug und Scheinwerfer-Einstellgerät müssen auf einer ebenen Fläche stehen und ausgerichtet sein. Bei Fahrzeugen mit Leuchtweitenregulierung muss das Rändelrad an der Instrumententafel in Grundstellung stehen. Bei diesen Fahrzeugen ist am Schlossträger ein Aufkleber mit Neigungsmaß-Angaben in »%« angebracht.

Einstellräder: 2 Einstellschraube Leuchtrichtung links und rechts, 3 Einstellschraube Abblendung des Scheinwerfers.

- Öffnen Sie die Motorhaube und bereiten Sie das Fahrzeug wie beschrieben vor.
- Prüfen Sie die Funktion der gesamten Lichteinrichtung des Fahrzeugs.
- Stellen Sie den Haupt- und Fernscheinwerfer auf 1,2% Abblendung über die Einstellschraube (3) ein.
- Kontrollieren Sie die Seiteneinstellung (2) der Hauptscheinwerfer.
- Nebelscheinwerfer auf 2% Abblendung einstellen.

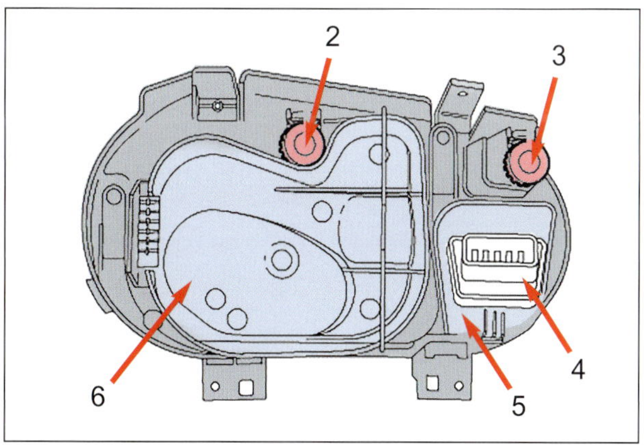

Scheinwerfer von hinten: 2 Einstellschraube Leuchtrichtung links und rechts, 3 Einstellschraube Abblendung des Scheinwerfers, 4 Anschlussstecker, 5 kleiner Deckel, 6 großer Deckel.

Leuchtmittel wechseln

Die Leuchtmittel sind bis auf die Nebelleuchten im Hauptscheinwerfer verbaut. Der Zugang erfolgt über die Deckel auf der Rückseite der Scheinwerfer.

Lampe für Abblendlicht ersetzen

- Federbügel des Gehäusedeckels entrasten und den großen Verschlussdeckel abnehmen.
- Steckverbindung an der Glühlampe (1) abziehen.
- Federdrahtbügel über Rastnasen drücken und entriegeln.
- Glühlampe aus Reflektor herausziehen.
- Neue Lampe so einsetzen, dass die Rastnasen am Lamellenteller in der Aussparung am Reflektor liegen. Beim Einbau den Glaskolben nicht berühren.
- Nach Einbau einer neuen Glühlampe Scheinwerfereinstellung prüfen.

Lampe für Fernlicht ersetzen

- Federbügel entrasten und den kleinen Verschlussdeckel abnehmen.
- Steckverbindung (6) an der Glühlampe abziehen.
- Federdrahtbügel über Rastnasen drücken und entriegeln.
- Glühlampe aus Reflektor herausziehen.
- Neue Lampe so einsetzen, dass die Rastnasen am Lamellenteller in der Aussparung am Reflektor liegen. Beim Einbau den Glaskolben nicht berühren.
- Nach Einbau einer neuen Glühlampe Scheinwerfereinstellung prüfen.

Lampe für Standlicht ersetzen

- Federbügel entrasten und den kleinen Verschlussdeckel abnehmen.
- Glühlampe (7) mit Fassung am Anschlussstecker aus Reflektor herausziehen.
- Nach Lampenwechsel Fassung mit Lampe in den Reflektor bis zum Anschlag eindrücken.
- Nach Einbau einer neuen Glühlampe Scheinwerfereinstellung prüfen.

Lampe für Blinklicht vorn ersetzen

- Federbügel des Gehäusedeckels entrasten und den großen Verschlussdeckel abnehmen.
- Glühlampenfassung (3) nach links drehen und aus dem Gehäuse herausziehen.
- Glühlampe aus der Fassung herausnehmen.

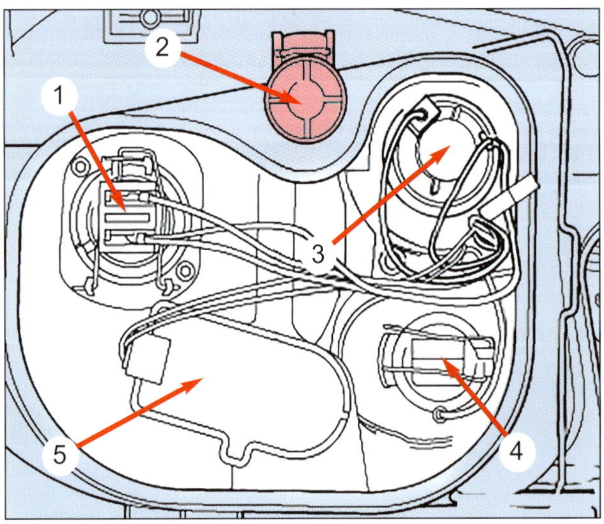

Blick in den Scheinwerfer von hinten in den großen Deckel: 1 Lampe für Abblendlicht, 2 Einsteller für Abblendung, 3 Lampe für Blinklicht; 4 Lampe für Nebelscheinwerfer, 5 Servomotor zur Scheinwerferverstellung.

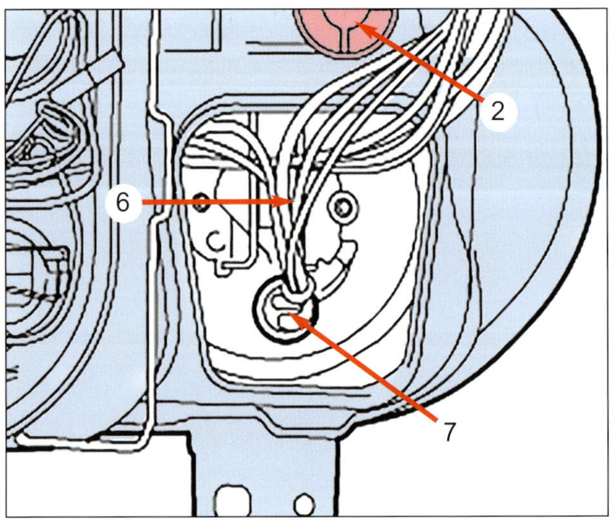

Blick in den Scheinwerfer von hinten in den kleinen Deckel: 2 Einsteller für Abblendung, 6 Lampe für Fernlicht, 7 Lampe für Standlicht.

- Der Einbau erfolgt sinngemäß in umgekehrter Reihenfolge.
- Achten Sie bitte beim Einbau darauf, dass die Glühlampenfassung beim Einsetzen in das Lampengehäuse einrastet.
- Nach Einbau einer neuen Glühlampe Scheinwerfereinstellung prüfen.

Lampe für Nebelscheinwerfer ersetzen

- Federbügel des Gehäusedeckels entrasten und den großen Verschlussdeckel abnehmen.
- Steckverbindung (4) an der Glühlampe abziehen.
- Federdrahtbügel über Rastnasen drücken und entriegeln.
- Glühlampe aus Reflektor herausziehen.
- Neue Lampe so einsetzen, dass die Rastnasen am Lamellenteller in der Aussparung am Reflektor liegen. Beim Einbau den Glaskolben nicht berühren.
- Nach Einbau einer neuen Glühlampe Scheinwerfereinstellung prüfen.

Nebelscheinwerfer und Blinkleuchten im Stoßfänger

Die älteren Modelle waren noch mit einfacheren Scheinwerfersystemen und entsprechend mit Blinkleuchten im Stoßfänger ausgerüstet. Um den Nebelscheinwerfer oder die Blinkleuchte auszubauen, muss zuerst die Abdeckkappe für Abschleppöse ausgebaut werden. Bei Fahrzeugen ohne Nebelscheinwerfer ist die Abdeckkappe entsprechend breiter.

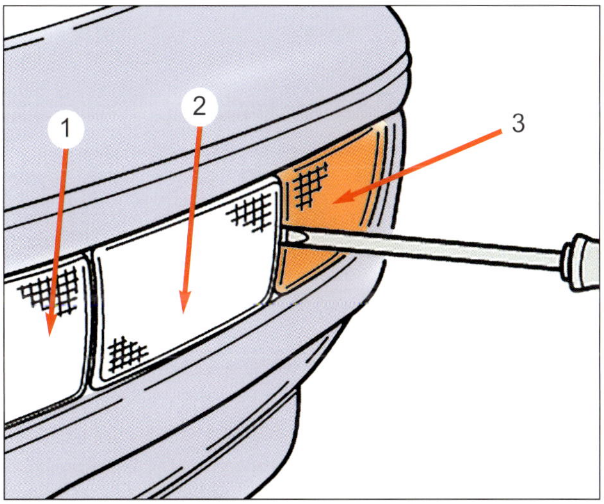

Leuchten im Stoßfänger: 1 Nebelscheinwerfer, 2 Abdeckung, 3 Blinkleuchte.

Blinkleuchte aus- und einbauen

- Abdeckkappe für Abschleppöse (2) wie gezeigt ausclipsen.
- Verriegelungslasche (4) ausrasten und die Blinkleuchte nach vorn herausziehen.
- Die elektrischen Steckverbindung trennen.
- Die Montage erfolgt sinngemäß in umgekehrter Reihenfolge.

Glühlampe für Blinkleuchte aus- und einbauen

- Bauen Sie die Blinkleuchte aus. Dazu die Kupplung in Pfeilrichtung (5) drehen und aus dem Gehäuse herausziehen.
- Glühlampe aus der Fassung entfernen.
- Die Montage erfolgt sinngemäß in umgekehrter Reihenfolge.
- Beim Einbau muss die Kupplung bis zum Einrasten (entgegen der Pfeilrichtung 5) gedreht werden.

Nebelscheinwerfer aus- und einbauen

- Abdeckkappe für Abschleppöse (2) wie gezeigt ausclipsen.
- Kreuzschlitzschrauben (6) herausdrehen.
- Nebelscheinwerfergehäuse aus dem Stoßfänger herausziehen und Steckverbindung trennen.
- Die Montage erfolgt sinngemäß in umgekehrter Reihenfolge.
- Scheinwerfer einstellen

- Sofern keine Bohrung als Zugang zur Einstellschraube vorhanden ist, zuerst die Abdeckkappe für Abschleppöse (2) wie gezeigt ausclipsen.

- Zum Verringern der Leuchtweite die Einstellschraube (7) links herum drehen. Die Abblendung sollte 2% (20 cm/10 m) betragen. Eine Seitenverstellung des Scheinwerfers ist nicht vorgesehen.

Glühlampe für Nebelscheinwerfer aus- und einbauen

Der Zugang erfolgt von hinten. Soweit verbaut muss die Geräuschdämmung für den Motor demontiert werden.

- Abdeckkappe gegen den Uhrzeigersinn drehen und abnehmen.

- Steckverbindung (8) der Halogenglühlampe H3 (12V/55W) (Pfeil) in der Abdeckkappe trennen.

- Federdrahtbügel (9) über Rastnase drücken und herausschwenken.

- Glühlampe aus Gehäuse herausziehen.

- Der Einbau erfolgt sinngemäß in umgekehrter Reihenfolge.

- Glühlampe so einsetzen, dass die Aussparung der Lampenfassung am Führungssteg des Gehäuses liegt.

- Den Glaskolben der Halogenglühlampe nicht berühren.

Haltenase: 4 Halteclip für die Blinkleuchte.

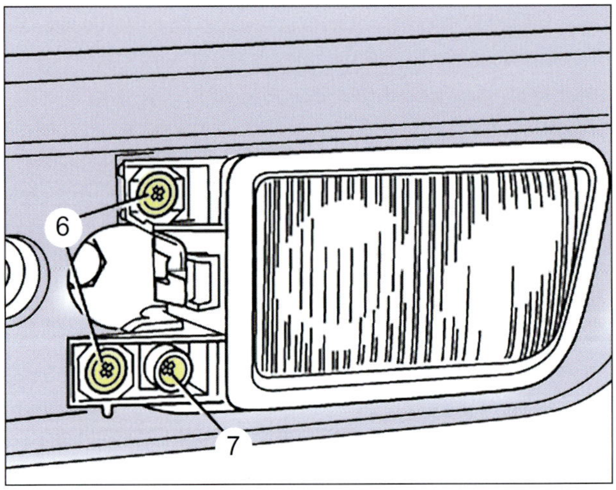

Befestigung und Einstellung: 6 Befestigungsschrauben, 7 Einstellschraube zur Höheneinstellung.

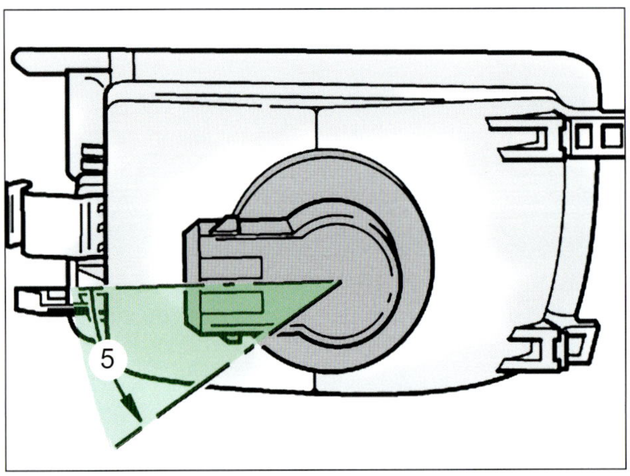

Fassung herausnehmen: 5 Drehwinkel zum Herausnehmen der Blinkerfassung.

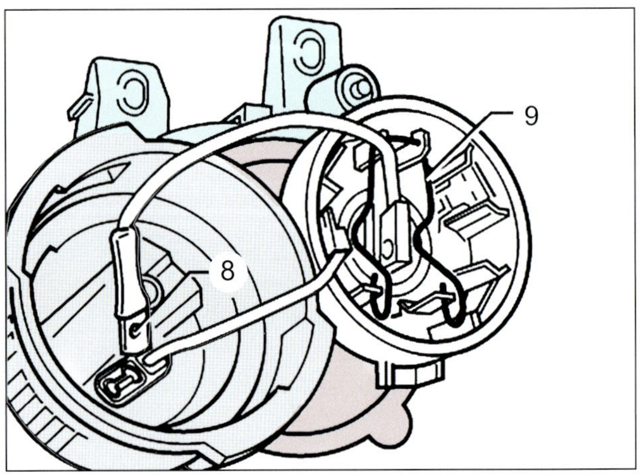

Fassung Nebelscheinwerfer: 8 Steckkontakt, 9 Haltebügel aus Draht.

Seitliche Blinkleuchten

Blinkleuchten ausbauen

Blinkleuchte mit geeignetem Werkzeug vorsichtig heraushebeln, bis Haltelasche (Pfeil) entriegelt.

- Steckverbindung trennen.
- Der Einbau erfolgt sinngemäß in umgekehrter Reihenfolge.

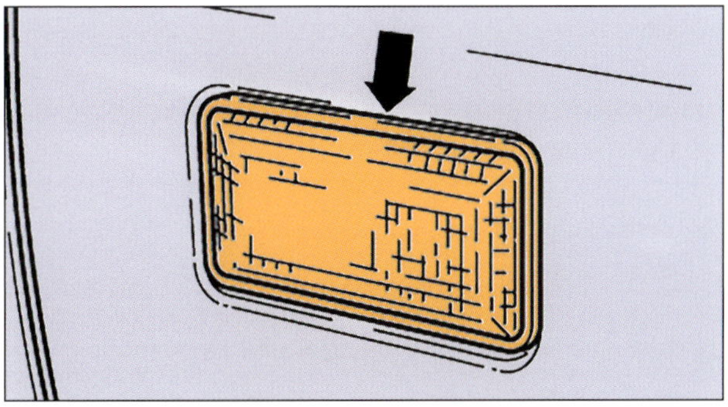

Blinkleuchte im Kotflügel: Von oben vorsichtig aus dem Kotflügel heraushebeln und für die Montage später hineindrücken, bis der Blinker einrastet.

Glühlampe wechseln

- Blinkleuchte mit geeignetem Werkzeug vorsichtig heraushebeln, bis Haltelasche (Pfeil) entriegelt.
- Lampenfassung um etwa 15° gegen den Uhrzeigersinn verdrehen und Lampenfassung aus dem Gehäuse herausnehmen.
- Glühlampe aus der Fassung gerade herausziehen.
- Der Einbau erfolgt in umgekehrter Reihenfolge.

Rückleuchten

Schlussleuchte ausbauen

- Kofferraumklappe öffnen.
- Verkleidung vor der Schlussleuchte im Kofferraum zur Seite klappen.
- Lampenträger Schlussleuchte ausbauen.

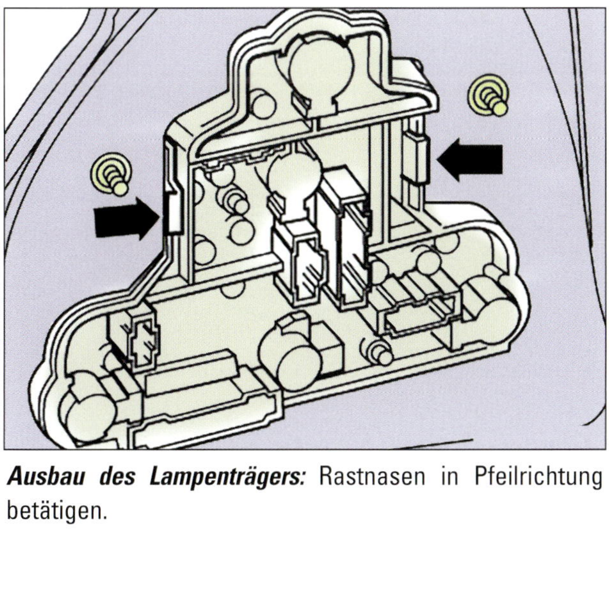

Ausbau des Lampenträgers: Rastnasen in Pfeilrichtung betätigen.

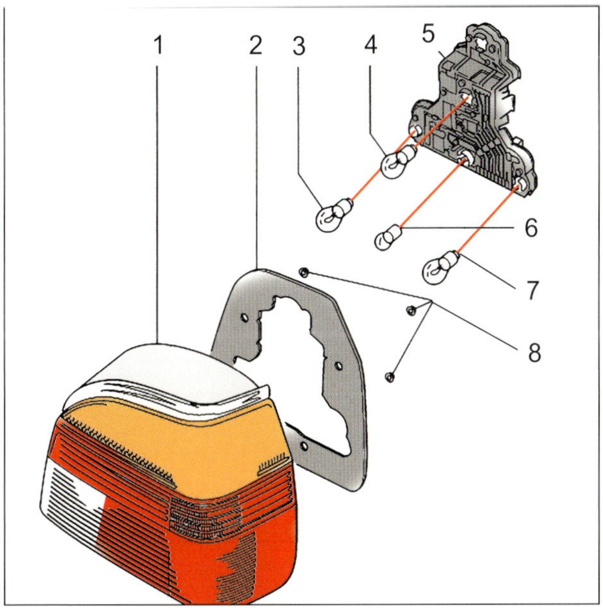

Rückleute mit Lampenträger: 1 Gehäuse, 2 Dichtung, 3 Glühlampe für Rückfahrlicht (12V/21W), 4 Glühlampe für Blinklicht (12V/21W), 5 Lampenträger, 6 Glühlampe für Schlusslicht (12V/5W), 7 Glühlampe für Bremslicht (12V/21W), 8 Sechskantmutter.

- Befestigungsmuttern (8) abschrauben und Schlussleuchtengehäuse abnehmen.
- Der Einbau erfolgt sinngemäß in umgekehrter Reihenfolge.

Lampenträger Schlussleuchte ausbauen

- Kofferraumklappe öffnen.
- Verkleidung vor der Schlussleuchte im Kofferraum zur Seite klappen.
- Haltelaschen (Pfeile) entriegeln und Lampenträger herausnehmen.

Lampen wechseln

- Lampenträger ausbauen.
- Die entsprechende Lampe etwa 15° gegen den Uhrzeigersinn verdrehen und aus der Fassung herausnehmen.
- Der Einbau erfolgt sinngemäß in umgekehrter Reihenfolge.
- Achten Sie darauf, die richtige Lampe einzubauen.

Kennzeichenleuchten

Kennzeichenleuchte ausbauen

- Kreuzschlitzschrauben der jeweiligen Kennzeichenleuchte herausdrehen.
- Streuglas mit Glühlampe abnehmen.
- Lampenfassung herausnehmen. Bei den neueren Ausführungen ist die Lampenfassung im Streuglas integriert.
- Anschlusskabel abziehen.
- Der Einbau erfolgt sinngemäß in umgekehrter Reihenfolge.

Kennzeichenleuchte: Verschraubungen der Kennzeichenleuchte alte Variante.

Lampen wechseln

- Kreuzschlitzschrauben der jeweiligen Kennzeichenleuchte herausdrehen.
- Streuglas mit Glühlampe abnehmen.
- Glühlampe herausnehmen (12 Volt/5 Watt).
- Der Einbau erfolgt sinngemäß in umgekehrter Reihenfolge.
- Prüfen Sie die Funktion der Leuchte und den Zustand der Lampenfassung.

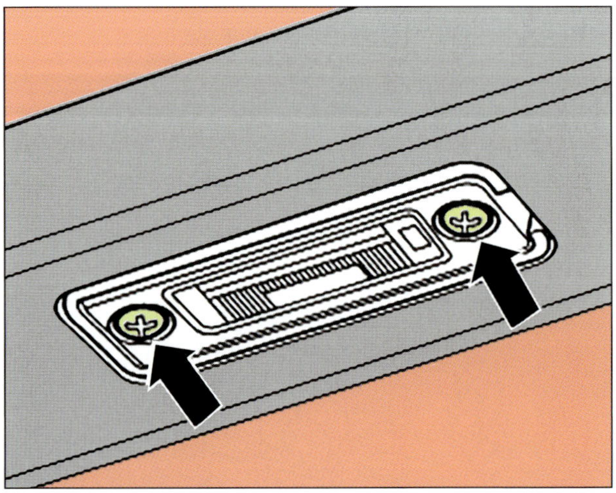

Kennzeichenleuchte: Verschraubungen der Kennzeichenleuchte neue Variante.

Dritte Bremsleuchte

Bremsleuchte ausbauen

- Verkleidung der Heckklappe abbauen.
- Die Haltefedern (2) eindrücken und Bremsleuchte (4) mit dem Lampenträger (6) herausnehmen.
- Steckverbindung abziehen.
- Der Einbau erfolgt in umgekehrter Reihenfolge.

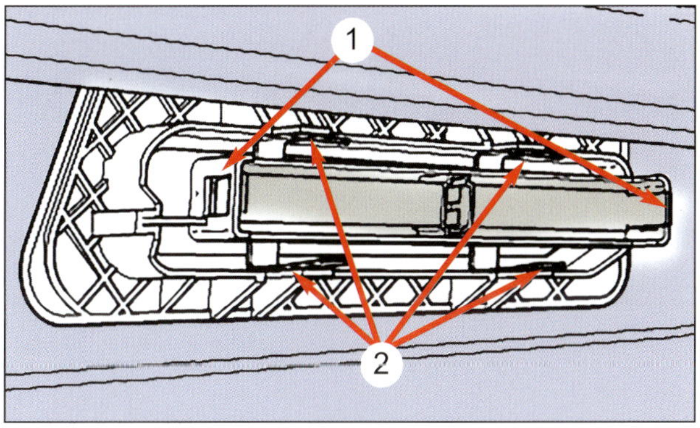

Bremsleuchte in der Heckklappe: 1 Halteclipse für den Lampenträger, 2 Haltefedern Bremsleuchte komplett.

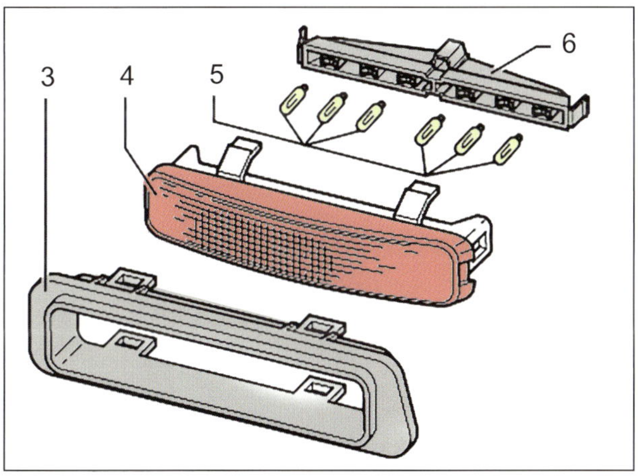

Bremsleuchte in Teilen: 3 Einbaurahmen, 4 Bremsleuchte, 5 Glühlampen, 6 Lampenträger.

Glühlampen auswechseln

Die serienmäßig verbaute Bremsleuchte ist nicht mit LED-Leuchten bestückt. Das ist in Sachen langfristige Kosten sicher kein Nachteil.

- Drücken Sie die Haltefedern (1) und nehmen Sie den Lampenträger heraus.
- Die Glühlampen (5) sind gesteckt. Sie können aus dem Lampenträger (6) herausgezogen und hineingesteckt werden.
- Der Einbau erfolgt in umgekehrter Reihenfolge.

PRAXISTIPP

Ausfall bei LEDs in zusätzlichen Bremsleuchten

Die Einzel-LEDs (Licht emittierende Dioden) in der zusätzlichen Bremsleuchte sind in Gruppen zu vier LEDs zusammengefasst und werden gruppenweise mit Strom versorgt. Die zusätzliche Bremsleuchte ist so aufgebaut, dass beim Ausfall einer LED-Gruppe weiterhin die gesetzlichen Bestimmungen erfüllt werden.

Fällt eine weitere LED-Gruppe aus, werden diese Bestimmungen laut Gesetzgeber nicht mehr erfüllt. Durch den Ausfall einer LED-Gruppe werden die intakten LEDs höher belastet, weshalb mit einem baldigen Ausfall weiterer LED-Gruppen zu rechnen ist. Sind mehr als vier Einzel-LEDs in der zusätzlichen Bremsleuchte ausgefallen, ist die zusätzliche Bremsleuchte zu ersetzen (Reparaturmaßnahme).

Lichtanlage prüfen

Prüfung der Lichtanlage

Kontrollieren Sie mit einem Helfer regelmäßig die Funktion der Lampen und Leuchten. Kontrollieren Sie auch den Zustand hinsichtlich Beschädigungen und Verschmutzung.

- Schalten Sie die Zündung ein.
- Schalten Sie das Licht ein.
- Kontrollieren Sie Blinker, Standlicht, Tagfahrlicht, Nebelscheinwerfer, Aufblendlicht und Abblendlicht vorne.
- Kontrollieren Sie das Fahrlicht, die Kennzeichenleuchten, die drei Bremsleuchten das Rückfahrlicht, die Blinker und die Nebelschlussleuchte hinten.
- Ersetzen Sie defekte Leuchtmittel sofort. Verwenden Sie ausschließlich die vorgesehenen Leuchtmittel.

Einstellen der Scheinwerferhöhe

- Das Einstellen der Scheinwerfer sollte grundsätzlich nur im Zusammenspiel mit einem geeigneten Tester erfolgen. Gerade für die Xenonvarianten sollte bei jeder Demontage des Steuergerätes die Nullstellung des Servos neu erfasst werden.
- Bei dieser Gelegenheit sollten Sie auch den Fehlerspeicher für die Lichtanlage auslesen, abarbeiten und löschen (lassen).
- Ein Verdrehen der Einstellschrauben ohne Nullstellung kann eine Fehleinstellung des Scheinwerfers zur Folge haben.
- Nutzen Sie den Service Ihres Markenherstellers und lassen Sie Ihre Lichtanlage in der Regel kostenlos im Rahmen einer Frühjahrs- oder Herbstaktion prüfen.

Signalgeber prüfen, Signalhorn ausbauen

- Warnblinkanlage: Zündung aus, Druckschalter mit rot umrandetem Dreieck betätigen. Alle vier Blinklampen und Kontrollleuchte/Schalter leuchten im gleichen Rhythmus.
- Richtungsblinker: Zündung einschalten, Blinkerhebel drücken. Beide Blinker einer Fahrzeugseite müssen blinken, auch die Blinkerkontrolle in der Schalttafel.
- Bremsleuchten: Fahrzeug mit dem Heck zur Wand stellen, Bremspedal drücken: Wand muss rot aufleuchten oder ein Helfer gibt Bescheid. Funktionieren beide Lampen nicht: Sicherung und Bremslichtschalter prüfen.
- Lichthupe: Funktioniert die Lichthupe nicht, obwohl die Scheinwerfer brennen, zuerst prüfen, ob an den beiden roten Klemme-30-Kabeln zum Lenkstockschalter Spannung anliegt. Ist dies der Fall, dürfte der Lichtumschalter im Hebelschalter defekt sein.
- Signalhorn: Betätigen Sie die Druckplatte auf dem Lenkrad. Die Hupe muss ertönen.
- Signalhornausbau: Das Signalhorn (Doppeltonhorn hoch und tief) ist am linken Längsträger vorn verbaut. Nach Ausbau des Rahmens für Nebelscheinwerfer, bzw. Ausbau der Stoßfängerabdeckung bei Fahrzeugen ohne Nebelscheinwerfer, sind Steckverbindungen und Befestigungsschraube (20 Nm) zugänglich. Trennen, abschrauben und mit Halter herausnehmen. Wenn nötig oder gewünscht, Mutter (15 Nm) herausschrauben, Halter vom Horn abbauen.

Einbau in sinngemäß umgekehrter Reihenfolge. **Anmerkung:** Wegen der Steuergeräte muss bei Störungen und Fehleranzeigen oftmals auch der Fehlerspeicher ausgelesen werden (Werkstattsystem). Die elektronische Wegfahrsperre funktioniert nur online mit Download.

Batterie und Generator

Störung	Was kann das sein?	Was muss ich tun?
A Rote Ladekontrolle brennt nicht beim Einschalten der Zündung	**1** Batterie leer	Mit Starthilfekabel starten oder Wagen anschleppen
	2 Batteriekabel gebrochen. Kabelklemmen lose oder oxidiert	Batteriekabel und -klemmen kontrollieren
	3 Kontrollleuchte defekt	ersetzen
	4 Kabelweg zwischen Zündschloss und Kontrollampe unterbrochen	Stromweg mit Multimeter kontrollieren
	5 Schleifkohlen abgenutzt	Regler tauschen
	6 Spannungsregler defekt	Regler austauschen
	7 Generator schadhaft	Generator überholen oder austauschen
	8 Feuchtigkeit bildet einen isolierenden Schmierfilm zwischen den Schleifringen und Kohlen (z.B. nach Motorwäsche)	Lichtmaschine mit Druckluft ausblasen oder Schleifringe und Kohlen sauberreiben
B Ladekontrolle brennt oder glimmt bei laufendem Motor	**1** Keilrippenriemen lose bzw. ohne Spannung	Keilrippenriemenspannung kontrollieren
	2 Mangelnder Kontakt an Kabelanschlüssen des Generators oder unterbrochene Kabel	Kabelanschlüsse und Kabel prüfen
C Batterieoberfläche feucht	**1** Zu viel eingefülltes destilliertes Wasser	Ausgasen lassen, keine Säure absaugen
	2 Batterieverschlüsse verstopft	Entlüftungslöcher säubern
	3 Spannungsregler defekt	austauschen
D Batterie gast stark	**1** Batterie Zellenschluss	Batterie ersetzen
	2 Ladespannung zu hoch Fehlerspeicher auslesen (lassen)	Lastmanagement prüfen,

STÖRUNGSBEISTAND

Anlasser

	Störung	Was kann das sein?	Was muss ich tun?
A	**Beim Drehen des Zündschlüssels in Startstellung dreht der Anlasser zu lange oder gar nicht**	**1** Kontrolllampen brennen schwach oder verlöschen **1a** Batterie entladen **1b** Kabelanschlüsse lose oder oxidiert **1c** Batterie entladen	Mit Starthilfekabel starten, Auto anschieben/anschleppen, Kabel befestigen, Anschlüsse säubern, Anlasser überholen lassen oder austauschen
		2 Kontrolllampen brennen hell, Klicken aus Richtung Anlasser **2a** Kohlenbürsten bzw. deren Anschlüsse im Anlasser gelöst **2b** Kontakte im Magnetschalter verschmort **2c** Anlasserwicklung schadhaft	Anlasser überholen lassen oder austauschen
B	**Der Anlasser dreht, aber der Motor dreht nicht**	**1** Ritzel verschmutzt	Ritzel reinigen
		2 Einrückvorrichtung klemmt	Anlasser überholen lassen
		3 Verzahnung des Ritzels oder der Motorschwungscheibe beschädigt	Wagen bei eingelegtem Gang durch Helfer ein Stück vorschieben lassen. Erneut starten. Beschädigte Teile ersetzen
C	**Magnetschalter schaltet schnell ein und aus. Anlasser läuft nicht an**	**1** Batterie stark entladen, beim Einschalten des Magnetschalters fällt die Spannung ab und er schaltet wieder ab	Batterie laden
		2 Einrückvorrichtung klemmt	Anlasser überholen lassen
		3 Verzahnung des Ritzels oder der Motorschwungscheibe beschädigt	Wagen bei eingelegtem Gang durch Helfer ein Stück vorschieben lassen – Zündung aus! Erneut starten. Beschädigte Teile ersetzen
D	**Anlasser läuft weiter, obwohl der Zündschlüssel losgelassen wurde**	**1** Magentschalter hängt oder schaltet nicht ab	Zündung sofort abschalten, notfalls Batterie abklemmen. Magnetschalter reparieren oder Anlasser austauschen
		2 Zünd-/Anlassschalter defekt	Schalter ersetzen
E	**Ritzel spurt nach Anspringen des Motors nicht aus**	**1** Rückstellfeder des Einrückhebels lahm oder gebrochen	Motor abstellen, Anlasser austauschen

STÖRUNGSBEISTAND

Hupe

	Störung	Was kann das sein?	Was muss ich tun?
A	Hupe tönt nicht	1 Sicherung defekt	Ersetzen
		2 Kabel vom Lenkrad zur Hupe unterbrochen	Kabelverlauf kontrollieren, Steckkontakte der Hupe blankkratzen
		3 Hupe defekt	Prüfen, ggf. ersetzen
		4 Relais defekt	Prüfen, ggf. ersetzen
B	Hupe tönt dauernd	1 Kabel vom Hupenkontakt zur Hupe hat Masseschluss	Anschlüsse zum Lenksäulensteuergerät prüfen
		2 Hupe hat inneren Masseanschluss	Hupe ersetzen. Unterwegs Kabel von der Hupe abziehen

STÖRUNGSBEISTAND

Bremslicht

	Störung	Was kann das sein?	Was muss ich tun?
A	Eine Bremsleuchte brennt nicht	1 Glühlampe durchgebrannt	Austauschen
		2 Masseverbindung unterbrochen. Brennen alle übrigen Lampen in derselben Heckleuchte?	Kabel kontrollieren
		3 Unterbrechung in der Zuleitung	Kabel kontrolllieren
B	Beide bzw. alle drei Bremslichter brennen nicht	1 Sicherung defekt	Ersetzen
		2 Bremslichtschalter defekt	Überprüfen, ggf. ersetzen
		3 siehe A1 und A3	
C	Bremslicht brennt dauernd	1 Kabel zum Bremslichtschalter haben direkten Kontakt	Kabel kontrollieren

STÖRUNGSBEISTAND

Warnblink- und Blinkanlage

	Störung	Was kann das sein?	Was muss ich tun?
A	**Kontrolllampe für Richtungsblinker leuchtet in ganz kurzen Intervallen auf. Normaler Blinkrhythmus beim Warnblinken**	**1** Eine Glühlampe defekt oder ohne Kontakt	Auswechseln
B	**Blinkleuchten und Kontrollleuchte brennen bei Richtungs- und Warnblinken dauernd oder gar nicht**	**1** Blinkrelais defekt	Auswechseln
C	**Richtungsblinken funktioniert, aber kein Warnblinken**	**1** Sicherung defekt	Auswechseln
		2 Kabel vom Steckkontakt am Warnblinkschalter zur Sicherung bzw. Blinkerrelais unterbrochen	Durchgang kontrollieren, ggf. erneuern
		3 Warnblinkschalter defekt	Auswechseln
D	**Warnblinken funktioniert, aber kein Richtungsblinken**	**1** Kabel zwischen Blinkerschalter und Blinkerrelais unterbrochen	Durchgang kontrollieren, ggf. erneuern
		2 Blinkerschalter defekt	Auswechseln (lassen)
		3 Sicherung defekt	Ersetzen
E	**Kein Richtungs- und kein Warnblinken**	**1** Sicherung defekt	Auswechseln
		2 Warnblinkschalter defekt	Auswechseln
		3 Anschlüsse zum Blinkerrelais defekt	prüfen

Antrieb: Motor und Öl, Kühlung und Getriebe

Der VW-Golf III hat leistungsstarke und sparsame Motoren. Die Wartung der Triebwerke am Schmier- und am Kühlsystem sowie die Anbindung der Motoren ans Fahrwerk über das Getriebe sind Gegenstand dieses Kapitels.

Die Motoren des Golf

Die fortschrittlichen Triebwerke der Golf Cabrios sind durchweg Einspritzer: bei den Benzinern nach dem Motronicprinzip, bei den Dieselmotoren als Direkteinspritzer mit Abgasturbolader. Die VW-Diesel werden als »TDI« bezeichnet. Im Golf III und IV wurden insgesamt 15 Motoren mit einem Hubraum zwischen 1,6 l und 2,0 l verbaut. Die durchweg eigentlich gesunden Antriebsaggregate zwischen 55 kW und 85 kW wurden mit 5-Gang-Schaltgetrieben oder mit einem Automatikgetriebe ausgerüstet. Laufleistungen jenseits der 200.000 km sind keine Seltenheit und noch lange nicht das Ende. Vereinzelt sind noch Fahrzeuge mit über 400.000 km im Alltagsbetrieb aktiv. Natürlich finden sich, wie schon immer in der VW-Szene üblich, einige wenige Modelle, die auch mit Straßenzulassung deutlich mehr Leistung auf den Asphalt drücken. Der Machbarkeit steht mehr die Zulassungsbehörde als die Kombinationsmöglichkeit der Teile aus dem Volkswagenkonzern im Weg. Die Teilebeschaffung ist wie bei den meisten Fahrzeugen aus dem Hause Volkswagen kein Problem. Auch der Zubehörmarkt bietet Ersatzteile und Umbauteile in jeder Facette an.

Das Viertaktprinzip

WISSENSWERTES

Bei den Golf-Motoren umfasst ein Arbeitszyklus des Kolbens im Zylinder vier Takte. Der Raum, den der Kolben im Zylinder durchmisst, ist der Hubraum. Hat der Kolben darin seinen höchsten Punkt erreicht, bleibt nur der Brennraum mit dem Kraftstoff-Luft-Gemisch. Hubraum plus Brennraum bilden den Zylinderraum. Das Verhältnis des Zylinderraums zum Brennraum gibt an, auf den wievielten Teil des Zylinderraums das Kraftstoff-Luft-Gemisch verdichtet wird:

Verdichtung bei den Benzin Motoren	10 : 1
Verdichtung bei den TDI Motoren	19,5 : 1

Die vier Takte:

- Ansaugen: Der Kolben gleitet zum Unteren Totpunkt UT. Die Einlassventile öffnen, das Einspritzventil arbeitet, Luft und Kraftstoff strömen in den Zylinder.
- Verdichten: Der Kolben bewegt sich vom UT zum Oberen Totpunkt OT. Die Einlassventile schließen. Der Kolben verdichtet das eingeströmte Gemisch.
- Verbrennen: Kurz vor dem OT wird das Gemisch gezündet. Es verbrennt und drückt den Kolben zum UT. Sein Pleuel dreht die Kurbelwelle.
- Ausstoßen: Der Kolben geht nach oben. Die Auslassventile öffnen, die verbrannten Gase werden ins Abgassystem (und in den Turbolader) geschoben.

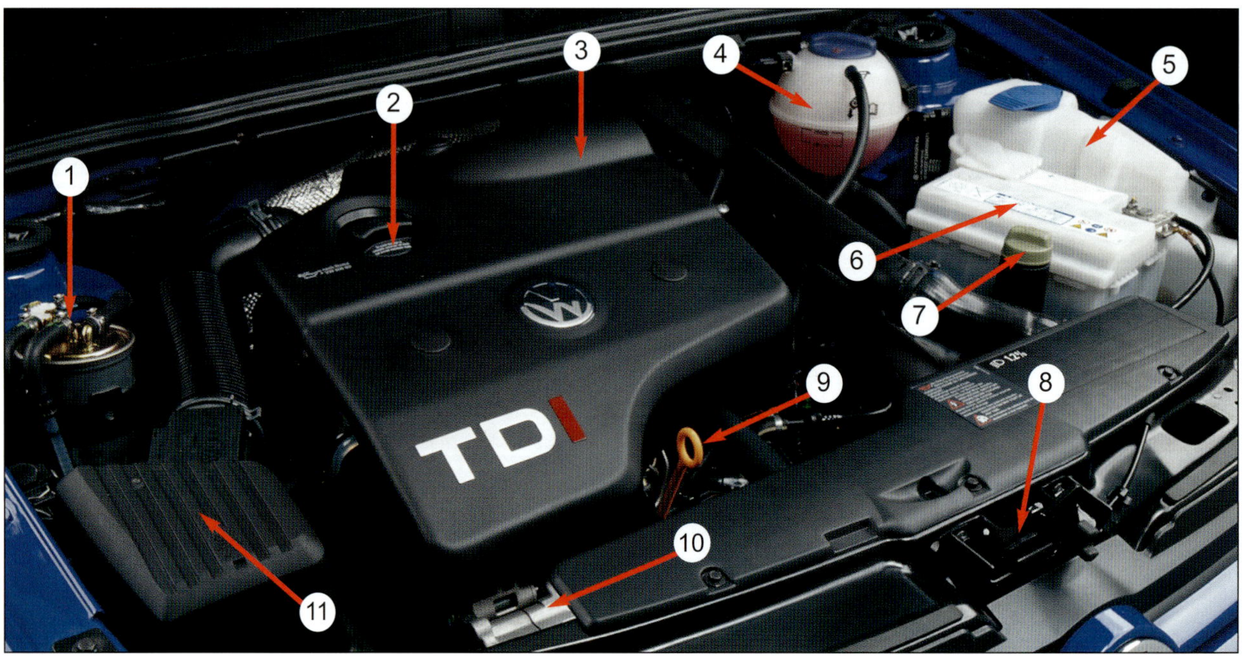

Motorraumübersicht beim 1,9 TDI: 1 Dieselfilter, 2 Öleinfüllstutzen, 3 Geräuschdämmung Motor oben, 4 Kühlwasserbehälter, 5 Scheibenwaschbehälter,6 Batterie, 7 Vorratsbehälter Servolenkung, 8 Haubenschloss, 10 Generator, 11 Luftfilter, 12 Luftmassenmesser.

Das Schmiersystem

Alle Stellen im Motor, an denen Metalle aufeinander gleiten, müssen ständig mit Öl versorgt werden: Kolben, Zylinderlaufbahnen, die Lager von Kurbelwelle und Nockenwelle. Kein Triebwerk hält mehr als einige Minuten ohne passende Schmierung durch. Ein Teil des Schmieröls wird vom Kreislauf abgezweigt und zur Kühlung u. a. des Kolbens direkt in dessen Inneres gespritzt.

Das Motoröl

Öl vermindert Reibung und Verschleiß und dichtet die engen Räume zwischen Kolben, Kolbenringen und Zylinderwand so fein ab, dass der hohe Druck bei der Verbrennung fast ohne Verluste auf die Kurbelwelle übertragen wird. Öl kühlt auch den Motor, zum Beispiel die Kolben in den Zylindern und die Lager von Kurbelwelle und Nockenwelle. Außerdem schützt es vor Rost, bindet Schmutzpartikel und einen Teil der Verbrennungsrückstände. Wichtige Kenngröße für Motoröl ist seine Viskosität. Sie ist das Maß für die Fließfähigkeit des Schmieröls. Im Winter muss ein Motoröl so dünnflüssig sein, dass es nach dem Kaltstart sofort alle Schmierstellen versorgt. Bei höheren Temperaturen ist dickflüssiges Öl gefragt, das den Schmierfilm nicht abreißen lässt. Im Sharan und Alhambra fließt ganzjährig fahrbares »Mehrbereichsöl« (Bilder 1/2). Die meisten Motoröle sind solche Öle aus Mineralöl und bis zu 20% Additiven. Diese Zusätze bewirken, dass sich das Öl den Temperaturen im Motor anpasst, dass der Viskositäts-Index steigt (»VI-Verbesserer«). Sie schützen das Öl vor Oxidation und verhindern das Aufschäumen bei hohen Drehzahlen. Die Additive verschleißen aber bei hohen Temperaturen und verlieren ihre Wirkung. Wasser, Kraftstoff und Verbrennungsrückstände setzen der Lebensdauer des Motoröls ebenfalls Grenzen. Rechtzeitiger Ölwechsel ist daher kein Luxus, sondern reine Notwendigkeit, wenn Ihr Motor reibungslos funktionieren soll.

1

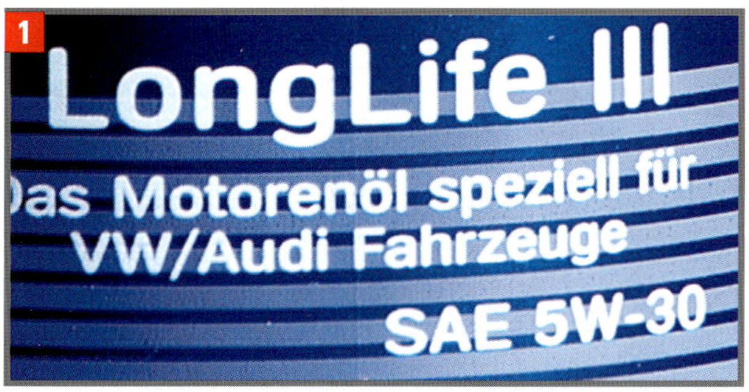

WISSENSWERTES

Normen für Motoröl

■ SAE-Klasse: Einstufung durch die Society of Automotive Engineers. Bezeichnet die Klasse der Viskosität, zum Beispiel SAE 5W-30 (unser Bild). Je kleiner die erste Zahl, umso dünner und bei Kälte besser fließend ist das Öl (W = Winter). Ein Öl mit 0W schmiert noch bei minus 30 Grad, bei 5W ist es gut bis minus 25 Grad, bei 15W bis minus 15 Grad. Je höher die zweite Zahl, umso besser widersteht das Öl hohen Temperaturen. Das von Volkswagen empfohlene Öl entspricht wie in Bild 2 der SAE 5W-30.

■ ACEA-Norm: Von der Association des Constructeurs Européen d'Automobiles im Jahre 1996 eingeführte europäische Ölnorm. Nach ACEA gibt es für Benziner die Gruppen A1 (Sprit sparendes Öl), A2 (gering belastetes Öl), Golf (Hochleistungs-Öl). Für Diesel gilt eine Einteilung von B1 bis B4.

■ API-Norm: Vorschrift des American Petroleum Institute. Diese Spezifikation besteht aus den Buchstaben S bzw. G (Benziner) und C bzw. PD (Diesel) sowie einem weiteren Buchstaben bzw. einer Zahl. Je höher im Alphabet oder je größer die Zahl, umso besser ist die Qualität des Öls.

2

Der Ölkreislauf

Im Motorblock strömt das Öl durch ein System von Leitungen und feinen Bohrungen an die richtige Adresse. Dieses System bildet von der Ölwanne unten am Motor über die verschiedenen Stationen bis in die Wanne zurück einen Kreislauf mit der Ölpumpe im Zentrum.
Die Pumpe holt über die Saugleitung das Öl aus der Wanne. Im Hauptstrom sitzt der Ölfilter (Bild unten), der Verunreinigungen wie Ruß, Metallabrieb und Staub zurückhält. Vom Filter gelangt das Motoröl über Bohrungen im Zylinderblock zu den Schmierstellen der Kurbelwelle und zu den Pleueln. Von den Gleitlagern der Kurbelwelle wird das Öl in den Zylinderkopf, zu den Nockenwellenlagern und an andere sensible Stellen gedrückt. Rücklaufkanäle führen wieder in die Ölwanne.

Der Ölfilter

Bauform und Montage des Ölfilters unterscheiden sich je nach Motortyp, aber das Prinzip ist immer ähnlich dem im Bild für den 1.6 TDI gezeigten. Der Filter arbeitet nur so lange, bis er vom Schmutz zugesetzt ist. Deshalb Filterpatrone (4) beim Ölwechsel tauschen!
Wenn er nicht rechtzeitig gewechselt wurde, tritt ein Überdruckventil in Aktion. Es öffnet, und das Motoröl umgeht den Filter. Damit ist zwar die Ölversorgung sichergestellt, doch ungefiltertes Motoröl bewirkt einen höheren Verschleiß an den Lagerstellen.
Durch die Mittelachse der Filterpatrone gelangt das gereinigte Öl direkt in den Hauptölkanal. Der Öldruckschalter dort signalisiert über die Kontrollleuchte im Schalttafeleinsatz und einen Warnton zu niedrigen Öldruck .

Der Öldruck

Denn damit die Schmierung bei jeder Belastung des Motors sicher gestellt ist, muss der Öldruck stimmen. Bei zu kaltem und sehr zähflüssigem Öl kann ein zu hoher Druck entstehen. Dann öffnet ein Überdruckventil eine Umgehungsleitung (Bypass) und leitet das Öl direkt auf die Saugseite der Ölpumpe zurück. Der Ölkreislauf bleibt in diesem Fall erhalten.

Problematisch ist zu niedriger Öldruck, der z. B. vorkommt, wenn Sie bei zu geringem Ölstand mit hohem Tempo durch eine Kurve fahren. Die Ölpumpe saugt dann Luft anstatt Öl aus der Ölwanne. Der Öldruck fällt abrupt ab, was zu schweren Lagerschäden führen kann. Wenn nach schnellen Autobahn- oder Passfahrten die Öldrucklampe im Leerlauf flackert, ist das ein Indiz dafür, dass der Öldruck durch zu heißes und damit dünnflüssiges Öl unter den normalen Wert gesunken ist, obgleich das Öl einen extra Kühler passiert.
Wenn die Kontrollleuchte beim Gasgeben wieder verlischt, ist alles in Ordnung. Wenn aber der Geber in der Ölwanne zu geringen Ölstand signalisiert, könnte Motorschaden drohen. Sofort anhalten, Motor abstellen, Öl auffüllen und prüfen, ob die Warnsignale damit ausgeschaltet sind. Sonst Werkstatt oder Selbsthilfe!

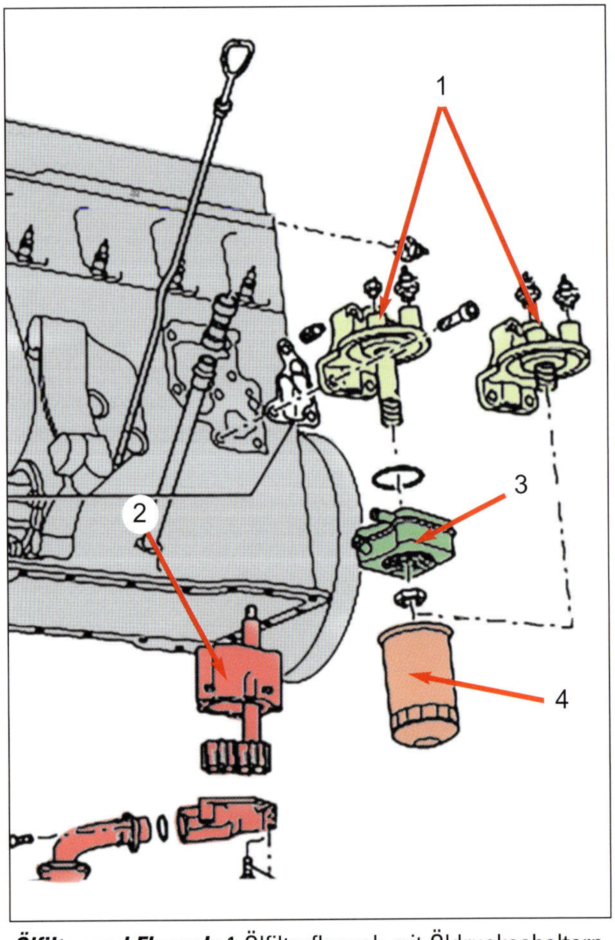

Ölfilter und Flansch: 1 Ölfilterflansch mit Öldruckschaltern, 2Ölpumpe in der Ölwanne, 3 Wärmetauscher (Wasser/Öl), 4 Ölfilter.

Ölstand prüfen

- Ölstand prüfen: Nach Betriebsanleitung des Fahrzeugs vorgehen. Ölstandskontrolle laut Faustregel nach jedem zweiten Tanken ist nicht verkehrt, aber bei den Golf-Motoren kaum noch nötig. Auf jeden Fall ist Prüfen mit dem Peil- oder Messstab (Bilder 1 und 2) in regelmäßigen Abständen erforderlich für sicheres Fahren zwischen den Ölwechseln.

- Kontrolle bei mindestens 60 °C Öltemperatur (10 min Fahrt nach Kaltstart). Messstab ziehen (Vorsicht vor heißer Umgebung der Stabführung!). Stab flusenfrei abwischen, wieder einschieben, kurz warten, erneut herausziehen. Ölbedeckung an der Messspitze auswerten. Bild 2 zeigt Varianten der Messspitzen von Ölpeilstäben bei TDI-Motoren. Andere Ausführungen sind möglich. Es gilt:

A = Maximalstand, kein Öl nachfüllen.
B = Normalbereich, Nachfüllen nicht nötig, kann aber erfolgen bis höchstens zur Marke »A«.
C = Minimalstand, Öl muss nachgefüllt werden.

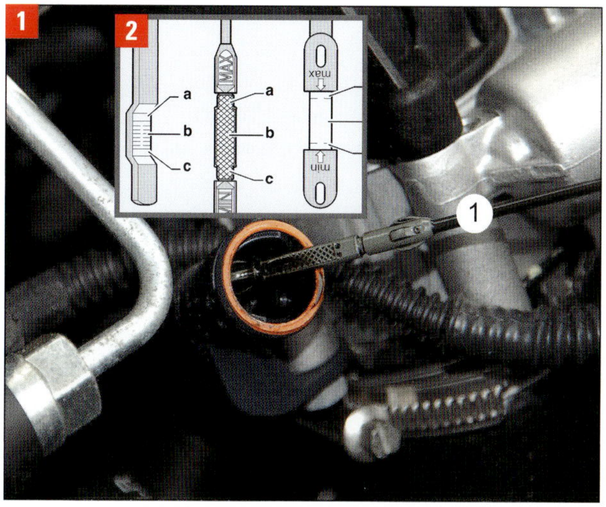

- Öl nachfüllen: mit Trichter in die Öleinfüllöffnung. Nur Motoröl nach Norm 504 00 / 507 00 verwenden, SAW 5W30; z. B. das bereits früher im Kapitel erwähnte Aral Super-Tronic LongLife III, eine Empfehlung von Volkswagen.

Öl und -Filter wechseln

- Öl und Filter wechseln: Motorenöle gestatten Intervalle von einem Jahr oder 15.000 Fahrkilometern, falls die Anzeige nicht einen früheren Service verlangt. Bei ausschließlichen Stadtfahrten macht früherer Wechsel in jedem Falle Sinn. Im Winterhalbjahr können schon sechs Monate (7000 bis 10.000 km) ausreichend sein. Einige Dieselmotoren erfordern einen Ölwechselintervall von 7500 km.

- Das Altöl kann abgesaugt werden, man kann es aber auch ablassen. Wenn ein Ölabsauggerät verfügbar ist (V.A.G 1782; Mietwerkstatt), können Sie den Ölwechsel in eigener Regie vornehmen. Das sollte Sie aber nicht dazu veranlassen, billiges Motoröl zu verwenden. Das ist für die hoch entwickelten und sehr anspruchsvollen Motoren der jüngsten Generation nicht zu empfehlen.

- Mit dem Ölwechsel ist immer auch der Ölfilterwechsel verbunden. Wir geben unter »Technische Daten« die Einfüllmengen mit und ohne Filterwechsel an. Der Ölfilter ist in der Regel von unten erreichbar. Soweit verbaut, muss die Geräuschdämmplatte unter dem Motor demontiert werden.

- Ölwechsel am betriebswarmen Motor durchführen und die Entsorgungsvorschriften beachten. Am mit Ölkühler (Wärmetauscher) verschraubten Filter lösen und abschrauben.

- Den Filterwechsel am besten vor dem Ölwechsel vornehmen. So können Sie eventuell abtropfendes Öl nachher zusammen von Motorblock und Ölwanne mit Bremsenreiniger und Lappen gründlich entfernen.

- Filtereinsatz herausnehmen. Kontrollieren Sie, ob der O-Ring vom Filter abgelöst wurde und vielleicht noch am Wärmetauscher festhängt. Einen neuen Filtereinsatz (mit neuem O-Ring) am Dichtring etwas mit Öl benetzen und handfest anziehen.

- Öl der genannten Spezifikation und Menge einfüllen. Nach dem Filter- und Ölwechsel beim ersten Motorstart beachten: Solange die Kontrollleuchte für Öldruck leuchtet, nur Leerlauf! Bei Gasstößen kann der Turbolader geschädigt werden oder ganz ausfallen.

Öldruck prüfen

- Öldruck prüfen: Öldruckschalter aus Filterhalter oder Motorblock ausschrauben und Öldruckprüfer (z. B. V.A.G 1342) einschrauben. Die Prüfung mit einem »Eigenbau-Druckmesser« ist natürlich auch möglich. Die Vorgehensweise unterscheidet sich nicht.

- Schalter an den Prüfer schrauben. Bei mindestens 80 °C Öltemperatur und normalem Ölstand prüfen. Motor erst im Leerlauf, dann mit erhöhter Drehzahl laufen lassen. Nachstehende Richtwerte sollten gemessen werden.

- Wenn die Sollwerte bei der Prüfung nicht erreicht werden, muss auf Lagerschäden untersucht, der Ölfilterhalter mit Überdruckventil ersetzt oder die Ölpumpe ausgetauscht werden. Das sind dann Arbeiten für erfahrene Mechaniker oder für die Spezialisten in einer Fachwerkstatt.

Druckmesswerte als Daumenwert

Die angegebenen Druckwerte sollten bei der Messung nachvollzogen werden können. Beachten Sie nicht nur den Mindestdruck. Das Überschreiten des Höchstdrucks kann die Hydrostößel leicht aufdrücken.

Im Leerlauf	Mindestüberdruck 0,3...0,7 / 0,8 bar
Bei 2000/min	Mindestüberdruck 2,0 / 1,5 bar
Bei 2000/min	Mindestüberdruck nicht über 7,0 / 5,0 bar
Erste Zahl TSI-Motoren, zweite Zahl TDI-Motoren	

Anschluss am Motor: 1 Anzeige (Druckuhr), 2 Adapter im Eigenbau, 3 Öldruckschalter angeschlossen, 4 Anschluss des Öldruckschalters ist mit einem Adapter belegt

Einfache Oldruckschalterprüfung: Mit einem Druckminderer und einem Multimeter ist es möglich, die Schaltdrücke der Öldruckschalter zu prüfen.

Das Kühlsystem

Für die richtige Betriebstemperatur des Motors sorgt das Kühlsystem. In dem Kreislauf zirkuliert die in den Ausgleichsbehälter (Bild 1) eingefüllte Flüssigkeit aus Wasser und Kühlmittelzusatz. Das System besteht aus Kühler, Temperaturregler (Thermostat; Bild 2), Wasserleitungen und einem Netz kleiner Kanäle in Motorblock und Zylinder. Dieser Wassermantel führt die Verbrennungswärme über die Schläuche des Kühlsystems an den Kühler ab.

Der Kurzschlusskreislauf

Nach dem Kaltstart zirkuliert das Kühlmittel im kleinen Kühlkreislauf, der sich auf Motor und Heizung beschränkt. In diesem »Kurzschlusskreislauf« hält der Thermostat den Durchfluss zum Kühler geschlossen. Das Kühlmittel (Bild 3) gelangt auf direktem Weg zurück in den Motor. So erhitzt sich die Kühlflüssigkeit schneller und der Motor wird schneller warm. Der Kühler tritt erst in Aktion, wenn die Kühlflüssigkeit eine bestimmte Temperatur erreicht hat. Wenn dann der Thermostat öffnet, wird kaltes Wasser aus dem Kühler mit erwärmtem Wasser aus dem kleinen Kühlkreislauf vorgemischt.

Kühlung bei Betriebstemperatur

Solange die Wassertemperatur steigt, öffnet der mit dem Anschlussstutzen (roter Pfeil in Bild 2) in den Zylinderblock geschraubte Thermostat den Kaltwasserzufluss aus dem Kühler immer weiter und schließt den Kurzschlusskreislauf. Bei Betriebstemperatur zirkuliert die Kühlflüssigkeit vom unteren Kühlwasserschlauch zur Wasserpumpe (Kühlmittelpumpe), die sie in Motorblock und Zylinderkopf drückt. Der größte

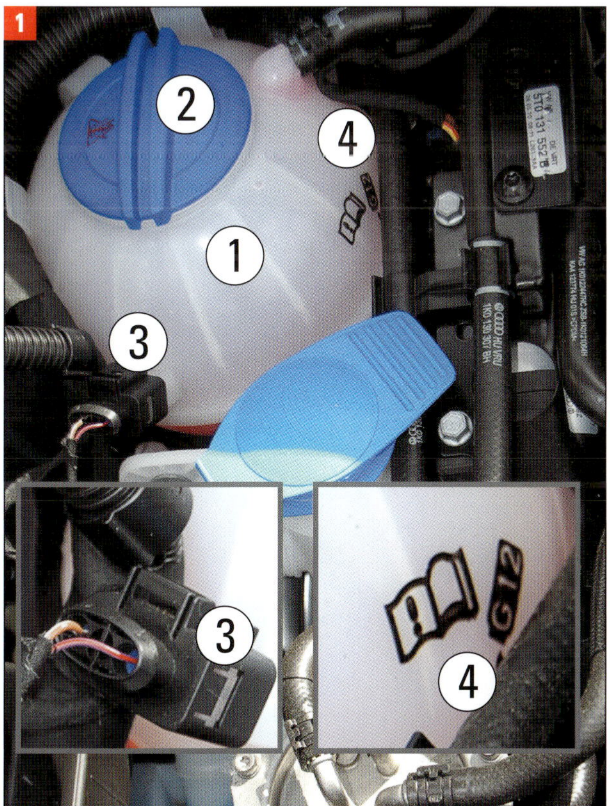

Kühlmittel für den Golf: (1) Behälter, (2) Deckel mit Ventil, (3) Geberanschluss, (4) »Buch« = Bedienungsanleitung beachten und »G 12« = Kühlmittelzusatz-Spezifikation.

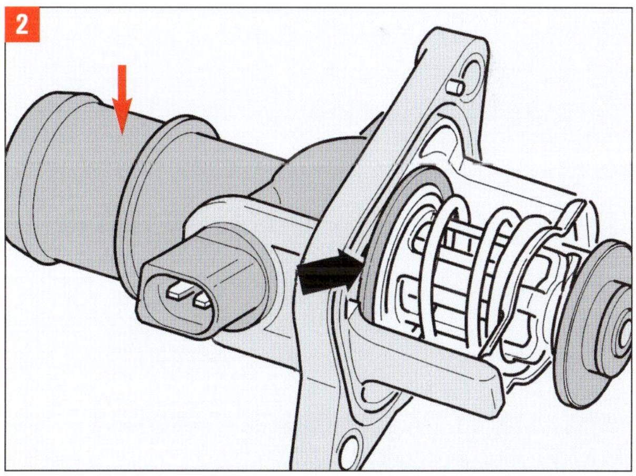

Bild 2 Thermostat: Der große Ventilteller (schwarzer Pfeil) muss mit gesamtem Umfang gegen den Flansch abdichten.
Bild 3 Kühlmittelzusatz: VW schreibt G12 plus plus vor.

Teil der Flüssigkeit läuft über den geöffneten Thermostat zum Kühler, der Rest zum Wärmetauscher der Heizung. Das im Kühler unten abfließende kalte Wasser zieht heißes Kühlmittel oben in den Kühler nach. Dort wird es durch die Kühlerlamellen abgekühlt. Sinkt während der Fahrt die Wassertemperatur unter die Soll-Betriebstemperatur, sperrt der Thermostat den Kühlerdurchfluss erneut, bis das Kühlmittel warm genug ist. Das Kühlsystem steht unter einem Überdruck von etwa 1,2 bis 1,5 bar bei Betriebstemperatur. Dadurch und durch den Einsatz von Kühlmittelzusätzen erhöht sich der Siedepunkt der Kühlflüssigkeit von 100 °C auf rund 135 °C. Die höhere Temperatur ermöglicht einen wirtschaftlicheren, Kraftstoff sparenden Motorbetrieb.

Der Kühlerventilator

Es kann bei langsamer Fahrt vorkommen, dass das Kühlmittel im System überhitzt wird. Dann muss der Kühlerventilator den Kühler zusätzlich kühlen. Bei 92 bis 97 °C Kühlmitteltemperatur wird die erste Stufe (halbe Drehzahl), bei 99 bis 105 °C die zweite Stufe mit voller Drehzahl geschaltet.

Arbeiten am Kühlsystem

Das Kühlmittel

Kühlflüssigkeit besteht aus Wasser und Kühlmittelzusatz. Bei dem Kühlmittelzusatz im VW-Konzern handelt es sich um das Kühlerfrost- und Korrosionsschutzmittel G 12 plus mit lila Färbung (Bild 3). Es soll stets nur G 12 lila nachgefüllt werden. Der Zusatz ist aber mit den älteren Mitteln G 11 und G 12 (rot) mischbar. G 12 ist als Lebensdauerfüllung geeignet und schützt optimal vor Frost, Korrosionsschäden, Kalkansatz und Überhitzung. Der Kühlmittelzusatz verliert seine Wirksamkeit nach etwa vier Jahren und sollte dann erneuert werden. Die Autohersteller schreiben einen turnusmäßigen Wechsel nicht vor, aber Auffüllen von Zusatz nach Ablassen einer Differenzmenge kann nötig werden. Dann Vorsicht: Beim Öffnen des Ausgleichsbehälters kann heißer Dampf entweichen. Verschlussdeckel vor dem Aufdrehen mit Lappen abdecken und erst dann vorsichtig öffnen! Zischen zeigt Druckabbau. Wichtig bei Arbeiten am Kühlsystem ist die richtige Befestigung der Kühlmittelschläuche. Es sollten immer die originalen Klemmschellen des Herstellers verwendet werden. Das geeignetste Werkzeug bei Entfernung und Befestigung ist eine Schlauchklemmenzange.

Frostschutz prüfen

Das Mittel sorgt auch für bessere Wärmeableitung. Deshalb soll das Kühlsystem unbedingt ganzjährig mit dem Mittel befüllt sein, mindestens 40% gemischt mit 60% Wasser. Das Mischungsverhältnis sollte immer einmal mit einem handelsüblichen Prüfgerät (Bild 4) oder ganz präzise mit einem Refraktometer kontrolliert werden. Der Zusatzanteil am Gemisch von mindestens 40% sichert Frostschutz bis -25 °C. Bis zu dieser Temperatur muss der Frostschutz gewährleistet sein, in Ländern mit arktischem Klima sogar bis -35 °C. Der Anteil soll 60% nicht übersteigen, weil sich bei zu viel Zusatz Frostschutz und Kühlwirkung wieder verschlechtern.

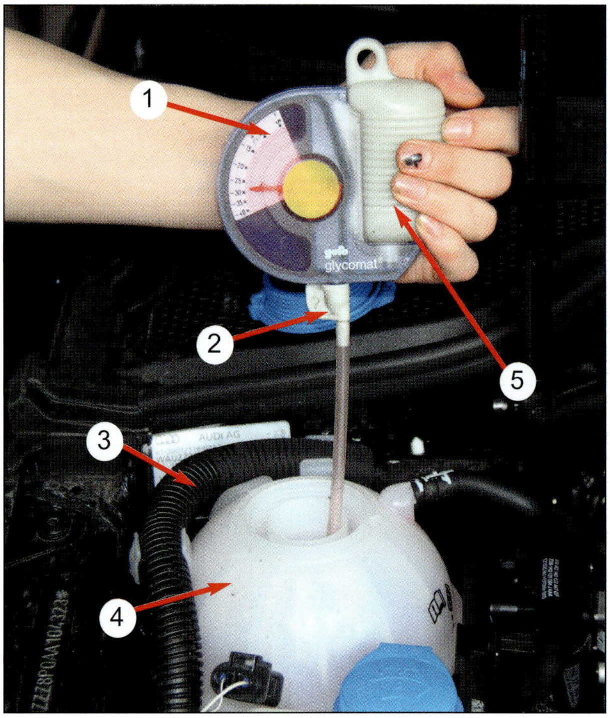

Frostschutz prüfen: 1 Anzeige Skala, 2 Hahn, 3 Entnahmeschlauch, 4 Ausgleichsbehälter, 5 Pumpball.

Frostschutzmittel: G12 in Rot und das »Normale« in Gelb.

- Starten Sie den Motor.
- Lassen Sie das Kühlsystem etwas abkühlen.
- Öffnen Sie vorsichtig den Deckel des Ausgleichsbehälters.
- Stecken Sie den Entnahmeschlauch (3) in den Ausgleichsbehälter (4) (siehe Bild auf S.210).
- Öffnen Sie den Hahn (2), drücken Sie den Pumpball (5) zusammen und saugen sie so viel Kühlmittel an, dass Sie keine Luftblase im Schauglas (1) sehen können.
- Lesen Sie auf der Skala (1) ab, bis wie viel °C Ihr Kühlmittel frostsicher ist.

Thermostat prüfen

Der Thermostat regelt die Temperatur des Kühlsystems, indem er den Zugang zum »großen Kühlkreislauf« freigibt oder langsam abregelt. Hier wird bestimmt, welche Wassermenge den Durchfluss zum Kühler schafft. Im Thermostat der alten Bauweise ist ein Wachselement verbaut, welches sich mit Zunahme der Temperatur ausgedehnt hat und dann das Ventil des Thermostaten entsprechend aufdrückte. Heute werden diese Regelfunktionen teilweise schon von angesteuerten Regelventilen übernommen. Diese Funktion ist deutlich schneller abzufragen und es kann leicht eine Systemüberwachung mit Kennfeldabgleich und auch entsprechende Fehlerspeicherablage realisiert werden.

- Bauen Sie den Thermostaten aus.
- Biegen Sie sich zwei Schweißdrähte so, dass Sie den Thermostat im Kochtopf zur Beobachtung aufhängen können.
- Füllen Sie den Kochtopf mit Wasser. Der Thermostat muss vollständig bedeckt sein.
- Positionieren Sie den Messsensor des Multimeters (5) so, dass Sie die Wassertemperatur am Thermostat erfassen können.
- Schalten Sie die Kochplatte (3) ein und beobachten Sie den Temperaturanstieg.
- Notieren Sie sich die Temperatur, an dem der Thermostat mit der Öffnung begonnen hat.
- Achten Sie darauf, dass sich der Thermostat ruckfrei öffnet. Ist das der Fall, muss er sofort ersetzt werden. Der Öffnungsringspalt muss auch gleichmäßig ausfallen. Eine ungleichmäßige Öffnung ist ein Hinweis auf Schäden am Thermostat.
- Die maximale Öffnung sollte bei etwa 95 °C erreicht sein.
- Nachdem der Thermostat seine maximale Öffnung erreicht hat, lassen Sie ihn abkühlen und beobachten hierbei das ruckfreie Schließen.

Thermostat prüfen: 1 Topf mit Wasser, 2 Thermostat mit Schweißdraht aufgehängt, 3 Kochplatte, 4 Schalter, 5 Multimeter mit Temperaturmessung.

Das Motormanagementsystem

Kraftstoffzufuhr und -dosierung, Herstellung des optimalen Kraftstoff-Luftgemischs, Arbeit des Turboladers und Abgaskontrolle werden von der Motorsteuerung bewerkstelligt. Das Motormanagement ist mit Kennfeldern für Gemischaufbereitung und Kraftstoffeinspritzung vorprogrammiert. Gesteuert werden Einspritzmenge und -beginn, Leerlaufdrehzahl, Abgasrückführung, Turbolader, Aufladung, Ladeluftkühlung und Ladedruck.

Bordcomputer und Diagnose

Im Golf ist auch bei der Topausstattung noch eine überschaubare Anzahl von Steuergeräten verbaut. Unter der Wasserkastenabdeckung Mitte befindet sich das Motorsteuergerät. Zur Funktionsdiagnose und Fehlerabfrage von Steuergeräten gibt es im Fahrzeug den nach internationaler Vorschrift unter der Schalttafel Fahrerseite angeordneten Steckanschluss, der über Kabel mit dem mobilen Diagnosegerät verbunden wird. VW-Werkstätten verwenden Diagnosetester der Typen VAS 505x oder VAS 6150. Diese Werkstattsysteme sind so programmiert, dass die Einstellung »Fahrzeug – Eigendiagnose« und der Menüpunkt »Gateway – Verbauliste« angewählt werden. Dann folgt der Schritt »Steuergeräte mit hinterlegtem Fehlerspeichereintrag auslesen«. Relevante Fehler müssen schnell behoben werden. Freie typbezogene Tester wie der VCSD (VAG-Com) erreichen bis auf den Onlinesupport des Herstellers, die gleiche Diagnosetiefen wie die originalen Werkstatttester. Hilfestellungen zur Fehlersuche werden gut sortiert in entsprechenden Foren ausgearbeitet. Hier gilt grundsätzlich: Oft können durch eine Stunde surfen einige Stunden Fehlersuche und Schrauben eingespart werden.
Einige Hersteller bieten Diagnosegeräte für den typenoffenen Einsatz an. Im Vergleichstest 2009 der Sachverständigenorganisation DEKRA wurde der kompakte Steuergeräte-Diagnosetester KTS 340 von Bosch Testsieger. Preisgünstig angeboten werden Kleingeräte von Bosch mit Zubehör und Anschlusskabel. Auch über Internet (www.TuningPro24. de) werden solche Produkte angeboten. Der springende Punkt ist aber natürlich eine Software, mit der die Datenspeicher des eigenen Fahrzeugs auslesbar sind.

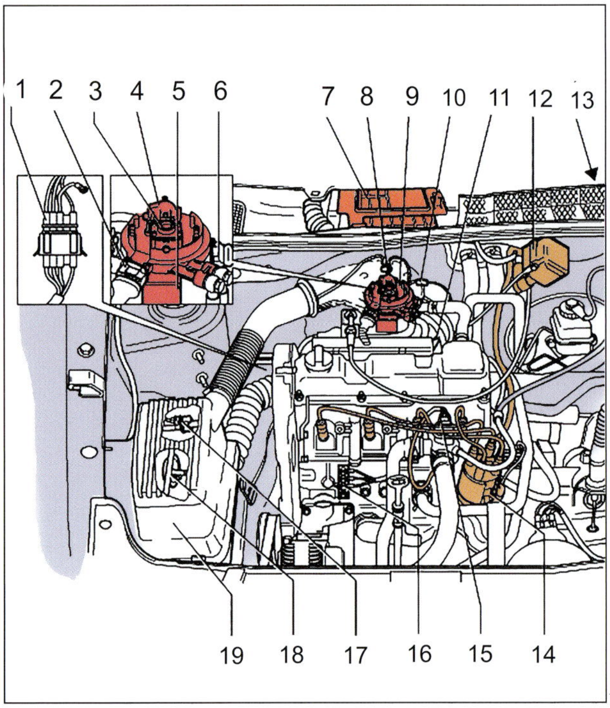

(Mono)Motronic in der Übersicht: 14-fach-Steckverbindung, 2 Anschlussstecker, 3 Kraftstoff-Druckregler, 4 Einspritzventil und Geber für Ansauglufttemperatur, 5 Drosselklappensteller mit Leerlaufschalter, 6 Drosselklappenpotentiometer, 7 Steuergerät für Mono-Motronic, 8 Temperaturregler, 9 Einspritzeinheit, 10 Steckverbindung für Ansaugrohrvorwärmer, 11 CO-Messrohr, 12 Zündtrafo, 13 Relais für Ansaugvorwärmung, 14 Zündverteiler mit Hallgeber, 15 Geber für Kühlmitteltemperatur, 16 Masseanschluss, 17 Magnetventil für Aktivkohlebehälter, 18 Unterdruckdose, 19 Luftfilter.

Diese ist zwar vom Hersteller unabhängig, muss aber von Bosch lizenziert werden.

Effiziente Systeme

Die elektronischen Systeme für das Motormanagement errechnen die bestmöglichen Werte für Kraftstoffaufbereitung und Verbrennung. Motorsteuergerät, Kraftstoff-Hochdruckpumpe beim Diesel und die nötigen Sensoren bilden das Einspritzsystem, das den Einspritzvorgang optimiert und maßgeblich zu hoher Wirtschaftlichkeit und niedrigen Emissionen der Motoren beiträgt. Die Elektronik wertet in Echtzeit alle Sensordaten über die Kühlmittel-, Kraftstoff- und Ansauglufttemperatur sowie über die momentane Motordrehzahl, die Gaspedalstellung und über die angesaugte Luftmasse aus. Das ist Voraussetzung für

Systeme wie elektronisches Gaspedal (E-Gas), automatische Geschwindigkeitsregelung (AGR) und Leerlauf-Regelung. Schließlich ermöglicht die Elektronik die On-Board-Diagnose sowie den Datenaustausch mit dem Steuergerät des Automatikgetriebes. Dies stellt sicher, dass der Motor im verbrauchsgünstigsten Bereich arbeitet, und gestattet ruckfreie Gangwechsel mit hoher Dynamik.

Steuergerät, CAN-System, Geber

Das Motorsteuergerät mit Funktions- und Überwachungsrechner ist gegen äußere Einflüsse in einem Metallgehäuse gekapselt. Es enthält vor Kurzschlüssen und Überlastung geschützte Endstufen, die genügend Leistung für direkten Anschluss der Stellglieder liefern. Zum Datenaustausch zwischen den elektronischen Komponenten dienen Daten-Bus-Systeme, bei denen sehr viele Daten parallel in einen einzigen Kabelstrang eingespeist werden. Für Kraftfahrzeuge wurde das Bussystem CAN konzipiert und international genormt. Die elektronischen Steuergeräte brauchen eine serielle Schnittstelle CAN, dann sind sie über die Datensammelschiene miteinander und auch mit dem Diagnoseanschluss zu verbinden. Das Steuergerät erfasst folgende Parameter:

Luftbeschaffenheit
Luftmassenmesser, Geber für Ansauglufttemperatur, Höhenmesser und Ladedrucksensor bestimmen präzise die Dichte der Umgebungsluft und den Druck für den Turbolader. Von der Luftdichte hängt der Anteil der für die Verbrennung entscheidenden Sauerstoffteilchen ab. Die Luftfüllung ist zusammen mit der Motortemperatur ein Berechnungsfaktor für Einspritzmenge und jeweiliges Motor-Drehmoment.

Motordrehzahl
Der Drehzahlgeber an der Kurbelwelle informiert über Motordrehzahl, genaue Stellung der Kurbelwelle und Stellung des Kolbens jedes einzelnen Zylinders. Dazu werden per Magnetfeld Impulse erzeugt, deren Anzahl pro Zeit ein Maß für die Drehzahl des Schwungrades ist.

Nockenwellenstellung
Der Nockenwellenpositionssensor (»Hallgeber«) gibt die Stellung der Nockenwelle an. Motordrehzahl und Nockenwellenstellung bestimmen Einspritzzeitpunkt und sequenzielle Einspritzung jedes Zylinders.

WISSENSWERTES

Das Duell von Diesel und Otto

Als Ende des 19. Jahrhunderts die Herren Rudolf Diesel und Nikolaus August Otto ihre Erfindungen zum Patent anmeldeten, konnten beide nicht ahnen, dass ihr Duell um das beste Motorenkonzept bis heute nicht entschieden sein wird. Lange Zeit galt der Benziner als das Maß der Dinge, war er doch auch schon rund 30 Jahre früher erfunden worden. Die schweren, robusten Diesel kamen zunächst nur bei Schiffen, Lastkraftwagen und Taxis zum Zuge, also überall dort, wo Temperament und Spitzenleistung kein Thema waren. Denn im Gegensatz zum Benziner, bei dem das Gemisch durch einen Funken fremdgezündet wird, braucht der hochverdichtete Diesel mehr Zeit, bis sich das Gemisch auf Grund des Druck- und Temperaturanstieges entzündet. Durch diesen so genannten Zündverzug kann der Diesel bis heute keine hohen Drehzahlen erreichen, bei maximal 5500 U/min ist Schluss. Kraft war dagegen schon immer vorhanden: Dieselkraftstoff hat mit 35,3 MJ/L nämlich einen höheren Energiegehalt als Benzin (32 MJ/L). Der spezifische Verbrauch pro kW war deshalb von Anfang an niedriger, das Drehmoment höher. Ab den 70er-Jahren machte der Turbolader den Dieseln zusätzlich Dampf. Das verfügbare Drehmoment hing bei hohem Luftüberschuss im Wesentlichen nur noch von der dazu eingespritzten Menge Diesel ab. Der Benziner ist dagegen in jedem Betriebszustand auf ein bestimmtes Gemisch (14,7 Teile Luft zu einem Teil Kraftstoff), abgesehen von den Benzindirekteinspritzern FSI, welche auch mit »Luftüberschuss« betrieben werden können, angewiesen. Alles andere verbrennt nur unvollständig. Das konnten erst die elektronisch gesteuerten Einspritzsysteme wirklich gut, die Anfang der 80er-Jahre zusammen mit dem geregelten Katalysator Einzug hielten. Die Diesel kamen erst später in den Genuss einer digitalen Motorsteuerung, dann aber zusammen mit der Hochdruck-Direkteinspritzung. Heute ist das Vorglühen eine Sache von Sekunden, Abgasrückführung und Rußfilter sorgen für eine weitgehend reine Weste. Aber: Das raue Laufgeräusch ist geblieben und längst nicht jedermanns Sache. Ebenfalls direkteinspritzende Benziner der neusten Generation versprechen weiteres Sparpotenzial und noch saubere Abgase. Die Technik von Diesel und Benziner wird dabei immer ähnlicher. Bereits heute laufen die ersten Diesotto-Motoren auf dem Prüfstand.

E-Gas und Dieselpumpe (Bild 1)
Zwei Geber für Gaspedalstellung sitzen als gemeinsames Modul direkt am Gaspedal. Das elektronische Gaspedal erfasst den »Fahrerwunsch« als eine Haupteingangsgröße für das Motorsteuergerät. Nach dieser Information wird die Einspritzmenge der Dieselpumpe in Abhängigkeit vom Betriebszustand reguliert. Beim Beschleunigen kann die Fördermenge schon stark Richtung Volllast angestellt werden, obgleich das Gaspedal erst halb durchgetreten ist. Auch die Einflussnahme auf die Systeme des Fahrwerks (ABS, ESP) ist möglich. Falls z. B. der Fahrer zu viel Gas gibt, kann das Steuergerät so weit drosseln, bis kein Rad mehr durchdreht.

Der Luftmassenmesser (Bild 2)
Er befindet sich im Ansaugrohr zwischen Luftfilter und Drosselklappe und bestimmt die Menge der angesaugten Luft. Im Gegensatz zum früher verwendeten mechanischen Luftmengenmesser, der lediglich das Volumen der durchgesetzten Luft im Ansaugtrakt bestimmen konnte, gibt der heute bei Diesel- und Benzinern verwendete Heißfilmluftmassenmesser viel präzisere Signale zur Einspritzregelung ab.

Motortemperaturfühler (Bild 3)
Der Motortemperatursensor sitzt im Kühlmittel-Kreislauf und gibt dessen Temperatur an das Steuergerät weiter. Der Ansauglufttemperatursensor befindet sich im Ansaugkanal und gibt die Temperatur der Ansaugluft an das Steuergerät weiter.

Der Saugrohrdrucksensor
Der Saugrohrdrucksensor liefert zusammen mit der Motordrehzahl eine der Hauptsteuergrößen für die Bestimmung der Einspritzgrundzeit. Er kann entweder im Saugrohr oder als Element der Motorsteuerung verbaut sein.

Das Drosselklappenpotentiometer
Die Stellung der Drosselklappe wird über diesen Sensor an die Motorsteuerung weitergegeben. Der Wert gibt an, wie weit die Drosselklappe tatsächlich angesteuert ist.

Der Klopfsensor
Ein Piezokeramik-Bauteil, eingebaut in den Zylinderblock, registriert die bei klopfender Verbrennung entstehende Schwingung und wandelt sie in elektrische Signale um. Die Motorsteuerung reguliert danach den Zündzeitpunkt.

Fahrpedal- oder E-Gas-Sensor: Information an das Steuergerät über den Fahrerlastwunsch.

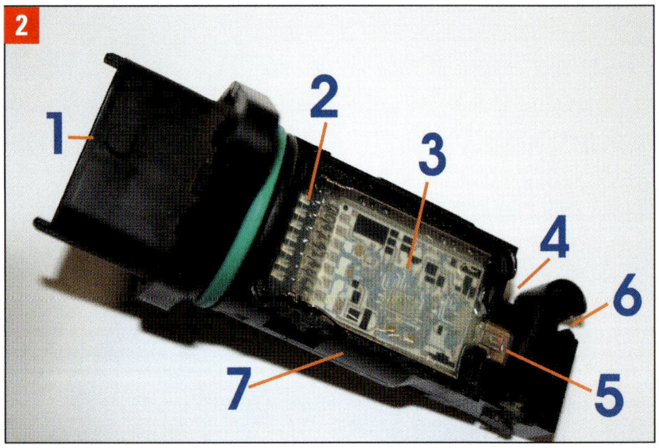

Luftmassenmesser geschnitten: 1 Anschluss, 2 Leitungen, 3 Platine, 4 Lufteinlass, 5 Sensorelement, 6 Luftauslass, 7 Gehäuse.

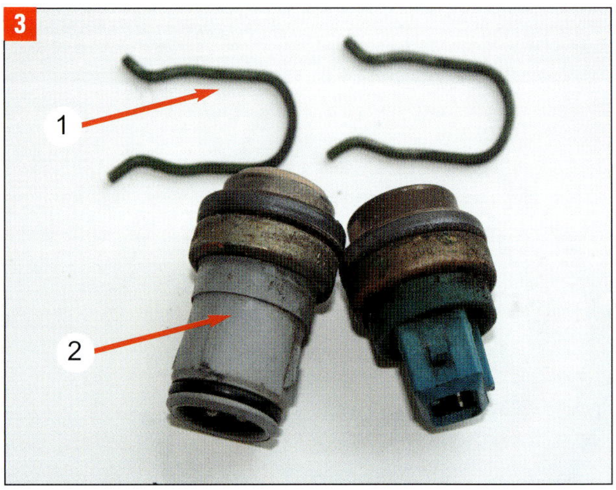

Temperaturfühler: 1 Temperaturfühler, 2 Sicherungsklammer.

Motor und Gemischbildungssysteme

Ottos Motoren

Einspritzung und Zündung

Die Einspritzdüsen werden für jeden Zylinder einzeln angesteuert. Das bildet die ideale Grundlage für ein funktionales Gemischaufbereitungssystem. Die Betätigung der Einspritzventile erfolgt elektromechanisch, durch die Ansteuerung können die Einspritzzeit und damit auch die Einspritzmenge geregelt werden. Durch die verkürzten Wege im Saugrohr ist die Gefahr, dass sich bei kaltem Motor das Benzin an der Saugrohrwand niederschlägt, ebenfalls stark verringert. Auch die Zündanlage wird von diesem System komplett angesteuert. Jeder Zylinder hat seine eigene Zündspule, die auf der Zündkerze montiert ist. Verbrannte Verteilerkappen und Finger gehören bei diesen Zündanlagen endlich der Vergangenheit an. Die Ansteuerung durch das Steuergerät ermöglicht die Veränderung des Zündwinkels und des Zündzeitpunktes. Sogar eine Laufruheregelung für jeden einzelnen Takt des Motors wird nun möglich.

Die Einspritzdüsen

Das Steuergerät sorgt mit Hilfe eines elektrischen Impulses für das Öffnen der Einspritzdüsen. Die Öffnungsdauer, Art der Düsen und der anliegende Kraftstoffdruck entscheiden dann über die jeweils eingespritzte Kraftstoffmenge. In jedem Fall wird der Kraftstoff fein zerstäubt, um sich mit der Luft zu mischen.

Die Lambdasonde

Die Lambdasonde hat die Aufgabe den Luftanteil im Abgasstrom zu messen. Sie ist Bestandteil eines Regelkreises, der ständig die richtige Zusammensetzung des Luft-Kraftstoffgemisches sicherstellt. Das optimale Mischungsverhältnis der Luftmenge zu Kraftstoff, bei dem eine maximale Umsetzung der Schadstoffe im Katalysator erreicht wird, liegt bei Lambda=1. Es entspricht einem Anteil von Luft zu Kraftstoff im Verhältnis von etwa 14,5 : 1 (auch »stöchiometrisches Mittel« genannt). Änderungen dieser Zusammensetzung werden von der Lambdasonde, die im Abgasrohr sitzt, registriert und dienen dem Motormanagement zur Steuerung zahlreicher Funktionen. Übermäßige Abweichungen werden ebenfalls erkannt und gelten als erster Hinweis für mögliche Fehler. Das Funktionsprinzip der Lambdasonde beruht auf der Umwandlung des gemessenen Luft-Kraftstoffverhältnisses in elektrische Spannung. Dies ermöglicht ein gasundurchlässiger Keramikkörper, der von einer dünnen, mikroporösen Platinschicht ummantelt ist. Die Keramik erlaubt ab einer Temperatur von ca. 300 °C die Leitung von Sauerstoffionen. Der Unterschied an Sauerstoffanteilen im Abgasstrom zwischen Abgas- und Luftseite bewirkt dabei die Entstehung einer elektrischen Spannung.

Der Regelwert nimmt bei Lambda=1 sprunghaft einen bestimmten Wert (z. B. 500 mV) an. Bei Abweichungen dieser Größe (z. B. zwischen 100 mV = mageres Gemisch und 800 mV = fettes Gemisch), leitet das Motorsteuergerät entsprechende Korrekturmaßnahmen ein.

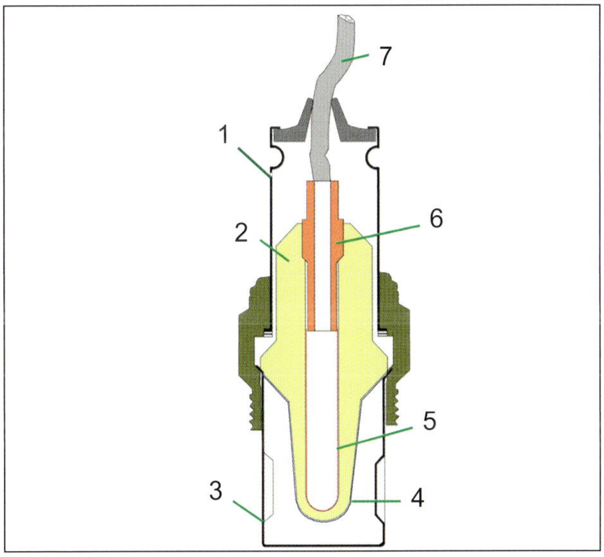

Aufbau der Lambdasonde: 1 Belüftung, 2 Sondenkeramik, 3 Schutzrohr, 4 Elektrode (-), 5 Elektrode (+), 6 Kontaktbuchse, 7 Anschlusskabel.

Kraftstoffdosierer für Benziner: Die Einspritzdüsen, hier mit der Schutzverpackung um den Anschluss oben und den Bohrungen unten.

Rudolfs Diesel hat Erfahrung

1989 startete die Erfolgsgeschichte der TDI-Motoren (TurbochargedDirectInjection = Turbodieseltechnik mit Direkteinspritzung): VW-Partner Audi stellte damals auf der IAA in Frankfurt den weltweit ersten Pkw-Dieselmotor mit Direkteinspritzung und elektronischer Regelung vor.
In Serie zunächst im Audi 80 verbaut, sorgte der durchzugsstarke Turbodiesel auch oder vor allen Dingen seiner gesitteten Trinkmanieren wegen für Aufsehen bei der Fachpresse sowie den glücklichen Käufern. Der TDI-Erfolg ist mittlerweile auch im Rennsport unbestritten: Im Jahr 2006 sorgte ein TDI, abermals in einem Audi, für reichlich Aufsehen: als Sieger des ruhmreichen 24 Stundenrennens von Le Mans. Der Verbrauchsvorteil der 650 PS-Boliden kam hier voll zum Tragen.
Durch längere Etappen auf der Strecke und damit weniger Boxenstopps gegenüber den Ottoaggregaten der Konkurrenz bescherte der TDI-Audi auf dem Siegerpodium den ersten und dritten Platz. Sie als Golf TDI-Fahrer müssen wir damit aber zuletzt beeindrucken. Denn auch ohne Le Mans-Sieg wissen Sie die genannten Vorzüge Ihrer Motorisierung im täglichen Einsatz besser zu schätzen, als wir es in Worten ausdrücken könnten.

Die Elektronische Diesel Control (EDC)

Die Komplexität moderner Dieselmotoren stellt selbstverständlich auch Herausforderungen an die Steuerung des Verbrennungsvorganges. Ebenso wie der Einspritz- und Zündvorgang beim Benziner wird auch die Selbstzündung des Dieselkraftstoffs heute von Sensoren, Aktoren und einem Steuergerät beeinflusst und gesteuert.
Zusammengefasst sind all diese Aufgaben in der **E**lektronik **D**iesel **C**ontrol, kurz EDC. Ihr Regelkreis verfolgt dabei das klassische Prinzip Eingabe – Verarbeitung – Ausgabe. Für die Eingabe, der Datenerfassung aller momentanen Stellgrößen des Motors, sind die Sensoren zuständig. Zu den wichtigsten zählen Temperatursensoren im Kühlmittelkreislauf, im Ansaugkanal oder auch an der Einspritzpumpe.
Der Kurbelwellen-Drehzahlsensor erkennt die Stellung der Kurbelwelle, wodurch die Position der einzelnen Kolben errechnet wird. Auch beim Diesel misst ein Luftmassenmesser die Menge und Dichte der angesaugten Luft. Die Aufladung mittels Turbo macht auch einen Ladedrucksensor erforderlich. Der Fahrpedalsensor gibt den Fahrerwunsch an das Steuergerät weiter. Dieses verarbeitet die Daten und bedient dann die Stellglieder, wie beispielsweise das Ladedruck-Regelventil oder auch die Regelung der Abgasrückführung. Diese hat beim Diesel die Aufgabe die Rohemissionen zu senken und arbeitet nur in bestimmten Lastzuständen.
Das wichtigste Teil ist jedoch die Pumpe, deren elektronische Regelung über Einspritzzeitpunkt und -menge wacht. Die Regelung ist dabei so exakt, dass während der kurzen Zeitdauer eines Taktspiels durch Veränderung der Einspritzintervalle eine Laufruheregelung möglich ist. Dadurch läuft ein Diesel wesentlich sanfter und umweltfreundlicher.

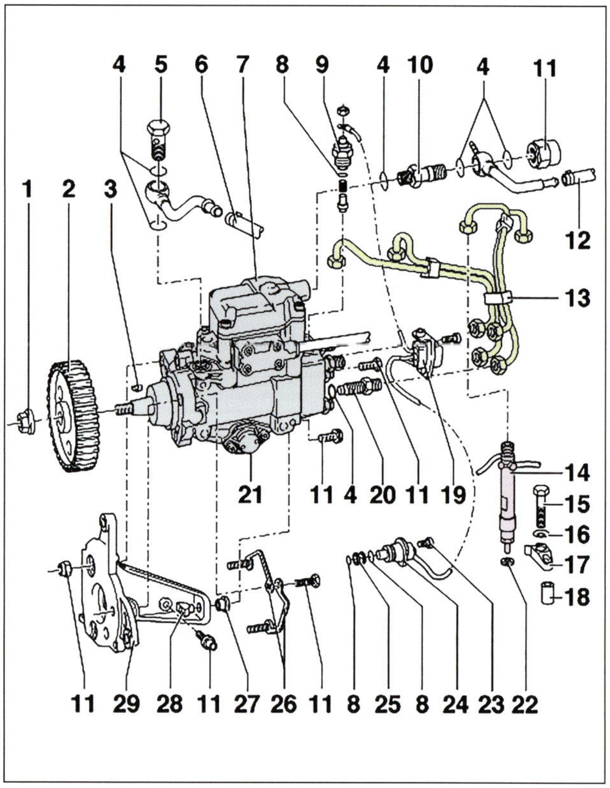

Einspritzsystem VE EDC: 1 Mutter, 2 Einspritzpumpenrad, 3 Scheibenfeder, 4 Dichtring, 5 Hohlschraube, 6 Vorlaufschlauch, 7 Einspritzpumpe, 8 O-Ring, 9 Kraftstoffabschaltventil, 10 Anschlussstutzen, 11 Mutter, 12 Rücklaufschlauch, 13 Einspritzleitungen, 14 Einspritzdüse, 15 Schraube, 16 Kugelscheibe, 17 Spannbügel, 18 Lagerbock, 19 Steckverbindung, 20 Anschlussstutzen, 21 Deckel für Spritzversteller, 22 Wärmeschutzdichtung, 23 Schraube, 24 Ventil für Einspritzbeginn, 25 Sieb, 26 Befestigungsbügel, 27 Buchse, 28 Gegenstück, 29 Konsole.

Die Glühanlage

Da in der kalten Jahreszeit beim Startvorgang die Wärme der verdichteten Luft nicht zur Selbstzündung ausreicht, gibt es die Vorglühanlage. Sie heizt mittels einer Glühkerze den Brennraum auf Selbstzündungs-Temperatur auf. Die modernen 3-Phasen-Glühkerzen in Ihrem Golf ermöglichen einen problemlosen Kaltstart genauso schnell wie beim Benziner, selbst bis -30 Grad Celsius Außentemperatur. Nach Einschalten der Zündung hat die Glühkerze in weniger als zwei Sekunden bereits eine Temperatur von 850 Grad Celsius erreicht, was allemal genügt, um einen sicheren Kaltstart zu ermöglichen. Danach werden während dem Warmlaufen (Phase 2) die Glühkerzen weitergeglüht. Dies hat gleich mehrere Vorteile: Zum einen werden die Emissionen um bis zu 40% reduziert – vollständige Verbrennung des Dieselkraftstoffs –, zum anderen wird das dieseltypische Nagelgeräusch in dieser Phase minimiert. Als erfreulicher Langzeiteffekt bleibt Ihr Dieselaggregat durch den ruhigeren Motorlauf geschont, was zur längeren Lebensdauer beiträgt.

Die Hochdruckeinspritzung

Doch wie konnte sich aus dem ehemals stinkig-blauqualmenden und vor allen Dingen trägen Dieselmotor das leistungsfähige und drehmomentstarke TDI-Sparwunder entwickeln? Hauptverantwortlich für diesen Fortschritt ist die Entwicklung der Hochdruck-Direkteinspritzung. Zunächst unter Verwendung einer zentralen Verteilereinspritzpumpe, die den Dieselkraftstoff allen Einspritzventilen zuteilt, und später mit der Pumpe-Düse-Technologie, bei der jeder Zylinder seine eigene Hochdruckpumpe in Form eines Dieselinjektors direkt am Zylinder sitzen hat. Damit wurden Einspritzdrücke von über 2000 bar möglich. Gegenüber dem Vorkammer- oder Wirbelkammerverfahren bietet die Direkteinspritzung einen deutlich gesteigerten Wirkungsgrad. Der im Brennraum als feiner Sprühnebel verteilte Dieselkraftstoff bietet ein viel größeres Angriffsvolumen zur Entflammung und kann dadurch optimaler ausgenutzt werden.

Das Verschleißteil Glühkerze

Durch die Verwendung einer Regelwendel, die vor Überhitzung schützt, ist die Glühkerze sehr standfest. Um die Funktion sicherzustellen, empfehlen wir Ihnen die Glühkerzen regelmäßig etwa alle 15.000 km zu prüfen. Ein Wechsel wird von VW alle 60.000 km vorgesehen, bei sehr stark beanspruchten Motoren, beispielsweise durch häufigen Hängerbetrieb oder in überwiegend heißen Temperaturregionen, kann der Wechsel aber auch schon nach 30.000 km notwendig sein. Lesen Sie dazu im Arbeitsabschnitt die Seiten »Zünd- und Glühkerzen tauschen«. In allen Dieselmotorvarianten des Golfs wird dieselbe Glühkerze verwendet. Sie können zum Beispiel vom Glühkerzenhersteller Beru das Modell GN855 einsetzen. Beachten Sie unbedingt das Anzugsdrehmoment von 15 Nm bei der Montage, um Schäden an der Glühkerze und dem Einschraubgewinde zu vermeiden.

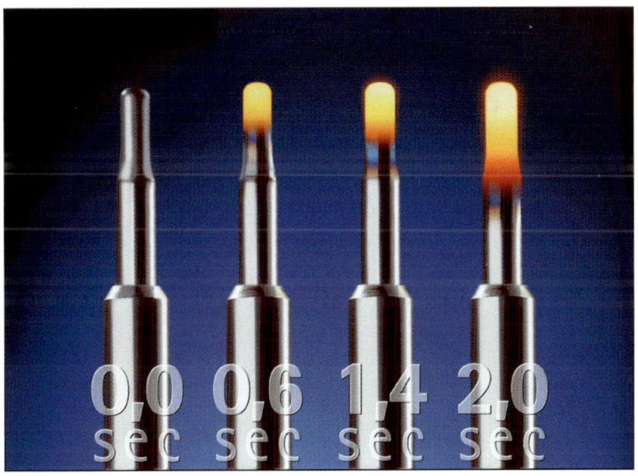

Zeitraffer: Bereits kurze Zeit nach der Ansteuerung durch das Vorglührelais erreicht die Glühstiftkerze eine Temperatur von 850 Grad Celsius.

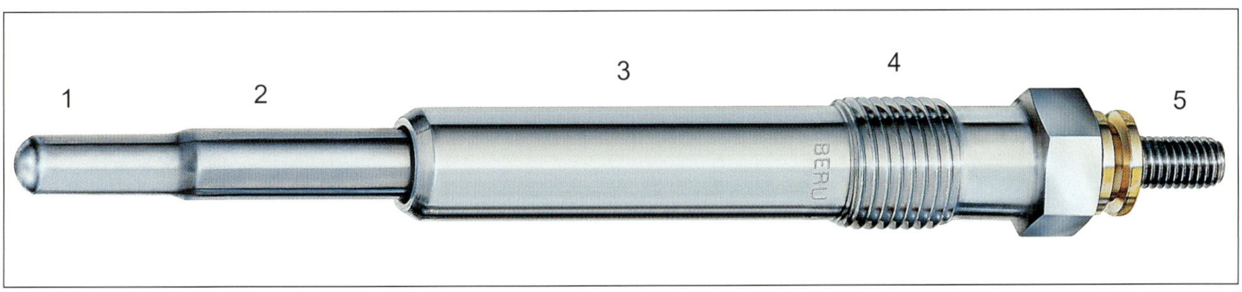

Aufbau einer Glühstiftkerze: (1) u. (2) Heiz- und Regelwendel (innerhalb des Glührohrs), (3) Kerzenkörper, (4) Einschraubgewinde, (5) Anschlussbolzen.

Motorraumverkleidung oben demontieren

Wer den Motorraum seines Golfs begutachtet, sollte sich nicht blenden lassen: Über der eigentlichen Technik des Antriebsaggregates sitzen großflächige Kunststoffabdeckungen. Vom Motor selbst ist also so gut wie nichts zu sehen. Zwar sind der Luftfilter, der Ölmessstab sowie der Öleinfüllstutzen gut zu erreichen, um aber weiterführende Wartungstätigkeiten durchzuführen zu können muss die Plastikhaube im Motorraum runter.

Hinweis: Die unterschiedlichen Motoren weichen in der Befestigungsart ab. Einige Abdeckungen können einfach nach oben abgezogen werden. Die Übersicht (4) gibt Ihnen dazu einen Anhaltspunkt.

- Beim TDI: Mit einem flachen Schraubenzieher zuerst alle Stopfen heraushebeln (Bild 1), dann mit einer Ratsche und einer Verlängerung die Muttern lösen. Sind alle Muttern entfernt, lässt sich die Abdeckung leicht abnehmen.

- Beim Benziner: Die Pfeile (Bild 2) zeigen die Stopfen der Befestigungsschrauben für die Abdeckung an. Stopfen entfernen und Muttern herausschrauben, danach Haube nach oben abnehmen.

1

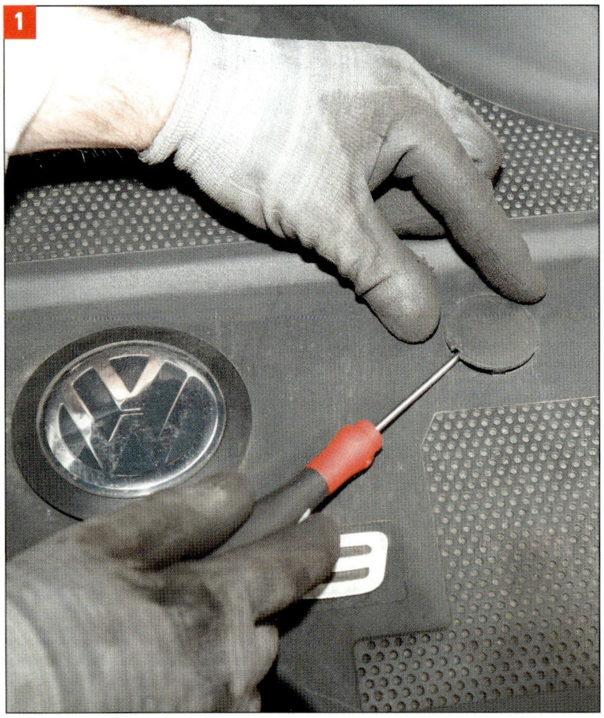

Deckelchen abnehmen: Die Verschraubungen sind darunter versteckt.

2

Kräftig ziehen: Die Abdeckung sitzt in Gummilagern auf Kunststoffkugeln.

Motorraumverkleidung unten demontieren

Grundsätzlich sind zwei Bautypen der Motorgeräuschdämmung unten verbaut. Diese unterscheiden sich zwar optisch in der Größe, die Arbeitsschritte für den Ausbau unterscheiden sich aber unwesentlich. Die Demontagearbeiten für die Motorraumabdeckung unten haben wir bereits unter dem Begriff »Geräuschdämmung und Unterbodenverkleidungen« beschrieben.

Keil- und Keilrippenriemen prüfen

Die unterschiedlichen Einbaulagen des Keilrippenriemens Ihres Golfs haben wir bereits im Kapitel »Fahrzeugelektrik« in der Arbeitsbeschreibung für den Generator-Aus- und Einbau beschrieben. In diesem Kapitel werden wir uns mit den unterschiedlichen Spannvorrichtungen befassen und den Umgang mit ihnen darstellen.
Die Prüfkriterien für den Keilriemen und den Keilrippenriemen unterscheiden sich im Ablauf und im Umfang nicht.

Spannung prüfen

Spannung für Keil- und Keilrippenriemen prüfen (ohne automatische Spannvorrichtung)

- Drücken Sie den Antriebsriemen in einem Bereich (A), wo er frei hängt mit einem kräftigen Daumendruck nach unten.
- Er sollte sich etwa 5 mm herunterdrücken lassen.
- Korrigieren Sie die Vorspannung, wenn erforderlich.

Spannung für Keilrippenriemen prüfen (mit automatischer Spannvorrichtung)

- Drücken Sie den Keilrippenriemen in einem Bereich, wo er frei hängt mit einem kräftigen Daumendruck nach unten. Die Spannrollen muss nun nachgeben. Wenn Sie den Druck wegnehmen, muss sich die Spannrolle ohne Verzögerung zurückbewegen und den Antriebsriemen wieder spannen.

Zustand prüfen

Kontrollieren Sie den Keil- und Keilrippenriemen nach folgenden Gesichtspunkten an mehreren Stellen:

- Unterbaurisse (Anrisse, Kernbrüche, Querschnittsbrüche)
- Lagentrennung (Deckschicht, Zugstränge)
- Ausbruch am Unterbau
- Ausfransen der Zugstränge
- Flankenverschleiß (Materialabtrag, Ausfransungen, Flankenverhärtung, Oberflächenrisse)
- Öl- und Fettspuren

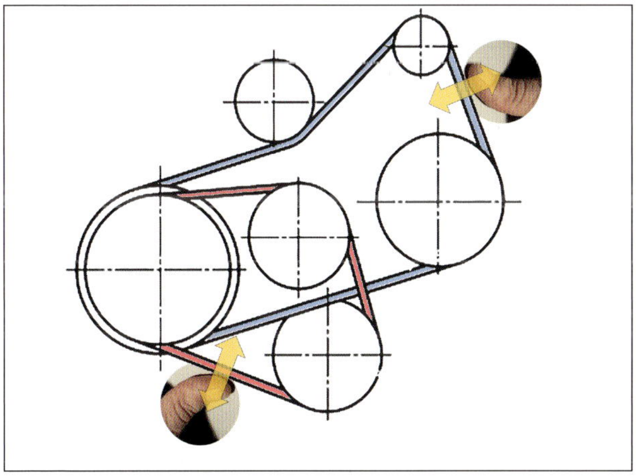

Riemenspannung prüfen: Grundsätzlich an Stellen, an denen der Riemen frei hängt (A).

Keilriemen aus- und einbauen

Der Keilriemen ist lediglich als Antrieb für die Servopumpe beim VW Golf III und IV verbaut worden. Noch beim Vorgängermodell wurde auch der Antriebsriemen für den Generator grundsätzlich als Keilriemen ausgeführt.
Wenn der Keilriemen zu Reparaturarbeiten lediglich demontiert und später wieder montiert werden soll, markieren Sie die Laufrichtung mit einem Marker oder Kreide. Eine Laufrichtungsänderung kann ihn innerlich schädigen und später dann zu einem vorzeitigen Ausfall führen.

- Befestigungsschrauben (1) und (2), Klemmschraube (3) und Befestigungsmutter (4) für Spannbügel (falls vorhanden) mindestens eine Umdrehung lösen.

- Servopumpe mit Halter so weit entspannen, dass der Keilriemen abgenommen werden kann und den Keilriemen abnehmen. Prüfen Sie den Zustand des Keilriemens, wie bereits beschrieben.

Keilriemen auflegen und spannen

- Prüfen Sie die Riemenscheiben auf Rundlauf, Schäden und parallelen Lauf.

- Den Keilriemen auflegen. Bei einem gebrauchten Keilriemen auf die Laufrichtung achten.

- Keilriemen durch Drehen der Spannmutter (unter der Schraube 3) mit dem Drehmomentschlüssel auf 4 Nm (gelaufene Riemen) spannen und die Klemmschraube (3) der Spannmutter festziehen.

- Befestigungsschraube (1) für Flügelpumpe festziehen, dann Befestigungsschraube (2) für Flügelpumpe und Befestigungsmutter (4) für Spannbügel (falls vorhanden) festziehen.

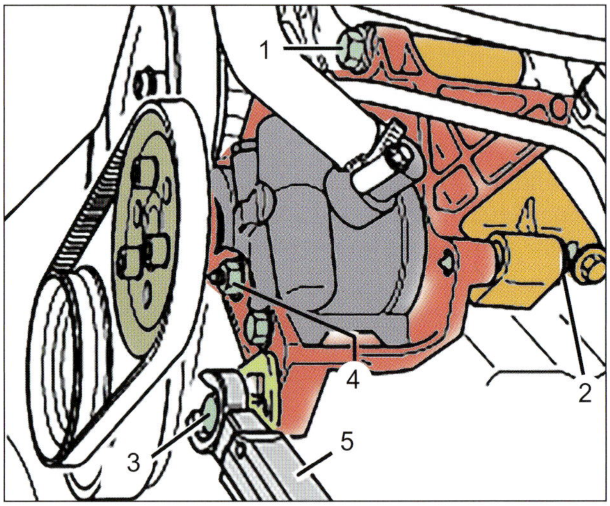

Servopumpe: 1 Befestigungsschraube, 2 Befestigungsschraube, 3 Klemmschraube, 4 Mutter, 5 Schlüssel.

Keilrippenriemen aus- und einbauen

Keilrippenriemen ausbauen (Riementrieb ohne Spannrolle)

- Die beiden Befestigungsschrauben (3 und 4) für den Generator mindestens eine Umdrehung herausdrehen.

- Generator herunterdrücken (A) und Keilrippenriemen (blau) von der Generator-Riemenscheibe abnehmen.

- Keilriemen für Flügelpumpe der Servolenkung (rot) wie schon beschrieben ausbauen und abnehmen.

Keilrippenriemen einbauen

- Keilrippenriemen auf die Kurbelwellen-Riemenscheibe/ Schwingungsdämpfer und Kühlmittelpumpen-Riemenscheibe auflegen.

- Keilriemen für Flügelpumpe der Servolenkung (rot) einbauen.

- Generator mindestens 3mal bis zum Anschlag herunterdrücken, um die Leichtgängigkeit zu gewährleisten.

- Generator herunterdrücken (A) und Keilrippenriemen auflegen.

- Bei noch gelöstem Generator den Motor mindestens 10 Sekunden im Leerlauf laufen lassen.

- Befestigungsschraube (3 und 4) festziehen. Beim Festziehen der Schrauben für Generator Anzugsreihenfolge beachten, nicht auf dem Generator abstützen und den Keilrippenriemen nicht berühren.

Keilrippenriemen ausbauen (Riementrieb mit Spannrolle)

- Keilriemen für Flügelpumpe (rot) der Servolenkung wie schon beschrieben ausbauen.

- Spannrolle anheben und Keilrippenriemen von der Generator-Riemenscheibe abnehmen und herausnehmen.

Keilrippenriemen einbauen

- Keilrippenriemen auf Kurbelwellen-Riemenscheibe/ Schwingungsdämpfer auflegen.

- Spannrolle anheben und Keilrippenriemen auflegen.

- Keilriemen für Flügelpumpe der Servolenkung einbauen.

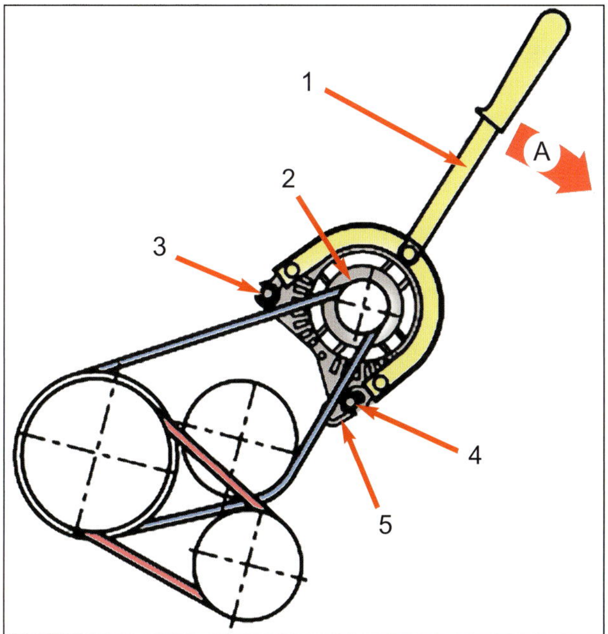

Riementrieb ohne Spannrolle: 1 Spannhebel, 2 Generatorriemenscheibe, 3 Befestigungsschraube oben, 4 Befestigungsschraube unten, 5 Federelement am Generator.

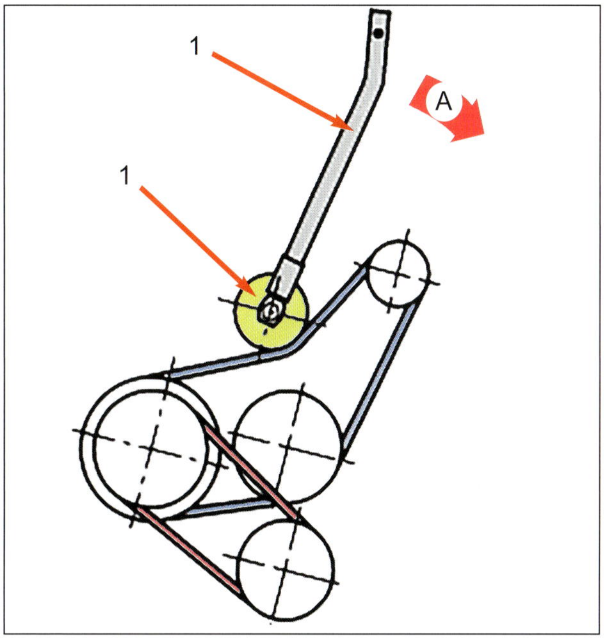

Riementrieb mit Spannrolle: 1 Spannhebel, 2 Spannrolle (federbelastet), A Entspann-Richtung.

Luftfilter

Bei allen Arbeiten am Luftfiltersystem muss genauestens darauf geachtet werden, dass keine Fremdstoffe in das Ansaugsystem gelangen können. Grundsätzlich sollten Sie das Gehäuse reinigen und wenn erforderlich auch mit einem Staubsauger aussaugen, um Rückstände gründlich zu entfernen.
Die Montagearbeiten sind bei den Motorvarianten für den Golf Cabriolet sehr ähnlich. Wir stellen Ihnen hier eine allgemeingültige Beschreibung für diese Arbeiten vor.

Demontage des Luftfiltereinsatzes

- Demontieren Sie den Luftführungsschlauch zum Ansaugtrakt ab.
- Ziehen Sie soweit erforderlich die Unterdruckleitungen (4) ab.

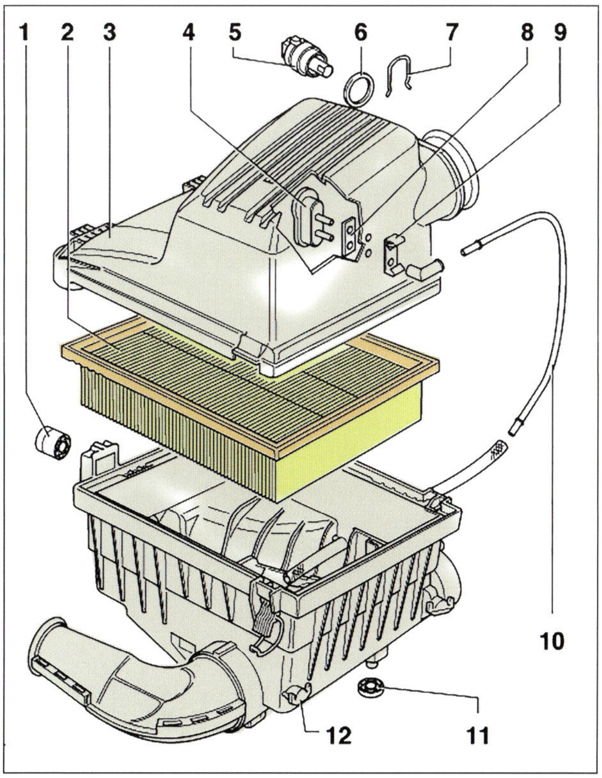

Rechts: Luftfilterkasten mit Einsatz: 1 Gummitülle, 2 Filtereinsatz, 3 Luftfilteroberteil, 4 Temperaturregler, 5 Geber für Ansauglufttemperatur, 6 O-Ring, 7 Halteklammer, 8 Dichtung, 9 Sicherung, 10 Unterdruckleitung, 11 Unterlage, 12 Luftfilterunterteil.

- Öffnen Sie die beiden Halteclipse rechts und links.
- Nehmen Sie das Luftfilteroberteil (3) nach oben ab.
- Nehmen Sie den Luftfilter (2) heraus.
- Der Einbau erfolgt in umgekehrter Reihenfolge.

Demontage des Luftfilterkastens

- Bauen Sie das Luftfilteroberteil (3) ab.
- Nehmen Sie den Luftfilter (2) heraus.
- Hängen Sie die Haltegummis am Luftfilterkasten zum Motor hin aus.
- Nehmen Sie das Luftfilterkastenunterteil heraus.
- Der Einbau erfolgt sinngemäß in umgekehrter Reihenfolge.
- Reinigen Sie das Gehäuse gründlich.
- Prüfen Sie den Zustand der Unterdruckschläuche und der Luftführung zum Ansaugrohr des Motors.

Kraftstofffilter

Ausbau beim Dieselmotor

- Die Halteklammer (5) abziehen.
- Das Regelventil (4) mit angeschlossenen Kraftstoffleitungen abnehmen.
- Kraftstoffschläuche (2 und 7) von den Schlauchanschlüssen abziehen.

Einbauen

- Neuen Filter mit sauberem Dieselkraftstoff füllen. Dadurch kann der Motor schneller gestartet werden.
- Neuen O-Ring aufsetzen und das Regelventil mit angeschlossenen Kraftstoffleitungen einbauen.
- Halteklammer (5) anbringen.
- Kraftstoffschläuche über die Schlauchanschlüsse (2 und 7) schieben und Schläuche mit Schlauchschellen sichern. Die Durchflussrichtung ist mit Pfeilen gekennzeichnet (Anschlüsse nicht vertauschen).
- Kraftstoffanlage auf Dichtigkeit prüfen (Sichtprüfung).
- Mehrmals Gas geben, danach muss im Leerlauf Kraftstoff blasenfrei durch die durchsichtige Leitung fließen.

Entwässern beim Dieselmotor

- Halteklammer (5) abziehen und Regelventil (4) mit angeschlossenen Kraftstoffleitungen abnehmen.
- Ca. 100 cm^3 Flüssigkeit an der Entwässerungsschraube (10) ablaufen lassen.
- Regelventil einbauen und Halteklammer anbringen.

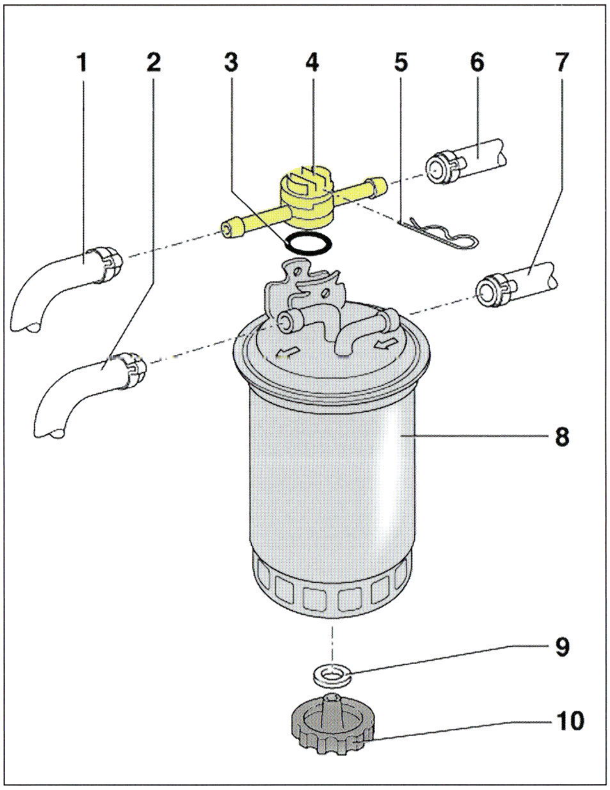

Dieselfilter: 1 Rücklaufleitung, 2 Vorlaufleitung, 3 O-Ring, 4 Regelventil, 5 Halteklammer, 6 Rücklaufleitung, 7 Vorlaufleitung, 8 Kraftstofffilter, 9 Dichtung, 10 Entwässerungsschraube.

- Entwässerungsschraube festziehen.
- Kraftstoffanlage auf Dichtigkeit prüfen (Sichtprüfung).
- Mehrmals Gas geben. Danach muss im Leerlauf, Kraftstoff blasenfrei durch die durchsichtige Leitung fließen.

Kraftstofffilter wechseln Benziner
Beim Benziner finden Sie den Kraftstofffilter nicht im Motorraum, sondern direkt am Kraftstofftank (in Fahrtrichtung rechts an der Unterseite zum Motor hin). Der regelmäßige Wechsel des Benzinfilters ist in den Wartungsunterlagen von VW nicht vorgesehen. Ein verstopfter Filter kann aber Ursache bei unruhigem Motorlauf mit Zündaussetzern sein und sollte spätestens dann ersetzt werden.

- Federbandschellen der Zuleitung zum Filter und der Vorlaufleitung (23) öffnen.
- Halteschelle öffnen.
- Zuleitung zum Filter und der Vorlaufleitung (23) vom Filter abziehen. Eventuell austretenden Kraftstoff mit einem Lappen auffangen.
- Den Kraftstofffilter abnehmen.
- Der Einbau erfolgt in umgekehrter Reihenfolge.
- Achten Sie beim Einbau auf genügend Abstand zwischen Schellen (Schraube) und dem Kraftstoffbehälter.
- Kraftstoffanlage auf Dichtigkeit prüfen (Sichtprüfung).

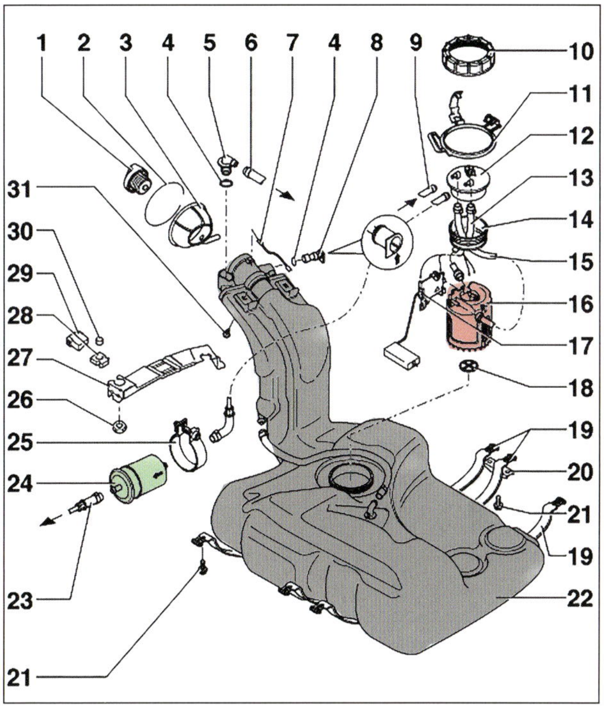

Luftfilterkasten mit Einsatz: 1 Verschlussdeckel, 2 Spannring, 3 Gummitopf, 4 O-Ring, 5 Schwerkraftventil, 6 Entlüftungsleitung, 7 Masseverbindung, 8 Entlüftungsventil, 9 Rücklaufschlauch, 10 Überwurfmutter, 11 Schlauchführung, 12 Flansch, 13 Vorlaufschlauch/-Wellrohr, 14 Dichtring, 15 Rücklaufschlauch/-Wellrohr, 16 Kraftstoff-Fördereinheit, 17 Geber für Kraftstoff-Vorratsanzeige, 18 Sieb, 19 Spannband, 20 Halter, 21 Schraube, 22 Kraftstoffbehälter, 23 Vorlaufleitung, 24 Kraftstofffilter, 25 Halteschelle, 26 Schraube, 27 Halter, 28 Gummipuffer, 29 Federklammer, 30 Distanzbuchse, 31 Schraube.

Zünd- und Glühkerzen

Glühkerzen am TDI-Motor

De- und Montage
Die Demontagearbeiten für Glühkerzen werden teilweise durch die Einspritzleitungen behindert.

- Verwenden Sie eine Ratschennuss in langer Ausführung, um weder die Leitungen noch die Glühkerzen zu beschädigen.
- Prüfen Sie, ob sich die Glühkerzen lösen lassen. Immer dann, wenn die Glühkerzen sich nicht lösen lassen, könnte das Gewinde festgebacken sein. Lassen Sie den Motor in diesen Fällen richtig warm laufen.
- Demontieren Sie die Motorabdeckung oben.
- Ziehen Sie die Glühkabelstecker gerade nach oben mit einer Zange ab. Achten Sie darauf, dass Sie die Kabel nicht beschädigen. Zum Lösen der Stecker können diese etwas hin und her gedreht werden.

- Reinigen Sie den Bereich um die Glühkerzen gründlich mit Bremsenreiniger und Druckluft, um zu verhindern, dass Schmutzpartikel in den Motor hineinfallen.

- Drehen Sie die Glühkerzen heraus.

- Blasen Sie das Glühkerzengewinde mit Druckluft aus, setzen Sie die neue Glühkerze in das Gewinde ein und drehen Sie sie einige Gewindegänge hinein. Ein aufgesteckter Schlauch auf die Glühkerze kann hier sehr hilfreich sein.

- Ziehen Sie die Glühkerze fest und stecken Sie die Anschlusskabel wieder auf. Achten Sie auf die Verrastung der Stecker und den richtigen Sitz auf der Glühkerze.

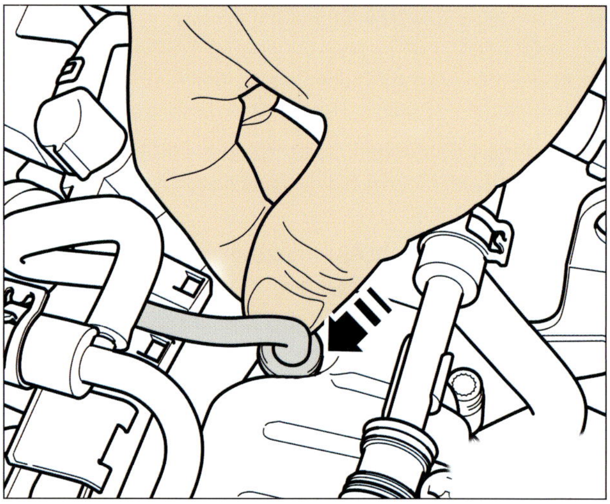

Stecker: Mit einer Steckerzange abziehen und von Hand bis zum deutlichen Verrasten wieder aufdrücken.

Prüfen der Glühkerze

- Bauen Sie die Glühkerzen aus und legen Sie sie in Einbaureihenfolge ab.

- Stellen Sie Ihr Multimeter auf einen möglichst kleinen Messwert für den Widerstand.

- Halten Sie die rote Messspitze an den Anschluss für den Stecker am oberen Ende der Glühkerze. Halten Sie die schwarze Messspitze an das Gewinde der Glühkerze. Sie sollten nun einen Messwert um etwa 1 Ohm ablesen können. Ist der Widerstand deutlich größer, muss die Glühkerze ersetzt werden.

Glühkerze herausdrehen: Passende Langnuss aufsetzen und die Kerzen gegen den Uhrzeigersinn herausdrehen.

Zündkerzen aus- und Einbau

- Ziehen Sie die Zündkerzenstecker gerade von den Zündkerzen ab.

- Legen Sie die Zündkerzenstecker samt Kabeln zur Seite.

- Reinigen Sie den Bereich um die Glühkerzen gründlich mit Bremsenreiniger und Druckluft, um zu verhindern, dass Schmutzpartikel in den Motor hineinfallen. Drehen Sie die Zündkerzen mit einem passenden Kerzenschlüssel heraus.

- Setzen Sie die neue Zündkerze in das Gewinde ein und drehen Sie sie mit einigen Gewindegängen hinein. Ein aufgesteckter Schlauch auf die Zündkerze kann hier sehr hilfreich sein.

- Ziehen Sie die Zündkerze fest und stecken Sie die Anschlusskabel wieder auf. Achten Sie auf die Verrastung der Stecker und den richtigen Sitz auf der Zündkerze.

Zündkerze herausdrehen: Passende Kerzennuss aufsetzen und die Kerzen gegen den Uhrzeigersinn herausdrehen.

Abgasanlage trennen und spannungsfrei einrichten

Serienmäßig werden Schalldämpfer und Abgasrohr (Bild 1) als ein Teil eingebaut. Für den Reparaturfall werden sie aber einzeln mit einer Klemmschelle geliefert. Nach Montagearbeiten muss stets darauf geachtet werden, dass die Anlage nicht verspannt wird und ausreichend Abstand hat. Gegebenenfalls müssen die Doppelschelle gelöst sowie Schalldämpfer und Abgasrohr so ausgerichtet werden, dass überall ausreichend Abstand zum Aufbau vorhanden ist und die Aufhängungen (Pfeile, Bild 2) gleichmäßig belastet werden. Selbstsichernde Muttern (1) an der Tunnelbrücke (2) sind immer zu ersetzen.

■ **Anlage zur Reparatur trennen:** Verbindungsrohr an der Trennstelle (durch Eindrückung auf dem Abgasrohr gekennzeichnet) mit einer Karosseriesäge (z. B. V.A.G 1523 A) rechtwinklig trennen. Dabei Schutzbrille tragen. Die Reparaturdoppelschelle (Bild 3) beim Einbau an den seitlichen Markierungen positionieren.

■ Verschraubungen der Klemmhülse (Reparaturdoppelschelle) gleichmäßig anziehen, bei M 8 mit 25 Nm, bei M10 mit 40 Nm. Vor dem Anziehen Abgasanlage in kaltem Zustand spannungsfrei einrichten.

■ **Anlage spannungsfrei einrichten:** Der Motor muss kalt sein. Die hintere Abgasanlage (Bild 1) ist per Doppelschelle mit dem Abgasvorrohr verbunden.

■ Verschraubungen (rote Pfeile in Bild 3) lösen, Klemmhülse nach der Markierung am Abgasvorrohr ausrichten. Beachtet werden muss die Fahrtrichtung, die in den Bildern 3 und 4 von dem weißen Pfeil angegeben wird.

■ Verschraubungen wie in Bild 3. Das Einbaumaß für die Klemmhülse vorn (konventionelle Hülse mit zwei einzelnen Schellen wie in Bild 3) beträgt genau 5 mm für den Abstand zwischen Hülsenkante und Markierung am Vorrohr.

■ Achten Sie darauf, dass die Verschraubungen nicht über die Unterkante der Klemmhülse hinaus ragen dürfen. Die Verschraubungen stehen entsprechend leicht schräg.

■ Schalldämpfer so weit nach vorn in die Klemmhülse schieben, bis das Maß »b« zwischen Aufhängung/Karosserie und Aufhängung/Schalldämpfer 15 bis 17 mm (1.6 TDI) bzw. 3 bis 7 mm (andere Fälle) beträgt (Bild 4). Schalldämpfer waagerecht ausrichten. Schrauben festziehen: Einzelschellen 25 Nm, durchgehende Schelle 35 Nm.

■ **Neue Klemmhülsen:** VW führt gleitend Klemmhülsen mit durchgehender Schelle entsprechend Bild 1, Seite 203 ein. Bei ihnen beträgt das Einbaumaß »a« = 8,5 mm.

2.0 TDI: (1) Abgasrohr mit (2) Schalldämpfer, (3) Wärmeschutzbleche.

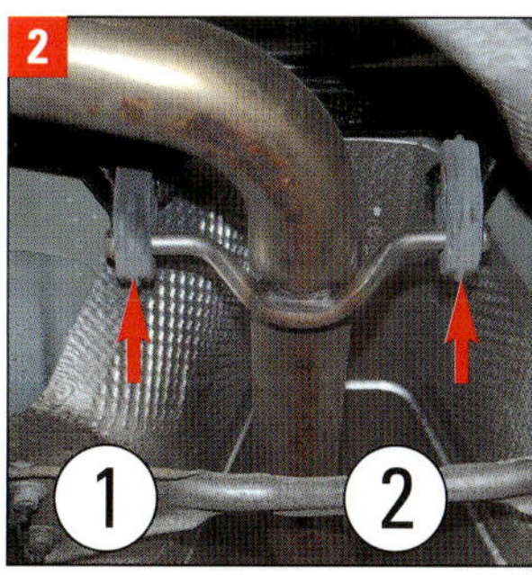

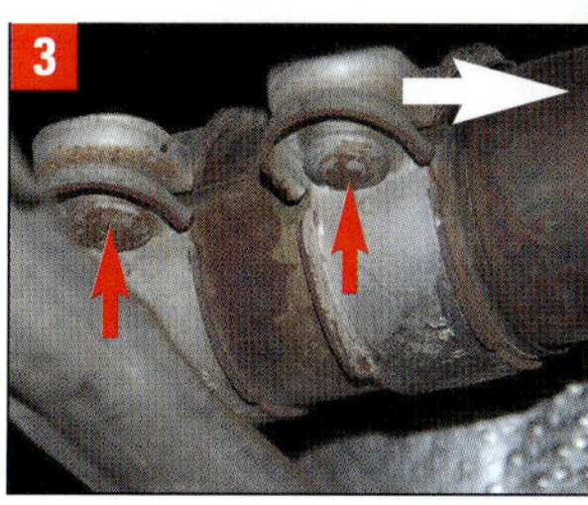

Bild 2: Aufhängungen und Tunnelbrücke.
Bild 3: Doppelschelle.
Bild 4: (b) = max. 15-17 mm.

Turbolader beim TDI

Druckunterschiede

Zwei unterschiedliche Ladersysteme kommen im Golf TDI zum Einsatz. Optisch sind sie schon an der Einbaurichtung der Druckdose zu erkennen. Ist sie in Achsenrichtung der Turboladerwelle angebracht, handelt es sich um einen Bypasslader. In Radialrichtung angebracht, handelt es sich um das modernere Konzept, den VTG-Lader. Variable-Turbinen-Geometrie, das bedeutet die Übersetzung aus dem Englischen und deutet auf eine Besonderheit hin. Dieser Turbolader leitet den Abgasstrom mit kleinen Leitschaufeln zur Außen- oder zur Innenseite des Turbinenrades auf der Abgasseite. Je weiter innen die Turbine »angeblasen« wird, umso höher werden die Drehzahl und auch der Ladedruck. Durch diese stufenlose Abregelung entsteht kein Turboloch, da schon bei niedriger Motordrehzahl ein bereits recht hoher Ladedruck entsteht.

Arbeiten und Reparaturen am Ladesystem sollten ausschließlich in der Fachwerkstatt durchgeführt werden. Kleine Fehler wirken sich oft verheerend auf die Mechanik des Motors aus. Einige Kontrollen verbleiben Ihnen dennoch.

Kontrollen am Aufladungssystem

- Verwenden Sie für die Sicherung der Schlauchverbindungen mit Schlauchschellen nur solche, die dem Serienstand entsprechen.

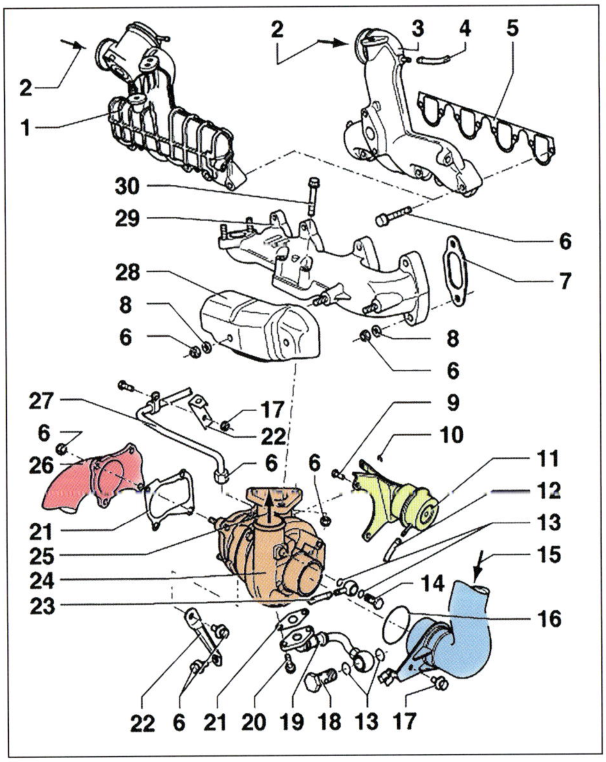

Der Bypass-Lader: 1 Ansaugrohr, 2 Luftführung vom Ladeluftkühler, 3 Ansaugrohr, 4 Schlauch, 5 Dichtung, 6 Mutter, 7 Dichtung, 8 Unterlegscheibe, 9 Mutter, 10 Sicherungsring, 11 Druckdose, 12 Schlauch, 13 Dichtring, 14 Hohlschraube, 15 Luftführung vom Luftfilter, 16 O-Ring, 17 Schraube, 18 Hohlschraube, 19 Ölrücklaufleitung, 20 Schraube, 21 Dichtung, 22 Halter, 23 Schlauch, 24 Abgasturbolader, 25 Luft zum Ladeluftkühler, 26 Abgasrohr vorn, 27 Ölvorlaufleitung, 28 Abschirmblech, 29 Abgaskrümmer, 30 Schraube.

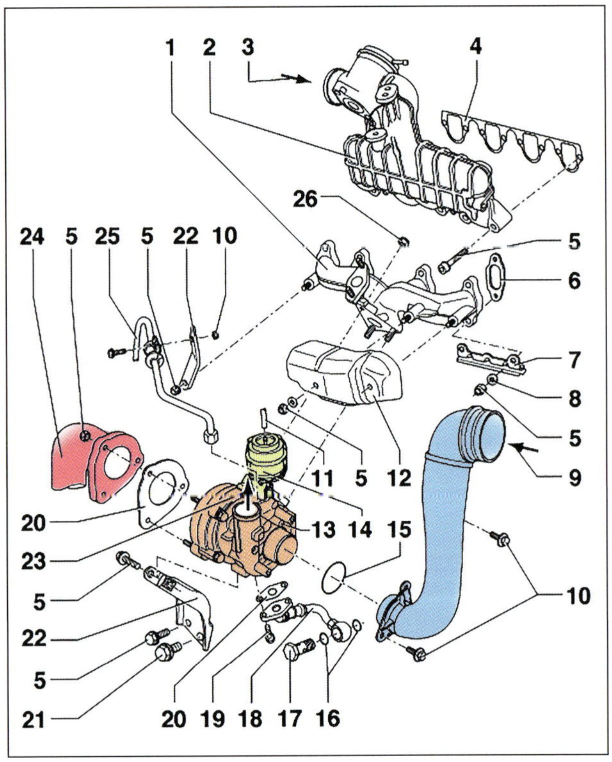

Der VTG-Lader: 1 Abgaskrümmer, 2 Ansaugrohr, 3 Luftführung vom Ladeluftkühler, 4 Dichtung, 5 Schraube, 6 Dichtung, 7 Halter, 8 Unterlegscheibe, 9 Luftführung vom Luftfilter, 10 Schraube, 11 Schlauch, 12 Abschirmblech, 13 Abgasturbolader, 14 Druckdose, 15 O-Ring, 16 Dichtring, 17 Hohlschraube, 18 Ölrücklaufleitung, 19 Schraube, 20 Dichtung, 21 Schraube, 22 Halter, 23 Luftführung zum Ladeluftkühler, 24 Abgasrohr vorn, 25 Ölvorlaufleitung, 26 Mutter.

- Schlauchstutzen und Schläuche für Ladeluftsystem müssen unbeschädigt und dicht sein. Geringe Ölspuren können im Laufe der Betriebszeit schon auftreten. Erheblichem Ölverlust muss aber nachgegangen werden.

- Achten Sie auf die korrekte Lage der Anschlusskabel und Schläuche.

- Die Laderegelung mit der Druckdose muss sich leicht und ruckfrei von Hand bewegen lassen.

- Die Ölversorgung und der Ablauf, sowie die Kühlmittelpumpe und die Anschlüsse für den Kompressor müssen dicht sein.

- Achten Sie auf die korrekte Befestigung der Abschirmbleche und der Geräuschdämmmatten.

Prüfung der Ladedruckdose

In der Werkstatt steht hierfür eine kleine Handpumpe zur Verfügung, mit der ein Unterdruck erzeugt werden kann. Diese Prüfung können Sie aber durchaus mit einer handelsüblichen Medizinspritze durchführen. Mit dieser Prüfung können Sie die Dichtheit der Leitung sowie die Funktion der Druckdose, die Betätigung der Abregelmechanik für beide Systeme überprüfen. In Ruhestellung erfolgt beim VTG-Lader die »Anblasung« für die hohe Drehzahl, beim Bypass-Lader ist das Bypass-Ventil geschlossen. Beaufschlagt mit Unterdruck wird beim VTG-Lader die Verstellung der Leitschaufeln in den Außenbereich des Turbinenrades bewirkt für niedrigeren Ladedruck. Beim Bypass-Lader wird das Bypass-Ventil geöffnet.

Druckdosenprüfung: Medizinspritze am Unterdruckanschluss zur Unterdruckerzeugung.

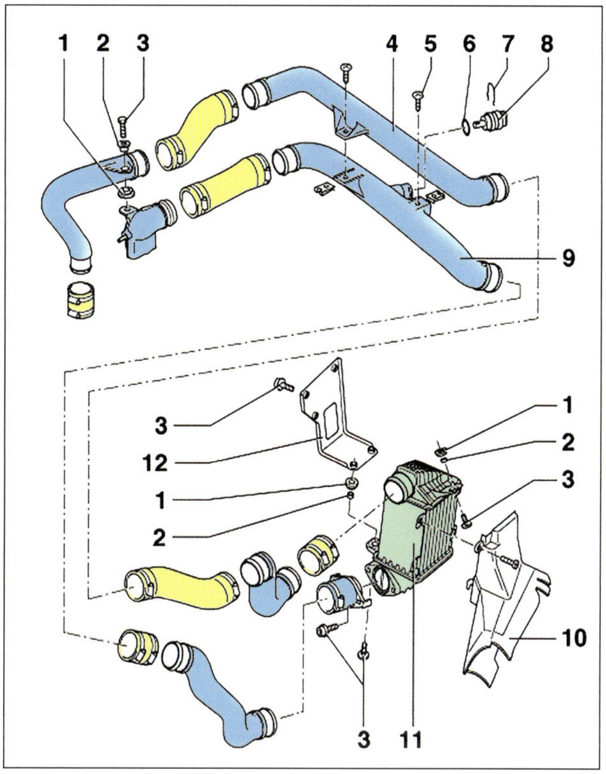

Ladeluftsystem: 1 Gummitülle, 2 Distanzstück, 3 Schraube, 4 Verbindungsrohr, 5 Schraube, 6 O-Ring, 7 Halteklammer, 8 Geber für Saugrohrtemperatur, 9 Verbindungsrohr, 10 Luftführung, 11 Ladeluftkühler, 12 Halter.

- Ziehen Sie den Unterdruckschlauch an der Druckdose ab.

- Schließen Sie mit einem Schlauch eine Medizinspritze an die Druckdose an.

- Ziehen Sie die Spritze langsam auf und erzeugen Sie so einen Unterdruck an der Druckdose.

- Beobachten Sie das Regelgestänge des Turboladers.

- Die Ladedruckregelgestänge der Druckdose muss sich leicht und ruckfrei synchron zu der Bewegung des Kolbens Ihrer Medizinspritze bewegen lassen.

- Achten Sie auf die Dichtheit der Ladedose.

Antrieb und Getriebe

Auch hier zeigt sich, wie viele Details sich in einem Serienfahrzeug verstecken können. Die geschlossenen Varianten wurden auf der Basis des Golf III bis hin zum Allradantrieb ausgerüstet. Für das offene Modell sind bis zuletzt sowohl 5-Ganggetriebe als auch ein Automatikgetriebe verbaut worden.

Ölwechsel am Schaltgetriebe

Seitens Volkswagen wurden die Schaltgetriebe mit einer »Dauerfüllung« des Getriebes versehen. Die Schmierleistung reicht für das gesamte Autoleben. Solange kein Öl heraustropft, werden Sie auch kein Öl nachfüllen müssen. Einen regelmäßigen Ölwechsel brauchen Sie nicht einzuplanen. Zum Auffüllen sollten Sie ein synthetisches Getriebeöl SAE 75W 90 mit der VW Spezifikation G50 verwenden.
Falls Sie aufgrund einer Demontagearbeit das Öl ablassen müssen, sollten Sie grundsätzlich immer neues Öl einfüllen. Fragen Sie Ihren Autozubehörhändler nach einem geeigneten Öl mit der entsprechenden Qualität.

Ölwechsel am Automatikgetriebe

Im Automatikgetriebe können Verschmutzungen auftreten. Die feinen Kanäle, die zur Ansteuerung der verbauten Kupplungen benötigt werden, werden vom gleichen Öl durchströmt, das auch die Schmierung und Reinigung des Getriebes übernimmt. Hier sollten Sie nach etwa 60'000 km einen Ölwechsel durchführen lassen. Hier ist es erforderlich, spezielle Anschlussstutzen zur Verfügung zu haben und auch das Fahrzeug gerade anheben zu können. Entsprechend sollten Sie diese Arbeiten an eine Fachwerkstatt vergeben. In vielen Fällen kann es sich lohnen die Preise von freien Werkstätten und den Markenwerkstätten zu vergleichen. Die Volkswagenhändler haben sich längst auf den Preiskampf eingelassen.

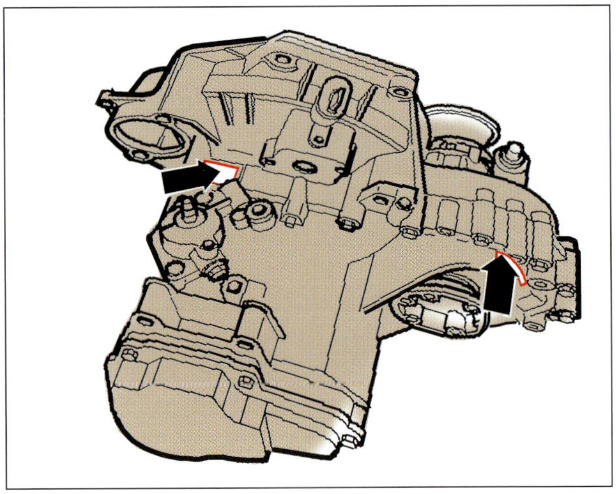

5-Ganggetriebe: Die Kennzeichnungen für den Getriebetyp finden Sie in den roten Feldern (Pfeile).

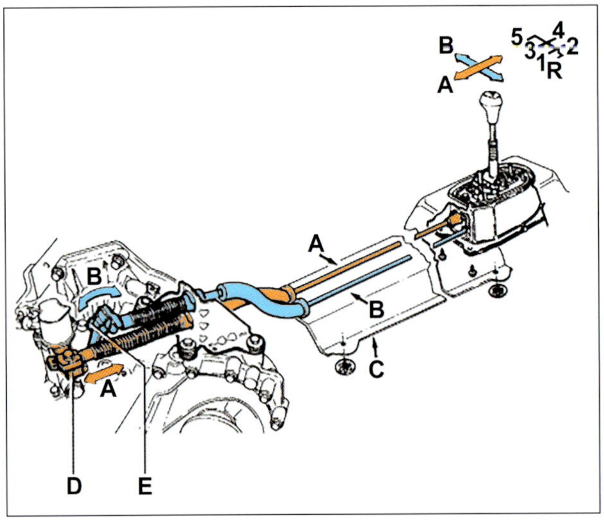

Schaltbetätigung beim Golf: A Zug für Schaltbewegung, B Zug für Wählbewegung, C Wärmeschutzblech, D Getriebeschalthebel, E Umlenkhebel mit Mitnehmer.

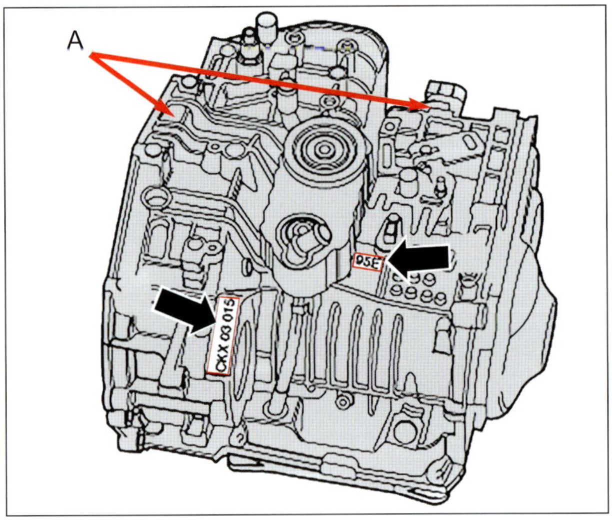

4-Gang-Automatikgetriebe: Die Kennzeichnungen für den Getriebetyp finden Sie in den roten Feldern (Pfeile) oder in den Bereichen A.

Motor

	Störung	Was kann das sein?	Was muss ich tun?
A	Motor startet nicht, Anlasser dreht nicht	**1** Die Wegfahrsperre bzw. die Anlasssicherung	Zu- und wieder aufschließen, Bremse getreten halten und Schalthebel auf Stellung N
		2 Batterie leer	Wenn die Scheinwerfer bei eingeschalteter Zündung nur schwach leuchten: Alle Verbraucher abschalten, Starthilfekabel benutzen und dann mindestens 20 Kilometer fahren
B	Der Anlasser dreht, aber der Motor springt nicht an	**1** Die häufigsten Ursachen sind: Kein Sprit und/oder kein Zündfunke. Das kann leider an sehr vielen Bauteilen liegen	Zuerst prüfen, ob noch Sprit und auch die richtige Sorte (Benzin oder Diesel) im Tank ist. Dann die Verkabelung im Motorraum auf Beschädigungen prüfen (Marderbiss?) Vorsicht! Zündung dabei unbedingt ausschalten!
C	Motor läuft nach dem Start unrund	**1** Benziner: ein Fehler in der Kraftstoffversorgung und/oder Zündanlage, Nebenluft durch undichte Schläuche	Zunächst eine Sichtkontrolle des Motorraums bei ausgeschalteter Zündung durchführen. Beschädigte Leitungen mit Isolierband notdürftig flicken. Mit einem Diagnosegerät den Fehlerspeicher auslesen lassen.
		2 Diesel: Falschbetankung oder defekte Glühkerzen	Vorsicht: Bei Falschbetankung nicht mehr weiterfahren, sonst kann die Hochdruckpumpe kollabieren
D	Motor qualmt und stinkt aus dem Auspuff	**1** Turbolader (blauer Rauch) oder Zylinderkopfdichtung (weißer Rauch) defekt	Ist der Turbolader defekt, besteht akute Gefahr: Bruchstücke wandern durch den Motor. Nicht mehr starten! Bei einer kaputten Kopfdichtung fehlt Wasser im Ausgleichsbehälter, auf jeden Fall auffüllen
		2 Diesel: Wenn der Motor warm gut läuft, sind es die Glühkerzen	Die Glühkerzen können Sie selber prüfen und ersetzen. Anleitung dazu finden Sie in diesem Kapitel
E	Motor zieht nicht mehr richtig	**1** Der Hauptverdächtige ist auch hier der Turbolader, besonders wenn der Motor im Leerlauf oder bei wenig Gas noch gut läuft	Beobachten Sie die Ladedruckanzeige (sofern vorhanden) und achten Sie auf ungewöhnliche Geräusche beim Beschleunigen. Eventuell entweicht Ladedruck. Ein blockierter Lader macht dagegen gar keine Geräusche mehr
		2 Luftmassenmesser defekt	Ladedruck prüfen und Fehlerspeicher auslesen
		3 AGR-Ventil prüfen	AGR-Ventil rüfen, Fehlerspeicher auslesen
F	Hoher Verbrauch	**1** Wahrscheinlich ist der Luftfilter stark verschmutzt	Luftfilter austauschen, die Anleitung dazu finden Sie in diesem Kapitel
G	Motor wird zu langsam warm	**1** Thermostat hängt	Sie können zunächst weiter fahren, der Thermostat sollte jedoch so bald wie möglich getauscht werden

Technische Daten – Praxis

Datenblätter nach Motor und Ausrüstung

Motordaten						
Bezeichnung	**1,6 l**	**1,6 l**	**1,8 l**	**2,0 l**	**1,9 l-TDI**	**1,9 l-TDI**
Leistung	**74 kW**	**74 kW**	**55-66 kW**	**85 kW**	**66 kW**	**81 kW**
Größtes Drehmoment	135 Nm	140 Nm	140-145 Nm	166 Nm	202 Nm	235 Nm
Anzahl der Zylinder	4	4	4	4	4	4
Hubraum	1595 cm^3	1595 cm^3	1781 cm^3	1984 cm^3	1896 cm^3	1896 cm^3
Kraftstoff	95 ROZ Super	95 ROZ Super	91 ROZ Super	95 ROZ Super	min. 49 CZ	min. 51 CZ
Gemischaufbereitung	Motronic	Simos 4S2	Mono-Motronic	Digifant oder		
Simos	(TDI) VE EDC	(TDI) VE EDC				
Aufladung	keine	keine	keine	keine	Turbo	Turbo VTC
Bauart Ventiltrieb	OHC	OHC	OHC	OHC		

Fahrleistung						
Bezeichnung	**1,6 l**	**1,6 l**	**1,8 l**	**2,0 l**	**1,9 l-TDI**	**1,9 l-TDI**
Leistung	**74 kW**	**74 kW**	**55-66 kW**	**85 kW**	**66 kW**	**81 kW**
Höchstgeschw.	182 km/h	182 km/h	172 km/h	190 km/h	172 km/h	187 km/h
(Automatikgetriebe)		(179 km/h)	(179 km/h)	(186 km/h)		
Beschl. 0-100	11,9 Sek.	11,9 Sek.	13,1 Sek.	10,7 Sek.	13,3 Sek.	11,3 Sek.
(Automatikgetriebe)		(13,8 Sek.)	(15,0 Sek.)	(12,3 Sek.)		

Kraftstoffverbrauch						
Bezeichnung	**1,6 l**	**1,6 l**	**1,8 l**	**2,0 l**	**1,9 l-TDI**	**1,9 l-TDI**
Leistung	**74 kW**	**74 kW**	**55-66 kW**	**85 kW**	**66 kW**	**81 kW**
Verbrauch kombiniert	8,2 l/100 km	8,2 l/100 km	8,2 l/100 km	8,2 l/100 km	5,3 l/100 km	5,3 l/100 km
(Automatikgetriebe)		(9,4 l/100 km)				
CO2-Emissionen	197 g/km	197 g/km	197 g/km	197 g/km	143 g/km	143 g/km
(Automatikgetriebe)		(226 g/km)	(233 g/km)	(228 g/km)		

Gewichte und Lasten						
Bezeichnung	**1,6 l**	**1,6 l**	**1,8 l**	**2,0 l**	**1,9 l-TDI**	**1,9 l-TDI**
Leistung	**74 kW**	**74 kW**	**55-66 kW**	**85 kW**	**66 kW**	**81 kW**
Leergewicht*	1230 kg	1230 kg	1230 kg	1280 kg	1300 kg	1300 kg
Zulässiges Gesamtg.	1580 kg	1580 kg	1580 kg	1620 kg	1640 kg	1640 kg
Zuladung	350 kg	350 kg	350 kg	340 kg	340 kg	340 kg
Stützlast Anhängek.	75 kg	75 kg	75 kg	75 kg	75 kg	75 kg
Anhängelast gebr.**	1000 kg	1000 kg	1000 kg	1200 kg	1200 kg	1200 kg
Anhängelast ungebr.	500 kg	500 kg	500 kg	500 kg	500 kg	500 kg

** inkl.68 kg Fahrer und 90% gefülltem Tank,*
***bei 12% Steigung.*

Aussagen zu Drehmoment und Leistung

Eigentlich ist die Leistungsangabe in PS nicht mehr üblich und wurde nicht nur aufgrund der besseren Vergleichbarkeit gegen die Leistungsangabe in kW (Kilowatt = 1000 W) ersetzt. Tatsächlich gehören die PS aber zu den Stammtischgesprächen, wie der Hopfen zum Bier. Die Angaben in PS werden wahrscheinlich nicht nur aus alter Tradition als vorstellbarer Vergleichswert herangezogen.

Spricht man über die Eckdaten eines Fahrzeuges, wird recht häufig die Motorleistung als eines der wichtigsten Themen angesprochen. Kaum jemand schenkt dem Begriff »Drehmoment« Beachtung. Betrachtet man allerdings den Inhalt der Gespräche genauer, stellt sich oftmals heraus, dass mit der Leistung eben die »Power« gemeint ist und der Durchzug am Berg beschrieben wird.

Um zu verstehen, was Leistung eigentlich darstellt, muss zuerst klar werden, aus welchen Bestandteilen sich Leistung zusammensetzt.

Leistung und Arbeit

Nehmen wir an, Ihr Fahrzeug hat eine Panne und Sie schieben es nach Hause. Physikalisch gesehen bewegen Sie nun ein Gewicht über eine bestimmte Strecke. Um das Fahrzeug zu schieben, benötigen Sie Kraft. Genauer betrachtet verrichten Sie »Arbeit« um Ihr Fahrzeug nach Hause zu bewegen. Um allerdings eine Leistung benennen zu können, benötigen wir natürlich noch die Zeit, in der Sie das Fahrzeug nach Hause geschoben haben. Je schneller Sie mit Ihrem Fahrzeug zu Hause sind, umso größer war die erbrachte Leistung. Konnten Sie das Fahrzeug gar nicht bewegen, so ist die erbrachte Leistung zumindest aus physikalischer Sicht gleich null.

Arbeit = Bewegung des Fahrzeugs über eine Distanz
Leistung = Arbeit in einem Zeitraum

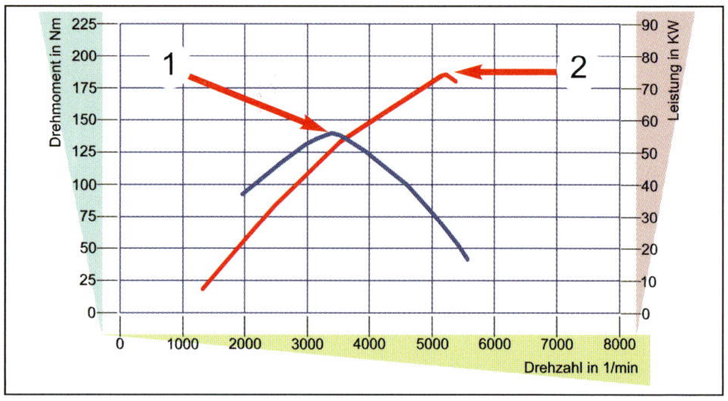

1,6-l-Motor: 1 maximales Drehmoment 140 Nm, 2 maximale Leistung 74 kW. Dazwischen liegt der Betriebsbereich des Motors (elastischer Bereich).

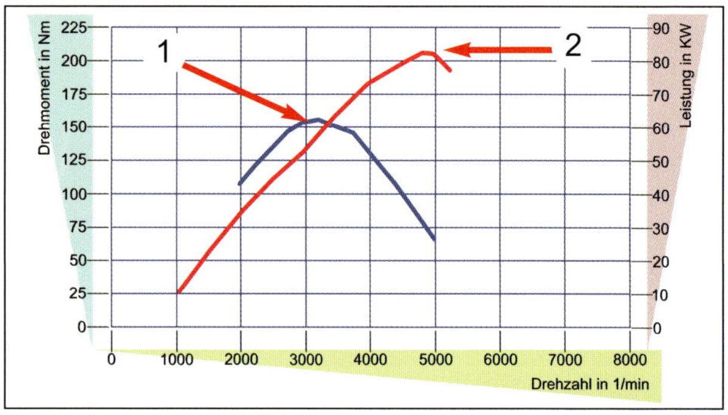

2,0-l-Motor: 1 maximales Drehmoment 166 Nm, 2 maximale Leistung 85 kW. Dazwischen liegt der Betriebsbereich des Motors (elastischer Bereich).

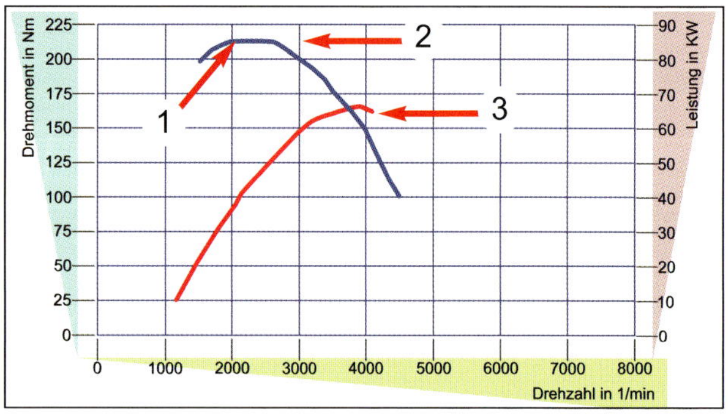

1,9-l-TDI-Motor: 1 maximales Drehmoment 210 Nm, 2 elektronische Drehmomentbegrenzung, 3 maximale Leistung 66 kW. Dazwischen liegt der Betriebsbereich des Motors (elastischer Bereich).

Wartungsdaten

Für Wartung und Pflege sind bestimmte Werte, Angaben und Informationen erforderlich. Sicherlich werden wir Ihnen nur diese Daten zur Verfügung stellen können, die bis zum Redaktionsschluss dieses Buches bekannt waren. Entsprechen sollten Sie sich über Ihr Fahrzeug während der Arbeit Notizen machen und eventuelle Veränderungen an der Grundausrüstung oder durch Umbauten im Tuningbereich neben diesen Daten festhalten. Das wird Ihnen die Arbeit zu einem späteren Zeitpunkt wesentlich erleichtern können. Die Mengenangabe sollen als Daumenwert herhalten und Ihnen beim Einkauf der passenden Gebinde helfen.

Motoröl

Motor (Menge mit Filter)	**Anforderung**	**Bemerkung (mein Motoröl) (Viskosität)**
1,6 l Benzin (ca. 3,5 - 4 l*) 1,8 l Benzin (ca. 4,0 l*) 2,0 l Benzin (ca. 4,0 l*)	VW 500 00, VW 501 01, VW 502 00, VW 504 00 (VW 507 00)	
1,9 l TDI 66 kW (ca. 4,0 l*)	VW 500 00, VW 501 01, VW 505 00,	
VW 507 00 (VW 504 00)		

*Markierungen auf dem Peilstab beachten!

Getriebeöl

Getriebe (Menge)	**Anforderung**	**Bemerkung (mein Getriebeöl)**
Schaltgetriebe (bis zu. 2,3 Liter*)	Getriebeöl G50 SAE 75W90 (Synthetiköl)	
Automatikgetriebe (ca. 5,3 Liter)	ca. 5,3 Liter (ATF-Öl)	

*Ablauf durch Füllbohrung beachten!

Kühl- und Frostschutzmittel

Flüssigkeit (Menge)	**Anforderung**	**Bemerkung**
Kühlsystem Motor (ca. 6,5 Liter Füllmenge)	G 12 plus-plus Mischen mit destilliertem Wasser (mischen mit min. 40% Frostschutz)	
Klimaanlage (keine Angabe)	R134A (NUR IN FACHWERKSTATT!)	
Scheibenwaschanlage (ca. 3-4 l)	Markenwaschkonzentrat	

Leuchtmittel

Glühlampen	**Bezeichnung**	**Bemerkung**
Halogen Fernlicht (bis 02/1998)	Lampe H1 12V, 55W (H4 12 V, 60 W/55 W)	
Halogen Abblendlicht (bis 02/1998)	Lampe H7 12V, 55W (H4 12 V, 60 W/55 W)	
Standlicht vorne	Lampe 12 V, W5W	
Blinklicht vorne	Lampe 12 V, 21 W	
Bremslicht	12 V, P21W	
Rücklicht	12 V / 5 W	
Blinklicht hinten	12 V, P21W	
Kennzeichenleuchte	12 V, W5W	
Blinkleuchte Kotflügel	Glassockellampe 12 V, 5 W	
Nebelscheinwerfer vorne	Lampe H3, 12 V, 55 W	
Nebelschlussleuchte	Glassockellampe 12 V, 21 W	
Rückfahrlicht	Glühlampe 12 V, 21 W	

Wartungsplan

Wartung ist eine wichtige Komponente im Betrieb eines Fahrzeuges, wenn es um einen zuverlässigen Funktionsablauf geht. Vernachlässigte Arbeiten erhöhen nicht nur das Ausfallrisiko Ihres Fahrzeuges, sondern nehmen Ihnen die Möglichkeit mit kleinen Reparaturen teurere Schäden zu vermeiden.

Wartung nach Plan

Ihr Golf weist drei unterschiedliche Wartungsstufen aus, die an unterschiedliche aber aufeinander abgestimmte Wartungsarbeiten gekoppelt sind. Die Anzeige erfolgt im Display Ihres Tachometers blinkend für etwa 3 Sekunden. Die Service-Intervall-Anzeige, kurz »SIA«, stellt Ihnen den Wartungsstatus Ihres Fahrzeuges dar. Besondere Belastungen oder Fahrzustände werden nicht erfasst. Die Anzeige arbeitet lediglich Datums- und Laufleistungs-bezogen.

SIA-Anzeige im Tachodisplay

»IN 00«

Sie müssen keine Wartungsarbeiten durchführen.

»OEL«

Die Jahresfrist oder der Kilometerstand machen einen Ölwechselservice erforderlich. Den Umfang dazu werden wir auf den folgenden Seiten offenlegen.

»IN01«

Inspektion 1 wird lesbar, wenn Sie die Jahresinspektion angehen sollen. Den Umfang dazu werden wir auf den folgenden Seiten darlegen.

»IN02«

Die Inspektion beschreibt den erforderlichen Umfang für die 30.000-km-Inspektion mit Zusatzarbeiten.

Rückstellung der SIA im Tachodisplay

Nachdem ein Service durchgeführt wurde, muss auch die davor liegende Serviceart einzeln aufgerufen und zurückgesetzt werden. Wurde z. B. der Inspektionsservice »N 02« durchgeführt, müssen »OEL«, »IN 01« und »N 02« zurückgesetzt werden. Das Zurücksetzen der Anzeige ist wie folgt durchzuführen:

- Bei eingeschalteter Zündung die Taste (Pfeil) unterhalb des Geschwindigkeitsmessers drücken und festhalten.
- Zündung ausschalten und Taste loslassen. In der Anzeige ist der Schriftzug »OEL« zu sehen.
- Den Minutenknopf der Digital-Zeituhr (1) oder Taste zum Einstellen der Analog-Zeituhr (2) so lange drücken, bis fünf Striche (- - - - -) im Display erscheinen. Erst dann ist der Service zurückgesetzt.

Normen für Motoröl

WISSENSWERTES

- SAE-Klasse: Einstufung durch die Society of Automotive Engineers. Bezeichnet die Klasse der Viskosität, zum Beispiel SAE 5W-30 (unser Bild). Je kleiner die erste Zahl, umso dünner und bei Kälte besser fließend ist das Öl (W = Winter). Ein Öl mit 0W schmiert noch bei minus 30 Grad, bei 5W ist es gut bis minus 25 Grad, bei 15W bis minus 15 Grad. Je höher die zweite Zahl, umso besser widersteht das Öl hohen Temperaturen. Das von Volkswagen empfohlene Öl entspricht wie in Bild 2 der SAE 5W-30.

- ACEA-Norm: Von der Association des Constructeurs Européen d'Automobiles im Jahre 1996 eingeführte europäische Ölnorm. Nach ACEA gibt es für Benziner die Gruppen A1 (Sprit sparendes Öl), A2 (gering belastetes Öl), Golf (Hochleistungs-Öl). Für Diesel gilt eine Einteilung von B1 bis B4.

- API-Norm: Vorschrift des American Petroleum Institute. Diese Spezifikation besteht aus den Buchstaben S bzw. G (Benziner) und C bzw. PD (Diesel) sowie einem weiteren Buchstaben bzw. einer Zahl. Je höher im Alphabet oder je größer die Zahl, umso besser ist die Qualität des Öls.

- Durch erneutes Drücken der Taste unterhalb des Geschwindigkeitsmessers (1) werden die anderen Serviceereignisse angezeigt und können einzeln zurückgesetzt werden.
- Zündung einschalten und nach Erscheinen von »IN 00« wieder ausschalten.

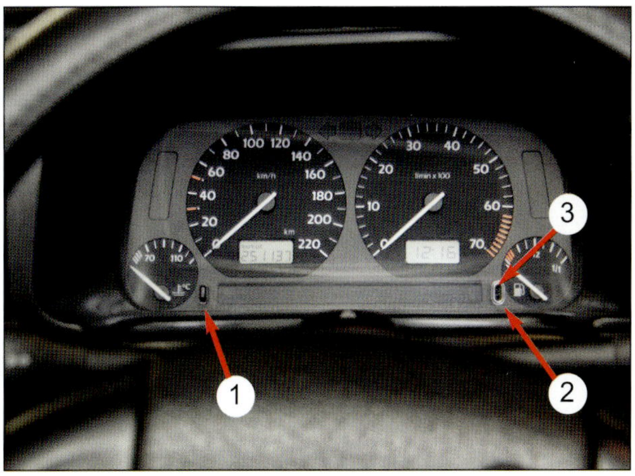

Tachometer im Golf: 1 Tageskilometerzähler (Taste unterhalb des Tachometers), 2 Minutenverstellung der Uhr, 3 Stundenverstellung der Uhr.

Wartungsplan nach SIA-Anzeige in Tachodisplay
Im Folgenden werden wir Ihnen den Wartungsplan nach der SIA-Anzeige so aufschlüsseln, dass Sie ihn gleichzeitig als Checkliste nutzen können. Sie können sich diese Seiten auch kopieren und zu Ihrer Fahrzeugwartung hinzuheften. So können Sie den Zustand Ihres Fahrzeugs nicht nur dokumentieren, sondern auch wie Ihr Vertragshändler die erledigten Arbeiten dokumentieren.

Regelmäßige Kontrollen
Hier beschreiben wir die Arbeiten, die zwischendrin als mal beim Tanken oder bei der Fahrzeugwäsche kontrolliert werden sollen.

Arbeitsschritte	Bemerkung	OK / Defekt
■ Scheibenwaschwasser auffüllen. Scheibenwischer und Waschanlage prüfen.		
■ Wasserablauf im Wasserkasten prüfen. Blätter und Blütenreste.		
■ Motorölstand und Kühlflüssigkeit prüfen, eventuell nachfüllen.		
■ Standlicht, Abblend- und Fernlicht prüfen.		
■ Bremsleuchten, Blinker und Warnblinker sowie das Signalhorn (auch Lichthupe) prüfen.		
■ Bremsen und Bremsflüssigkeit prüfen.		
■ Reifen (und falls vorhanden Reserverad): Zustand, Reifenlaufbild, Fülldruck und Profiltiefe prüfen. Wenn damit ausgestattet: Haltbarkeitsdatum des Reifenreparatur-Sets prüfen.		
■ Prüfen Sie, ob das Haltbarkeitsdatum des Verbandskastens überschritten ist.		

Umfang des Ölservice (SIA-Anzeige »OEL«) ***(Benziner 15.000 km, Diesel 7500 km)***
Die Reihenfolge der einzelnen Servicepositionen ist von Volkswagen erprobt und optimiert worden. Die Reihenfolge wird den Vertragshändlern so vorgegeben. Sie sollte deshalb zur Vermeidung unnötiger Arbeitsunterbrechungen eingehalten werden.

Arbeitsschritte	Bemerkung	OK / Defekt
■ Motorraumabdeckung unten (Dämpfung) aus- und einbauen.		
■ Motoröl: Ablassen oder absaugen, Ölfilter ersetzen.		
■ Zahnriemen auf Verschleiß und Schäden prüfen (nur TDI-Motoren).		
■ Kraftstofffilter entwässern.		
■ Dicke der Scheibenbremsbeläge vorn und hinten prüfen.	VA (re)......................mm HA (re) ....mm VA (li)........................mm, HA (li) ....mm	
■ Motoröl auffüllen.		
■ Service-Intervall-Anzeige: Zurücksetzen		
■ Service-Aufkleber »Ihre nächsten Service-Ereignisse«: Bitte nächstes Serviceereignis ankreuzen und den Aufkleber am Türholm Fahrerseite (B-Säule) ankleben. ■ Die Aufkleber können Sie meist bei Ihrem Autozubehörgeschäft erstehen.		

Umfang der Inspektion 1 (SIA-Anzeige »IN 01«)
Hier werden die Arbeiten beschrieben, die alle 15.000 km oder nach Ablauf eines Jahres abgearbeitet werden sollen. Sollten Sie mehr als 15.000 km im Jahr fahren, fallen diese Arbeiten bei 15.000 km an. Falls Sie weniger fahren spätestens nach einem Jahr.

Arbeitsschritte (am stehenden Fahrzeug)	Bemerkung	OK / Defekt
■ Motorraumabdeckung unten (Dämpfung) aus- und einbauen.		
■ Front- und Heckbeleuchtung, Blinkanlage, Warnblinkanlage, Kofferraumbeleuchtung auf Funktion prüfen.		
■ Innenraum- und Handschuhkastenbeleuchtung, Zigarrenanzünder, S ignalhorn und Kontrolllampen auf Funktion prüfen.		
■ Airbag für Fahrer und Beifahrer auf äußere Beschädigungen untersuchen.		
■ Eigendiagnose: Fehlerspeicher aller Systeme abfragen.		
■ Service-Intervall-Anzeige zurücksetzen.		
■ Türfeststeller und Befestigungsbolzen schmieren.		
■ Scheibenwisch-/Waschanlage und Scheinwerferreinigungsanlage auf Funktion prüfen und, wenn erforderlich, die Spritzdüsen einstellen.		
■ Die Ruhestellung der Scheibenwischerblätter prüfen, ggf. einstellen. Bei »rubbelnden« Wischerblättern den Anstellwinkel der Blätter auf der Scheibe prüfen und wenn erforderlich einstellen.		
Arbeitsschritte (unter dem Auto) ■ Motoröl ablassen oder absaugen und den Ölfilter ersetzen.		
■ Motor und Bauteile im Motorraum (von unten) auf Undichtigkeiten und Beschädigungen durchsehen.		
■ Getriebe, Achsantrieb und Gelenkschutzhüllen auf Undichtigkeiten und Beschädigungen durchsehen.		

Arbeitsschritte (unter dem Auto)	Bemerkung	OK / Defekt
■ Bremsanlage auf Undichtigkeiten und Beschädigungen durchsehen.		
■ Die Bremsbelagstärke vorn und hinten prüfen.		
■ Abgasanlage auf Undichtigkeiten, Befestigung und Beschädigungen durchsehen.		
■ Spurstangenköpfe auf Spiel und Befestigung untersuchen und den Zustand der Dichtungsbälge prüfen.		
■ Die Dichtungsbälge der Achsgelenke auf Undichtigkeiten und Beschädigungen untersuchen.		
Arbeitsschritte (im Motorraum)		
■ Motoröl auffüllen.		
■ Motor (von oben) auf Undichtigkeiten und Beschädigungen durchsehen.		
■ Scheibenwisch-/Waschanlage auffüllen.		
■ Das Kühlsystem auf Frostschutz und den Kühlmittelstand prüfen.		
■ Zahnriemen auf Verschleiß und Schäden prüfen (nur TDI-Motoren).		
■ Luftfiltergehäuse reinigen und den Filtereinsatz ersetzen.		
■ Kraftstofffilter entwässern (nur für Fahrzeuge mit Dieselmotor bis Modelljahr 1996).		
■ Bremsflüssigkeitsstand abhängig vom Belagverschleiß prüfen.		
■ Batterie prüfen. Scheinwerfereinstellung: Prüfen, ggf. Scheinwerfer einstellen.		
■ Probefahrt durchführen. Nach den Wartungsarbeiten empfiehlt sich immer eine Probefahrt zur Kontrolle.		
■ Service-Aufkleber »Ihre nächsten Service-Ereignisse«: Bitte nächstes Serviceereignis ankreuzen und den Aufkleber am Türholm Fahrerseite (B-Säule) ankleben. Die Aufkleber können Sie meist bei Ihrem Autozubehörgeschäft erstehen.		

Umfang der Inspektion 2 (SIA Anzeige »IN 02«)

Hier werden die Arbeiten beschrieben, die alle 30.000 km abgearbeitet werden sollen.

Arbeitsschritte (elektrische Anlage)		
■ Motorraumabdeckung unten (Dämpfung) aus- und einbauen.		
■ Front- und Heckbeleuchtung, Blinkanlage, Warnblinkanlage, Kofferraumbeleuchtung auf Funktion prüfen.		
■ Innenraum- und Handschuhkastenbeleuchtung, Zigarrenanzünder, Signalhorn und Kontrolllampen auf Funktion prüfen.		
■ Sichtprüfung der Airbag-Einheiten für Fahrer und Beifahrer auf äußere Beschädigungen durchführen.		
■ Fehlerspeicher aller Systeme in der Eigendiagnose mit einem Tester abfragen.		
■ Service-Intervall-Anzeige zurücksetzen.		

Arbeitsschritte (Fahrzeug von außen)	Bemerkung	OK / Defekt
■ Türfeststeller und Befestigungsbolzen schmieren.		
■ Scheibenwisch-/Waschanlage und Scheinwerferreinigungsanlage auf Funktion prüfen, ggf. Spritzdüsen einstellen.		
■ Die Ruhestellung der Scheibenwischerblätter prüfen, ggf. einstellen. Bei »rubbelnden« Wischerblättern den Anstellwinkel der Blätter auf der Scheibe prüfen und wenn erforderlich einstellen.		
Arbeitsschritte (Fahrzeug von unten)		
■ Motoröl ablassen oder absaugen und den Ölfilter ersetzen.		
■ Motor (von unten) auf Undichtigkeiten und Beschädigungen durchsehen.		
■ Zustand und Spannung des Keilriemens prüfen, ggf. Keilriemen spannen.		
■ Getriebe, Achsantrieb und Gelenkschutzhüllen auf Undichtigkeiten und Beschädigungen durchsehen.		
■ Ölstand des Schaltgetriebe prüfen.		
■ Bremsanlage auf Undichtigkeiten und Beschädigungen durchsehen.		
■ Die Bremsbelagstärke vorn und hinten prüfen.		
■ Unterbodenschutz auf Beschädigungen durchsehen.		
■ Abgasanlage auf Undichtigkeiten, richtige Befestigung und Beschädigungen durchsehen.		
■ Spurstangenköpfe auf Spiel, Befestigung und Dichtungsbälge prüfen.		
■ Sichtprüfung der Dichtungsbälge der Achsgelenke auf Undichtigkeiten und Beschädigungen durchführen.		
■ Abgasanlage auf Undichtigkeiten, richtige Befestigung und Beschädigungen durchsehen.		
■ Spurstangenköpfe auf Spiel, Befestigung und Dichtungsbälge prüfen.		
■ Sichtprüfung der Dichtungsbälge der Achsgelenke auf Undichtigkeiten und Beschädigungen durchführen.		
Arbeitsschritte (im Motorraum)		
■ Motoröl auffüllen.		
■ Motor (von oben) auf Undichtigkeiten und Beschädigungen durchsehen.		
■ Flüssigkeit der Scheibenwisch-/Waschanlage auffüllen.		
■ Frostschutz und Kühlmittelstand des Kühlsystems prüfen.		
■ Zustand und Spannung des Zahnriemen für Nockenwellenantrieb prüfen, ggf. den Zahnriemen spannen (ab Modelljahr 1995 mit Benzinmotor).		
■ Verschleiß des Zahnriemens prüfen (gilt nur für TDI-Motoren).		
■ Den Bremsflüssigkeitsstand (abhängig vom Belagverschleiß) prüfen.		
■ Batterie prüfen.		
Arbeitsschritte (Dokumentation/Endkontrolle)		
■ Service-Aufkleber »Ihre nächsten Service-Ereignisse«: Bitte nächstes Serviceereignis ankreuzen und den Aufkleber am Türholm Fahrerseite (B-Säule) ankleben. Die Aufkleber können Sie meist bei Ihrem Autozubehörgeschäft erstehen.		
■ Probefahrt durchführen. Nach den Wartungsarbeiten empfiehlt sich immer eine Probefahrt zur Kontrolle.		

Laufleistungsabhängige Zusatzarbeiten

Zu den schon beschriebenen Arbeiten kommen noch die so genannten Zusatzarbeiten hinzu, die wir im Folgenden in einer Kopiervorlage für Ihre Arbeiten zur Verfügung stellen möchten.

Arbeitsschritte (alle 30.000 km)	**Bemerkung**	**OK / Defekt**
■ Diesel Kraftstofffilter ersetzen.		
■ Filtereinsatz Staub- und Pollenfilter ersetzen.		
■ Zündkerzen ersetzen.		
■ Zustand und Spannung des Keilrippenriemens ohne automatische Spannrolle prüfen.		
Arbeitsschritte (alle 60.000 km)		
■ Luftfiltergehäuse reinigen und Filtereinsatz ersetzen (gilt für Fahrzeuge mit mehr als 60'000 km innerhalb von 2 Jahren).		
■ Ölstand der Servolenkung prüfen, ggf. Hydrauliköl auffüllen.		
■ Automatisches Getriebe: ATF-Ölstand prüfen, ggf. ATF auffüllen (gilt nur für Fahrzeuge ab Modelljahr 01/95 mit 01M-Getriebe).		
■ Automatisches Getriebe: ATF wechseln (gilt nur für Fahrzeuge ab Modelljahr 12/94 mit 096-Getriebe).		
■ Automatisches Getriebe: Ölstand des Achsantriebs prüfen.		
■ Zustand und Spannung des Keilrippenriemens mit automatischer Spannrolle prüfen.		
■ Keilrippenriemen ersetzen (gilt nur für Fahrzeuge ab 06/95 bis 1996 mit Klimaanlage ohne automatische Spannrolle).		
Arbeitsschritte (alle 90.000 km)		
■ Zahnriemen für Nockenwellenantrieb prüfen, (gilt nur für 4-Zyl.-Benzinmotoren ab 1996, die kein vorgeschriebenes Wechselintervall für den Zahnriemen haben).		
■ Zahnriemen und Zahnriemenspannrolle für Nockenwellenantrieb ersetzen (gilt nur für Fahrzeuge mit TDI-Motor).		
Arbeitsschritte (alle 2 Jahre)		
■ Bremsflüssigkeit wechseln.		